추천의 글

‘왜’라는 질문에 답을 주는 힌트북

이 책은 아이들의 ‘왜’라는 질문에 ‘원래’ 또는 ‘그냥’이라는 말로 답하지 않고 수학적 개념을 ‘위치와 질서’에 따라 차분하게 설명합니다. 교과서 문제를 활용하여 친숙하게 다가온 점, 개념 따라쓰기로 개념을 머릿속에 각인시킨 점도 이 책의 강점입니다. 힌트북을 통해 ‘왜’라는 질문에 수학적 개념으로 답변할 수 있는 실력 있는 학생들이 되기를 기대합니다.

정성윤 선생님(서울세검정초등학교)

과제집착력을 길러주는 효과적인 구성!

학급에서 수학 수업을 할 때 최대한 답을 나중에 알려주면서 힌트를 주거나 문제를 이해할 수 있도록 풀어 설명해 줍니다. 과제집착력, 즉 문제를 끝까지 풀어내고자 하는 태도가 결국에는 수학 실력 향상에 도움이 된다고 생각하기 때문입니다. 힌트북은 아이들이 혼자 공부할 때에도 과제집착력을 기를 수 있는 효과적인 구성을 가진 교재라고 생각합니다. 힌트북은 수학을 잘 하고 싶어하는 아이들에게 기본기를 꼼꼼히 다져주는 좋은 친구이자 선생님이 되어 줄 것입니다.

류윤정 선생님(중앙대학교 사범대학 부속초등학교)

문제의 실마리를 주는 힌트

문제를 풀다 막히면 답지부터 찾아본 경험, 누구나 있을 거예요. 그런데 이 책엔 힌트북이 있어 답지를 보지 않고 문제의 실마리를 찾을 수 있습니다. 또 본문에서 개념을 따라 쓰는 코너가 있어서 학생들이 개념을 얼마나 잘 알고 있는지를 점검할 수 있다는 점도 매우 유익합니다.

박명선 선생님(덕은초등학교)

새 교육과정에서 중요시하는 과정 중심 평가에 맞는 학습서

새로 개정된 수학과 교육과정은 학습 결과 평가뿐만 아니라 과정 중심 평가도 중요시하여 종합적인 학습 평가를 지향하고 있습니다. 과정 중심 평가에서의 핵심은 학생들의 요구에 맞추어 피드백이 즉각적으로 이루어져야 한다는 것입니다. 그런 점에서 이 책은 단계별로 효과적인 수학 학습이 되도록 학생 본인의 사고에 맞게 학습을 조절할 수 있습니다. 목표에 도달했다고 하더라도 어떤 과정으로 도달했는지, 혹은 어떤 이유로 도달하지 못했는지에 대한 학습 방향을 알려주는 나침반 같은 역할을 할 수 있기를 기대합니다.

최현아 선생님(서울가락초등학교)

수학에 자신 있는 친구들에게도 추천해요.

힌트북에서는 귀여운 캐릭터들이 설명해 주는 힌트를 통해 아이들이 개념과 원리를 지루하지 않고 흥미있게 집중하여 이해할 수 있습니다. 수학을 많이 버거워하는 아이들도 캐릭터들이 차근차근 설명하는 힌트를 따라가며 자신감을 키우게 될 것입니다. 풀이가 힘들고 귀찮아 힌트를 먼저 펼쳐보게 되는 아이들도 힌트 속에 녹아 있는 개념과 풀이 과정을 통해 자연스레 개념을 복습하게 되고 차근차근 풀이 과정을 밟아가는 연습을 할 수 있을 것입니다. 아울러 수학에 자신 있어 하는 친구들에게도 추천합니다. 어렵지 않게 푼 문제들도 ‘힌트’ 속 설명을 통해 수학 실력을 더욱 탄탄히 다질 수 있을 테니까요.

강상미 선생님(서울송례초등학교)

추천의 글

생각하는 힘과 인내심을 길러줘요.

수학은 암기과목이 아닙니다. 한 문제를 풀어내는 과정은 마치 미로 속에서 출구를 찾아내는 과정과 비슷합니다. 많은 문들을 인내심을 갖고 하나하나 열어가며 출구를 찾아냈을 때 비로소 빛을 보는 기쁨을 누릴 수 있는 것과 같습니다. 모르겠다고 처음부터 답을 봐 버리면 생각하는 힘을 얻을 수 없고, 수학 문제를 해결하는 데 반드시 필요한 인내심도 기를 수 없습니다. 이 책은 문제를 해결하기 위해 통과해야 하는 많은 문들을 하나하나 열어갈 수 있도록 적절하게 힌트를 주고 있습니다. 이 책을 통해 필요한 만큼의 힌트를 참고하여 스스로 문제를 풀어내는 기쁨을 누리며 진정한 수학 실력을 높일 수 있기를 바랍니다.

채현정 선생님(서울대명초등학교)

스스로 깨닫게 하는 유능한 수학 코치!

문제 옆에 바로 붙어 있는 일반 참고서의 힌트는 아이들이 스스로 사고할 기회를 빼앗는 나쁜 친구죠. 그렇다고 힌트가 없으면 포기하기 쉽고, 또 답과 해설을 보며 공부하다 보면 끝내 혼자서는 문제를 풀어내지 못합니다. 이러한 문제의 완벽한 해결사가 힌트북입니다! 게다가 힌트북은 문제마다 중요한 개념을 친구처럼 세밀하게 알려주어서 문제의 핵심을 스스로 깨닫게 하는 가장 유능한 수학 코치입니다!

유은화 선생님(분당 공부방 원장)

혼자서도 척척, 혼공 내비게이션!

흔히 수학에는 왕도가 없다고 하지요. 그만큼 쉽고 빠른 지름길이 없다는 말인데요, 힌트북이 좋은 길잡이가 될 수 있을 것 같네요. 막히면 힌트를 보고 제대로 된 맞춤길을 안내받아 문제를 척척 풀어나갈 수 있으니까요.

안소정 선생님('수학의 역사' 저자)

학습 결손을 막아주는 '찐' 혼공 학습서

왜 진작에 이런 학습서가 나오지 않았을까요? 힌트북이 선생님이 되어 스스로 풀어내도록 도와주니 수학 실력뿐 아니라 자신감까지 올려주네요! 특히 요즘처럼 비대면 수업으로 인한 학습 결손이나 학력 격차까지 막아줄 수 있는 찐 혼공 학습서입니다.

배기근 선생님(대치 파인만학원 영재원 대표강사)

수학을 가장 쉽고 빠르게 공부할 수 있는 교재

구구절절 설명하는 책들은 넘쳐나지만 한눈에 보여주는 책은 이 책이 유일한 것 같습니다. 개념과 방법이 한눈에 이해되다 보니 힌트북이야말로 수학을 가장 쉽고 빠르게 공부할 수 있는 교재가 아닐까 하는 생각이 듭니다. 학생들이 쉽고 재밌게 공부하기에 안성맞춤입니다!

김준 선생님(일산 에이스학원 원장)

언제나 필요했던 게 바로 이런 책이었어요.

학원이나 선생님 도움 없이 혼자 책을 보며 공부하길 좋아했던 내가 언제나 필요했던 게 바로 이런 책이었습니다. 개념을 쉽게 설명하는 책은 많지만, 개념을 어떻게 받아들이고 어떻게 적용하는지 알려주는 책은 많지 않죠. 힌트북은 선생님이 옆에서 가르쳐 주듯 하나하나 알려주는 든든한 교재입니다.

이승은(서울대 대학원 보건학과)

문제 읽는 방법을 배워 '진짜 실력'을 길러요.

문제를 풀다 어렵다고 해설을 바로 보면 실력이 잘 늘지 않기에 과외 수업을 할 때도 힌트를 종종 주곤 합니다. 문제 접근법을 다시 생각해보게 하는 거죠. 힌트북은 '문제를 읽는 방법'을 학생 스스로 배울 수 있게 합니다. '진짜 실력'을 기르기에 참 좋은 교재입니다.

전가원(서울대 수의예과 21학번)

힌트가 생각의 방향을 잡아줘요.

개념 이해에서 시작한 공부는 문제 해결까지 이어져야 합니다. 힌트북은 이 과정을 끝까지 하도록 유도한다는 점에서 매력적입니다. 문제 속 개념을 찾아내는 것부터, 문제 해결을 위한 생각의 방향을 잡는 것까지 스스로 할 수 있도록 돕기 때문입니다.

김연우(서울대 조경지역시스템공학부 21학번)

개념을 문제에 적용할 수 있는 힘을 길러줘요.

수학 문제를 풀 때 가장 중요한 능력은 문제를 분석하고 올바르게 개념을 적용하는 능력입니다. 힌트북은 시중 초등 참고서에 없던 '힌트북'을 통해 처음 공부하는 학생이라도 개념을 문제에 스스로 '적용할 수 있는 힘'을 길러주고 있습니다.

현승환(서울대 자유전공학부 21학번)

매일의 목표를 이루어주는 힌트북

'성공도 습관'이라는 말이 있듯이, 하루의 작은 성공이 반복되어 습관이 될 때 결국 목표를 이루게 됩니다. 이 교재는 하루에 4쪽씩 학습량을 정해 두었는데, 힌트북이 매일의 목표를 포기하지 않고 끝까지 이룰 수 있도록 도와줍니다.

김하경(서울대 체육교육과 21학번)

스스로 답까지 도착하도록 도와줘요.

귀여운 그림과 예쁜 색감을 사용하여 학생들이 좀 더 관심을 가지고 집중할 수 있을 것 같아요. 답과 풀이만 있는 다른 교재와는 달리 힌트북은 '힌트'라는 스캐폴딩을 설정하여 스스로 생각하고 고민하여 답까지 도착할 수 있도록 도와줍니다. 전체 구성이 개념 → 확인 → 쉬운 문제 → 어려운 문제순으로 단계별로 이루어져 있어 스스로 공부하기에 정말 좋습니다.

송지혁(서울대 아동학과 21학번)

수학을 고등까지 꾸준히 잘하도록 도와줘요.

수학을 고등학교 때까지 꾸준히 잘하기 위해서 가장 중요한 것은 개념을 완전히 이해하고 문제에 적절하게 적용하는 능력입니다. 책속 힌트북을 통해 학생들이 그 능력을 자연스럽게 기를 수 있고, 자신감까지 얻을 수 있을 것 같습니다.

김지우(서울대 인문계열 21학번)

힌트로 수학의 원리를 체화할 수 있어요.

진정한 이해는 혼자 공부할 때 비로소 이루어진다고 생각합니다. 이 책의 강점은 힌트를 통해 모르는 문제가 있을 때 문제의 방식을 혼자 이해하고 몸에 익힐 수 있다는 것입니다. 이 책으로 공부하면 힌트를 통해 풀이 과정을 이해하면서 수학의 원리를 체화할 수 있습니다.

조현준(서울대 생명과학부 21학번)

문제와 풀이 사이에 힌트가 있다면?

막힐 땐

힌트북

막힐 때 힌트 보며 혼자서도 척척

초등 혼공 기본서

슬기로운공부

이 책의 구성과 특징

기본 개념 학습

개념 > 확인문제 > 교과서문제 > 개념 따라쓰기

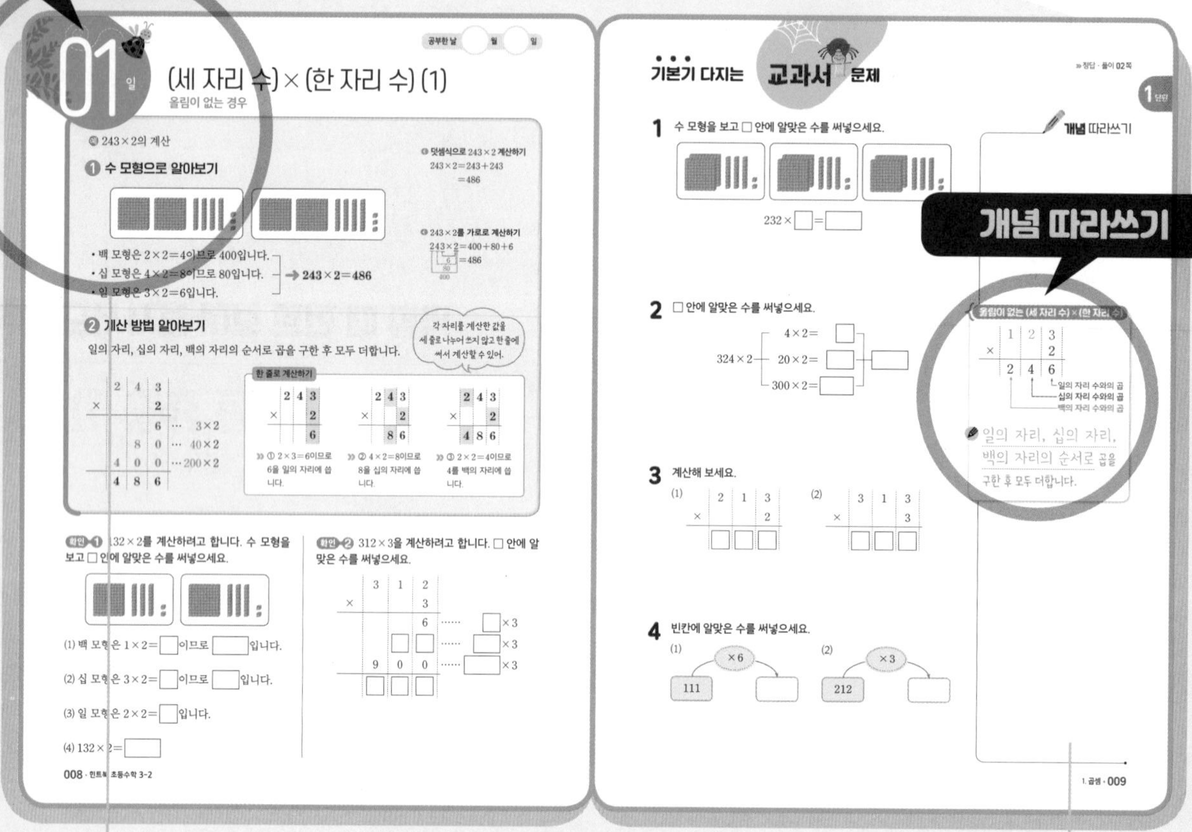

하루 4쪽 35일 완성

하루 4쪽 공부로 단기간에 수학의 기본기를 탄탄하게 완성할 수 있습니다.

개념 따라쓰기

눈으로 확인한 개념을 직접 손으로 따라쓰며 머릿속에 새길 수 있습니다.

스스로 풀어내는 도전 10 문제

기본문제 > 응용문제 > 독해력문제 > 표현력문제

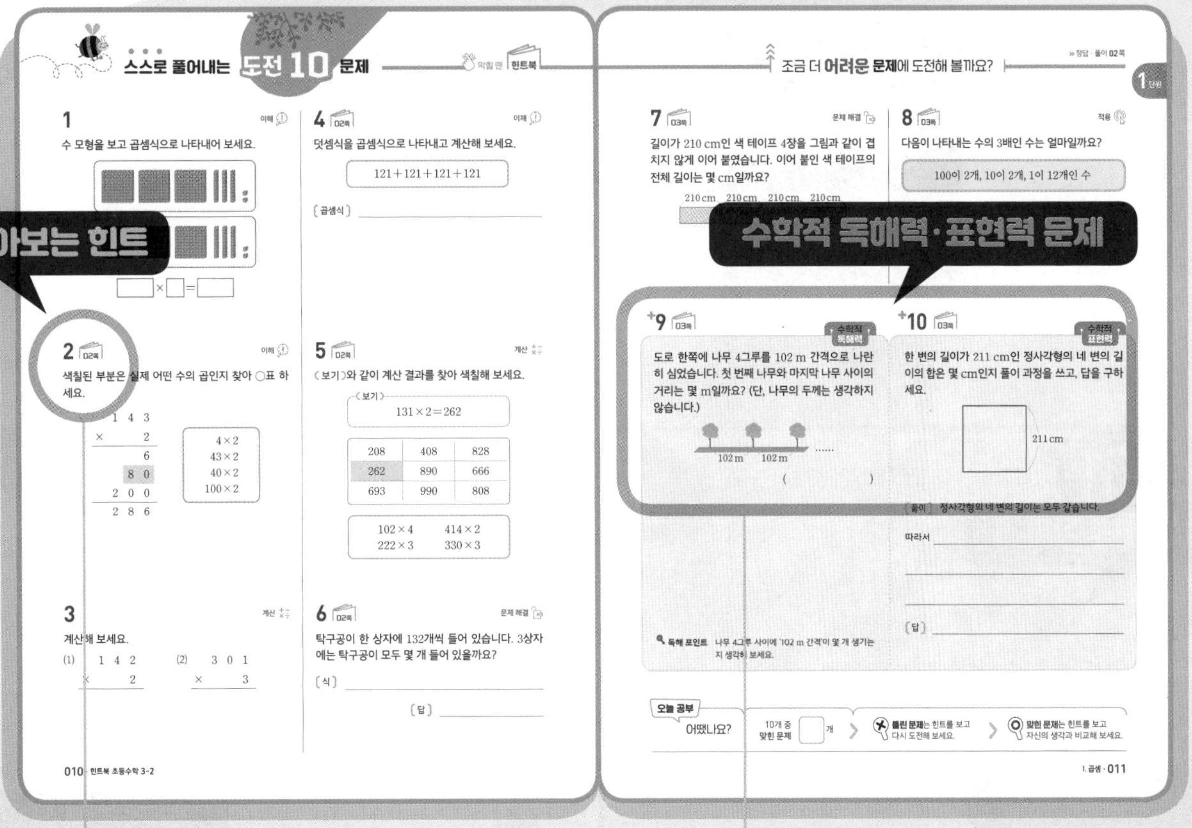

막힐 때 찾아보는 힌트

문제 풀다 막힐 때 힌트를 바로 찾아 확인할 수 있습니다.

수학적 독해력·표현력 문제

문제의 의미를 파악하고, 풀이 과정을 수학적으로 표현하는 연습을 합니다.

이 책의 구성과 특징

막힐 때 찾아보는 힌트

힌트는?

- **문제해결의 실마리** 생각의 첫 단추, 문제 접근법
- **문제 속 숨은 개념** 출제 포인트, 출제 의도
- **수학적 아이디어** 수학적 발상, 수학적 사고
- **상위권의 풀이법** 문제 풀이 스킬, 다양한 풀이 비법

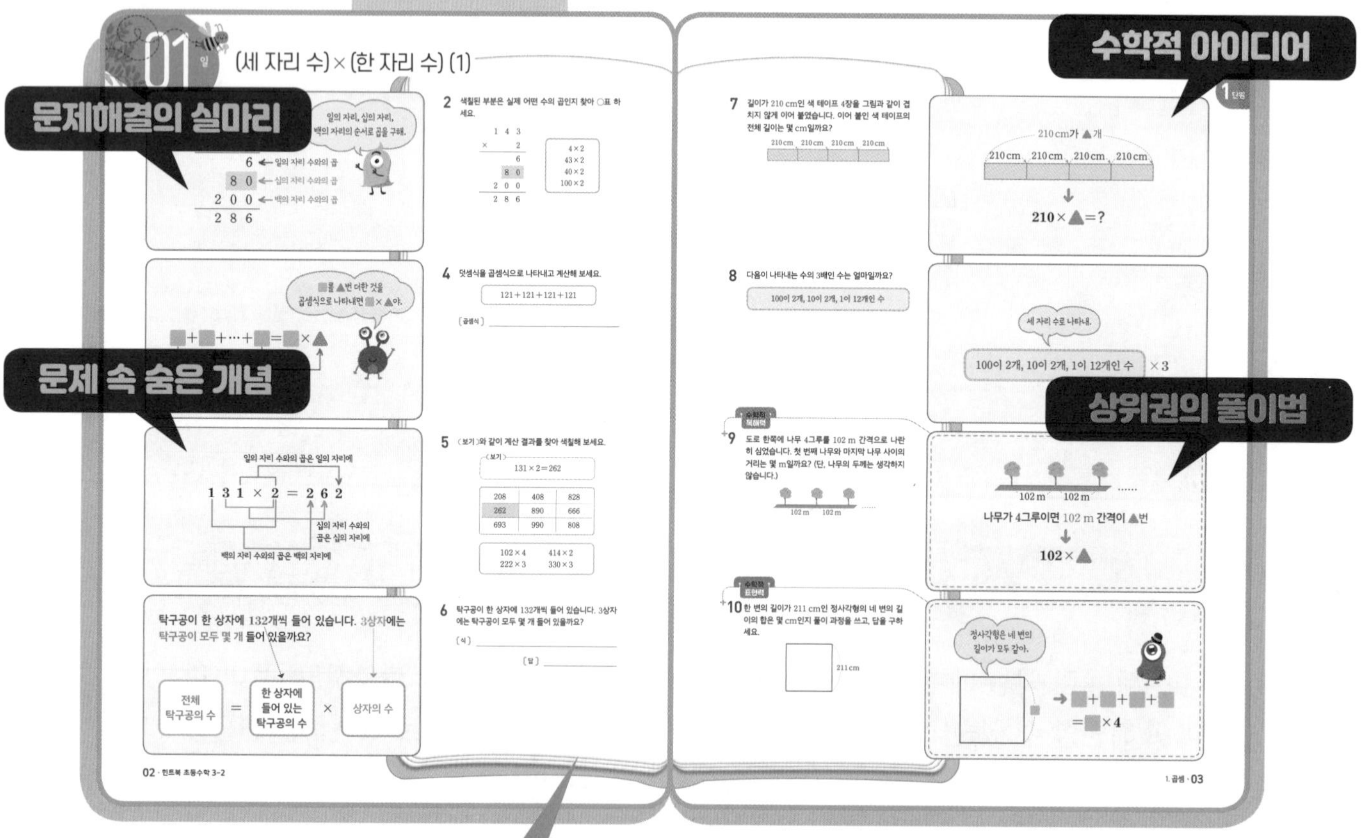

문제를 보며 힌트를 확인할 수 있습니다.

이 책의 200% 활용법

혼공할 때

홈스쿨할 때

선행할 때

수학이 어려울 때

힌트북으로 공부하면

개념이
쉽고 명확해집니다.

문제를 보면
개념이 떠오릅니다.

어려웠던 수학이
만만해집니다.

이 책의 차례

1 단원 곱셈

2 단원 나눗셈

3 단원 원

4 단원 분수

5 단원 들이와 무게

6 단원 자료의 정리

01일 (세 자리 수)×(한 자리 수) (1)

올림이 없는 경우

예 243×2의 계산

덧셈식으로 243×2 계산하기

$243\times2=243+243$
$=486$

① 수 모형으로 알아보기

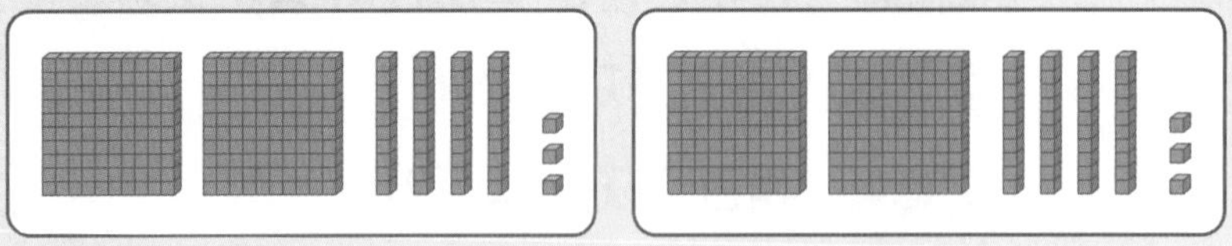

- 백 모형은 $2\times2=4$이므로 400입니다.
- 십 모형은 $4\times2=8$이므로 80입니다.
- 일 모형은 $3\times2=6$입니다.

→ $243\times2=486$

243×2를 가로로 계산하기

$243\times2=400+80+6$
$=486$

(6, 80, 400)

② 계산 방법 알아보기

일의 자리, 십의 자리, 백의 자리의 순서로 곱을 구한 후 모두 더합니다.

각 자리를 계산한 값을 세 줄로 나누어 쓰지 않고 한 줄에 써서 계산할 수 있어.

	2	4	3	
×			2	
			6	… 3×2
		8	0	… 40×2
	4	0	0	… 200×2
	4	8	6	

한 줄로 계산하기

	2	4	3
×			2
			6

» ① $2\times3=6$이므로 6을 일의 자리에 씁니다.

	2	4	3
×			2
		8	6

» ② $4\times2=8$이므로 8을 십의 자리에 씁니다.

	2	4	3
×			2
	4	8	6

» ③ $2\times2=4$이므로 4를 백의 자리에 씁니다.

확인 1 132×2를 계산하려고 합니다. 수 모형을 보고 □ 안에 알맞은 수를 써넣으세요.

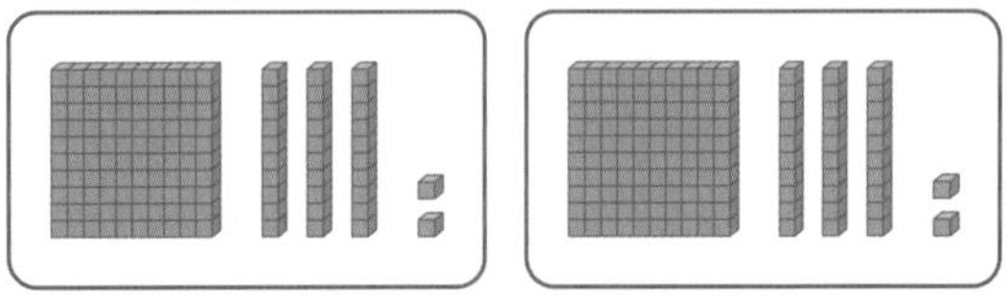

(1) 백 모형은 $1\times2=$□이므로 □입니다.

(2) 십 모형은 $3\times2=$□이므로 □입니다.

(3) 일 모형은 $2\times2=$□입니다.

(4) $132\times2=$□

확인 2 312×3을 계산하려고 합니다. □ 안에 알맞은 수를 써넣으세요.

	3	1	2	
×			3	
			6	…… □$\times3$
		□	□	…… □$\times3$
	9	0	0	…… □$\times3$
	□	□	□	

» 정답 · 풀이 02쪽

1 수 모형을 보고 □ 안에 알맞은 수를 써넣으세요.

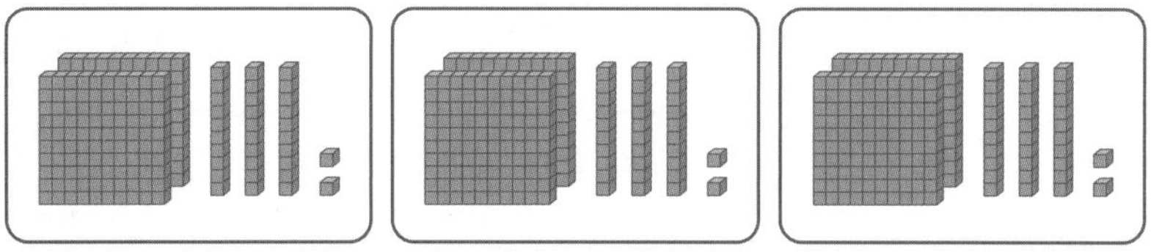

232 × □ = □

2 □ 안에 알맞은 수를 써넣으세요.

324 × 2 ─ 4 × 2 = □
　　　　 ─ 20 × 2 = □ ─ □
　　　　 ─ 300 × 2 = □

3 계산해 보세요.

(1)

	2	1	3
×			2
	□	□	□

(2)

	3	1	3
×			3
	□	□	□

4 빈칸에 알맞은 수를 써넣으세요.

(1) 111 → ×6 → □

(2) 212 → ×3 → □

개념 따라쓰기

올림이 없는 (세 자리 수) × (한 자리 수)

	1	2	3
×			2
	2	4	6

6 ← 일의 자리 수와의 곱
4 ← 십의 자리 수와의 곱
2 ← 백의 자리 수와의 곱

일의 자리, 십의 자리, 백의 자리의 순서로 곱을 구한 후 모두 더합니다.

1

이해

수 모형을 보고 곱셈식으로 나타내어 보세요.

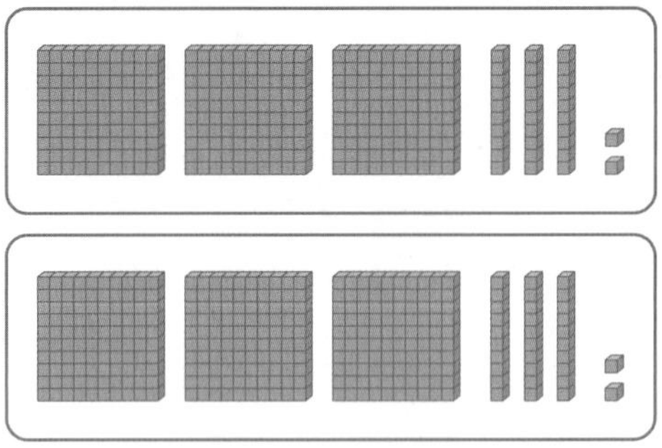

☐ × ☐ = ☐

2

02쪽

이해

색칠된 부분은 실제 어떤 수의 곱인지 찾아 ○표 하세요.

```
    1 4 3
×       2
---------
        6
      8 0
    2 0 0
---------
    2 8 6
```

4 × 2
43 × 2
40 × 2
100 × 2

3

계산

계산해 보세요.

(1)
```
    1 4 2
×       2
---------
```

(2)
```
    3 0 1
×       3
---------
```

4

02쪽

이해

덧셈식을 곱셈식으로 나타내고 계산해 보세요.

121 + 121 + 121 + 121

[곱셈식] ____________________

5

02쪽

계산

[보기]와 같이 계산 결과를 찾아 색칠해 보세요.

[보기]
131 × 2 = 262

208	408	828
262	890	666
693	990	808

102 × 4	414 × 2
222 × 3	330 × 3

6

02쪽

문제 해결

탁구공이 한 상자에 132개씩 들어 있습니다. 3상자에는 탁구공이 모두 몇 개 들어 있을까요?

[식] ____________________

[답] ____________________

» 정답 · 풀이 02쪽

7 03쪽 문제 해결

길이가 210 cm인 색 테이프 4장을 그림과 같이 겹치지 않게 이어 붙였습니다. 이어 붙인 색 테이프의 전체 길이는 몇 cm일까요?

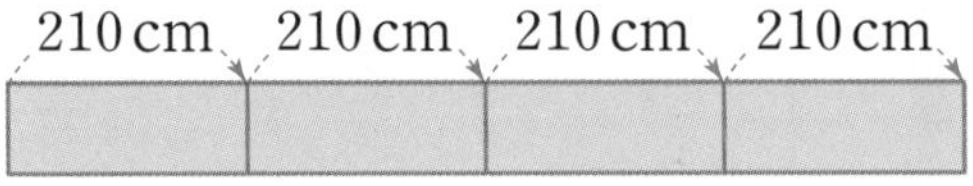

(   )

8 03쪽 적용

다음이 나타내는 수의 3배인 수는 얼마일까요?

100이 2개, 10이 2개, 1이 12개인 수

(   )

+9 03쪽 수학적 독해력

도로 한쪽에 나무 4그루를 102 m 간격으로 나란히 심었습니다. 첫 번째 나무와 마지막 나무 사이의 거리는 몇 m일까요? (단, 나무의 두께는 생각하지 않습니다.)

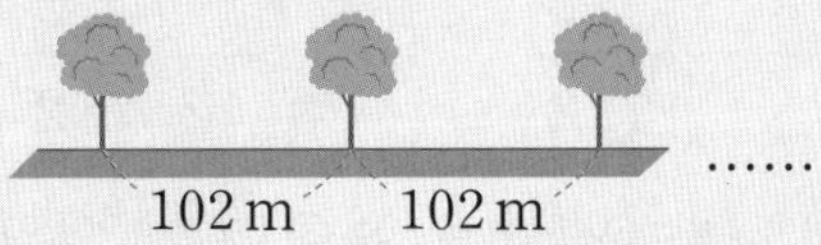

(   )

독해 포인트 나무 4그루 사이에 '102 m 간격'이 몇 개 생기는지 생각해 보세요.

+10 03쪽 수학적 표현력

한 변의 길이가 211 cm인 정사각형의 네 변의 길이의 합은 몇 cm인지 풀이 과정을 쓰고, 답을 구하세요.

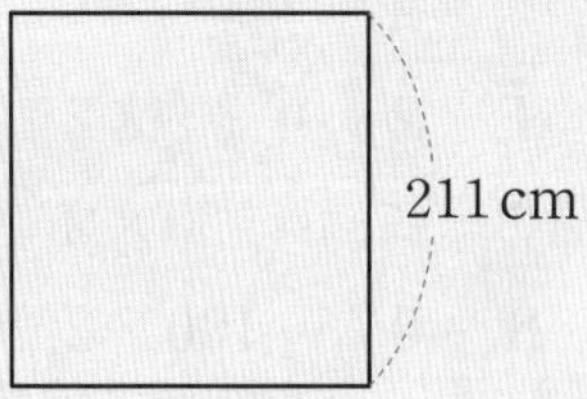

풀이 정사각형의 네 변의 길이는 모두 같습니다.

따라서 ____________________

____

____

답 ____________________

오늘 공부 어땠나요? 10개 중 맞힌 문제 [ ] 개 › **틀린 문제**는 힌트를 보고 다시 도전해 보세요. › **맞힌 문제**는 힌트를 보고 자신의 생각과 비교해 보세요.

공부한 날 ( )월 ( )일

02일 (세 자리 수)×(한 자리 수) (2)

일의 자리에서 올림이 있는 경우

예 136×2의 계산

❶ 수 모형으로 알아보기

일 모형 10개는 십 모형 1개와 같습니다.

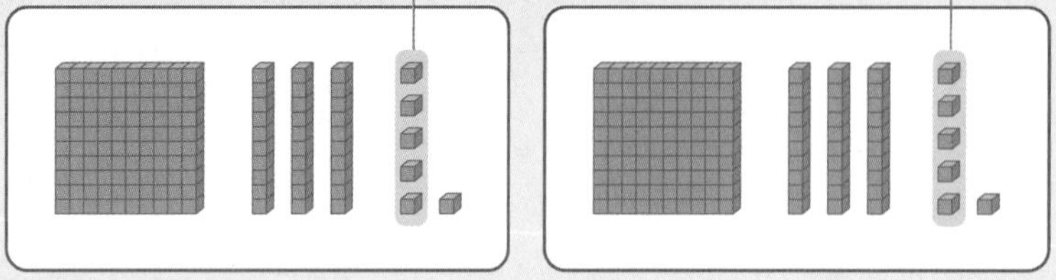

- 백 모형은 1×2=2이므로 200입니다.
- 십 모형은 3×2=6이므로 60입니다.
- 일 모형은 6×2=12입니다.

→ 136×2=272

◐ 덧셈식으로 136×2 계산하기

136×2=136+136
=272

◐ 136×2를 가로로 계산하기

136×2=200+60+12
=272
(12, 60, 200)

일의 자리의 곱이 10이거나 10보다 크면 십의 자리 위에 올림한 수를 작게 쓰고, 십의 자리의 곱에 더해.

❷ 계산 방법 알아보기

일의 자리, 십의 자리, 백의 자리의 순서로 곱을 구한 후 모두 더합니다.

	1	3	6	
×			2	
		1	2	… 6×2
		6	0	… 30×2
	2	0	0	… 100×2
	2	7	2	

한 줄로 계산하기

	1 (올림)		
	1	3	6
×			2
			2

» ① 6×2=12이므로 1을 십의 자리 위에 작게 쓰고, 2를 일의 자리에 씁니다.

	1 (올림)		
	1	3	6
×			2
		7	2

» ② 3×2=6이므로 올림한 수 1과 더하여 십의 자리에 7을 씁니다.

	1 (올림)		
	1	3	6
×			2
	2	7	2

» ③ 1×2=2이므로 백의 자리에 2를 씁니다.

확인 1 214×3을 계산하려고 합니다. 수 모형을 보고 □ 안에 알맞은 수를 써넣으세요.

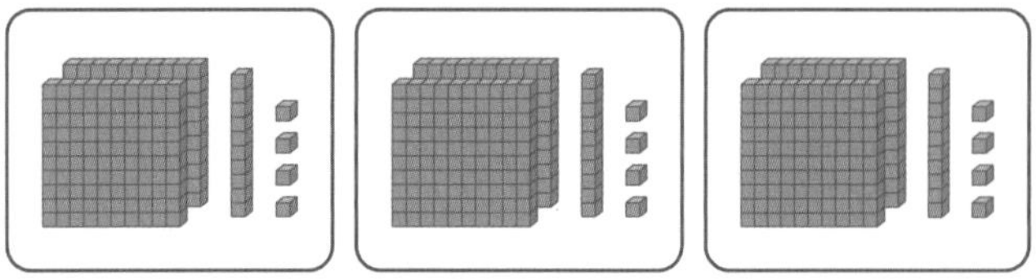

(1) 백 모형은 2×3=□이므로 □입니다.

(2) 십 모형은 1×3=□이므로 □입니다.

(3) 일 모형은 4×3=□입니다.

(4) 214×3=□

확인 2 126×4를 계산하려고 합니다. □ 안에 알맞은 수를 써넣으세요.

	1	2	6	
×			4	
		□	□	…… □×4
		8	0	…… □×4
	4	0	0	…… □×4
	□	□	□	

기본기 다지는 교과서 문제

1 수 모형을 보고 □ 안에 알맞은 수를 써넣으세요.

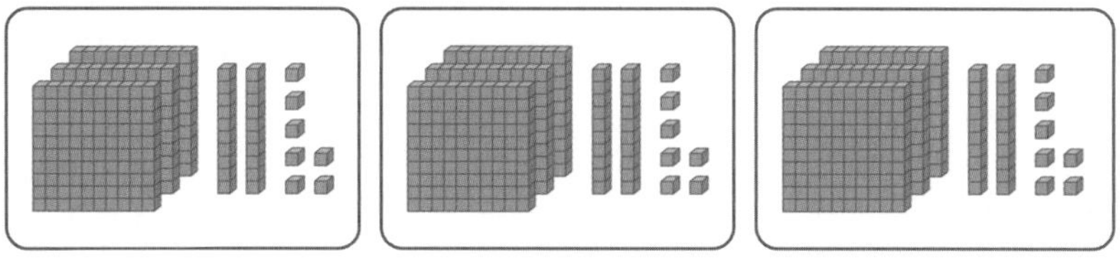

327 × □ = □

2 □ 안에 알맞은 수를 써넣으세요.

216 × 4
- 6 × 4 = □
- 10 × 4 = □
- 200 × 4 = □

→ □

3 〈보기〉와 같이 계산해 보세요.

〈보기〉

		1	
	1	2	5
×			3
	3	7	5

		□	
	2	1	5
×			4
	□	□	□

4 계산해 보세요.

(1)

	1	1	9
×			5
	□	□	□

(2)

	2	3	6
×			2
	□	□	□

개념 따라쓰기

일의 자리에서 올림이 있는 (세 자리 수)×(한 자리 수)

		1	
	2	1	4
×			3
	6	4	2

일의 자리에서 올림한 수

4 × 3 = 12

일의 자리의 곱이 10이거나 10보다 크면 십의 자리 위에 올림한 수를 작게 쓰고, 십의 자리의 곱에 더합니다.

1 이해

수 모형을 보고 곱셈식으로 나타내어 보세요.

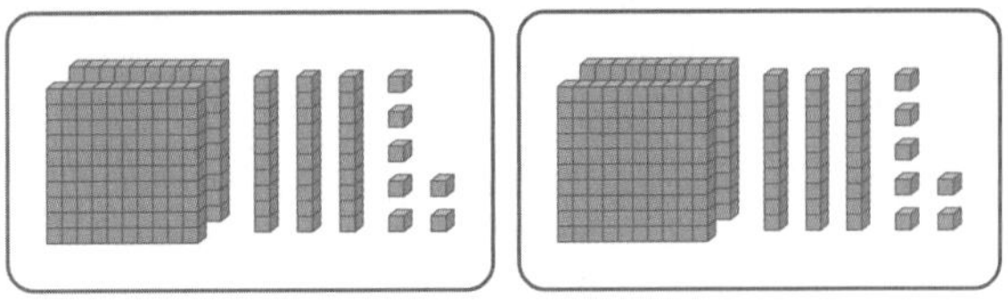

$\square \times \square = \square$

2 계산

계산해 보세요.

(1)
$$\begin{array}{r} 1\ 3\ 5 \\ \times \quad\ \ 2 \\ \hline \end{array}$$

(2)
$$\begin{array}{r} 3\ 1\ 9 \\ \times \quad\ \ 3 \\ \hline \end{array}$$

3 04쪽 이해

□ 안의 숫자 3이 실제로 나타내는 값은 얼마일까요?

$$\begin{array}{r} \boxed{3}\quad\ \ \\ 2\ 1\ 8 \\ \times \quad\ \ 4 \\ \hline 8\ 7\ 2 \end{array}$$

( )

4 04쪽 적용

계산이 <u>잘못된</u> 부분을 찾아 바르게 고쳐 보세요.

$$\begin{array}{r} 2\ 2\ 5 \\ \times \quad\ \ 3 \\ \hline 6\ 6\ 5 \end{array} \rightarrow \begin{array}{r} 2\ 2\ 5 \\ \times \quad\ \ 3 \\ \hline \end{array}$$

5 04쪽 적용

□ 안에 알맞은 수를 써넣으세요.

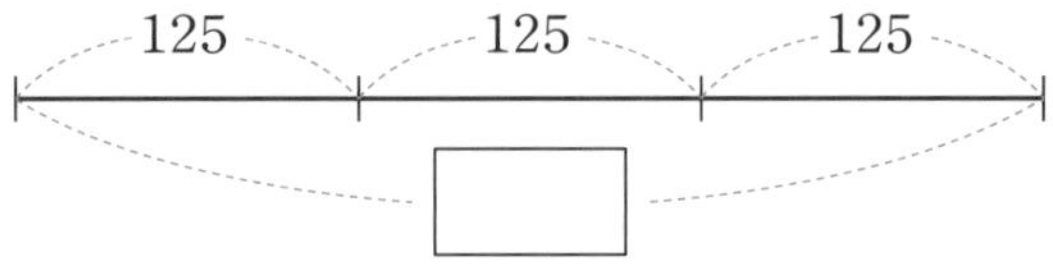

6 04쪽 계산

계산 결과를 비교하여 ○ 안에 >, =, <를 알맞게 써넣으세요.

338×2 ○ 116×6

7 05쪽 적용

슬기와 종욱이가 뽑은 곱셈 카드의 합을 구하세요.

슬기

117×3 226×2

종욱

(　　　　　　)

8 05쪽 추론

□ 안에 알맞은 수를 써넣으세요.

$$\begin{array}{rrrr} & 1 & 2 & \square \\ \times & & & 4 \\ \hline & 4 & 9 & 2 \end{array}$$

+9 05쪽 수학적 독해력

주하네 학교 3학년 전체 학생에게 수수깡을 3묶음씩 주려고 합니다. 수수깡은 모두 몇 묶음이 필요할까요?

반	1	2	3	4	5
학생 수(명)	24	23	26	25	26

(　　　　　　)

독해 포인트 3학년 전체 학생의 수를 먼저 구하세요.

+10 05쪽 수학적 표현력

의자를 한 줄에 124개씩 4줄로 놓으려고 합니다. 의자가 500개 있다면 남는 의자는 몇 개인지 풀이 과정을 쓰고, 답을 구하세요.

[풀이] 놓으려는 의자의 수는 ______________

____

____

[답] ______________

오늘 공부 어땠나요?

10개 중 맞힌 문제 □ 개

틀린 문제는 힌트를 보고 다시 도전해 보세요.

맞힌 문제는 힌트를 보고 자신의 생각과 비교해 보세요.

03일 (세 자리 수)×(한 자리 수) (3)

십의 자리, 백의 자리에서 올림이 있는 경우

① 십의 자리에서 올림이 있는 경우

예 151×5의 계산

	1	5	1	
×			5	
			5	⋯ 1×5
	2	5	0	⋯ 50×5
	5	0	0	⋯ 100×5
	7	5	5	

→ 한 줄로 계산하기

	2		
	1	5	1
×			5
	7	5	5

• 십의 자리에서 올림한 수 (2)

◐ 덧셈식으로 151×5 계산하기

151×5
=151+151+151+151+151
=755

◐ 362×4를 가로로 계산하기

362×4=1200+240+8
=1448

② 십의 자리, 백의 자리에서 올림이 있는 경우

예 362×4의 계산

	3	6	2	
×			4	
			8	⋯ 2×4
	2	4	0	⋯ 60×4
1	2	0	0	⋯ 300×4
1	4	4	8	

→ 한 줄로 계산하기

	2		
	3	6	2
×			4
1	4	4	8

• 십의 자리에서 올림한 수 (2)
• 백의 자리에서 올림한 수 (1)

◐ 각 자리의 곱이 10이거나 10보다 크면 바로 윗자리로 올림합니다.

확인 1 273×2를 계산하려고 합니다. 수 모형을 보고 □ 안에 알맞은 수를 써넣으세요.

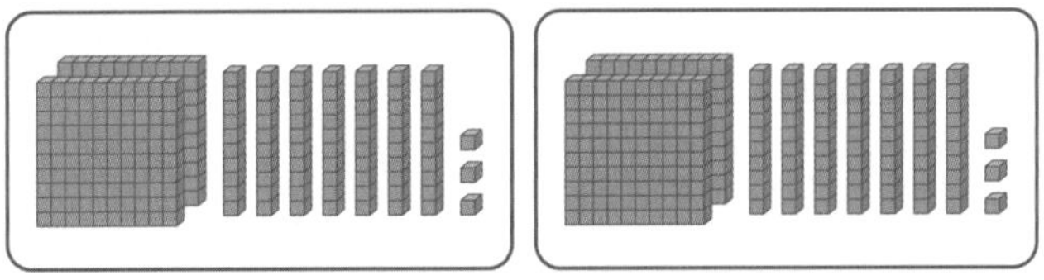

(1) 백 모형은 2×2=□이므로 □입니다.

(2) 십 모형은 7×2=□이므로 □입니다.

(3) 일 모형은 3×2=□입니다.

(4) 273×2=□

확인 2 541×3을 계산하려고 합니다. □ 안에 알맞은 수를 써넣으세요.

	5	4	1		
×			3		
			3	……	□×3
	□	□	□	……	□×3
□	□	□	□	……	□×3
□	□	□	□		

기본기 다지는 교과서 문제

1 수 모형을 보고 □ 안에 알맞은 수를 써넣으세요.

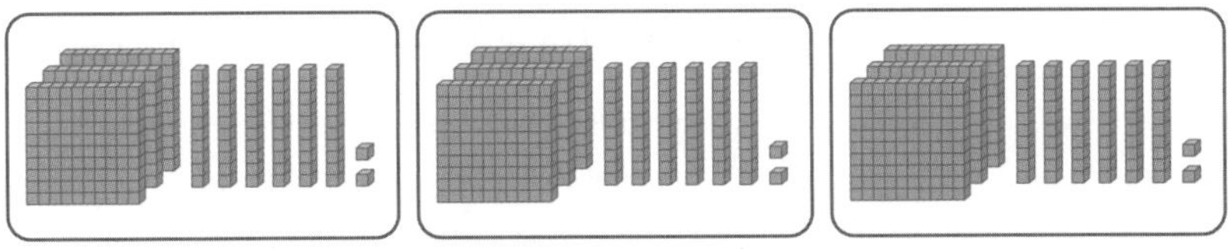

$362 \times \square = \square$

2 □ 안에 알맞은 수를 써넣으세요.

654×2 →

$4 \times 2 = \square$

$50 \times 2 = \square$

$600 \times 2 = \square$

→ $\square$

3 〈보기〉와 같이 계산해 보세요.

〈보기〉

	1		
	5	3	2
×			4
2	1	2	8

	□		
	3	9	2
×			4
□	□	□	□

4 계산해 보세요.

(1)
$$\begin{array}{r} 4\ 8\ 4 \\ \times\ \ \ \ \ 2 \\ \hline \end{array}$$

(2)
$$\begin{array}{r} 7\ 6\ 3 \\ \times\ \ \ \ \ 2 \\ \hline \end{array}$$

개념 따라쓰기

십의 자리에서 올림이 있는 (세 자리 수)×(한 자리 수)

	1 (십의 자리에서 올림한 수)		
	1	5	4
×			2
	3	0	8

$5 \times 2 = 10$

십의 자리의 곱이 10이거나 10보다 크면 백의 자리 위에 올림한 수를 작게 쓰고, 백의 자리의 곱에 더합니다.

십의 자리, 백의 자리에서 올림이 있는 (세 자리 수)×(한 자리 수)

	1 (십의 자리에서 올림한 수)		
	4	4	2
×			3
1	3	2	6

(1: 백의 자리에서 올림한 수)

각 자리의 곱이 10이거나 10보다 크면 바로 윗자리로 올림합니다.

막힐 땐 힌트북

1

이해

수 모형을 보고 곱셈식으로 나타내어 보세요.

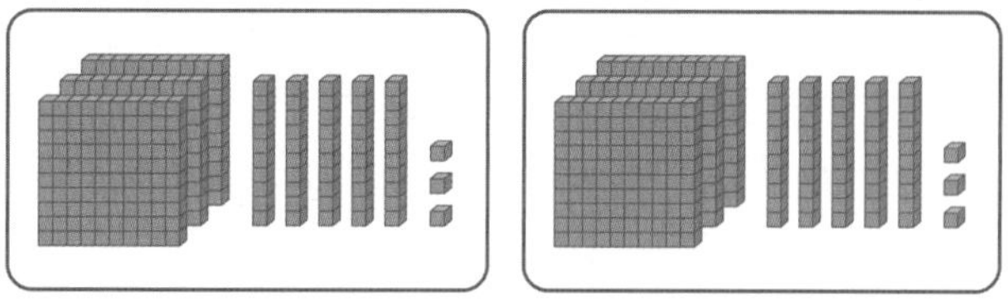

□ × □ = □

2

계산

계산해 보세요.

(1) $\begin{array}{r} 351 \\ \times \quad 5 \\ \hline \end{array}$

(2) $\begin{array}{r} 402 \\ \times \quad 7 \\ \hline \end{array}$

3

06쪽

이해

□ 안의 숫자 3이 실제로 나타내는 값은 얼마일까요?

$\begin{array}{r} \boxed{3} \\ 582 \\ \times \quad 4 \\ \hline 2328 \end{array}$

(　　　　　　　)

4

06쪽

이해

덧셈식을 곱셈식으로 나타내고 계산해 보세요.

342+342+342+342

곱셈식 ______________________

5

06쪽

계산

계산 결과를 비교하여 ◯ 안에 >, =, <를 알맞게 써넣으세요.

472×3 ◯ 320×5

6

06쪽

의사 소통

영민이가 저금한 돈은 모두 얼마일까요?

(　　　　　　　)

7 07쪽 추론

□ 안에 알맞은 수를 써넣으세요.

$$\begin{array}{r} 3\ \square\ 8 \\ \times\quad\ 6 \\ \hline 2\ 2\ 0\ 8 \end{array}$$

8 07쪽 추론

수 카드를 한 번씩만 사용하여 만든 곱셈식입니다. 곱이 가장 작은 것을 찾아 기호를 쓰세요.

3 8 6 2

㉠ 368×2 ㉡ 238×6 ㉢ 268×3

( )

+9 07쪽 수학적 독해력

문구점에서 한 자루에 750원인 연필을 6자루 사고 5000원을 냈습니다. 거스름돈으로 얼마를 받아야 할까요?

( )

독해 포인트 먼저 연필 6자루의 값을 구합니다.

+10 07쪽 수학적 표현력

계산에서 잘못된 부분을 찾아 잘못된 이유를 쓰고, 바르게 계산해 보세요.

$$\begin{array}{r} 1\ 6\ 2 \\ \times\quad\ 4 \\ \hline 4\ 4\ 8 \end{array} \rightarrow \begin{array}{r} 1\ 6\ 2 \\ \times\quad\ 4 \\ \hline \end{array}$$

잘못된 이유 백의 자리 계산을 할 때, ____________

____

____

바르게 계산한 값 ____________

오늘 공부 어땠나요? 10개 중 맞힌 문제 □ 개 › 틀린 문제는 힌트를 보고 다시 도전해 보세요. › 맞힌 문제는 힌트를 보고 자신의 생각과 비교해 보세요.

04일 (몇십)×(몇십), (몇십몇)×(몇십)

❶ (몇십)×(몇십)

(몇)×(몇)을 계산한 다음 10을 두 번 곱합니다.

예 30×20의 계산

$$3 \times 2 = 6$$

↓10배 ↓10배 ↓100배

$$30 \times 20 = 600$$

	3	0
×	2	0
6	0	0

◐ 30×20을 여러 가지 방법으로 계산하기

방법 1 $30 \times 20 = 30 \times 2 \times 10$
$= 60 \times 10$
$= 600$

방법 2 30×20
$= 3 \times 2 \times 10 \times 10$
$= 6 \times 100$
$= 600$

❷ (몇십몇)×(몇십)

(몇십몇)×(몇)을 계산한 다음 10을 곱합니다.

예 14×20의 계산

$$14 \times 2 = 28$$

↓10배 ↓10배

$$14 \times 20 = 280$$

	1	4
×	2	0
2	8	0

◐ 14×20을 여러 가지 방법으로 계산하기

방법 1 $14 \times 20 = 14 \times 2 \times 10$
$= 28 \times 10$
$= 280$

방법 2 $14 \times 20 = 14 \times 10 \times 2$
$= 140 \times 2$
$= 280$

확인 1 □ 안에 알맞은 수를 써넣으세요.

(1) 10배

$4 \times 3 = 12$ ➔ $40 \times 30 = \square$

10배

□배

(2) 10배

$16 \times 4 = 64$ ➔ $16 \times 40 = \square$

□배

확인 2 □ 안에 알맞은 수를 써넣으세요.

(1) $50 \times 70 = 5 \times 10 \times 7 \times 10$
$= 5 \times 7 \times 10 \times 10$
$= \square \times 100$
$= \square$

(2) $27 \times 40 = 27 \times 4 \times 10$
$= \square \times 10$
$= \square$

1 □ 안에 알맞은 수를 써넣으세요.

(1) 80 × 30 = 24□

(2) 43 × 30 = 129□

2 계산해 보세요.

(1)

	3	0
×	9	0

(2)

	7	2
×	4	0

3 계산해 보세요.

(1) 2 × 30 = □

20 × 30 = □

22 × 30 = □

(2) 5 × 60 = □

50 × 60 = □

55 × 60 = □

4 빈칸에 알맞은 수를 써넣으세요.

(1) × 50

20	
30	
40	

(2) × 30

42	
52	
62	

개념 따라쓰기

(몇십) × (몇십)

	2	0
×	3	0
6	0	0

(몇십) × (몇십)은 (몇) × (몇)의 계산 결과에 0을 2개 붙입니다.

(몇십몇) × (몇십)

	2	1
×	3	0
6	3	0

(몇십몇) × (몇십)은 (몇십몇) × (몇)의 계산 결과에 0을 1개 붙입니다.

1
이해

□ 안에 알맞은 수를 써넣으세요.

$5\times9=\square$ → $50\times90=\square$

2
계산

계산해 보세요.

(1) $\begin{array}{r} 2\ 0 \\ \times\ 7\ 0 \\ \hline \end{array}$

(2) $\begin{array}{r} 4\ 6 \\ \times\ 8\ 0 \\ \hline \end{array}$

(3) 90×40

(4) 75×70

3
08쪽 적용

계산 결과가 다른 하나를 찾아 기호를 쓰세요.

㉠ 20×60　㉡ 30×40
㉢ 40×30　㉣ 50×20

(　　　　　)

4
08쪽 적용

빈칸에 알맞은 수를 써넣으세요.

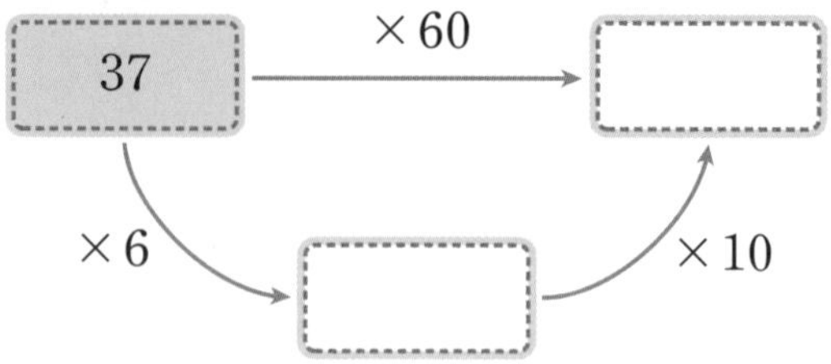

5
08쪽 적용

㉠과 ㉡에 알맞은 수의 합은 얼마일까요?

$20\times80=$㉠00
$60\times90=$㉡00

(　　　　　)

6
08쪽 문제 해결

하루는 24시간이고, 1시간은 60분입니다. 하루는 몇 분일까요?

(　　　　　)

» 정답 · 풀이 05쪽

조금 더 어려운 문제에 도전해 볼까요?

7 09쪽 추론

두 곱셈식의 계산 결과는 같습니다. □ 안에 알맞은 수를 구하세요.

40×90 $\qquad$ $60 \times \square$

(　　　　　　)

8 09쪽 적용

㉠과 ㉡의 곱을 구하세요.

㉠ 10이 7개, 1이 3개인 수
㉡ 10이 4개인 수

(　　　　　　)

+9 09쪽 수학적 독해력

1부터 9까지의 수 중에서 □ 안에 들어갈 수 있는 수를 모두 구하세요.

$32 \times \square 0 < 1300$

(　　　　　　)

독해 포인트 32를 30으로 어림하여 □ 안에 들어갈 수 있는 수를 예상해 봅니다.

+10 09쪽 수학적 표현력

수현이네 반 남학생은 15명이고, 여학생은 16명입니다. 수현이네 반 학생들에게 사탕을 20개씩 나누어 주려면 사탕은 모두 몇 개 필요한지 풀이 과정을 쓰고, 답을 구하세요.

풀이 수현이네 반 전체 학생 수는 ______

______

______

답 ______

오늘 공부 어땠나요? 10개 중 맞힌 문제 □ 개 > 틀린 문제는 힌트를 보고 다시 도전해 보세요. > 맞힌 문제는 힌트를 보고 자신의 생각과 비교해 보세요.

(몇)×(몇십몇)

예 8×24의 계산

① 모눈의 수로 알아보기

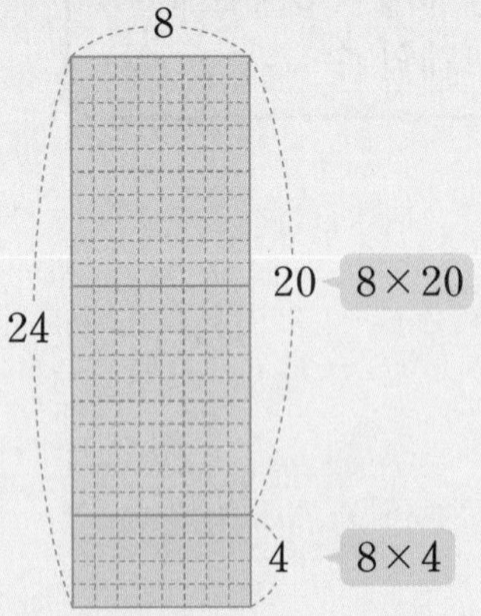

(노란색 모눈의 수)=8×20=160(칸)

(초록색 모눈의 수)=8×4=32(칸)

(전체 모눈의 수)=160+32=192칸

➜ **8×24=192**

(전체 모눈의 수)
=(노란색 모눈의 수)
+(초록색 모눈의 수)

② 계산 방법 알아보기

(몇)×(몇십몇)은 (몇)×(몇)과 (몇)×(몇십)을 각각 계산한 후 두 곱을 더합니다.

		8
×	2	4
	3	2	…8×4
1	6	0	…8×20
1	**9**	**2**

한 줄로 계산하기

	3	
		8
×	2	4
		2

» ① 8×4=32이므로 3을 십의 자리로 올림하고 2를 일의 자리에 씁니다.

	3	
		8
×	2	4
1	9	2

» ② 8×2=16이므로 올림한 수 3과 더하여 십의 자리에 9를 쓰고 1은 백의 자리에 씁니다.

곱셈에서는 곱하는 두 수를 바꾸어 곱해도 계산 결과가 같으므로 (몇)×(몇십몇)을 (몇십몇)×(몇)으로 구할 수도 있습니다.

$\begin{array}{r} {}^{3}\ \ \\ 8 \\ \times\ 24 \\ \hline 192 \end{array} = \begin{array}{r} {}^{3}\ \ \ \\ 24 \\ \times\ \ 8 \\ \hline 192 \end{array}$

확인 1 9×25를 계산하려고 합니다. 모눈종이를 보고 □ 안에 알맞은 수를 써넣으세요.

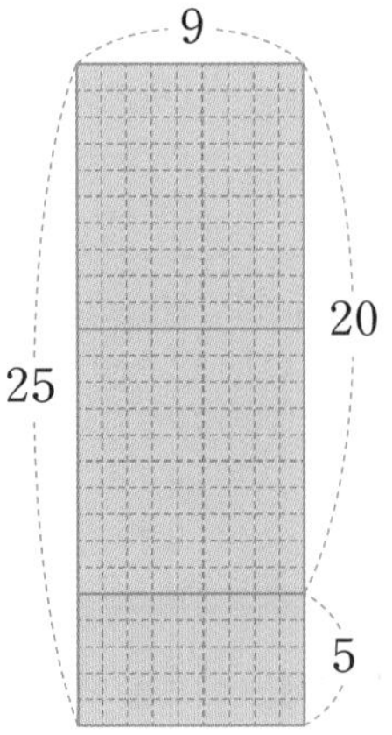

(1) 노란색 모눈:

9×□=□(칸)

(2) 초록색 모눈:

9×□=□(칸)

(3) 9×25=□

확인 2 □ 안에 알맞은 수를 써넣으세요.

		7
×	3	2
	1	4	…… 7×□
□	□	□	…… 7×□
□	□	□

» 정답 · 풀이 06쪽

1 □ 안에 알맞은 수를 써넣으세요.

6×48 ─ $6\times8=$ □ , $6\times40=$ □ → □

2 □ 안에 알맞은 수를 써넣으세요.

$4\times24=$ □

$4\times\ \ 4=$ □

$4\times20=$ □

3 〈보기〉와 같이 계산해 보세요.

〈보기〉

	1	
		4
×	3	3
1	3	2

	□	
		5
×	3	4
□	□	□

4 계산해 보세요.

(1)

		3
×	2	5

(2)

		6
×	3	4

개념 따라쓰기

(몇)×(몇십몇)

		8	
×	2	4	
	3	2	⋯8×4
1	6	0	⋯8×20
1	9	2	

(몇)×(몇십몇)은 (몇)×(몇)과 (몇)×(몇십)을 각각 계산한 후 두 곱을 더합니다.

1
이해

모눈종이를 보고 □ 안에 알맞은 수를 써넣으세요.

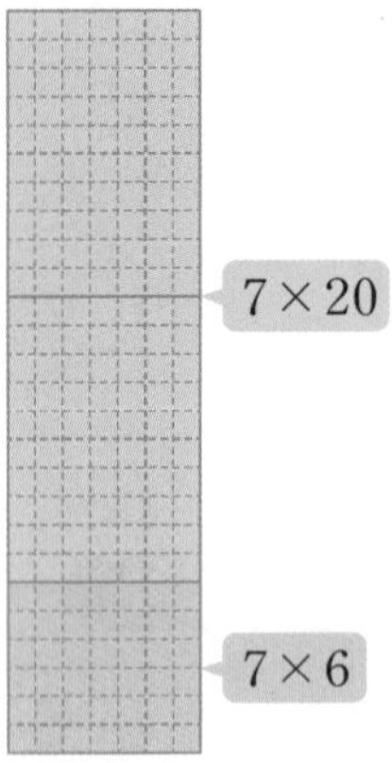

$7 \times \square = \square$

2
계산

계산해 보세요.

(1)
```
    3
× 5 3
-----
```

(2)
```
    8
× 9 5
-----
```

(3) 5×46

(4) 9×33

3 10쪽
적용

계산이 잘못된 부분을 찾아 바르게 고쳐 보세요.

```
    5                5
× 2 3     →      × 2 3
-----            -----
  1 5
  1 0
-----
  2 5
```

4 10쪽
계산

계산 결과를 비교하여 ○ 안에 >, =, <를 알맞게 써넣으세요.

9×52 ○ 6×75

5 10쪽
문제 해결

멜론을 한 상자에 4통씩 25상자에 담았습니다. 상자에 담은 멜론은 모두 몇 통일까요?

〔식〕 ____________________

〔답〕 ____________________

6 10쪽
계산

계산 결과가 큰 것부터 차례로 기호를 쓰세요.

㉠ 4×82　㉡ 6×61　㉢ 7×54

□ - □ - □

» 정답 · 풀이 06쪽

조금 더 **어려운 문제**에 도전해 볼까요?

7 11쪽 추론

□ 안에 알맞은 수를 써넣으세요.

$$\begin{array}{r} \square \\ \times \ \square\ 4 \\ \hline 3\ 7\ 0 \end{array}$$

8 11쪽 추론

□ 안에 들어갈 수 있는 한 자리 수 중에서 가장 큰 수를 구하세요.

$3\times56 > \square\times43$

(　　　　　　)

+9 11쪽 수학적 독해력

수 카드 5, 3, 7 중에서 두 장을 한 번씩만 사용하여 계산 결과가 가장 큰 곱셈식을 만들려고 합니다. ㉠, ㉡에 알맞은 수를 각각 구하세요.

$$\begin{array}{r} ㉠ \\ \times\ 6\ ㉡ \\ \hline \end{array}$$

㉠ (　　　　　　)
㉡ (　　　　　　)

독해 포인트　계산 결과가 가장 큰 곱셈식을 만들려면 두 번 곱해지는 수 ㉠에 가장 큰 수를 놓아야 합니다.

+10 11쪽 수학적 표현력

민호는 한자를 하루에 8글자씩 외웁니다. 민호가 7월 한 달 동안 외운 한자는 모두 몇 글자인지 풀이 과정을 쓰고, 답을 구하세요.

[풀이] 7월은 31일까지 있습니다.

[답]

오늘 공부 어땠나요?

10개 중 맞힌 문제 □ 개

틀린 문제는 힌트를 보고 다시 도전해 보세요.

맞힌 문제는 힌트를 보고 자신의 생각과 비교해 보세요.

06일 (몇십몇)×(몇십몇) (1)

올림이 한 번 있는 경우

예 24×13의 계산

① 수 모형으로 알아보기

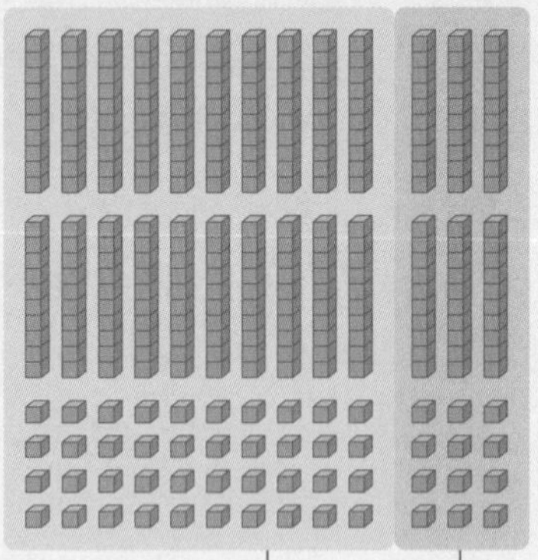

$$\begin{array}{l} 24 \times 10 = 240 \\ 24 \times \ \ 3 = \ \ 72 \\ \hline 24 \times 13 = 312 \end{array}$$

곱하는 수 13은 10+3이므로 24×13을 계산할 때에는 24×10과 24×3을 각각 계산한 후 두 곱을 더합니다.

$24 \times 13 = 24 \times 10 + 24 \times 3$
$= 240 + 72$
$= 312$

② 계산 방법 알아보기

(몇십몇)×(몇십몇)은 (몇십몇)×(몇)과 (몇십몇)×(몇십)을 각각 계산한 후 두 곱을 더합니다.

$$\begin{array}{rrr} & \overset{1}{2} & 4 \\ \times & 1 & 3 \\ \hline & 7 & 2 \end{array} \rightarrow \begin{array}{rrr} & 2 & 4 \\ \times & 1 & 3 \\ \hline & 7 & 2 \\ 2 & 4 & 0 \end{array} \rightarrow \begin{array}{rrrl} & 2 & 4 & \\ \times & 1 & 3 & \\ \hline & 7 & 2 & \cdots 24 \times 3 \\ 2 & 4 & 0 & \cdots 24 \times 10 \\ \hline 3 & 1 & 2 & \end{array}$$

» ① 24와 일의 자리 수의 곱을 구합니다.

» ② 24와 십의 자리 수의 곱을 구합니다.

» ③ 일의 자리 수와의 곱과 십의 자리 수와의 곱을 더합니다.

예 $24 \times 13 = 20 \times 13 + 4 \times 13$
$= 260 + 52$
$= 312$

확인 1 18×12를 계산하려고 합니다. 수 모형을 보고 □ 안에 알맞은 수를 써넣으세요.

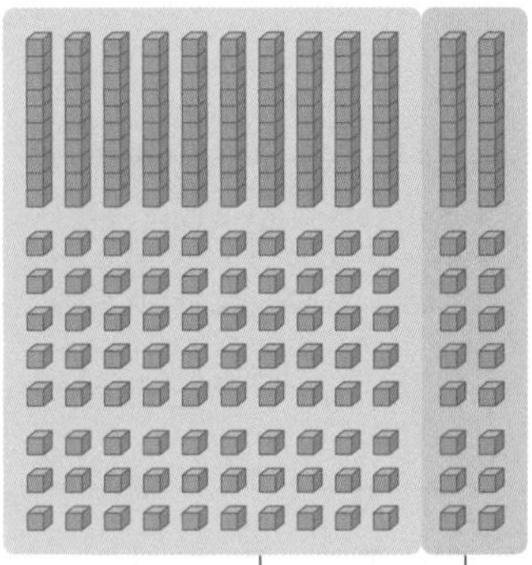

18×10=□

18× 2=□

18×12=□

확인 2 □ 안에 알맞은 수를 써넣으세요.

$$\begin{array}{rrrl} & 1 & 4 & \\ \times & 3 & 2 & \\ \hline & 2 & 8 & \cdots\cdots 14 \times \square \\ \square & \square & \square & \cdots\cdots 14 \times \square \\ \hline \square & \square & \square & \end{array}$$

기본기 다지는 교과서 문제

1 수 모형을 보고 □ 안에 알맞은 수를 써넣으세요.

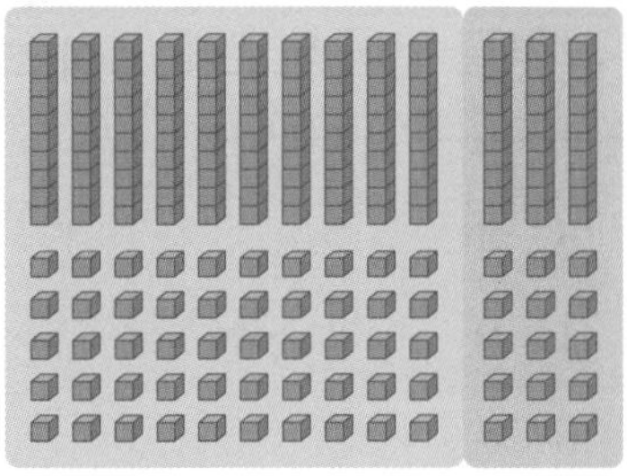

$15 \times 10 = \square$

$15 \times 3 = \square$

$15 \times 13 = \square$

2 □ 안에 알맞은 수를 써넣으세요.

(1) 34×23

$= 34 \times 20 + 34 \times \square$

$= 680 + \square$

$= \square$

(2) 13×52

$= 13 \times 50 + 13 \times \square$

$= 650 + \square$

$= \square$

3 □ 안에 알맞은 수를 써넣으세요.

	2	5	
×	3	1	
	□	□	…… 25 × □
□	□	□	…… 25 × □
□	□	□	

4 계산해 보세요.

(1)
```
   3 2
 × 2 4
```

(2)
```
   1 4
 × 4 2
```

개념 따라쓰기

올림이 한 번 있는 (몇십몇) × (몇십몇)

	2	3	← 곱해지는 수
×	1	4	← 곱하는 수
	9	2	… 23 × 4
2	3	0	… 23 × 10
3	2	2	

(몇십몇) × (몇십몇)은 곱하는 수를 (몇십)과 (몇)으로 나누어 각각 계산한 후 두 곱을 더합니다.

1

이해

모눈종이를 보고 □ 안에 알맞은 수를 써넣으세요.

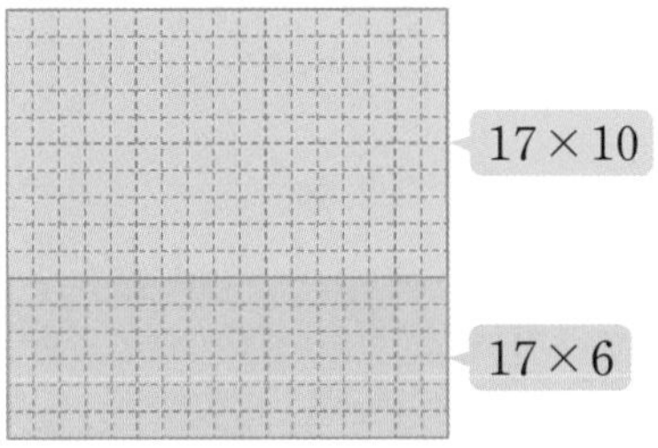

17 × □ = □

2

계산

계산해 보세요.

(1) $\begin{array}{r} 5\ 3 \\ \times\ 1\ 5 \\ \hline \end{array}$

(2) $\begin{array}{r} 3\ 1 \\ \times\ 2\ 7 \\ \hline \end{array}$

(3) 21 × 63

(4) 45 × 12

3 12쪽

적용

빈칸에 알맞은 수를 써넣으세요.

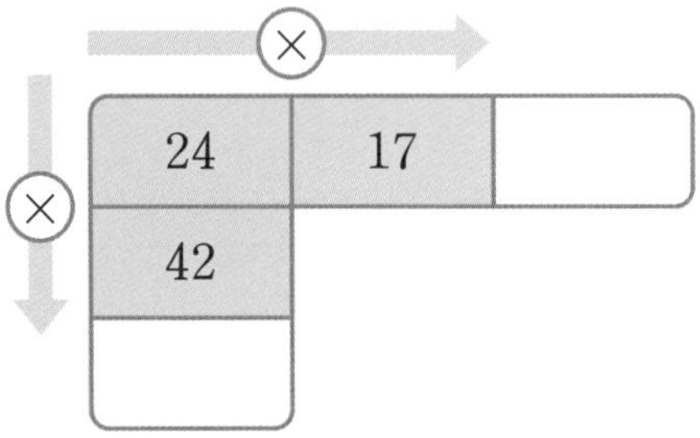

4 12쪽

적용

계산이 잘못된 부분을 찾아 바르게 고쳐 보세요.

$\begin{array}{r} 5\ 4 \\ \times\ 1\ 2 \\ \hline 1\ 0\ 8 \\ 5\ 4 \\ \hline 1\ 6\ 2 \end{array}$ → $\begin{array}{r} 5\ 4 \\ \times\ 1\ 2 \\ \hline \end{array}$

5 12쪽

계산

계산 결과를 비교하여 ○ 안에 >, =, <를 알맞게 써넣으세요.

19 × 51 ○ 51 × 19

6 12쪽

문제 해결

고구마 캐기 체험 학습에서 슬기네 반 학생 28명이 고구마를 14개씩 캤습니다. 슬기네 반 학생들이 캔 고구마는 모두 몇 개일까요?

식 ______________________

답 ______________

7 13쪽

창의 융합

수 카드를 한 번씩만 사용하여 만들 수 있는 두 자리 수 중에서 가장 큰 수와 가장 작은 수의 곱을 구하세요.

9 1 4 2

(   )

8 13쪽

추론

□ 안에 알맞은 수를 써넣으세요.

$$\begin{array}{rrr} & \square & 7 \\ \times & 1 & 5 \\ \hline & 8 & \square \\ \square & 7 & 0 \\ \hline \square & 5 & \square \end{array}$$

+9 13쪽

수학적 독해력

윤하네 학교 운동회 기념 선물로 학생들에게 연필을 한 자루씩 나누어 주기로 했습니다. 각 학년의 학급 수는 다음과 같고, 각 반은 25명입니다. 연필을 모두 몇 자루 준비해야 할까요?

학년	1	2	3	4	5	6
학급 수(반)	5	6	4	6	5	5

(   )

독해 포인트 먼저 전체 학급 수를 구해야 합니다.

+10 13쪽

수학적 표현력

어떤 수에 13을 곱해야 할 것을 잘못하여 더했더니 50이 되었습니다. 바르게 계산하면 얼마인지 풀이 과정을 쓰고, 답을 구하세요.

풀이 어떤 수를 □라 하면, ____________________

____

____

____

답 ____________________

오늘 공부 어땠나요?

10개 중 맞힌 문제 □ 개

틀린 문제는 힌트를 보고 다시 도전해 보세요.

맞힌 문제는 힌트를 보고 자신의 생각과 비교해 보세요.

07일 (몇십몇) × (몇십몇) (2)

올림이 여러 번 있는 경우

예 16 × 25의 계산

① 모눈의 수로 알아보기

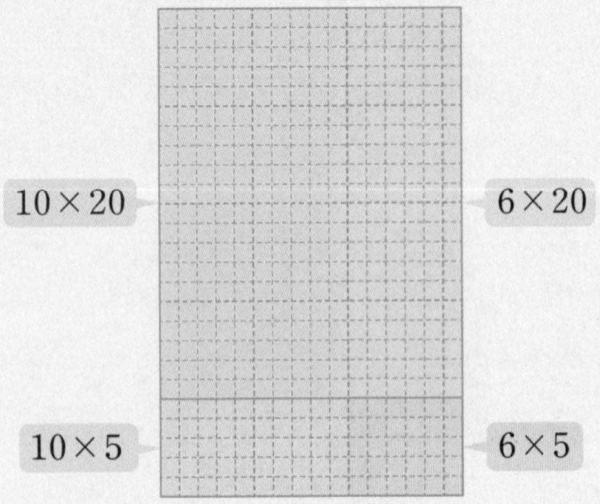

(분홍색 모눈의 수) = 10 × 20 = 200(칸)
(하늘색 모눈의 수) = 6 × 20 = 120(칸)
(노란색 모눈의 수) = 10 × 5 = 50(칸)
(초록색 모눈의 수) = 6 × 5 = 30(칸)
(전체 모눈의 수) = 200 + 120 + 50 + 30 = 400(칸)

→ **16 × 25 = 400**

② 계산 방법 알아보기

(몇십몇) × (**몇십몇**)은 (몇십몇) × (**몇**)과 (몇십몇) × (**몇십**)을 각각 계산한 후 두 곱을 더합니다.

$$\begin{array}{r} {}^{3} \\ 16 \\ \times\ 25 \\ \hline 80 \end{array} \rightarrow \begin{array}{r} {}^{1} \\ 16 \\ \times\ 25 \\ \hline 80 \\ 320 \end{array} \rightarrow \begin{array}{rl} 16 & \\ \times\ 25 & \\ \hline 80 & \cdots 16\times 5 \\ 320 & \cdots 16\times 20 \\ \hline 400 & \end{array}$$

» ① 16과 일의 자리 수의 곱을 구합니다.

» ② 16과 십의 자리 수의 곱을 구합니다.

» ③ 일의 자리 수와의 곱과 십의 자리 수와의 곱을 더합니다.

확인 1 34 × 24를 계산하려고 합니다. 모눈종이를 보고 □ 안에 알맞은 수를 써넣으세요.

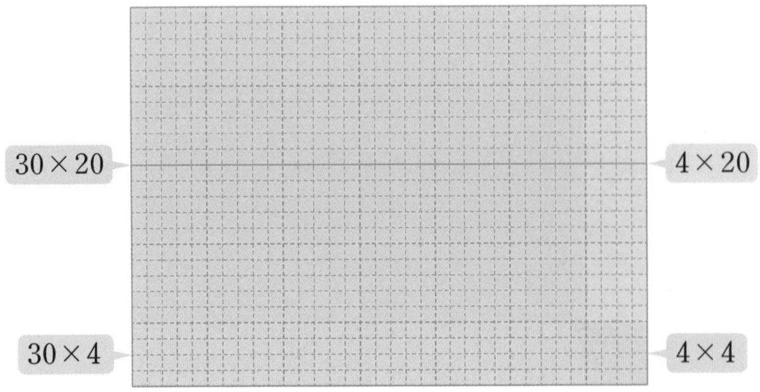

- 분홍색 모눈의 수 = 30 × 20 = □(칸)
- 하늘색 모눈의 수 = 4 × 20 = □(칸)
- 노란색 모눈의 수 = 30 × 4 = □(칸)
- 초록색 모눈의 수 = 4 × 4 = □(칸)

→ 34 × 24
= □ + □ + □ + □
= □

기본기 다지는 교과서 문제

1 모눈종이를 보고 □ 안에 알맞은 수를 써넣으세요.

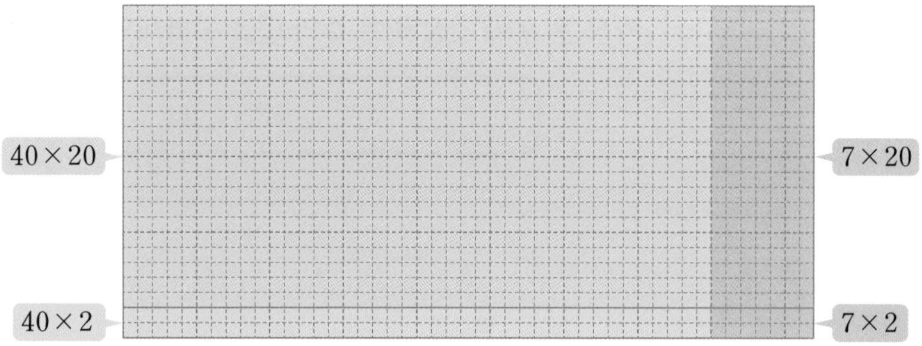

$47 \times 22 = 800 + \square + \square + 14 = \square$

2 □ 안에 알맞은 수를 써넣으세요.

(1) 26×35

$= 26 \times 30 + 26 \times \square$

$= 780 + \square$

$= \square$

(2) 63×24

$= 63 \times 20 + 63 \times \square$

$= 1260 + \square$

$= \square$

3 □ 안에 알맞은 수를 써넣으세요.

		3	7	
	×	5	2	
		□	□	…… 37×□
□	□	□	□	…… 37×□
□	□	□	□	

4 계산해 보세요.

(1)
```
   4 2
×  3 8
```

(2)
```
   3 6
×  6 3
```

개념 따라쓰기

올림이 여러 번 있는 (몇십몇)×(몇십몇)

	2	8	← 곱해지는 수
×	3	2	← 곱하는 수
	5	6	… 28×2
8	4	0	… 28×30
8	9	6	

(몇십몇)×(몇십몇)은 곱하는 수를 (몇십)과 (몇)으로 나누어 각각 계산한 후 두 곱을 더합니다.

1

14쪽 계산

□ 안에 알맞은 수를 써넣으세요.

$$\begin{array}{r} 2\ 6 \\ \times\ 9\ 3 \\ \hline \square\square \\ \square\square\square\square \\ \hline \square\square\square\square \end{array}$$

2

계산

계산해 보세요.

(1) $\begin{array}{r} 2\ 8 \\ \times\ 4\ 2 \\ \hline \end{array}$

(2) $\begin{array}{r} 5\ 5 \\ \times\ 3\ 3 \\ \hline \end{array}$

(3) 67×25

(4) 79×26

3

계산

빈칸에 알맞은 수를 써넣으세요.

54 → $\times 45$ → □

4

14쪽 적용

가장 큰 수와 가장 작은 수의 곱을 구하세요.

54	48	69	24

(　　　　　　)

5

14쪽 계산

계산 결과를 비교하여 ○ 안에 >, =, <를 알맞게 써넣으세요.

35×51 ○ 42×46

6

14쪽 문제 해결

주하는 역사책을 하루에 16쪽씩 매일 읽으려고 합니다. 주하가 4주일 동안 읽을 수 있는 역사책은 모두 몇 쪽일까요?

〔식〕 ______________________

〔답〕 ______________

조금 더 **어려운 문제**에 도전해 볼까요?

7 15쪽 창의 융합

윤하는 한 달 동안 매주 월요일, 수요일, 금요일에 줄넘기를 각각 55분씩 했습니다. 윤하는 한 달 동안 줄넘기를 모두 몇 분 했을까요?

일	월	화	수	목	금	토
		1	2	3	4	5
6	7	8	9	10	11	12
13	14	15	16	17	18	19
20	21	22	23	24	25	26
27	28	29	30	31		

(　　　　　　　　)

8 15쪽 추론

수 카드 3, 4, 7을 한 번씩만 사용하여 계산 결과가 가장 큰 곱셈식을 만들어 보세요.

□□ × 6□ = □

+9 15쪽 수학적 독해력

길이가 28 cm인 색 테이프 47장을 그림과 같이 3 cm씩 겹치게 이어 붙였습니다. 이어 붙인 색 테이프의 전체 길이는 몇 cm일까요?

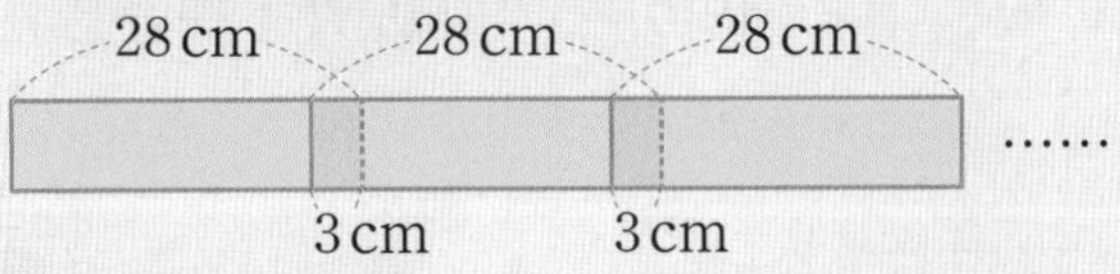

(　　　　　　　　)

독해 포인트 색 테이프 2장을 겹치게 이어 붙이면 겹쳐진 부분은 1군데입니다.

+10 15쪽 수학적 표현력

계산에서 잘못된 부분을 찾아 잘못된 이유를 쓰고, 바르게 계산한 값을 구하세요.

$$\begin{array}{r} 39 \\ \times\ 46 \\ \hline 234 \\ 156 \\ \hline 390 \end{array} \quad \rightarrow \quad \begin{array}{r} 39 \\ \times\ 46 \\ \hline \end{array}$$

[잘못된 이유] ________________________

____

[바르게 계산한 값] ________________________

오늘 공부 어땠나요? 10개 중 맞힌 문제 □ 개 › **틀린 문제**는 힌트를 보고 다시 도전해 보세요. › **맞힌 문제**는 힌트를 보고 자신의 생각과 비교해 보세요.

08일 곱셈의 활용

❶ 곱셈을 이용하여 실생활 문제 해결하기

예 테이블 위에 장미꽃 다발 10개가 놓여 있습니다. 한 다발에는 장미꽃이 40송이씩 있습니다. 테이블 위에 있는 장미꽃은 모두 몇 송이일까요?

① **구하려는 것**: 테이블 위에 있는 장미꽃 수

② **주어진 조건**: 장미꽃 다발 수 → 10개

한 다발 안에 있는 장미꽃 수 → 40송이

③ **곱셈식 세우기**

→ (테이블 위에 있는 장미꽃 수)

=(장미꽃 다발 수)×(한 다발 안에 있는 장미꽃 수)

=10×40=400(송이)

④ **답 구하기**

→ 테이블 위에 있는 장미꽃은 모두 400송이입니다.

실생활 문제 해결하기

구하려는 것 알아보기 → 주어진 조건 알아보기 → 곱셈식 세우기 → 답 구하기

(테이블 위에 있는 장미꽃 수)
=(장미꽃 다발 수)
×(한 다발 안에 있는 장미꽃 수)
=40×10=400(송이)

확인 1 문제를 읽고, □ 안에 알맞은 말이나 수를 써넣으세요.

서연이는 구슬이 15개씩 들어 있는 봉지를 18개 가지고 있습니다. 서연이가 가지고 있는 구슬은 모두 몇 개일까요?

(1) 구하려는 것은 무엇인가요? → 서연이가 가지고 있는 □의 수

(2) 주어진 조건은 무엇인가요? → 한 봉지에 들어 있는 구슬 수: □개

→ 봉지의 수: □개

(3) 문제에 알맞은 곱셈식을 세워 보세요. → 15×□=□

(4) 서연이가 가지고 있는 구슬은 모두 □개입니다.

기본기 다지는 교과서 문제

1 다음을 읽고 □ 안에 알맞은 수를 써넣으세요.

> 승강기에는 안전을 위하여 동시에 탈 수 있는 최대 정원이 오른쪽과 같이 표시되어 있습니다. 한 사람의 몸무게가 65 kg으로 보았을 때 승강기에 실을 수 있는 최대 무게는 몇 kg일까요?

승강기
최대 정원
20명

(승강기에 실을 수 있는 최대 무게)

=(한 사람의 몸무게)×(최대 정원)

=□×□=□ (kg)

2 영민이네 반에서 성금을 모아 쌀 4포대씩을 도움이 필요한 이웃 17명에게 사 주려고 합니다. 필요한 쌀은 모두 몇 포대인지 두 가지 방법으로 알아보세요.

방법 1

		4
×	1	7
	□	□
	□	□
	□	□

방법 2

	□	
	1	7
×		4
	□	□

(　　　　　　)

3 객실 한 칸의 좌석 배치도가 다음과 같은 기차가 있습니다. 물음에 답하세요.

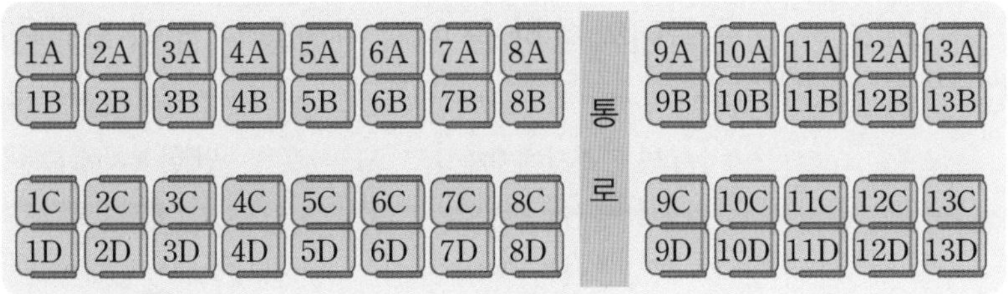

(1) 객실 한 칸에는 좌석이 몇 개 있나요?

(　　　　　　)

(2) 이 기차의 객실이 16칸이라면 좌석이 모두 몇 개일까요?

(　　　　　　)

개념 따라쓰기

곱셈을 활용하여 실생활 문제 해결하기

① 구하려는 것 알아보기
↓
② 주어진 조건 알아보기
↓
③ 곱셈식 세우기
↓
④ 답 구하기

1

적용

주하는 선물 상자 한 개를 포장하는 데 리본을 37 cm씩 사용했습니다. 선물 상자 12개를 포장하는 데 사용한 리본은 몇 cm일까요?

(식) $\square \times \square = \square$

(답) ____________

2

적용

달걀이 한 판에 30개씩 들어 있습니다. 60판에 들어 있는 달걀은 모두 몇 개일까요?

(식) ____________

(답) ____________

3

16쪽

적용

슬기의 키는 132 cm이고, 나무의 높이는 슬기의 키의 3배입니다. 나무의 높이는 몇 cm일까요?

(식) ____________

(답) ____________

4

16쪽

적용

어느 공장에 한 시간에 장난감을 52개씩 만드는 기계가 있습니다. 이 기계가 쉬지 않고 하루 동안 만들 수 있는 장난감은 모두 몇 개일까요?

(　　　　　　)

5

16쪽

적용

중국으로 여행을 간 지혜가 중국 돈 4위안으로 과자를 사고 돈을 냈습니다. 중국 돈 1위안이 우리나라 돈으로 188원과 같을 때 지혜가 과자를 사고 낸 돈은 우리나라 돈으로 얼마일까요?

중국 돈 1위안	=	우리나라 돈 188원

(　　　　　　)

6

16쪽

의사 소통

종욱이와 윤하 중 누가 구슬을 더 많이 모았을까요?

(　　　　　　)

7 17쪽 창의 융합

수현이의 지난달 휴대 전화 문자 사용량입니다. 일반 문자 요금은 1건에 21원, 그림 문자 요금은 35원입니다. 수현이가 사용한 문자 요금은 모두 얼마일까요?

사용량
일반 문자 30건
그림 문자 14건

(　　　　　　　　)

8 17쪽 문제 해결

도로의 한쪽에 처음부터 끝까지 나무 21그루가 95 m 간격으로 심어져 있습니다. 나무가 심어져 있는 도로의 길이는 몇 m일까요? (단, 나무의 두께는 생각하지 않습니다.)

(　　　　　　　　)

+9 17쪽 수학적 독해력

식품을 먹었을 때 몸속에서 발생하는 에너지의 양을 '열량'이라고 합니다. 식품별 열량이 다음과 같을 때 서준이네 가족이 먹은 간식의 열량은 모두 얼마일까요?

간식	열량(킬로칼로리)
삶은 밤 1개	17
호두 1개	65
배 1개	150

서준이네 가족이 먹은 간식
삶은 밤 20개, 배 2개

(　　　　　　　　) 킬로칼로리

독해 포인트 서준이네 가족이 먹은 간식별 열량을 각각 구합니다.

+10 17쪽 수학적 표현력

민호네 학교 3학년 학생들이 현장 체험 학습을 가려고 45인승 버스 15대에 나누어 탔습니다. 버스마다 3자리씩 비어 있다면 3학년 학생은 모두 몇 명인지 풀이 과정을 쓰고, 답을 구하세요.

[풀이] 버스마다 3자리씩 비어 있으므로 버스 한 대에 탄 학생의 수는 ________________

____

____

[답] ________________

오늘 공부 어땠나요?
10개 중 맞힌 문제 [　]개 〉 틀린 문제는 힌트를 보고 다시 도전해 보세요. 〉 맞힌 문제는 힌트를 보고 자신의 생각과 비교해 보세요.

01 수 모형을 보고 □ 안에 알맞은 수를 써넣으세요.

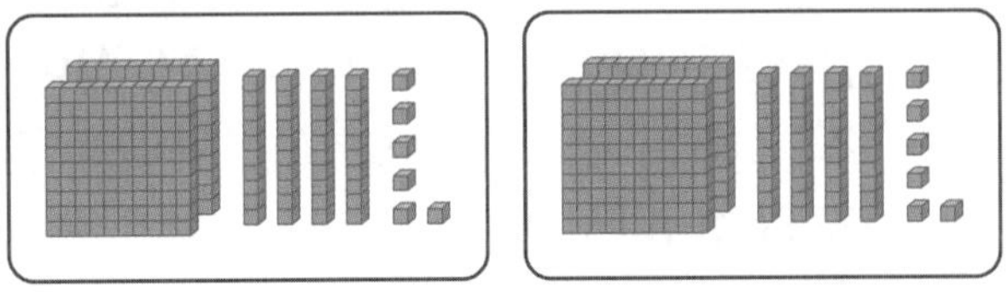

$246 \times 2 = \square$

02 색칠된 부분은 실제 어떤 수의 곱인지 찾아 ○표 하세요.

```
    4 5 9
×       2
---------
      1 8
    1 0 0
    8 0 0
---------
    9 1 8
```

- 9×2
- 4×2
- 50×2
- 400×2

03 빈칸에 알맞은 수를 써넣으세요.

$\times 30$

20	
45	
69	

04 계산 결과를 비교하여 ◯ 안에 >, =, <를 알맞게 써넣으세요.

58×26 ◯ 319×5

05 계산이 잘못된 부분을 찾아 바르게 고쳐 보세요.

```
      1 7
×     7 2
---------
      3 4
    1 1 9
---------
    1 5 3
```

→

```
      1 7
×     7 2
---------
```

06 한 번에 25명씩 탈 수 있는 놀이기구가 있습니다. 이 놀이기구를 빈 자리 없이 41번 운행하면 모두 몇 명이 탈 수 있을까요?

〔식〕 ____________________

〔답〕 ____________________

07 계산 결과가 작은 것부터 차례로 기호를 쓰세요.

㉠ 143×3
㉡ 8×48
㉢ 23×16

□ − □ − □

08 □ 안에 알맞은 수를 써넣으세요.

		8	□
	×	□	5
	4	1	5
1	□	6	0
2	□	7	5

09 1부터 9까지의 수 중에서 □ 안에 들어갈 수 있는 가장 작은 수를 구하세요.

$9 \times 83 < 142 \times \square$

(　　　　　　　)

서술형

10 슬기는 책을 하루에 75쪽씩 매일 읽었습니다. 6주 동안 읽은 책은 모두 몇 쪽인지 풀이 과정을 쓰고, 답을 구하세요.

[풀이] ______________________

____

____

[답] ______________________

09일 (몇십)÷(몇) (1)

내림이 없는 경우

예 60÷2의 계산

① 수 모형으로 알아보기

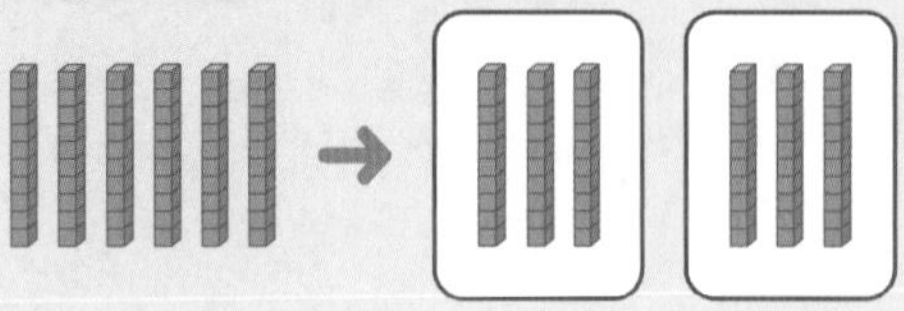

십 모형 6개를 똑같이 2묶음으로 나누면 한 묶음에 십 모형이 3개입니다.

→ 60÷2=30

◐ 내림이 없는 (몇십)÷(몇)의 계산

■÷▲=●

↓

■0÷▲=●0

② 계산 방법 알아보기

내림이 없는 (몇십)÷(몇)은 (몇)÷(몇)의 나눗셈 뒤에 0을 하나 더 붙여 계산하는 것과 같습니다.

10배

6÷2=3 → 60÷2=30

10배

◐ 나눗셈을 세로로 쓰기

(몫)

(나누는 수)⟌(나누어지는 수)

개념+ 나눗셈식을 세로로 쓰는 방법

나누는 수

60÷2=30 → 2⟌60 (몫: 30)

나누어지는 수

기호 ⟌ 를 이용합니다.

나누어지는 수는 ⟌ 의 아래쪽에 씁니다.

나누는 수는 ⟌ 의 왼쪽에 씁니다.

몫은 ⟌ 의 위쪽에 씁니다.

확인 1 색종이가 10장씩 8묶음이 있습니다. 이 색종이를 두 모둠이 똑같이 나누어 가지려고 합니다. □ 안에 알맞은 수를 써넣으세요.

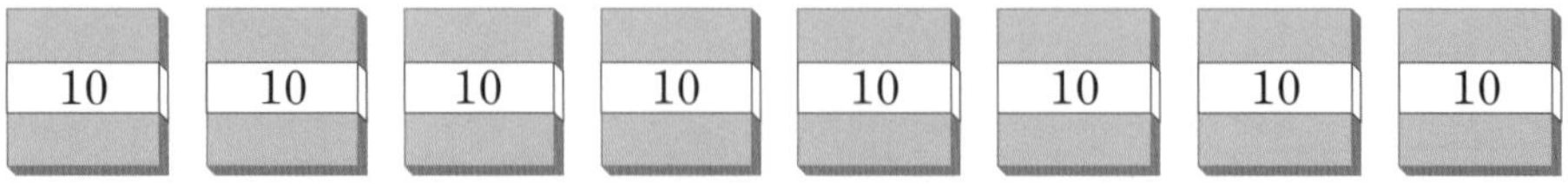

(1) 한 모둠이 색종이를 몇 묶음씩 가질 수 있나요?

8÷2=□(묶음)

(2) 한 모둠이 색종이를 몇 장씩 가질 수 있나요?

80÷2=□(장)

1 수 모형을 보고 □ 안에 알맞은 수를 써넣으세요.

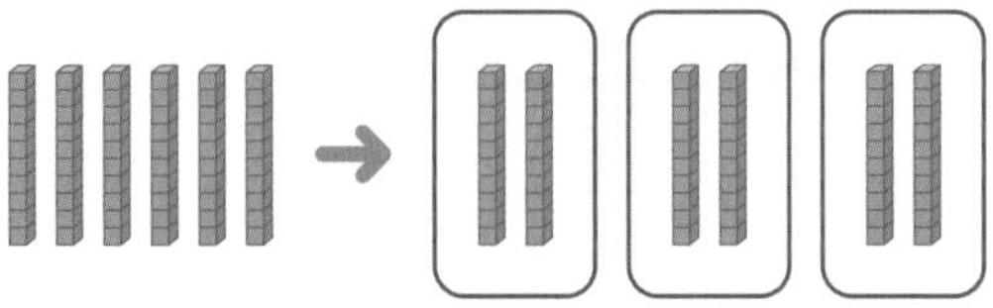

$60 \div 3 = \square$

2 □ 안에 알맞은 수를 써넣으세요.

(1) 10배

$5 \div 5 = \square$ → $50 \div 5 = \square$

10배

(2) 10배

$9 \div 3 = \square$ → $90 \div 3 = \square$

10배

3 $60 \div 3 = 20$을 세로로 바르게 나타낸 것에 ○표 하세요.

첫 번째	두 번째
몫 2 0, 3) 6 0	몫 3, 2 0) 6 0
(　　　)	(　　　)

개념 따라쓰기

2단원

내림이 없는 (몇십) ÷ (몇)

■ ÷ ▲ = ●

10배 ↓　　　　↓ 10배

■0 ÷ ▲ = ●0

내림이 없는 (몇십) ÷ (몇)은 (몇) ÷ (몇)의 나눗셈 뒤에 0을 하나 더 붙여 계산하는 것과 같습니다.

나눗셈식을 세로로 쓰는 방법

■ ÷ ▲ = ●

↓

● ← 몫

▲) ■ ← 나누어지는 수

↑ 나누는 수

나누어지는 수는)‾‾의 아래쪽에, 나누는 수는)‾‾의 왼쪽에, 몫은)‾‾의 위쪽에 씁니다.

1 18쪽

이해

그림을 보고 □ 안에 알맞은 수를 써넣으세요.

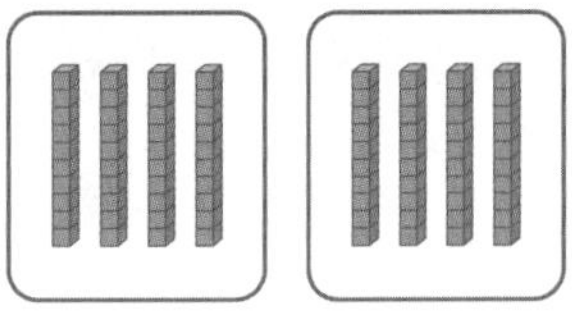

$80 \div 2 = \square$

2 18쪽

계산

계산해 보세요.

(1) $40 \div 2$

(2) $50 \div 5$

3

계산

몫의 크기를 비교하여 ◯ 안에 $>$, $=$, $<$를 알맞게 써넣으세요.

$60 \div 3$ ◯ $60 \div 2$

4

계산

나눗셈의 몫을 찾아 선으로 이어 보세요.

- $80 \div 4$
- $40 \div 2$

- 10
- 20
- 30

5 18쪽

계산

몫이 10인 나눗셈을 가지고 있는 사람은 누구일까요?

영민: $90 \div 3$

지혜: $90 \div 9$

(　　　　　　　)

6 18쪽

적용

가장 큰 수를 가장 작은 수로 나눈 몫을 구하세요.

30　80　6　2

(　　　　　　　)

조금 더 **어려운 문제**에 도전해 볼까요?

7 19쪽 적용

나눗셈의 몫의 합을 구하세요.

$80 \div 8$ $40 \div 2$

( )

8 19쪽 문제 해결

지우개 40개를 4명에게 똑같이 나누어 주려고 합니다. 한 명에게 지우개를 몇 개씩 줄 수 있을까요?

( )

+9 19쪽 수학적 독해력

구슬 60개를 주머니 2개에 똑같이 나누어 담고, 한 주머니에 담은 구슬을 다시 3명에게 똑같이 나누어 주려고 합니다. 구슬을 한 명에게 몇 개씩 줄 수 있을까요?

( )

독해 포인트 먼저 주머니 한 개에 담긴 구슬의 수를 구합니다.

+10 19쪽 수학적 표현력

□ 안에 알맞은 수는 얼마인지 풀이 과정을 쓰고, 답을 구하세요.

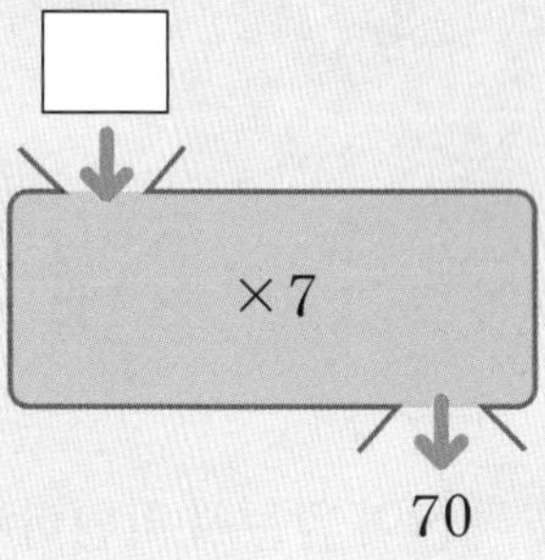

풀이 $\square \times 7 = 70$이므로 $\square =$ ______

______

______

답 ______

오늘 공부 어땠나요? 10개 중 맞힌 문제 □ 개 > 틀린 문제는 힌트를 보고 다시 도전해 보세요. > 맞힌 문제는 힌트를 보고 자신의 생각과 비교해 보세요.

10 일

(몇십)÷(몇) (2)

내림이 있는 경우

예 50÷2의 계산

① 수 모형으로 알아보기

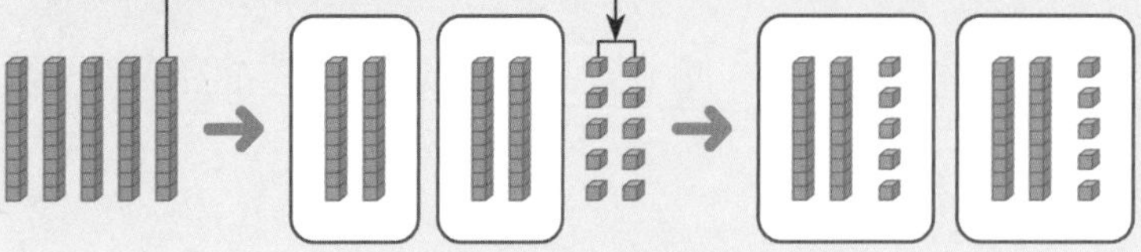

① 십 모형 5개를 똑같이 2묶음으로 나누면 한 묶음에 십 모형이 2개입니다.

② 남은 십 모형 1개를 일 모형 10개로 바꾸어 똑같이 2묶음으로 나누면 한 묶음에 일 모형이 5개입니다.

→ 50÷2=25

내림이 있는 (몇십)÷(몇)은 몇십을 ■0+▲0으로 생각하여 (■0)÷(몇)과 (▲0)÷(몇)의 두 몫을 더합니다.

② 세로로 계산하기

2)50 →

십의 자리 계산

```
    2
2)5 0
  4 0  ← 2×20
```

→

일의 자리 계산

```
    2 5
2)5 0
  4
  1 0
  1 0  ← 2×5
    0
```

```
    2 5
2)5 0
  4
  1 0
  1 0
    0
```

개념+ 계산이 맞는지 확인하기

나누는 수와 몫을 곱하면 나누어지는 수가 되어야 합니다.

50÷ 2 =25 → 2 ×25=50

확인 1 70÷5를 알아보려고 합니다. □ 안에 알맞은 수를 써넣으세요.

(1) 수 모형을 똑같이 5묶음으로 나누면 한 묶음에 십 모형이 □개, 일 모형이 □개 있습니다.

(2) 70 ÷5=□

확인 2 □ 안에 알맞은 수를 써넣으세요.

(1) 40 ÷4=□
20 ÷4=□
60 ÷4=□

(2) 20 ÷2=□
10 ÷2=□
30 ÷2=□

기본기 다지는 교과서 문제

» 정답 · 풀이 13쪽

1 수 모형을 보고 □ 안에 알맞은 수를 써넣으세요.

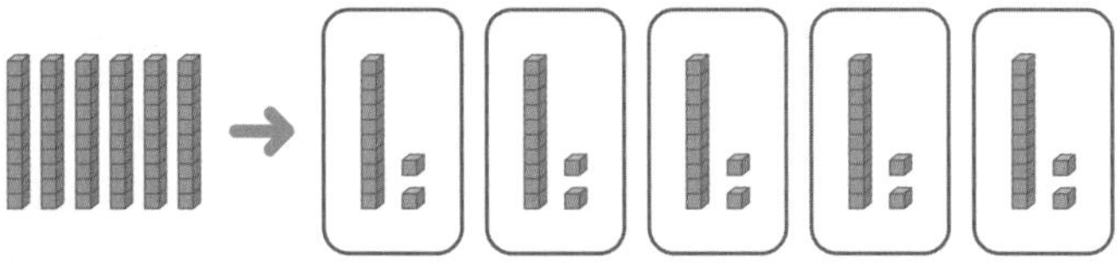

$60 \div 5 = \square$

2 □ 안에 알맞은 수를 써넣으세요.

$90 \div 5$ ─ $50 \div 5 = \square$, $40 \div 5 = \square$ → $\square$

3 □ 안에 알맞은 수를 써넣으세요.

```
      4  □
  2 ) 9  0
      □       ← 2×□
      □  0
      □  □    ← 2×□
         0
```

4 계산이 맞는지 확인하려고 합니다. □ 안에 알맞은 수를 써넣고, 알맞은 말에 ○표 하세요.

$60 \div 4 = 15$

[확인] $4 \times \square = \square$

→ 계산이 (맞습니다 , 맞지 않습니다).

개념 따라쓰기

2단원

내림이 있는 (몇십)÷(몇)

$30 \div 2$ → $20 \div 2$, $10 \div 2$

몇십을 (몇십)+(몇십)으로 생각하여 각각 몇으로 나눈 결과를 더합니다.

계산이 맞는지 확인하기

■÷▲=●

▲×●=■

나누는 수(▲)와 몫(●)을 곱하면 나누어지는 수가 되어야 합니다.

스스로 풀어내는 도전 10 문제

막힐 때 힌트북

1 20쪽 이해

그림을 보고 □ 안에 알맞은 수를 써넣으세요.

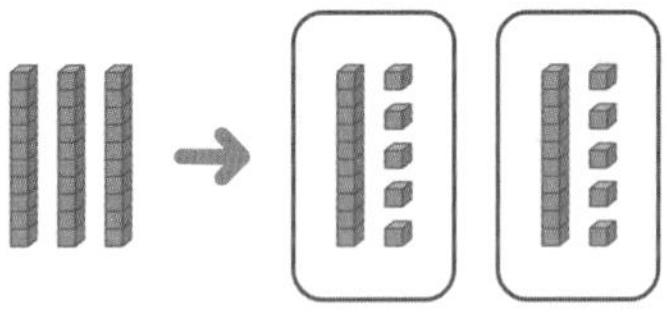

$30 \div 2 = \square$

2 20쪽 계산

계산해 보세요.

(1) $50 \div 2$

(2) $90 \div 6$

3 계산

빈칸에 알맞은 수를 써넣으세요.

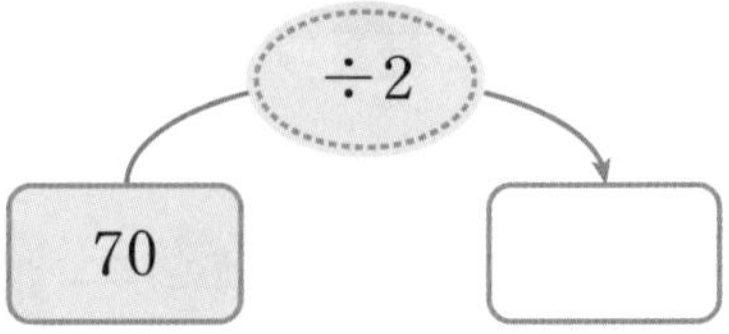

4 계산

몫이 12인 나눗셈을 찾아 ○표 하세요.

$80 \div 4$	$60 \div 5$
(　　　)	(　　　)

5 20쪽 계산

몫의 크기가 가장 큰 것을 찾아 기호를 쓰세요.

㉠ $50 \div 2$
㉡ $60 \div 4$
㉢ $80 \div 5$

(　　　　　　)

6 20쪽 적용

선으로 연결된 두 수에 대하여 큰 수를 작은 수로 나눈 몫을 빈칸에 써넣으세요.

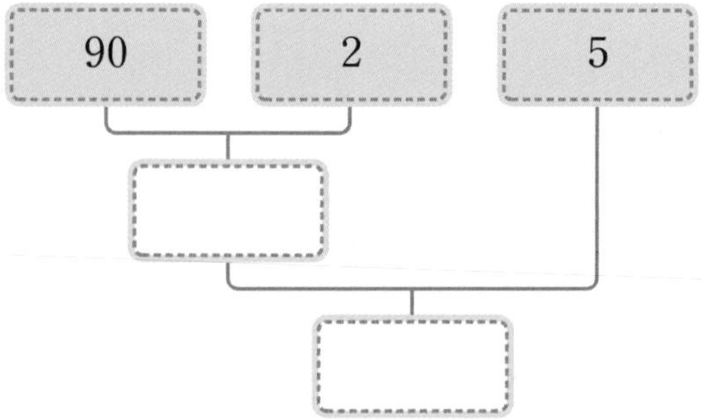

조금 더 **어려운 문제**에 도전해 볼까요?

7 21쪽 적용

계산이 잘못된 부분을 찾아 바르게 고쳐 보세요.

$$\begin{array}{r} 1\,0 \\ 5\overline{)\,7\,0} \\ 5 \\ \hline 2 \end{array} \rightarrow 5\overline{)\,7\,0}$$

8 21쪽 문제 해결

남학생 27명과 여학생 23명이 있습니다. 학생들이 2명씩 짝을 지으면 모두 몇 쌍이 될까요?

(　　　　　　)

+9 21쪽 수학적 독해력

연료 6 L로 90 km를 달리는 자동차가 있습니다. 이 자동차는 10 L의 연료로 몇 km를 갈 수 있을까요?

(　　　　　　)

독해 포인트 먼저 연료 1 L로 갈 수 있는 거리를 구한 후 생각하세요.

+10 21쪽 수학적 표현력

네 변의 길이의 합이 60 cm인 정사각형의 한 변의 길이는 몇 cm인지 풀이 과정을 쓰고, 답을 구하세요.

[풀이] 정사각형은 네 변의 길이가 모두 같으므로 ______

______

______

[답] ______

오늘 공부 어땠나요? 10개 중 맞힌 문제 [　] 개 › 틀린 문제는 힌트를 보고 다시 도전해 보세요. › 맞힌 문제는 힌트를 보고 자신의 생각과 비교해 보세요.

11일 (몇십몇)÷(몇) (1)

내림이 없고 나머지가 없는 경우

예 $36 \div 3$의 계산

① 수 모형으로 알아보기

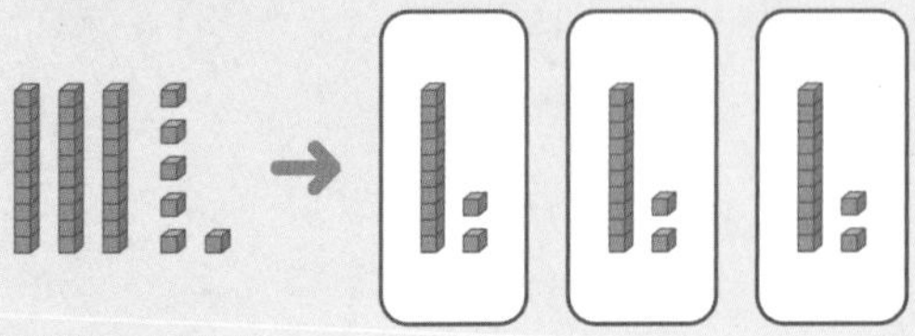

◐ 내림이 없는 (몇십몇)÷(몇)은 몇십몇을 (몇십)+(몇)으로 생각하여 (몇십)÷(몇)과 (몇)÷(몇)의 두 몫을 더합니다.

■▲÷● → ■0÷●, ▲÷●

십 모형 3개와 일 모형 6개를 똑같이 3묶음으로 나누면 한 묶음에 십 모형이 1개, 일 모형이 2개입니다.

→ $36 \div 3 = 12$

② 세로로 계산하기

나누어지는 수의 십의 자리 수와 일의 자리 수를 차례로 나누는 수로 나눕니다.

$3\overline{)\,36}$ → 십의 자리 계산: $3\overline{)\,36}$, 몫 1, $30 \leftarrow 3\times10=30$ → 일의 자리 계산: $3\overline{)\,36}$, 몫 12, 3, 6, $6 \leftarrow 3\times2=6$, 0

$$\begin{array}{r} 12 \\ 3\overline{)\,36} \\ 3 \\ \hline 6 \\ 6 \\ \hline 0 \end{array}$$

확인 ① $46 \div 2$를 알아보려고 합니다. 수 모형을 보고 □ 안에 알맞은 수를 써넣으세요.

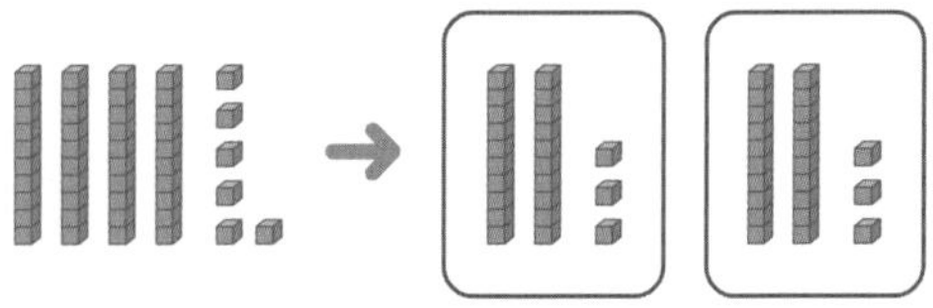

(1) 수 모형을 똑같이 2묶음으로 나누면 한 묶음에 십 모형이 □개, 일 모형이 □개 있습니다.

(2) $46 \div 2 =$ □

확인 ② □ 안에 알맞은 수를 써넣으세요.

(1) $60 \div 3 =$ □
$3 \div 3 =$ □
$63 \div 3 =$ □

(2) $20 \div 2 =$ □
$8 \div 2 =$ □
$28 \div 2 =$ □

기본기 다지는 교과서 문제

» 정답 · 풀이 14쪽

1 □ 안에 알맞은 수를 써넣으세요.

$6 \div 2 = \square$

$64 \div 2 = \square\ \square$

$4 \div 2 = \square$

2 □ 안에 알맞은 수를 써넣으세요.

$55 \div 5$ — $50 \div 5 = \square$, $5 \div 5 = \square$ → $\square$

3 □ 안에 알맞은 수를 써넣으세요.

```
      2  □
  4 ) 8  4
     □        ← 4×□
     ─────
         4
         □    ← 4×□
     ─────
         0
```

4 계산이 맞는지 확인하려고 합니다. □ 안에 알맞은 수를 써넣고, 알맞은 말에 ○표 하세요.

$28 \div 2 = 14$

[확인] $2 \times \square = \square$

→ 계산이 (맞습니다 , 맞지 않습니다).

개념 따라쓰기

내림이 없는 (몇십몇)÷(몇)

■▲÷● → ■0÷●, ▲÷●

몇십몇을 (몇십)+(몇)으로 생각하여 각각 몇으로 나눈 결과를 더합니다.

(몇십몇)÷(몇)을 세로로 계산하기

```
      1 2
  3 ) 3 6
      3       ← 십의 자리 계산
      ───
        6
        6     ← 일의 자리 계산
      ───
        0
```

나누어지는 수의 십의 자리 수와 일의 자리 수를 차례로 나누는 수로 나눕니다.

1 22쪽

이해

그림을 보고 □ 안에 알맞은 수를 써넣으세요.

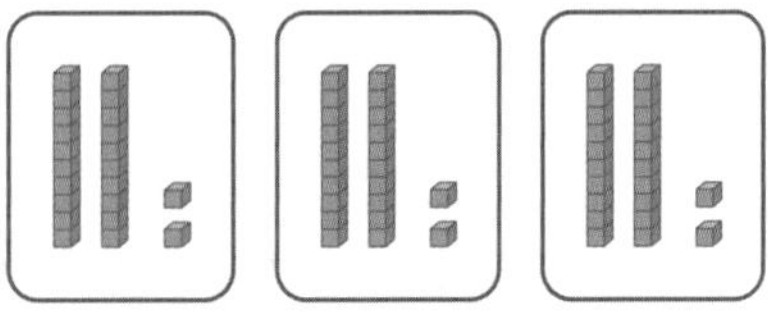

$66 \div 3 =$ □

4 22쪽

문제 해결

바르게 계산한 사람은 누구일까요?

슬기:

```
     3 1
 2 ) 6 2
     6
       2
       2
       0
```

로운:

```
     1 0
 6 ) 6 6
     6 6
       0
```

( )

2 22쪽

계산

계산해 보세요.

(1) $48 \div 2$

(2) $93 \div 3$

5

적용

몫이 다른 것을 찾아 ○표 하세요.

$48 \div 4$	$24 \div 2$	$39 \div 3$
( )	( )	( )

3

적용

빈칸에 알맞은 수를 써넣으세요.

$\div 2$

26	
82	

6 22쪽

적용

㉠과 ㉡의 몫의 차를 구하세요.

㉠ $99 \div 3$
㉡ $86 \div 2$

( )

조금 더 어려운 문제에 도전해 볼까요?

» 정답 · 풀이 14쪽

7 23쪽 문제 해결

탁구공 64개를 상자 2개에 똑같이 나누어 담으려고 합니다. 한 상자에 몇 개씩 담아야 할까요?

( )

8 23쪽 창의 융합

수 카드 2장을 골라 한 번씩 사용하여 만들 수 있는 가장 작은 두 자리 수를 3으로 나눈 몫을 구하세요.

6 3 9

( )

+9 23쪽 수학적 독해력

종욱이는 종이로 장미 8개를 만드는 데 1시간 28분이 걸렸습니다. 장미 한 개를 만드는 데 걸리는 시간은 몇 분일까요?

( )

독해 포인트 1시간=60분임을 이용하여 1시간 28분을 분으로 나타냅니다.

+10 23쪽 수학적 표현력

□ 안에 들어갈 수 있는 가장 작은 자연수는 얼마인지 풀이 과정을 쓰고, 답을 구하세요.

$44 \div 2 < \square$

[풀이] $44 \div 2 =$ ______

______

______

[답] ______

오늘 공부 어땠나요? 10개 중 맞힌 문제 [ ]개

틀린 문제는 힌트를 보고 다시 도전해 보세요.

맞힌 문제는 힌트를 보고 자신의 생각과 비교해 보세요.

12일

(몇십몇)÷(몇) (2)

내림이 있고 나머지가 없는 경우

예 34÷2의 계산

① 수 모형으로 알아보기

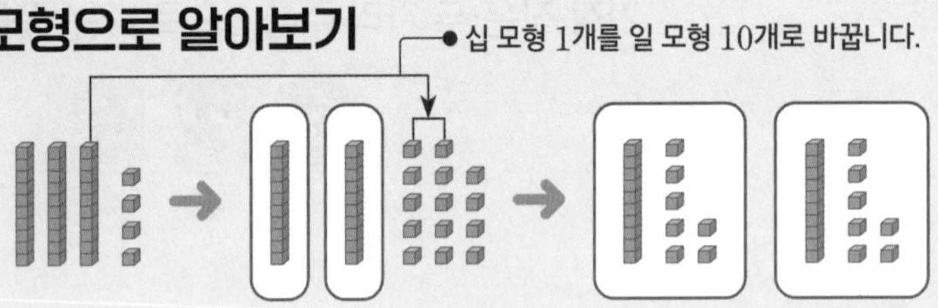

(몇십몇)÷(몇)에서 나누어지는 수의 십의 자리 수가 나누는 수와 같거나 나누는 수보다 크면 몫은 두 자리 수입니다.
예 34÷2 → 3>2이므로 몫은 두 자리 수

① 십 모형을 똑같이 2묶음으로 나누면 한 묶음에 십 모형이 1개입니다.

② 남은 십 모형 1개를 일 모형 10개로 바꾸어 일 모형 14개를 똑같이 2묶음으로 나누면 한 묶음에 일 모형이 7개입니다.

→ 34÷2=17

② 세로로 계산하기

① 몫의 십의 자리 수를 먼저 구합니다.

② 나누어지는 수의 십의 자리에서 내림한 수와 일의 자리 수를 더해 몫의 일의 자리 수를 구합니다.

2)34 → **십의 자리 계산** → **일의 자리 계산**

십의 자리 계산:

```
   1
2)34
  20 ← 2×1=10
   1
```

일의 자리 계산:

```
  17
2)34
  2
  14
  14 ← 2×7=14
   0
```

```
  17
2)34
  2
  14
  14
   0
```

확인 1 42÷3을 알아보려고 합니다. □ 안에 알맞은 수를 써넣으세요.

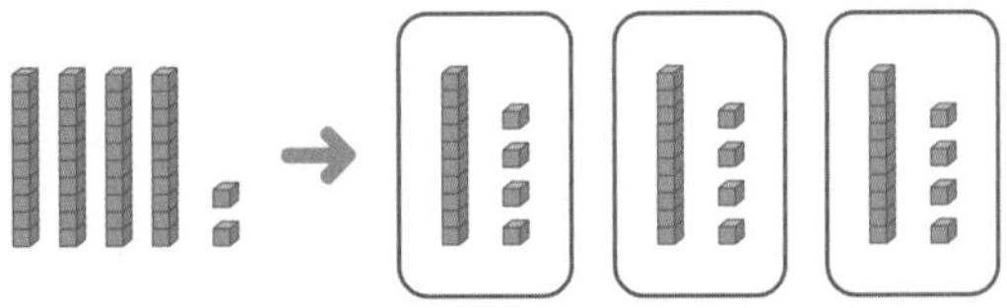

(1) 수 모형을 똑같이 3묶음으로 나누면 한 묶음에 십 모형이 □개, 일 모형이 □개 있습니다.

(2) 42÷3=□

확인 2 □ 안에 알맞은 수를 써넣으세요.

(1) 30÷3=□
15÷3=□
45÷3=□

(2) 40÷4=□
24÷4=□
64÷4=□

기본기 다지는 교과서 문제

» 정답 · 풀이 15쪽

1 그림을 보고 □ 안에 알맞은 수를 써넣으세요.

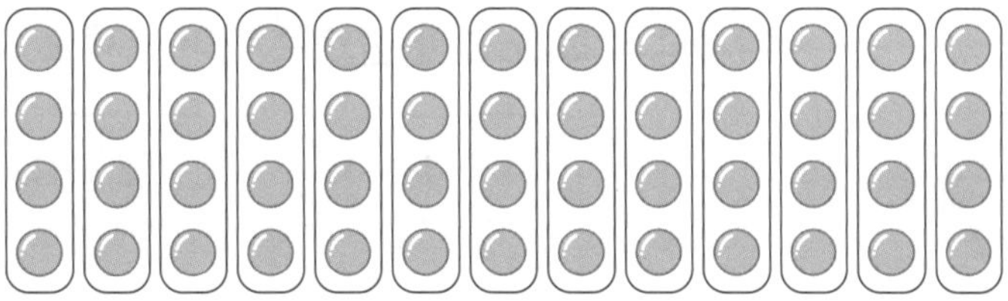

52개를 4개씩 묶으면 모두 □ 묶음입니다.

→ $52 \div 4 = □$

2 □ 안에 알맞은 수를 써넣으세요.

$96 \div 8$ — $80 \div 8 = □$, $16 \div 8 = □$ → □

3 □ 안에 알맞은 수를 써넣으세요.

```
      □ □
  2 ) 7  4
      □      ← 2×□
      -----
      □  4
      □ □   ← 2×□
      -----
         □
```

4 계산이 맞는지 확인하려고 합니다. □ 안에 알맞은 수를 써넣고, 알맞은 말에 ○표 하세요.

$91 \div 7 = 13$

[확인] $7 \times □ = □$

→ 계산이 (맞습니다 , 맞지 않습니다).

개념 따라쓰기

2단원

내림이 있는 (몇십몇)÷(몇)을 세로로 계산하기

```
     1 6
  2) 3 2
     2      ← 십의 자리 계산
     ---
     1 2
     1 2    ← 일의 자리 계산
     ---
       0
```

① 몫의 십의 자리 수를 먼저 구합니다.

② 나누어지는 수의 십의 자리에서 내림한 수와 일의 자리 수를 더해 몫의 일의 자리 수를 구합니다.

스스로 풀어내는 도전 10 문제

막힐 때 힌트북

1 24쪽 이해

그림을 보고 □ 안에 알맞은 수를 써넣으세요.

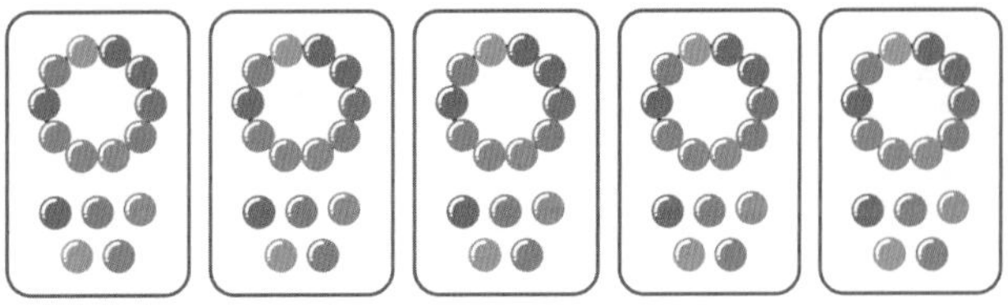

$75 \div 5 = \square$

2 24쪽 계산

계산해 보세요.

(1) $57 \div 3$

(2) $84 \div 6$

3 적용

큰 수를 작은 수로 나눈 몫을 구하세요.

76 2

( )

4 계산

나눗셈의 몫을 찾아 선으로 이어 보세요.

$64 \div 4$ $72 \div 2$

36 26 16

5 24쪽 적용

몫이 작은 것부터 차례로 기호를 쓰세요.

㉠ $68 \div 4$
㉡ $65 \div 5$
㉢ $81 \div 3$

□ - □ - □

6 24쪽 적용

빈 곳에 알맞은 수를 써넣으세요.

96 → $\div 2$ → □ → $\div 3$ → □

» 정답 · 풀이 15쪽

조금 더 어려운 문제에 도전해 볼까요?

7 25쪽 추론

□ 안에 알맞은 수를 써넣으세요.

$$\begin{array}{r} 1\,\square \\ \square\,\overline{)\,8\,\,5} \\ 5\,\,\,\, \\ \hline \square\,\square \\ \square\,\square \\ \hline 0 \end{array}$$

8 25쪽 문제 해결

사과 87개를 상자 3개에 똑같이 나누어 담으려고 합니다. 한 상자에 사과를 몇 개씩 담아야 할까요?

(　　　　　　　)

+9 25쪽 수학적 독해력

철사 84 cm를 똑같이 7도막으로 자르고, 리본 65 cm를 똑같이 5도막으로 잘랐습니다. 철사와 리본 중 한 도막의 길이가 더 긴 것은 무엇일까요?

(　　　　　　　)

독해 포인트 (한 도막의 길이가 더 길다.)
=(나눗셈의 몫이 더 크다.)

+10 25쪽 수학적 표현력

□ 안에 알맞은 수는 얼마인지 풀이 과정을 쓰고, 답을 구하세요.

$72 \div 2 = \square \times 3$

풀이 $72 \div 2 =$ ______________________

____

____

답 ______________________

오늘 공부 어땠나요? | 10개 중 맞힌 문제 □ 개 | **틀린 문제**는 힌트를 보고 다시 도전해 보세요. | **맞힌 문제**는 힌트를 보고 자신의 생각과 비교해 보세요.

(몇십몇)÷(몇) (3)

내림이 없고 나머지가 있는 경우

예 16÷3의 계산

① 수 모형으로 알아보기

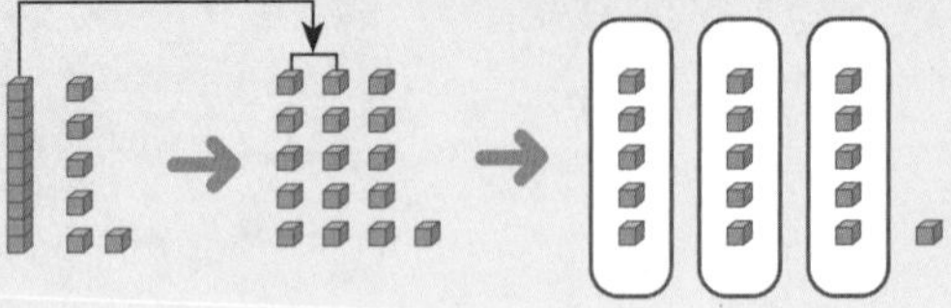

십 모형 1개를 일 모형 10개로 바꾸어 일 모형 16개를 똑같이 3묶음으로 나누면 한 묶음에 일 모형이 5개이고, 일 모형 1개가 남습니다.

$$\begin{array}{r} 5 \\ 3\overline{)\,1\,6} \\ 1\,5 \\ \hline 1 \end{array} \rightarrow 16 \div 3 = 5 \cdots 1$$

- (몇십몇)÷(몇)에서 나누어지는 수의 십의 자리 수가 나누는 수보다 작으면 몫은 한 자리 수입니다.
  예 16÷3 → 1<3이므로 몫은 한 자리 수

- **나눗셈식 쓰는 방법**
  (나누어지는 수)÷(나누는 수)=(몫)⋯(나머지)

개념+ 나머지 알아보기

16을 3으로 나누면 **몫**은 5이고 1이 남습니다.
이때 1을 16÷3의 **나머지**라고 합니다.

$16 \div 3 = 5 \cdots 1$

나머지가 없으면 나머지가 0이라고 말할 수 있습니다.
나머지가 0일 때, **나누어떨어진다**고 합니다.

$$\begin{array}{r} 5 \\ 3\overline{)\,1\,6} \\ 1\,5 \\ \hline 1 \end{array}$$

나누는 수: 3, 몫: 5, 나누어지는 수: 16, 나머지: 1

- **계산이 맞는지 확인하기**
  나누는 수와 몫의 곱에 나머지를 더하면 나누어지는 수가 되어야 합니다.
  $16 \div 3 = 5 \cdots 1$
  $3 \times 5 = 15$, $15 + 1 = 16$

확인 1 수 모형을 보고 □ 안에 알맞은 수를 써넣으세요.

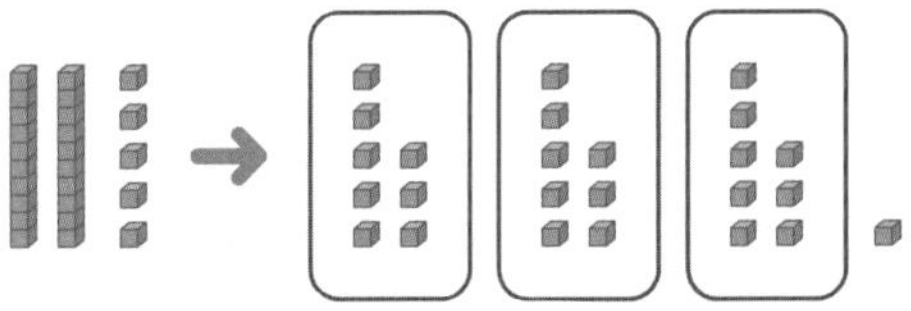

$25 \div 3 = \square \cdots \square$

확인 2 □ 안에 알맞은 수나 말을 써넣으세요.

$$\begin{array}{r} 5 \\ 4\overline{)\,2\,2} \\ 2\,0 \\ \hline 2 \end{array}$$

→ 22를 4로 나눈 몫은 □이고 □가 남습니다.
이때 2를 22÷4의 □라고 합니다.

기본기 다지는 교과서 문제

1 □ 안에 알맞은 수를 써넣으세요.

(1)

□ ← 몫

6) 3 1

　　3 0

　　□ ← 나머지

(2)

□ ← 몫

3) 2 0

　　1 8

　　□ ← 나머지

2 □ 안에 알맞은 수를 써넣고, 몫과 나머지를 각각 구하세요.

□

7) 5 9

　　□ □

　　　 □

[몫] (　　　　　　)

[나머지] (　　　　　　)

3 나눗셈이 나누어떨어지면 ○표, 나누어떨어지지 않으면 ×표 하세요.

7) 49	8) 50
몫 7	몫 6
49	48
0	2
(　　　)	(　　　)

4 계산이 맞는지 확인하려고 합니다. □ 안에 알맞은 수를 써넣고, 알맞은 말에 ○표 하세요.

$77 \div 9 = 8 \cdots 5$

[확인] $9 \times$ □ $= 72$, $72 +$ □ $=$ □

→ 계산이 (맞습니다 , 맞지 않습니다).

개념 따라쓰기

나머지 알아보기

4 ← 몫

3) 1 4

　　1 2

　　　2 ← 나머지

나눗셈에서 나머지는 더 이상 나눌 수 없을 때까지 나누고 남은 수입니다.

나누어떨어진다 뜻

5

3) 1 5

　　1 5

　　　0 ← 나누어떨어진다.

나머지가 0일 때, 나누어떨어진다고 합니다.

1 26쪽 이해

그림을 보고 □ 안에 알맞은 수를 써넣으세요.

29 ÷ 7 = □ ⋯ □

4 계산

4로 나누었을 때 나머지가 1인 수를 찾아 쓰세요.

18 25 31

( )

2 26쪽 계산

주어진 나눗셈의 몫과 나머지를 각각 구하세요.

69 ÷ 8

몫 ( )

나머지 ( )

5 26쪽 적용

두 나눗셈의 나머지의 합을 구하세요.

51 ÷ 8 44 ÷ 6

( )

3 계산

□ 안에 몫을 쓰고, ◯ 안에 나머지를 써넣으세요.

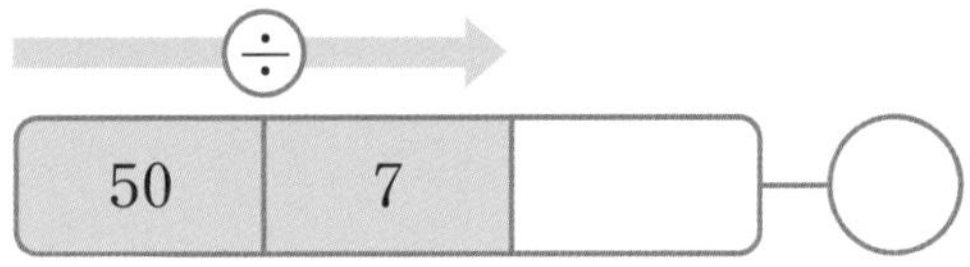

6 26쪽 문제 해결

나누어떨어지는 나눗셈을 가지고 있는 사람은 누구일까요?

( )

2 단원

7 27쪽 추론

□ 안에 알맞은 수를 써넣으세요.

```
      □
  ┌────
8 ) 6 □
    5 6
  ─────
      4
```

8 27쪽 문제 해결

공책 45권을 7명이 똑같이 나누어 가지려고 합니다. 한 명이 공책을 몇 권까지 가질 수 있고, 마지막에 몇 권이 남는지 차례로 쓰세요.

(　　　　　　　　), (　　　　　　　　)

+9 27쪽 수학적 독해력

1부터 9까지의 자연수 중에서 27을 나누어떨어지게 하는 수는 모두 몇 개일까요?

(　　　　　　　　)

독해 포인트 나누어떨어진다 → 나머지가 0

+10 27쪽 수학적 표현력

수 카드 2장을 골라 만들 수 있는 가장 작은 두 자리 수를 5로 나눈 몫을 구하려고 합니다. 풀이 과정을 쓰고, 답을 구하세요.

4 8 9

[풀이] 가장 작은 두 자리 수는 ______________

____

____

[답] ______________

오늘 공부 어땠나요?

10개 중 맞힌 문제 □ 개

틀린 문제는 힌트를 보고 디시 도전해 보세요.

맞힌 문제는 힌트를 보고 자신의 생각과 비교해 보세요.

14일 (몇십몇)÷(몇) (4)

내림이 있고 나머지가 있는 경우

예 41÷3의 계산

❶ 수 모형으로 알아보기

십 모형 1개를 일 모형 10개로 바꿉니다.

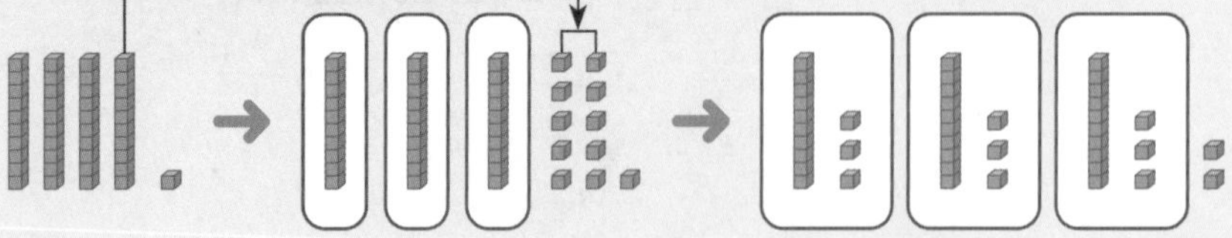

나머지는 나눗셈에서 더 이상 나눌 수 없을 때까지 나누고 남은 수이므로 항상 나누는 수보다 작아야 합니다.

(나머지) < (나누는 수)

① 십 모형을 똑같이 3묶음으로 나누면 한 묶음에 십 모형이 1개입니다.

② 남은 십 모형 1개를 일 모형 10개로 바꾸어 일 모형 11개를 똑같이 3묶음으로 나누면 한 묶음에 일 모형이 3개이고, 일 모형 2개가 남습니다.

$$41 \div 3 = 13 \cdots 2$$

(13: 몫, 2: 나머지)

❷ 세로로 계산하기

$$3\overline{)\,4\;1}$$

→ **십의 자리 계산**

$$\begin{array}{r} 1 \\ 3\overline{)\,4\;1} \\ 3\;0 \\ \hline 1 \end{array}$$

← 3×10=30

→ **일의 자리 계산**

$$\begin{array}{r} 1\;3 \\ 3\overline{)\,4\;1} \\ 3 \\ \hline 1\;1 \\ 9 \\ \hline 2 \end{array}$$

← 3×3=9

$$\begin{array}{r} 1\;3 \\ 3\overline{)\,4\;1} \\ 3 \\ \hline 1\;1 \\ 9 \\ \hline 2 \end{array}$$

[확인] 나누는 수와 몫의 곱에 나머지를 더하면 나누어지는 수가 되어야 합니다.

$41 \div 3 = 13 \cdots 2$ → $3 \times 13 = 39$, $39 + 2 = 41$

확인 1 수 모형을 보고 □ 안에 알맞은 수를 써넣으세요.

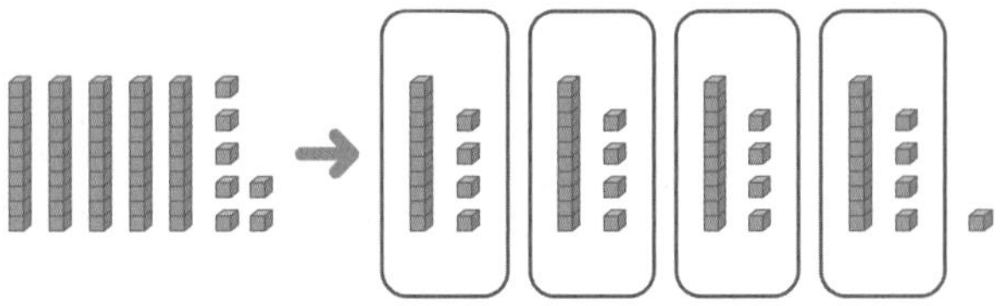

$57 \div 4 = \square \cdots \square$

확인 2 □ 안에 알맞은 수를 써넣으세요.

$$\begin{array}{r} \square \\ 4\overline{)\,7\;8} \\ \square \\ \hline \square \end{array} \rightarrow \begin{array}{r} \square\;\square \\ 4\overline{)\,7\;8} \\ \square \\ \hline \square\;8 \\ \square\;\square \\ \hline \square \end{array}$$

기본기 다지는 교과서 문제

» 정답 · 풀이 17쪽

1 나눗셈식을 보고 몫과 나머지를 각각 구하세요.

$63 \div 5 = 12 \cdots 3$

[몫] (　　　　　　　)

[나머지] (　　　　　　　)

2 □ 안에 알맞은 수를 써넣으세요.

```
     □ □
 5 ) 8  9
     5      ← 5×□
    ─────
     □  9
     □ □    ← 5×□
    ─────
        □
```

3 계산이 맞는지 확인하려고 합니다. □ 안에 알맞은 수를 써넣고, 알맞은 말에 ○표 하세요.

```
       2 4
   4 ) 9 8
       8
      ───
       1 8
       1 6
      ───
         2
```

[확인] $4 \times \square = 96$, $96 + \square = \square$

→ 계산이 (맞습니다 , 맞지 않습니다).

개념 따라쓰기

나누는 수와 나머지의 관계

```
       1 3
   3 ) 4 1
       3
      ───
       1 1
         9
      ───
         2
```

(나누는 수) > (나머지)

나머지는 항상 나누는 수보다 작아야 합니다.

계산이 맞는지 확인하기

■ ÷ ▲ = ● ⋯ ★

▲ × ● = □, □ + ★ = ■

나누는 수(▲)와 몫(●)의 곱에 나머지(★)를 더하면 나누어지는 수가 되어야 합니다.

1 28쪽 이해

다음 나눗셈식의 계산이 맞는지 확인해 보세요.

$87 \div 4 = 21 \cdots 3$

확인 $4 \times \square = \square$, $\square + \square = \square$

2 계산

주어진 나눗셈의 몫과 나머지를 각각 구하세요.

$78 \div 4$

몫 (　　　　　)

나머지 (　　　　　)

3 28쪽 이해

어떤 수를 6으로 나누었을 때 나머지가 될 수 있는 수에 모두 ○표 하세요.

0　1　2　3　4　5　6　7

4 28쪽 의사 소통

문제를 바르게 설명한 사람은 누구일까요?

$85 \div 6 = \square \cdots \square$

(　　　　　)

5 28쪽 적용

계산이 잘못된 부분을 찾아 바르게 고쳐 보세요.

$$\begin{array}{r} 10 \\ 7\overline{)\,79} \\ 7 \\ \hline 9 \end{array} \rightarrow 7\overline{)\,79}$$

6 이해

다음 중 나머지가 5가 될 수 없는 나눗셈식을 고르세요. ········ (　　　)

① ■÷5　② ■÷6　③ ■÷7
④ ■÷8　⑤ ■÷9

» 정답 · 풀이 17쪽

7 29쪽 추론

★에 알맞은 수를 구하세요.

★÷7=11···4

( )

8 29쪽 문제 해결

수현이는 95쪽짜리 동화책을 일주일 동안 똑같이 나누어 읽으려고 합니다. 하루에 최대한 많이 읽으려고 할 때 하루에 몇 쪽씩 읽어야 하고, 마지막에 몇 쪽이 남는지 구하세요.

( ), ( )

+9 29쪽 수학적 독해력

다음 나눗셈이 나누어떨어질 때 1부터 9까지의 수 중 □ 안에 들어갈 수 있는 수를 모두 구하세요.

$4\overline{)7\square}$

( )

독해 포인트 십의 자리를 4로 나눈 나머지와 일의 자리 수를 더한 수가 4로 나누어떨어져야 합니다.

+10 29쪽 수학적 표현력

초콜릿 93개를 8명에게 똑같이 나누어 주려고 합니다. 초콜릿이 모자라지 않도록 하려면 몇 개가 더 필요한지 풀이 과정을 쓰고, 답을 구하세요.

[풀이] ______

______

______

[답] ______

오늘 공부 어땠나요? 10개 중 맞힌 문제 □ 개 > 틀린 문제는 힌트를 보고 다시 도전해 보세요. > 맞힌 문제는 힌트를 보고 자신의 생각과 비교해 보세요.

15일 (세 자리 수)÷(한 자리 수) (1)

나머지가 없는 경우

① 나머지가 없는 (세 자리 수)÷(한 자리 수)

백의 자리부터 순서대로 나눕니다.

예 735÷3의 계산

백의 자리 계산

```
    2
3)7 3 5
  6
  1
```

→ 십의 자리 계산

```
    2 4
3)7 3 5
  6
  1 3
  1 2
    1
```

→ 일의 자리 계산

```
    2 4 5
3)7 3 5
  6
  1 3
  1 2
    1 5
    1 5
      0
```

[확인] $735 \div 3 = 245 \rightarrow 3 \times 245 = 735$

> (몇백몇십)÷(몇)의 몫 구하기
> ■▲0÷●의 몫은 ■▲÷●의 몫 뒤에 0을 하나 더 붙인 것과 같습니다.
> ■▲÷●=㉠㉡
> → ■▲0÷●=㉠㉡0

개념+ 백의 자리에서 나눌 수 없는 경우

백의 자리에서 나눌 수 없으면 십의 자리에서 나눕니다.

예 332÷4의 계산

```
4)3 3 2
  ↓
```

3<4이므로 백의 자리에서는 나눌 수 없습니다.

→ 십의 자리 계산

```
      8
4)3 3 2
  3 2
    1
```

→ 일의 자리 계산

```
      8 3
4)3 3 2
  3 2
    1 2
    1 2
      0
```

[확인] $332 \div 4 = 83 \rightarrow 4 \times 83 = 332$

> ■▲●÷㉠의 계산에서
> • ■>㉠이면 몫이 세 자리 수
> • ■<㉠이면 몫이 두 자리 수

확인 1 그림을 보고 □ 안에 알맞은 수를 써넣으세요.

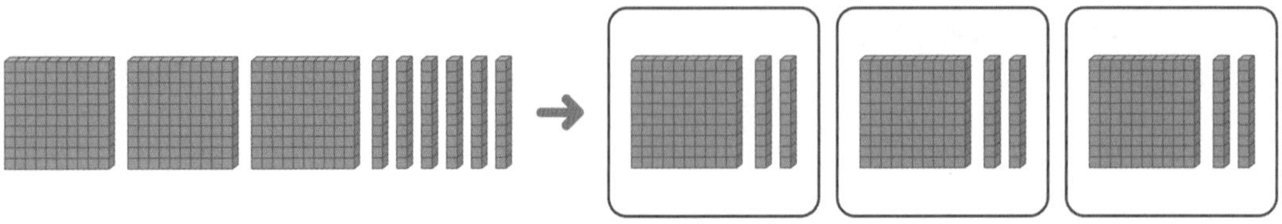

$360 \div 3 = \square$

1 □ 안에 알맞은 수를 써넣으세요.

(1) $32 \div 8 = \square$ → $320 \div 8 = \square$

(2) $84 \div 3 = \square$ → $840 \div 3 = \square$

2 □ 안에 알맞은 수를 써넣으세요.

```
     □ □ □
  5) 6  8  0
     □
     ───────
     1  8
     □ □
     ───────
        □  0
        □ □
     ───────
           □
```

3 계산이 맞는지 확인하려고 합니다. □ 안에 알맞은 수를 써넣고, 알맞은 말에 ○표 하세요.

```
      4 7
  3) 1 4 1
     1 2
     ─────
       2 1
       2 1
     ─────
         0
```

[확인] $3 \times \square = \square$

→ 계산이 (맞습니다 , 맞지 않습니다).

개념 따라쓰기

(세 자리 수)÷(한 자리 수)의 계산

```
     2 3 6
  2) 4 7 2
     4          ← 백의 자리 계산
     ─────
       7
       6        ← 십의 자리 계산
     ─────
       1 2
       1 2      ← 일의 자리 계산
     ─────
         0
```

(세 자리 수)÷(한 자리 수)는 백의 자리부터 순서대로 나눕니다.

백의 자리에서 나눌 수 없는 경우

```
       6 3
  2) 1 2 6
     1 2        ← 십의 자리 계산
     ─────
         6
         6      ← 일의 자리 계산
     ─────
         0
```

백의 자리에서 나눌 수 없으면 십의 자리에서 나눕니다.

1
이해

□ 안에 알맞은 수를 써넣으세요.

$400 \div 4 = \square$

$96 \div 4 = \square$

$496 \div 4 = \square$

2
30쪽 계산

계산해 보세요.

(1) $5\overline{)875}$

(2) $9\overline{)657}$

3
30쪽 이해

몫이 두 자리 수인 나눗셈에 ○표 하세요.

$414 \div 9$	$552 \div 4$
( )	( )

4
30쪽 적용

두 나눗셈의 몫의 합을 구하세요.

$708 \div 6 \quad 376 \div 4$

( )

5
계산

몫이 같은 것끼리 선으로 이어 보세요.

$352 \div 8$ •	• $330 \div 6$
$385 \div 7$ •	• $220 \div 5$

6
30쪽 적용

몫이 가장 큰 것부터 차례로 기호를 쓰세요.

㉠ $736 \div 8$
㉡ $672 \div 6$
㉢ $635 \div 5$

□ - □ - □

» 정답 · 풀이 18쪽

조금 더 **어려운 문제**에 도전해 볼까요?

7 31쪽 추론

□ 안에 알맞은 수를 써넣으세요.

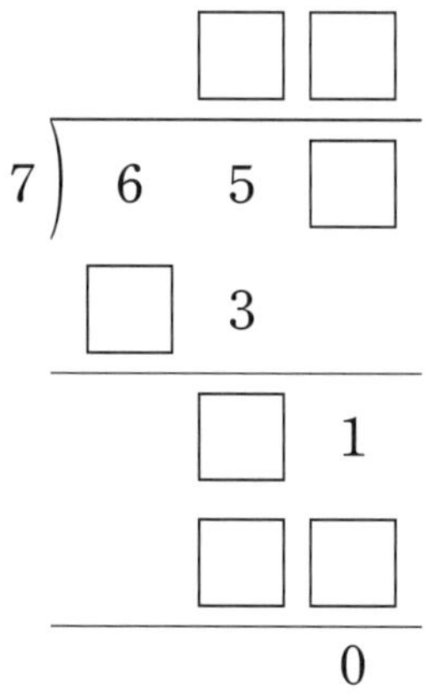

8 31쪽 문제 해결

단추가 834개 있습니다. 이 단추를 6상자에 똑같이 나누어 담으려고 합니다. 한 상자에 단추를 몇 개씩 담아야 할까요?

(　　　　　　　　)

+9 31쪽 수학적 독해력

화단에 꽃이 8 cm 간격으로 한 줄로 심어져 있습니다. 처음에 심어진 꽃과 마지막에 심어진 꽃 사이의 거리가 952 cm라면 심어진 꽃은 모두 몇 송이일까요? (단, 꽃의 두께는 생각하지 않습니다.)

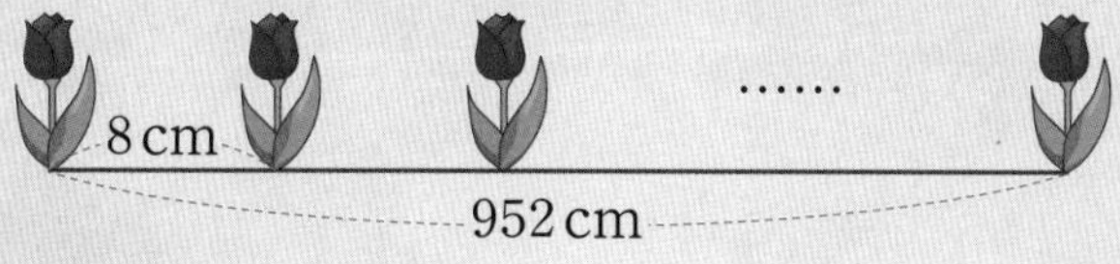

(　　　　　　　　)

독해 포인트 필요한 꽃의 수는 간격의 수보다 1개 더 많아야 합니다.

+10 31쪽 수학적 표현력

□ 안에 들어갈 수 있는 자연수는 모두 몇 개인지 구하려고 합니다. 풀이 과정을 쓰고, 답을 구하세요.

$434 \div 7 < \square < 272 \div 4$

[풀이] 두 나눗셈식을 계산하면 ________________

____

____

[답] ________________________________

오늘 공부 어땠나요? 10개 중 맞힌 문제 □ 개 〉 **틀린 문제**는 힌트를 보고 다시 도전해 보세요. 〉 **맞힌 문제**는 힌트를 보고 자신의 생각과 비교해 보세요.

16일 (세 자리 수)÷(한 자리 수) (2)

나머지가 있는 경우

① 나머지가 있는 (세 자리 수)÷(한 자리 수)

백의 자리부터 일의 자리까지 순서대로 계산하고, 마지막에 남는 수가 나머지가 됩니다.

예 849÷6의 계산

백의 자리 계산 → **십의 자리 계산** → **일의 자리 계산**

```
    1              1 4              1 4 1
6)8 4 9   →   6)8 4 9   →   6)8 4 9
  6              6                6
  2              2 4              2 4
                 2 4              2 4
                                    9
                                    6
                                    3
```

[확인] 849÷6=141⋯3 → 6×141=846, 846+3=849

◐ 몫을 구할 때 남은 수가 나누는 수보다 크면 몫을 1 크게 하여 다시 계산합니다.

예

```
    2 ──+1──→ 3
7)2 5 1  →  7)2 5 1
  1 4          2 1
  1 1            4
  ↓
나누는 수보다 큽니다.
```

◐ ■÷▲의 계산에서 나머지가 될 수 있는 가장 큰 자연수는 (▲−1)입니다.

개념+ 십의 자리에서 나눌 수 없을 경우

십의 자리에서 나눌 수 없을 때에는 몫의 십의 자리에 0을 쓰고 일의 자리에서 나눕니다.

예 323÷3의 계산

백의 자리 계산 → **십의 자리 계산** → **일의 자리 계산**

```
    1              1 0              1 0 7
3)3 2 3   →   3)3 2 3   →   3)3 2 3
  3              3                3
                   2                2 3
                                    2 1
                                      2
```

확인 1 그림을 보고 □ 안에 알맞은 수를 써넣으세요.

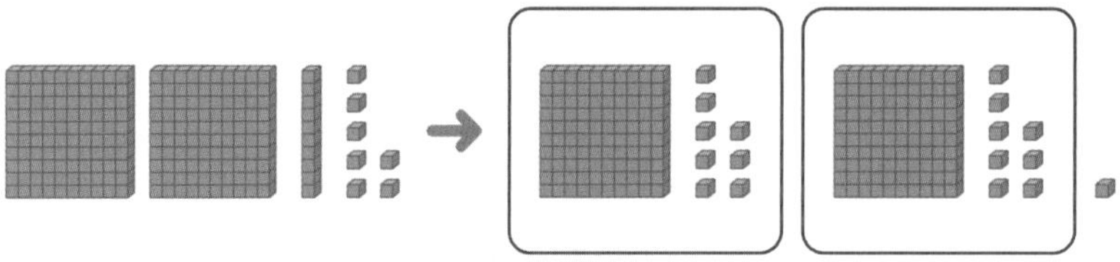

217÷2=□⋯□

기본기 다지는 교과서 문제

» 정답 · 풀이 19쪽

1 나눗셈식을 보고 몫과 나머지를 각각 쓰세요.

```
     2 5 4
 3 ) 7 6 4
     6
     1 6
     1 5
       1 4
       1 2
         2
```

(몫) (　　　　　)

(나머지) (　　　　　)

2 □ 안에 알맞은 수를 써넣으세요.

```
      1 □ □
 5 )  5  2  7
      □
         2  7
         □  □
            □
```

3 62■÷6에서 나머지가 될 수 있는 수를 모두 찾아 ○표 하세요.

1	2	3	4	5	6	7	8	9

4 계산이 맞는지 확인하려고 합니다. □ 안에 알맞은 수를 써넣고, 알맞은 말에 ○표 하세요.

$590 \div 7 = 84 \cdots 2$

(확인) $7 \times$ □ $= 588$, $588 +$ □ $=$ □

→ 계산이 (맞습니다 , 맞지 않습니다).

개념 따라쓰기

2단원

나머지가 있는 (세 자리 수)÷(한 자리 수)

```
     1 5 6
 3 ) 4 6 9
     3
     1 6
     1 5
       1 9
       1 8
         1  ← 나머지
```

백의 자리부터 순서대로 계산하고, 마지막에 남은 수가 나머지가 됩니다.

십의 자리에서 나눌 수 없는 경우

```
     1 0 7
 3 ) 3 2 3
     3
       2 3
       2 1
         2
```

십의 자리에서 나눌 수 없을 때에는 몫의 십의 자리에 0을 쓰고 일의 자리에서 나눕니다.

1

계산

다음을 계산하고 몫과 나머지를 쓰세요.

$700 \div 6$

몫 (　　　　　　)

나머지 (　　　　　　)

2

32쪽

이해

바르게 계산한 것의 기호를 쓰세요.

㉠
$$\begin{array}{r} 102 \\ 7\overline{)715} \\ \underline{7} \\ 15 \\ \underline{14} \\ 1 \end{array}$$

㉡
$$\begin{array}{r} 140 \\ 5\overline{)523} \\ \underline{5} \\ 23 \\ \underline{20} \\ 3 \end{array}$$

(　　　　　　)

3

32쪽

적용

계산이 잘못된 부분을 찾아 바르게 고쳐 보세요.

$$\begin{array}{r} 154 \\ 5\overline{)779} \\ \underline{5} \\ 27 \\ \underline{25} \\ 29 \\ \underline{20} \\ 9 \end{array} \rightarrow \begin{array}{r} \\ 5\overline{)779} \end{array}$$

4

계산

나머지가 가장 작은 것을 찾아 ○표 하세요.

$173 \div 8$ (　　　)

$190 \div 9$ (　　　)

$356 \div 6$ (　　　)

5

32쪽

적용

다음 나눗셈에서 나올 수 있는 나머지 중 가장 큰 수가 8입니다. ★에 알맞은 한 자리 수는 얼마일까요?

□÷★

(　　　　　　)

6

32쪽

적용

다음 나눗셈을 나누어떨어지게 하려고 합니다. □ 안에 들어갈 수 있는 수를 찾아 ○표 하세요.

73□÷8

(1 , 2 , 3 , 6)

조금 더 **어려운 문제**에 도전해 볼까요?

7 33쪽 문제 해결

장난감 338개를 상자에 모두 나누어 담으려고 합니다. 한 상자에 장난감을 7개씩 담을 수 있을 때 상자는 적어도 몇 개가 필요할까요?

(　　　　　　　)

8 33쪽 창의 융합

네 장의 수 카드를 한 번씩만 사용하여 몫이 가장 큰 (세 자리 수)÷(한 자리 수)를 만들고 몫과 나머지를 구하세요.

2 5 7 8

[몫] (　　　　　　　)

[나머지] (　　　　　　　)

+9 33쪽 수학적 독해력

어떤 수를 5로 나누었더니 172로 나누어떨어졌습니다. 어떤 수를 7로 나누었을 때의 몫과 나머지를 각각 구하세요.

[몫] (　　　　　　　)

[나머지] (　　　　　　　)

독해 포인트 곱셈과 나눗셈의 관계를 생각하여 어떤 수를 먼저 구해 보세요.

+10 33쪽 수학적 표현력

방울토마토 374개를 6명에게 똑같이 나누어 주려고 합니다. 남는 것이 없도록 주려면 방울토마토는 몇 개가 더 필요한지 풀이 과정을 쓰고, 답을 구하세요.

[풀이] ______________________

____

____

[답] ______________________

오늘 공부 어땠나요? 10개 중 맞힌 문제 [　] 개 > **틀린 문제**는 힌트를 보고 다시 도전해 보세요. > **맞힌 문제**는 힌트를 보고 자신의 생각과 비교해 보세요.

01 □ 안에 알맞은 수를 써넣으세요.

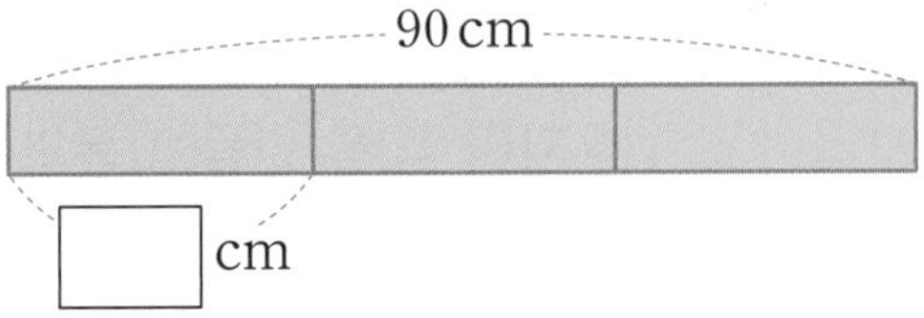

02 귤 48개를 한 봉지에 4개씩 담으려고 합니다. 봉지는 모두 몇 개가 필요할까요?

( )

03 몫의 크기를 비교하여 ○ 안에 >, =, <를 알맞게 써넣으세요.

55 ÷ 5 ○ 77 ÷ 7

04 6으로 나누었을 때 나누어떨어지는 수를 모두 찾아 기호를 쓰세요.

㉠ 66 ㉡ 68
㉢ 72 ㉣ 74

( )

05 빈 곳에 알맞은 수를 써넣으세요.

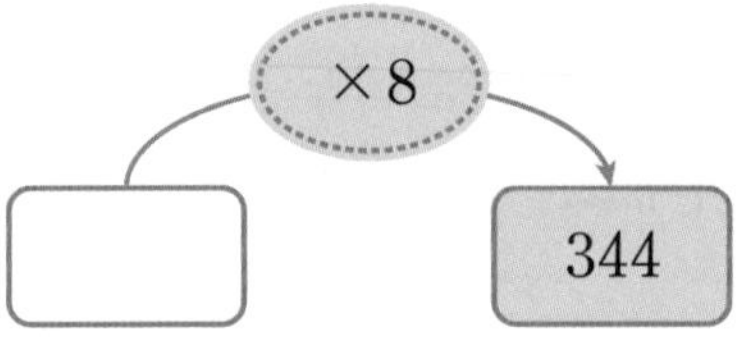

06 계산하고 맞게 계산했는지 확인해 보세요.

318 ÷ 9 = □ ⋯ □

[확인] 9 × □ = □,
□ + □ = □

07 수현이가 어떤 동화책을 16쪽씩 6일 동안 다 읽었습니다. 이 동화책을 종욱이는 8쪽씩 읽는다면, 종욱이가 동화책을 다 읽는 데 며칠이 걸릴까요?

(　　　　　　)

08 어떤 수를 5로 나누어야 할 것을 잘못하여 어떤 수에 5를 곱했더니 465가 되었습니다. 바르게 계산한 몫과 나머지를 구하세요.

몫 (　　　　　　)

나머지 (　　　　　　)

09 두 사람이 가지고 있는 식의 계산 결과가 같습니다. □ 안에 알맞은 수는 얼마일까요?

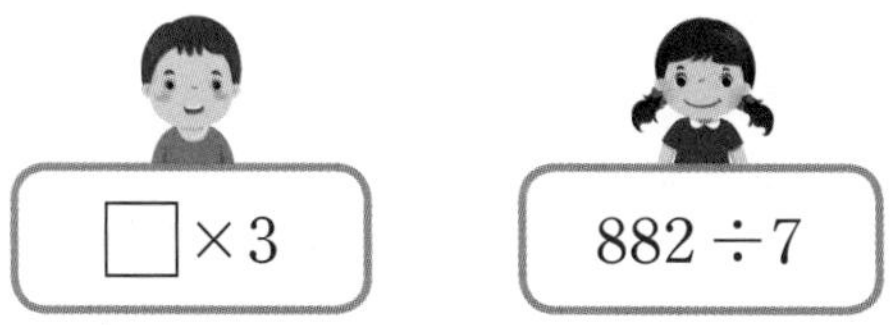

(　　　　　　)

서술형

10 □가 될 수 있는 자연수 중에서 가장 큰 수를 구하려고 합니다. 풀이 과정을 쓰고, 답을 구하세요.

$\square \div 4 = 23 \cdots ★$

풀이 ______

______

______

답 ______

원의 중심, 반지름, 지름

① 누름 못과 띠 종이를 이용하여 원 그리기

띠 종이를 누름 못으로 고정한 후 연필을 구멍에 넣어 원을 그립니다.

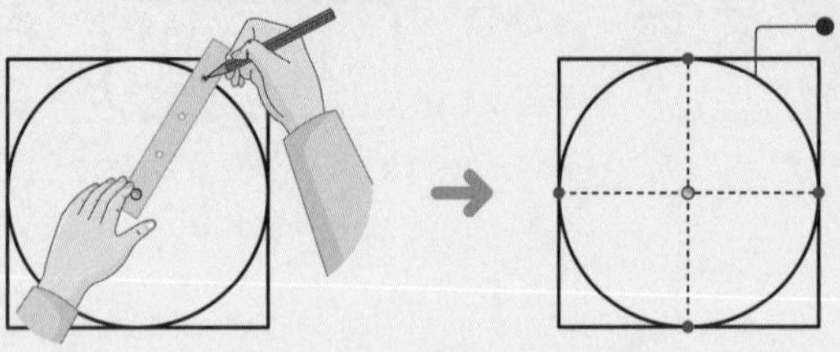

누름 못과 거리가 먼 구멍에 연필을 꽂을수록 더 큰 원이 됩니다.

누름 못이 꽂힌 점에서 원 위의 한 점까지의 길이는 모두 같습니다.

점을 찍어 원 그리기

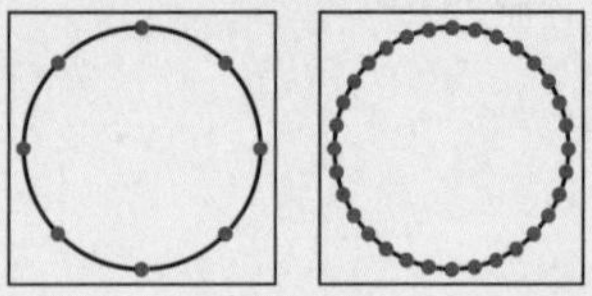

점을 많이 표시할수록 원을 좀 더 정확하게 그릴 수 있습니다.

② 원의 중심, 반지름, 지름

- 원을 그릴 때에 누름 못이 꽂혔던 점 ㅇ을 **원의 중심**이라고 합니다.
- 원의 중심 ㅇ과 원 위의 한 점을 이은 선분을 원의 **반지름**이라고 합니다.
- 원 위의 두 점을 이은 선분이 원의 중심 ㅇ을 지날 때 이 선분을 원의 **지름**이라고 합니다.

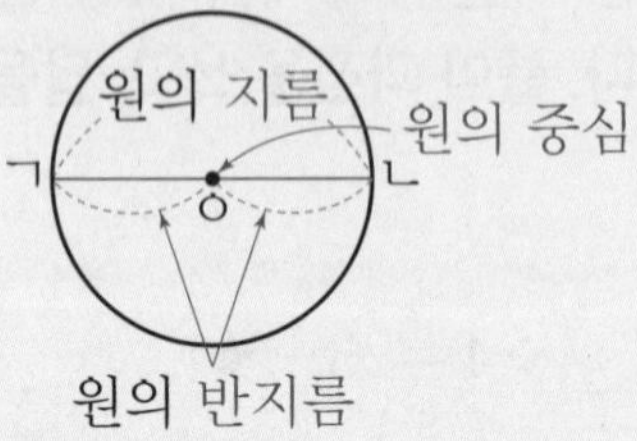

- 원의 중심: 점 ㅇ
- 원의 반지름: 선분 ㅇㄱ, 선분 ㅇㄴ
- 원의 지름: 선분 ㄱㄴ

한 원에는 원의 반지름(지름)을 무수히 많이 그을 수 있습니다.

한 원에서 원의 반지름(지름)은 길이가 모두 같습니다.

확인 1 누름 못과 띠 종이를 이용하여 원을 그렸습니다. 원의 중심은 어느 것인가요?

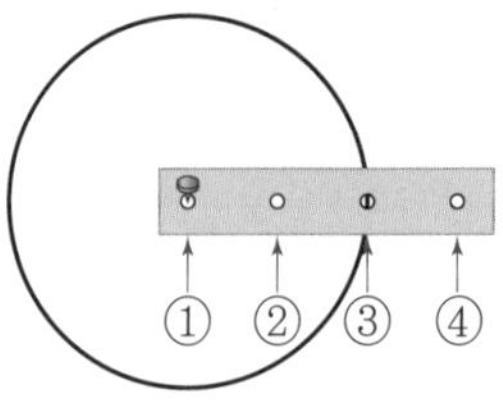

(　　　　　　　)

확인 2 □ 안에 알맞은 말을 써넣으세요.

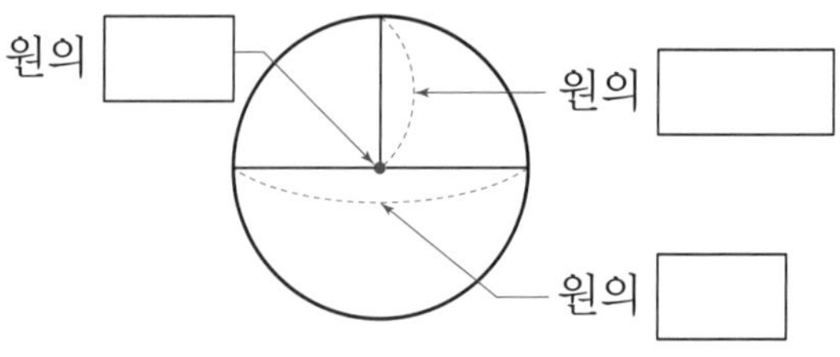

» 정답 · 풀이 21쪽

1 원의 중심을 찾아 쓰세요.

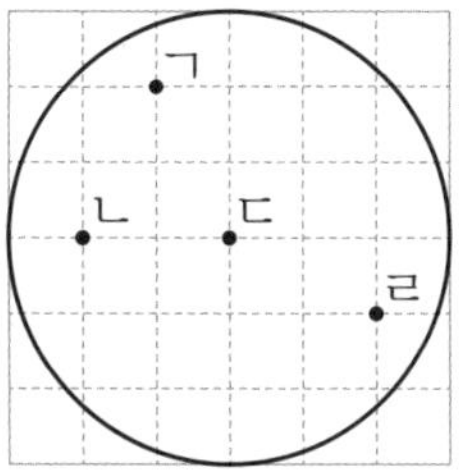

( )

2 □ 안에 알맞은 수를 써넣으세요.

> 한 원에는 원의 중심이 □개 있습니다.

3 원의 중심과 원 위의 한 점을 잇는 선분을 3개 그어 보세요.

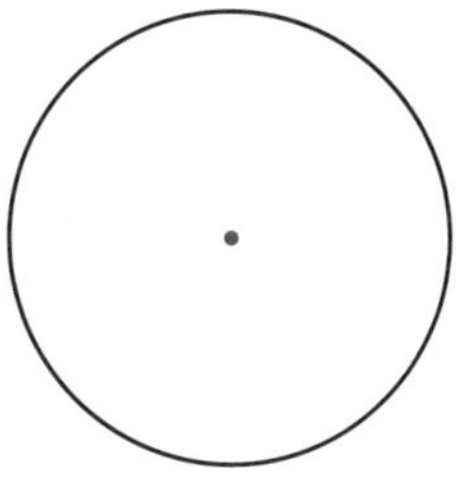

4 지름을 나타내는 선분의 길이를 재어 보고 알맞은 말에 ○표 하세요.

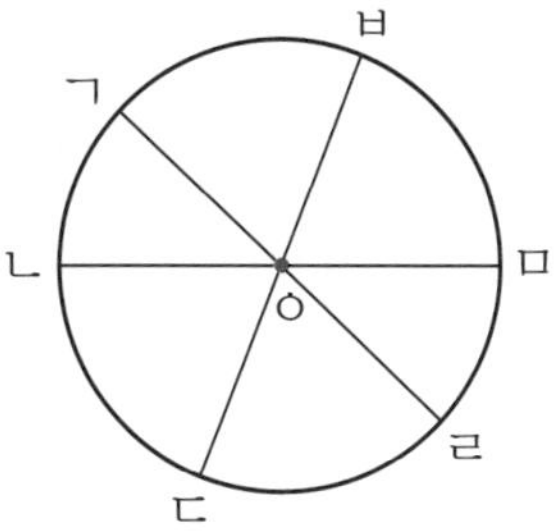

지름	선분 ㄱㄹ	선분 ㄴㅁ	선분 ㄷㅂ
길이(cm)	3		

→ 한 원에서 원의 지름은 길이가 모두 (같습니다 , 다릅니다).

개념 따라쓰기

원의 중심 알아보기

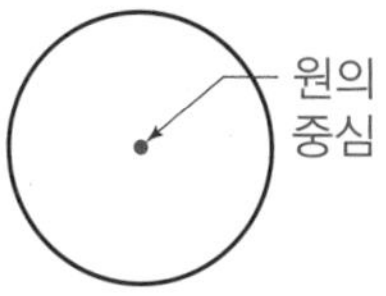

원을 그릴 때에 누름 못이 꽂혔던 점을 원의 중심이라고 합니다.

반지름 알아보기

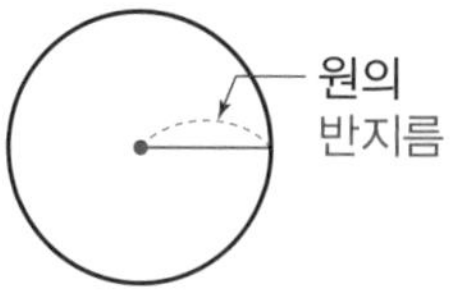

원의 반지름은 원의 중심과 원 위의 한 점을 이은 선분입니다.

지름 알아보기

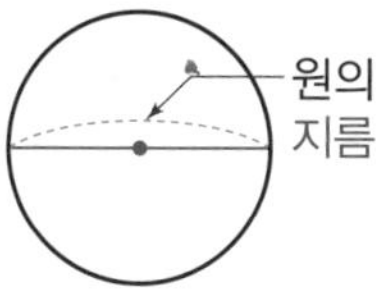

원 위의 두 점을 이은 선분이 원의 중심을 지날 때 이 선분을 원의 지름이라고 합니다.

3 단원

1 이해

원의 반지름을 나타내는 선분을 모두 찾아 쓰세요.

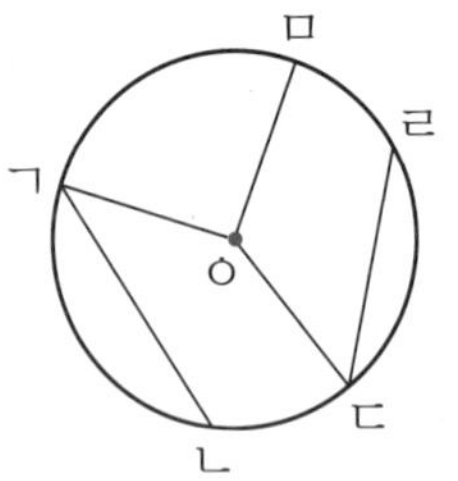

선분 ☐, 선분 ☐, 선분 ☐

2 34쪽 이해

원의 중심을 바르게 표시한 것을 찾아 기호를 쓰세요.

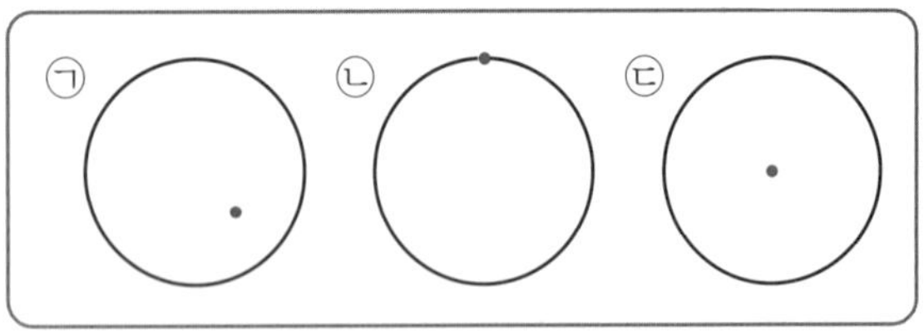

(　　　　　　)

3 34쪽 이해

누름 못과 띠 종이를 이용하여 가장 큰 원을 그리려고 합니다. 연필을 어느 구멍에 꽂아야 하는지 찾아 기호를 쓰세요.

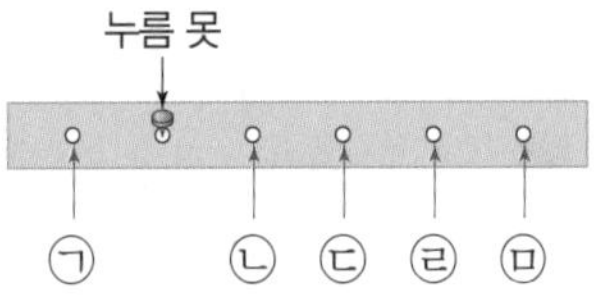

(　　　　　　)

4 34쪽 적용

☐ 안에 알맞은 수를 써넣으세요.

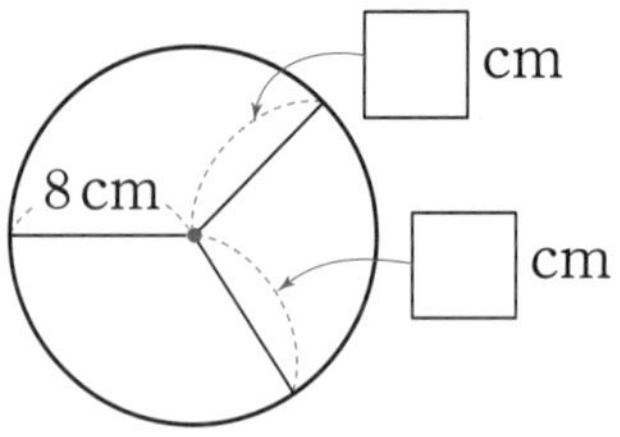

5 추론

원 모양의 컵받침입니다. 원의 중심과 반지름을 표시해 보세요.

6 34쪽 의사 소통

설명이 옳으면 ○표, 틀리면 ×표 하세요.

(1) 한 원에서 원의 중심은 1개입니다. (　　　)

(2) 한 원에는 반지름을 1개만 그을 수 있습니다. (　　　)

» 정답 · 풀이 21쪽

7 35쪽 문제 해결

두 원의 지름의 차는 몇 cm일까요?

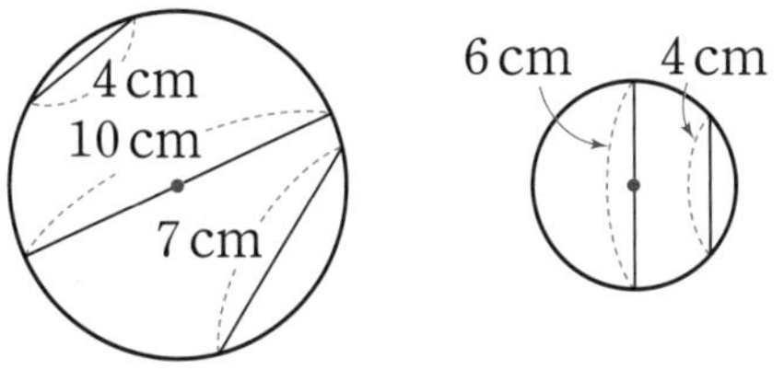

(　　　　　　　)

8 35쪽 창의 융합

점 ㅇ은 원의 중심입니다. 삼각형 ㅇㄱㄴ의 세 변의 길이의 합은 몇 cm일까요?

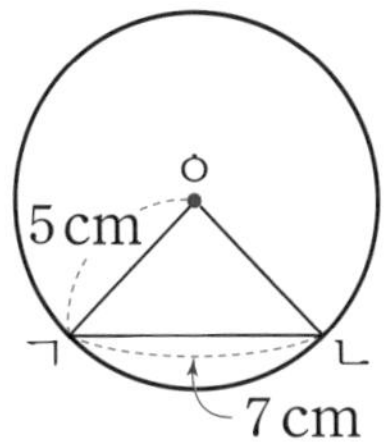

(　　　　　　　)

+9 35쪽 수학적 독해력

슬기와 민호가 운동장에 막대와 줄을 이용하여 원을 그렸습니다. 잘못 설명한 부분을 찾아 기호를 쓰세요.

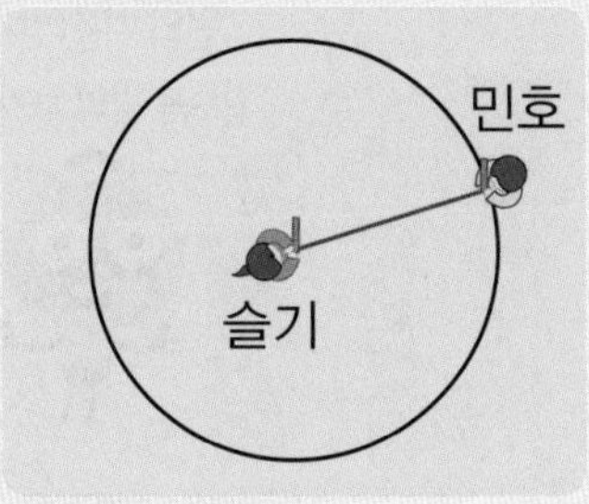

㉠ 슬기가 잡고 있는 막대가 꽂힌 곳이 원의 중심이고, ㉡ 슬기와 민호의 두 막대 사이를 이은 줄이 원의 지름입니다.

(　　　　　　　)

독해 포인트 '슬기의 막대가 꽂힌 곳'과 '줄'이 원의 어느 부분에 해당하는지 생각해 보세요.

+10 35쪽 수학적 표현력

원의 반지름을 잘못 나타낸 것입니다. 그 이유를 설명해 보세요.

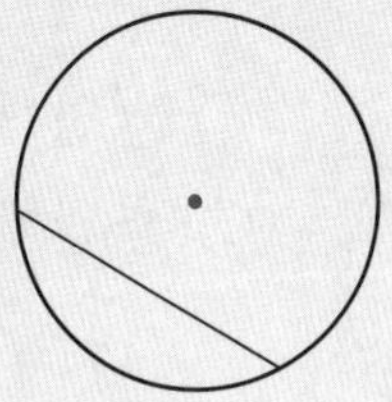

[이유] 원의 반지름은 ______________________

____

____

오늘 공부 어땠나요? 10개 중 맞힌 문제 [　] 개 › **틀린 문제**는 힌트를 보고 다시 도전해 보세요. › **맞힌 문제**는 힌트를 보고 자신의 생각과 비교해 보세요.

18일 원의 성질

❶ 원의 지름의 성질

① 원의 지름은 원을 똑같이 둘로 나눕니다.

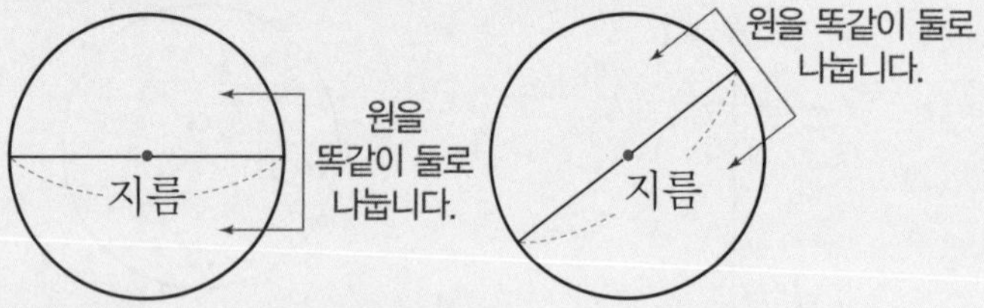

② 지름은 원 안에 그을 수 있는 가장 긴 선분입니다.

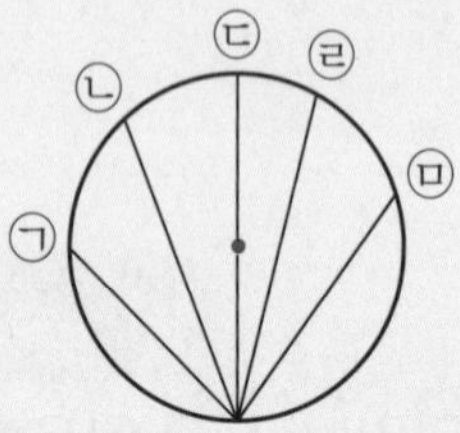

㉠~㉤ 중 원의 중심을 지나는 ㉢이 가장 깁니다.

➔ ㉢은 원의 지름입니다.

원의 중심 찾기

원 모양의 종이가 둘로 똑같이 나누어지도록 접고, 다른 방향으로 둘로 똑같이 나누어지도록 접습니다.

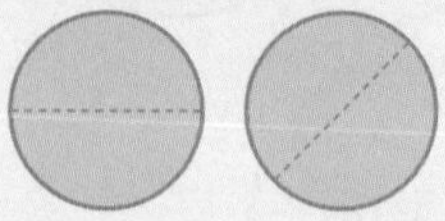

접어서 생긴 두 선분은 원의 지름이고, 두 선분이 만나는 점이 원의 중심입니다.

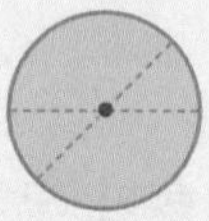

❷ 원의 지름과 반지름 사이의 관계

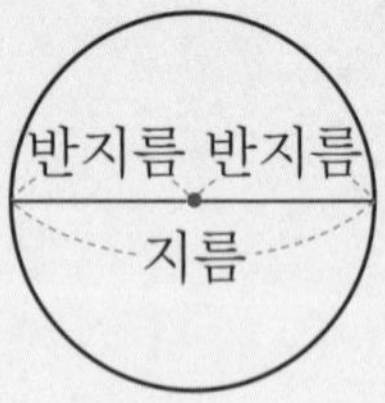

① 한 원에서 지름은 반지름의 2배입니다.

② 한 원에서 반지름은 지름의 반입니다.

(지름)=(반지름)×2

(반지름)=(지름)÷2

확인 1 그림을 보고 □ 안에 알맞은 수를 써넣으세요.

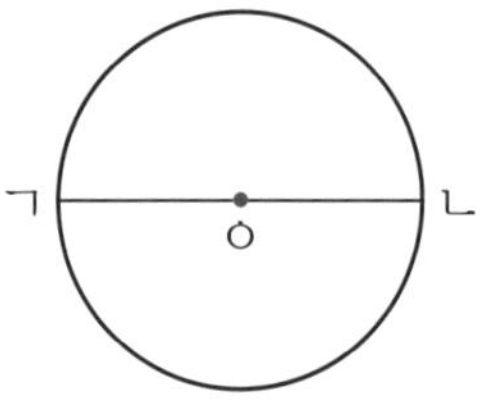

(1) 원 위의 두 점을 이은 선분이 원의 중심을 지날 때 이 선분 ㄱㄴ을 원의 □이라고 합니다.

(2) 원의 □은 원을 똑같이 둘로 나눕니다.

확인 2 그림을 보고 □ 안에 알맞은 수를 써넣으세요.

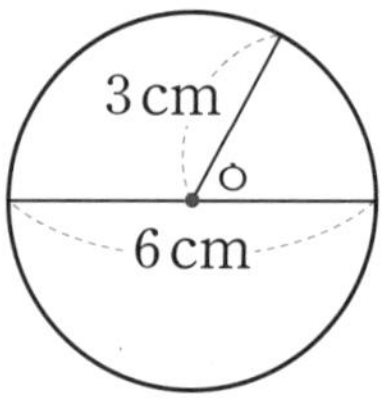

원의 반지름: 3 cm, 지름: □ cm

한 원에서 지름은 반지름의 □배입니다.

기본기 다지는 교과서 문제

» 정답 · 풀이 22쪽

1 그림을 보고 물음에 답하세요.

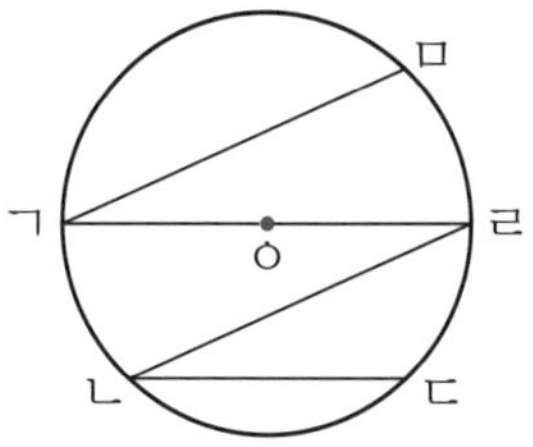

(1) 길이가 가장 긴 선분을 찾아 쓰세요.

(　　　　　　　　)

(2) 원의 지름을 찾아 쓰세요.

(　　　　　　　　)

2 원을 똑같이 둘로 나누는 선분을 찾아 쓰세요.

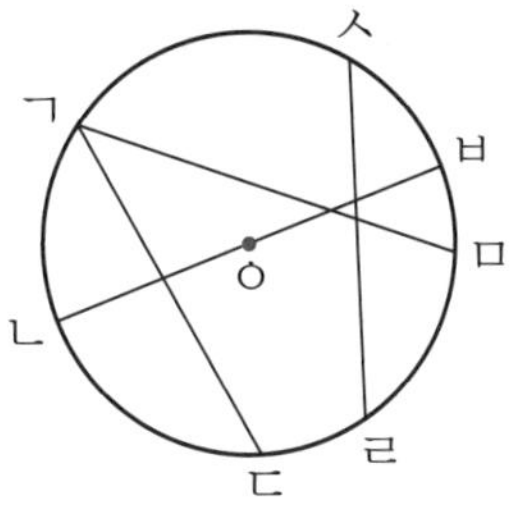

(　　　　　　　　)

3 □ 안에 알맞은 수를 써넣으세요.

(1)

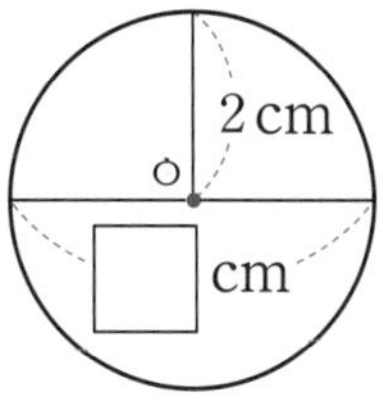

(2)

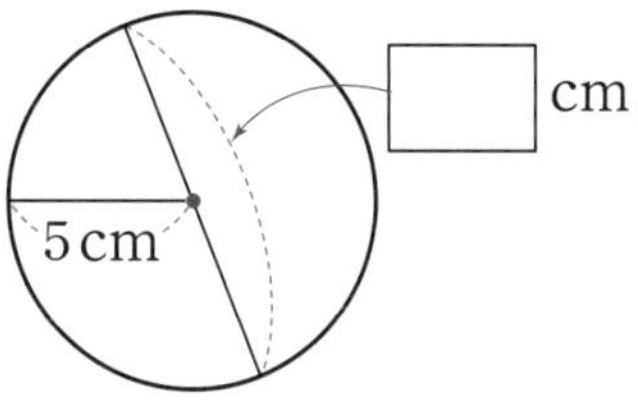

(3)

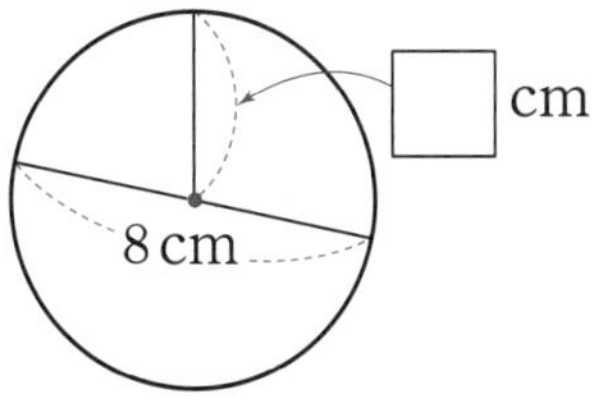

(4)

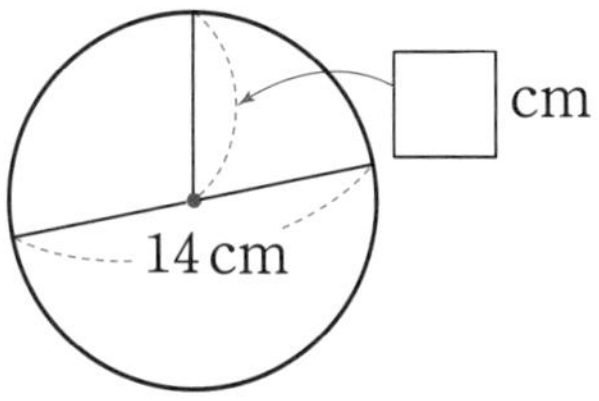

개념 따라쓰기

지름의 성질 ①

지름은 원 안에 그을 수 있는 가장 긴 선분입니다.

지름의 성질 ②

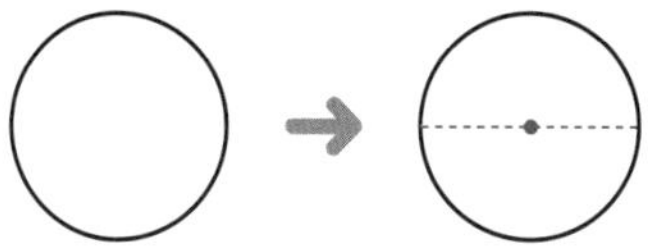

지름은 원을 똑같이 둘로 나눕니다.

원의 지름과 반지름 사이의 관계

- 한 원에서 지름은 반지름의 2배입니다.
- 한 원에서 반지름은 지름의 반입니다.

1 36쪽 이해

원에 지름을 그을 때 반드시 지나는 점을 찾아 쓰세요.

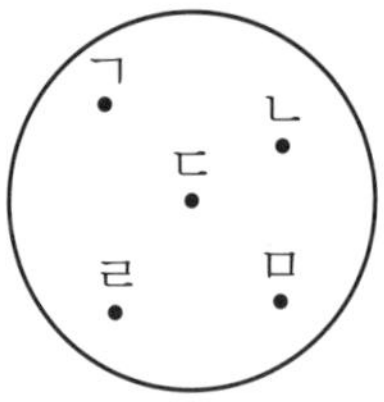

(　　　　　　　　)

2 이해

원에 지름을 3개 그어 보세요.

3 이해

선분의 길이를 재어 □ 안에 알맞은 수를 써넣으세요.

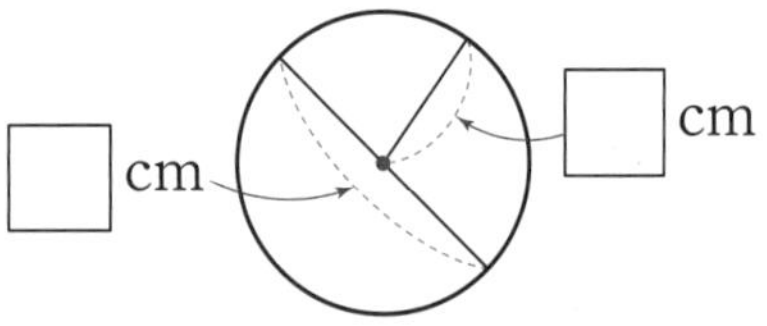

4 36쪽 적용

원의 반지름은 몇 cm일까요?

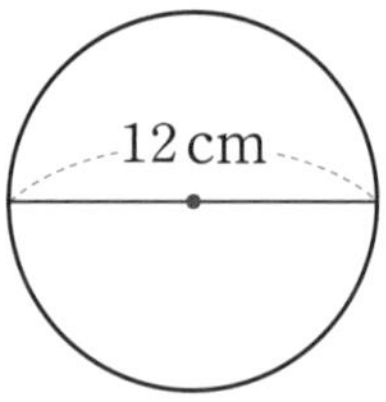

(　　　　　　　　)

5 36쪽 적용

크기가 같은 원끼리 이어 보세요.

반지름이 1 cm인 원 •	• 지름이 2 cm인 원
반지름이 4 cm인 원 •	• 지름이 4 cm인 원
반지름이 2 cm인 원 •	• 지름이 8 cm인 원

6 36쪽 의사 소통

원의 지름에 대한 설명으로 잘못된 것을 찾아 기호를 쓰세요.

㉠ 한 원에서 지름은 반지름의 2배입니다.
㉡ 지름은 원을 똑같이 둘로 나눕니다.
㉢ 지름은 원 안에 그을 수 있는 가장 짧은 선분입니다.

(　　　　　　　　)

» 정답 · 풀이 22쪽

조금 더 **어려운 문제**에 도전해 볼까요?

7 37쪽 문제 해결

그림에서 작은 원의 반지름은 몇 m일까요?

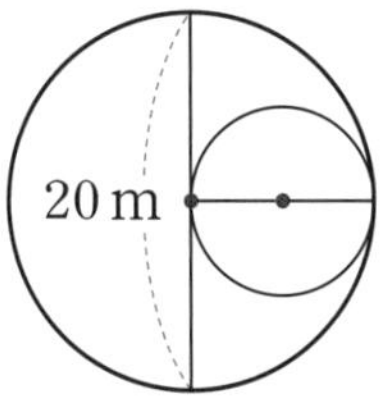

( )

8 37쪽 문제 해결

점 ㄱ, 점 ㄴ은 각각 원의 중심입니다. 선분 ㄱㄷ은 몇 cm일까요?

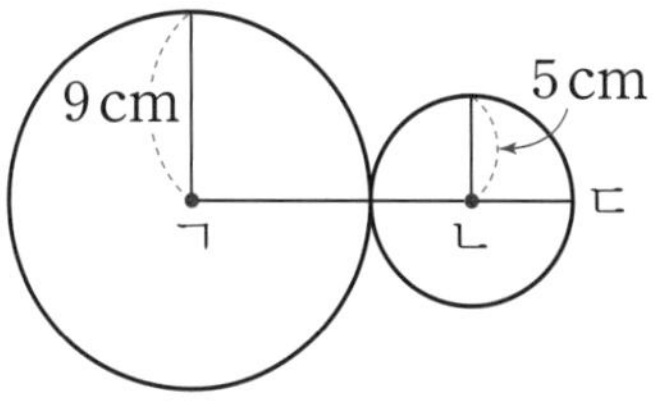

( )

+9 37쪽 수학적 독해력

직사각형 안에 반지름이 3 cm인 원 2개를 꼭 맞게 그렸습니다. 직사각형의 가로와 세로는 각각 몇 cm일까요?

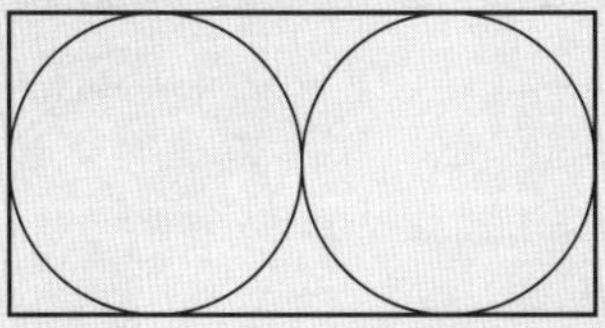

가로 ( )
세로 ( )

독해 포인트 가로와 세로가 각각 반지름의 몇 배인지 생각해 보세요.

+10 37쪽 수학적 표현력

더 큰 원은 어느 것인지 풀이 과정을 쓰고, 알맞은 기호를 쓰세요.

㉠ 반지름이 7 cm인 원
㉡ 지름이 16 cm인 원

풀이 ㉡ 원의 반지름을 구하면 ________

답 ________

오늘 공부 어땠나요? 10개 중 맞힌 문제 [ ] 개 > **틀린 문제**는 힌트를 보고 다시 도전해 보세요. > **막힌 문제**는 힌트를 보고 자신의 생각과 비교해 보세요.

19일 컴퍼스를 이용하여 원 그리기

① 컴퍼스를 이용하여 원 그리는 방법

예 반지름이 3 cm인 원 그리기

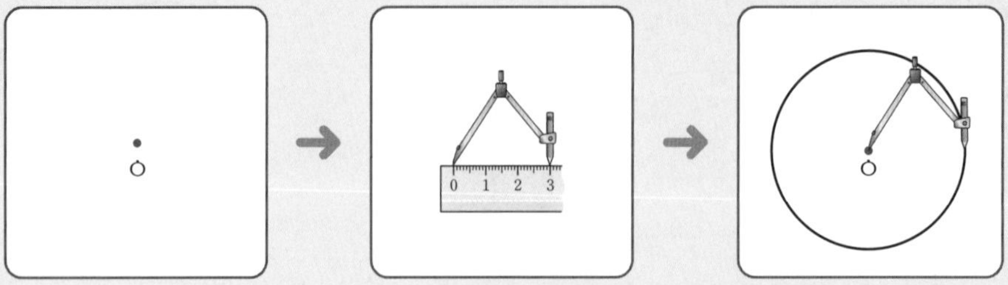

≫ ① 원의 중심의 되는 점 ㅇ을 정합니다.

≫ ② 컴퍼스를 원의 반지름만큼 벌립니다. ─ 3 cm

≫ ③ 컴퍼스의 침을 점 ㅇ에 꽂고 원을 그립니다. ─ 원의 중심

개념+ 크기가 같은 원 그리기

크기가 같은 원은 반지름이 같음을 이용하여 그립니다.

방법 1 주어진 원의 반지름만큼 컴퍼스를 벌린 다음 원을 그립니다.

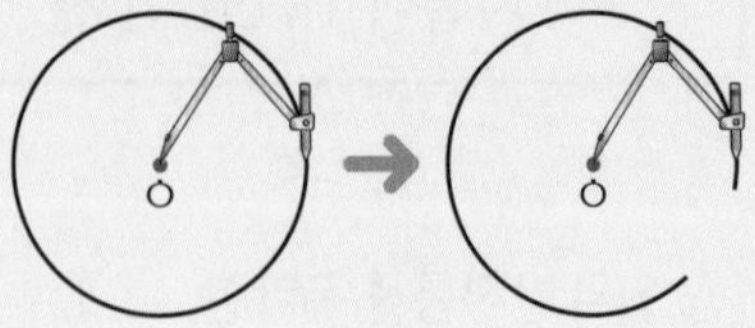

방법 2 주어진 원의 반지름을 자로 잰 다음 컴퍼스를 반지름만큼 벌려 원을 그립니다.

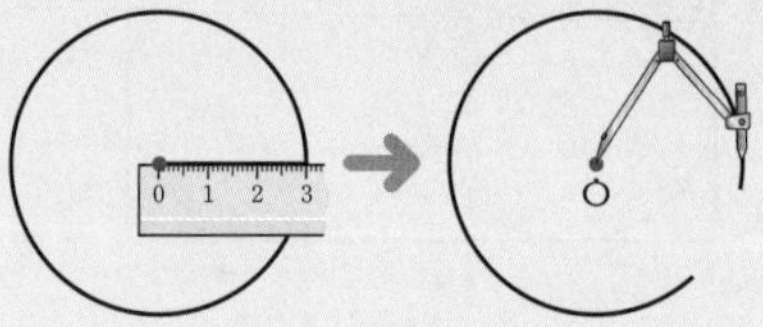

확인 1 컴퍼스를 이용하여 반지름이 2 cm인 원을 그리는 과정입니다. □ 안에 알맞게 써넣으세요.

1	2	3
	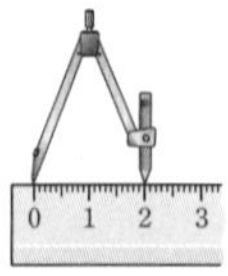	
원의 □이 되는 점 ㅇ을 정합니다.	컴퍼스를 □ cm만큼 벌립니다.	컴퍼스의 침을 점 □에 꽂고 원을 그립니다.

기본기 다지는 교과서 문제

» 정답 · 풀이 23쪽

1 컴퍼스를 4 cm가 되도록 벌린 것을 찾아 ○표 하세요.

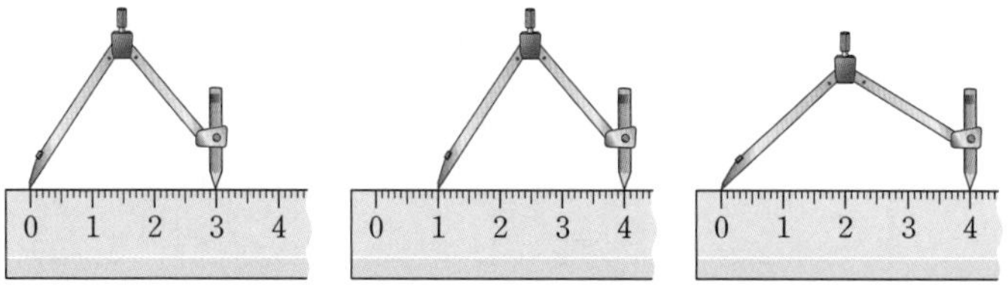

(　　　) (　　　) (　　　)

2 순서에 따라 반지름이 모눈 3칸인 원을 그려 보세요.

① 컴퍼스의 침과 연필심 사이를 모눈 3칸만큼 되도록 벌립니다. → ② 컴퍼스의 침을 점 ㅇ에 꽂고 한쪽 방향으로 돌려 원을 그립니다.

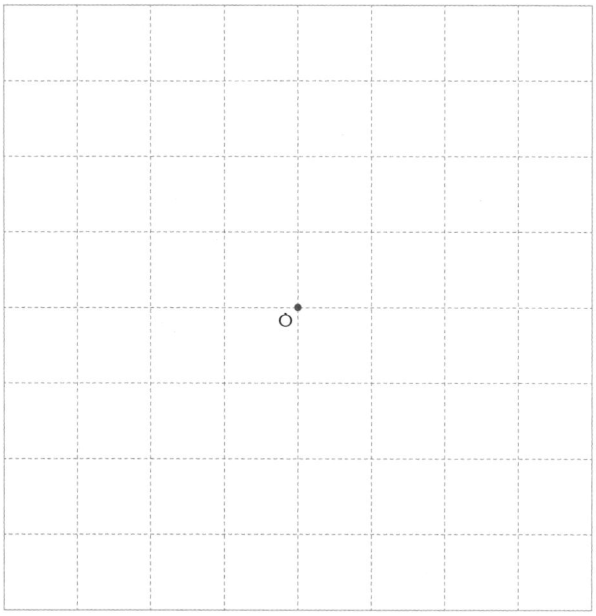

3 점 ㅇ을 원의 중심으로 하여 반지름이 1 cm인 원을 그려 보세요.

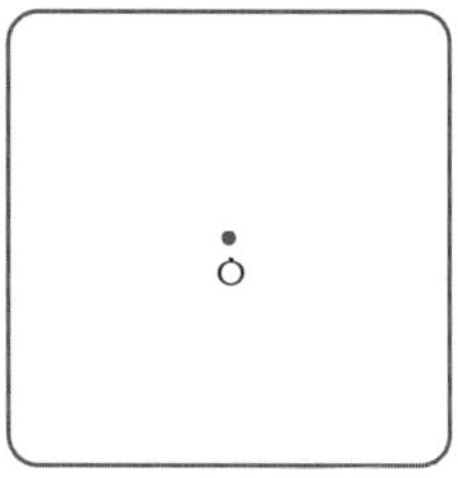

개념 따라쓰기

컴퍼스를 이용하여 원 그리기

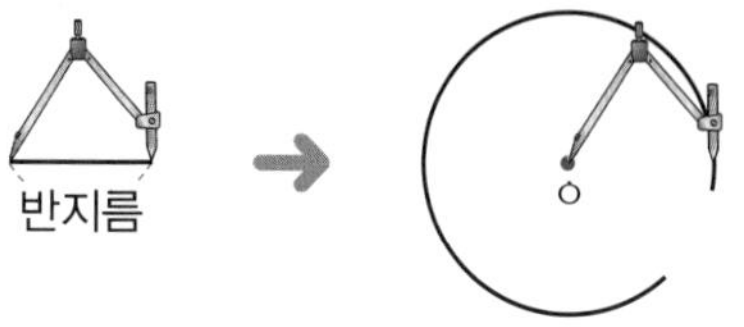

컴퍼스를 원의 반지름만큼 벌리고, 컴퍼스의 침을 원의 중심에 꽂아 원을 그립니다.

3 단원

1

이해

컴퍼스를 이용하여 반지름이 1 cm인 원을 그리려고 합니다. 순서대로 □ 안에 번호를 써넣으세요.

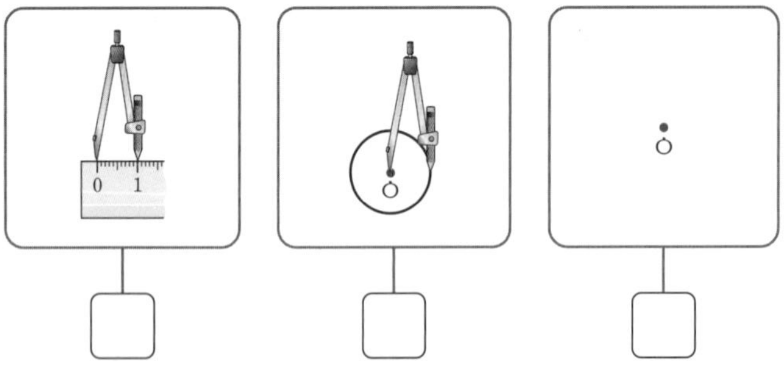

2

38쪽

이해

컴퍼스를 오른쪽과 같이 벌려서 원을 그리면 원의 반지름은 몇 cm가 될까요?

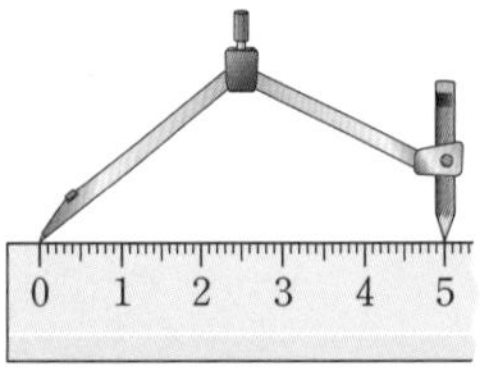

( )

3

적용

모눈종이 위에 주어진 점을 원의 중심으로 하여 반지름이 모눈 2칸인 원을 그려 보세요.

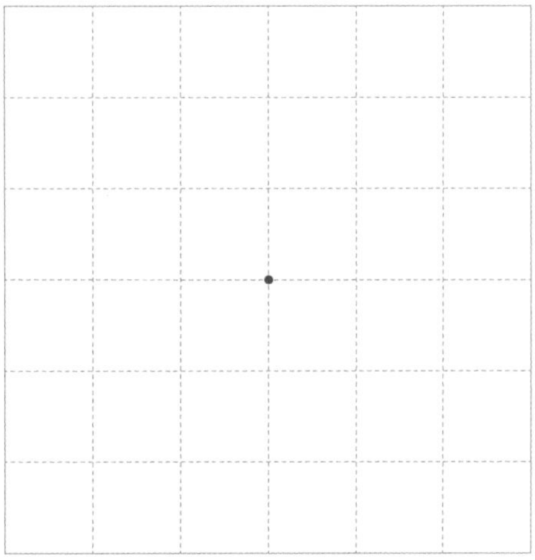

4

38쪽

적용

컴퍼스를 이용하여 주어진 선분을 반지름으로 하는 원을 그려 보세요.

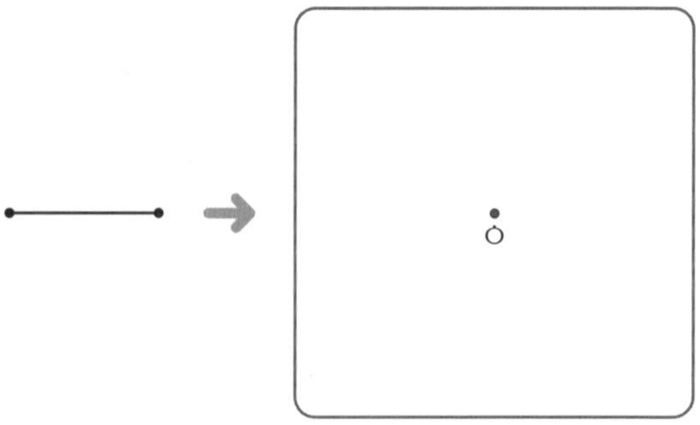

5

38쪽

추론

왼쪽 원과 크기가 같은 원을 그리기 위해서 컴퍼스를 바르게 벌린 사람은 누구일까요?

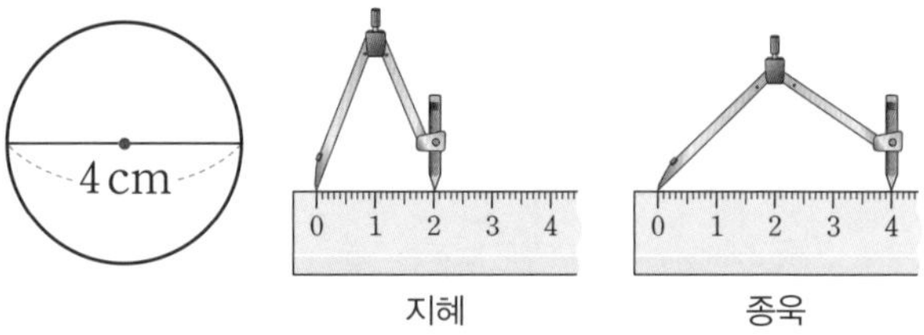

( )

6

38쪽

적용

컴퍼스를 이용하여 점 ㄴ이 원의 중심, 선분 ㄱㄴ이 반지름인 원을 그려 보세요.

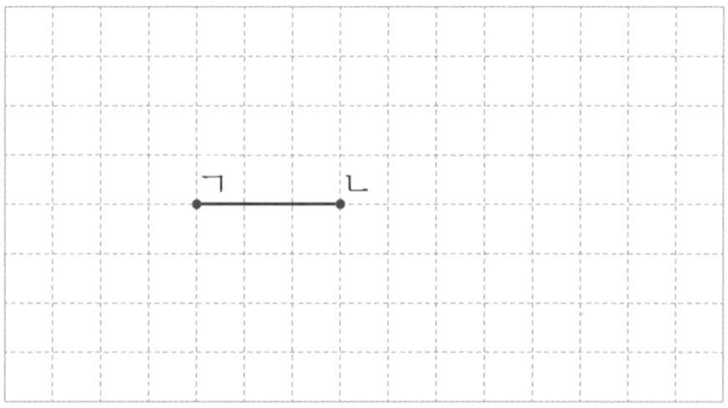

» 정답 · 풀이 23쪽

7 39쪽 추론

점 ㅇ을 원의 중심으로 하여 지름이 6 cm인 원을 그려 보세요.

ㅇ

8 39쪽 창의 융합

컴퍼스를 이용하여 왼쪽 동전과 크기가 같은 원을 그려 보세요.

→

+9 39쪽 수학적 독해력

컴퍼스를 이용하여 반지름이 1 cm인 원 2개를 맞닿게 그려 보세요.

1 cm

1 cm

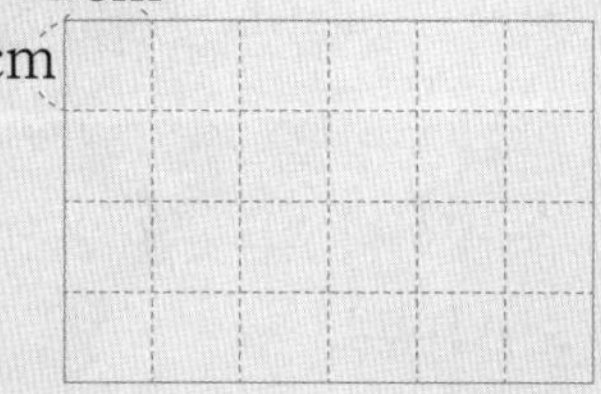

독해 포인트 '맞닿게' → '마주 닿게' 두 원을 그려 보세요.

+10 39쪽 수학적 표현력

주하는 지름이 24 cm인 원을 그리려고 합니다. 컴퍼스의 침과 연필심 사이의 길이를 몇 cm로 해야 하는지 풀이 과정을 쓰고, 답을 구하세요.

[풀이] 지름이 24 cm인 원의 반지름은 ______

______

______

[답] ______

오늘 공부 어땠나요? 10개 중 맞힌 문제 [ ] 개 > 틀린 문제는 힌트를 보고 다시 도전해 보세요. > 맞힌 문제는 힌트를 보고 자신의 생각과 비교해 보세요.

20일 원을 이용하여 여러 가지 모양 그리기

❶ 규칙을 찾아 원 그리기

(1) 원의 중심은 같고 반지름은 변하는 경우

예

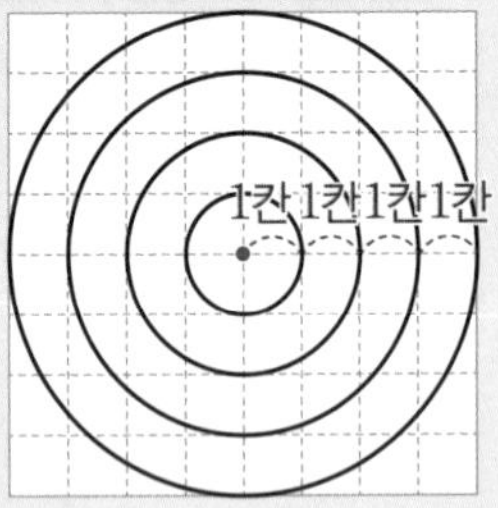

[규칙] 원의 중심이 같습니다.
반지름이 1칸, 2칸, 3칸, …으로 모눈 1칸씩 늘어납니다.

(2) 원의 중심은 변하고 반지름은 변하지 않는 경우

예

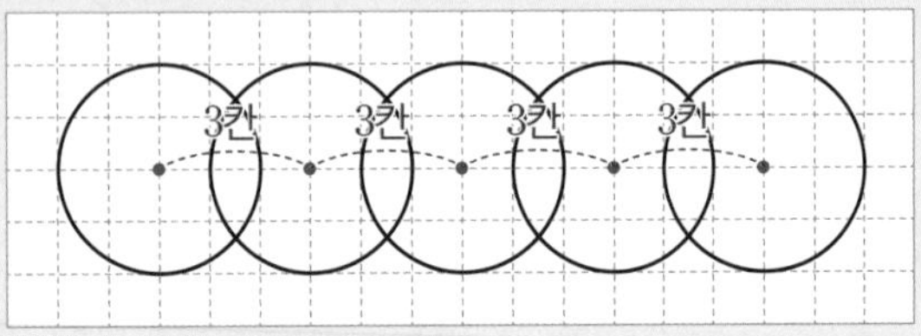

[규칙] 원의 중심은 오른쪽으로 모눈 3칸씩 이동했습니다.
원의 반지름은 변하지 않았습니다.

- 원의 중심과 반지름, 지름의 변화를 살펴보면 규칙을 찾을 수 있습니다.
- **원의 중심과 반지름이 모두 변하는 경우**

예

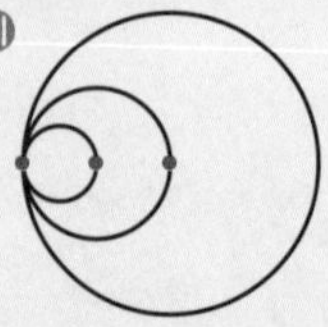

→ 원의 중심이 오른쪽으로 옮겨 가고, 반지름이 늘어납니다.

❷ 여러 가지 모양을 똑같이 그리기

예

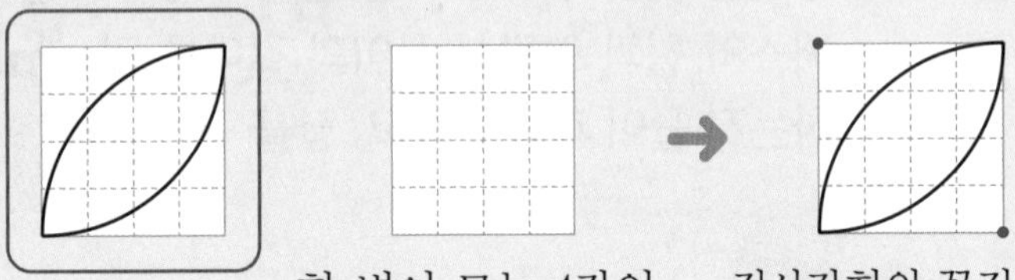

한 변이 모눈 4칸인 정사각형을 그립니다.

→

정사각형의 꼭짓점을 원의 중심으로 하는 원의 일부분을 2개 그립니다.

- 왼쪽 모양을 완성하기 위해서는 각 원의 $\frac{1}{4}$만큼만 그려야 합니다.
- 왼쪽 모양을 그릴 때 컴퍼스의 침을 꽂아야 할 곳은 2군데(원의 중심)입니다.

확인 1 그림을 보고 어떤 규칙이 있는지 알맞은 것에 ○표 하세요.

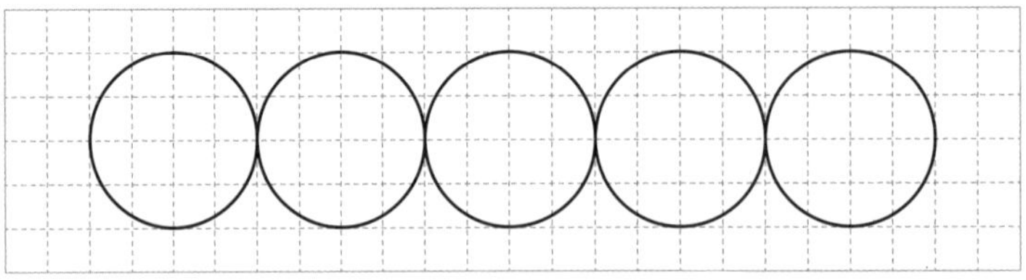

[규칙] 원의 반지름은 (변하고 , 변하지 않고), 원의 중심은 오른쪽으로 모눈 (2칸씩 , 4칸씩) 이동했습니다.

기본기 다지는 교과서 문제

» 정답 · 풀이 24쪽

1 주어진 모양을 그리기 위하여 컴퍼스의 침을 꽂아야 할 곳을 모두 찾아 표시해 보세요.

(1)

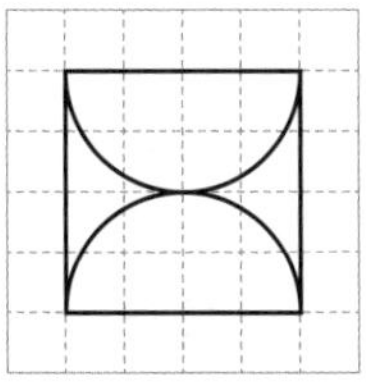

(2)

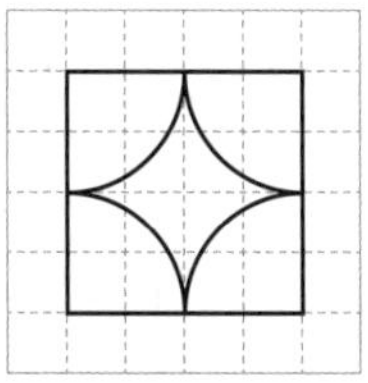

2 □ 안에 알맞은 수를 써넣고, 규칙에 따라 원을 1개 더 그려 보세요.

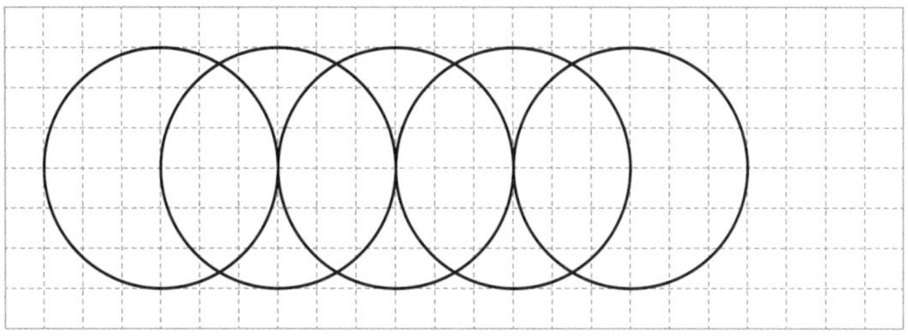

[규칙] 원의 중심은 오른쪽으로 모눈 □칸씩 이동하고, 원의 반지름은 변하지 않는 규칙입니다.

3 주어진 모양과 똑같이 그려 보세요.

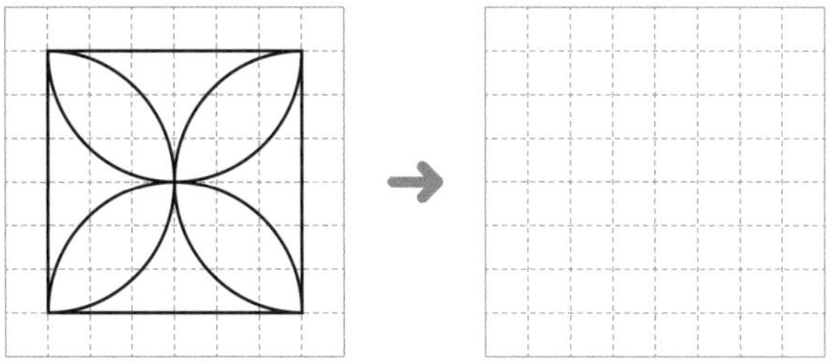

개념 따라쓰기

컴퍼스를 꽂아야 할 위치 찾기

원을 이용하여 여러 가지 모양을 그릴 때 컴퍼스의 침을 꽂아야 할 곳은 원의 중심입니다.

규칙을 찾아 원 그리기

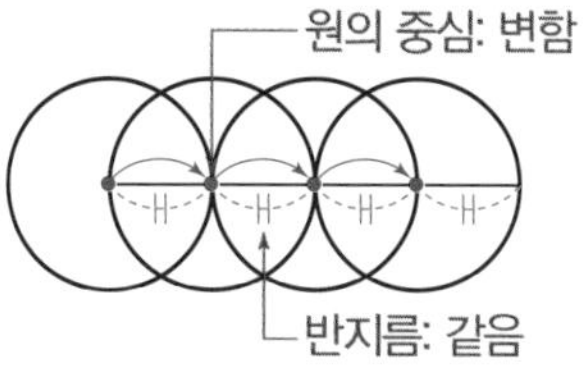

원의 중심과 반지름의 변화를 살펴보며 규칙을 찾습니다.

여러 가지 모양을 똑같이 그리기

컴퍼스의 침을 꽂아야 할 위치와 원의 반지름을 생각하며 모양을 그립니다.

1 40쪽 이해

주어진 모양과 똑같이 그리기 위하여 컴퍼스의 침을 꽂아야 할 곳을 모두 찾아 쓰세요.

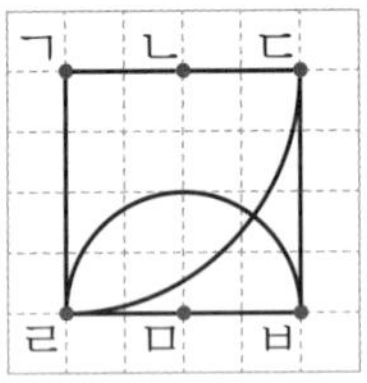

(　　　　　　　　)

2 40쪽 적용

주어진 원과 원의 중심은 같고 반지름이 2칸씩 늘어나는 규칙으로 원을 2개 더 그려 보세요.

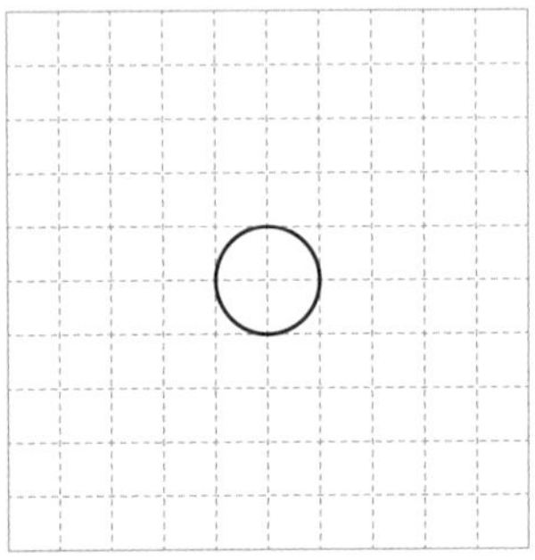

3 추론

다음 모양을 그리기 위하여 컴퍼스의 침을 꽂아야 할 곳은 몇 군데일까요?

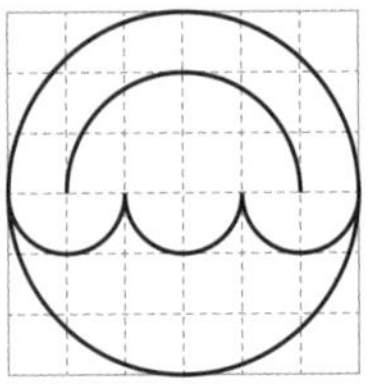

(　　　　　　　　)

[4~5] 그림을 보고 물음에 답하세요.

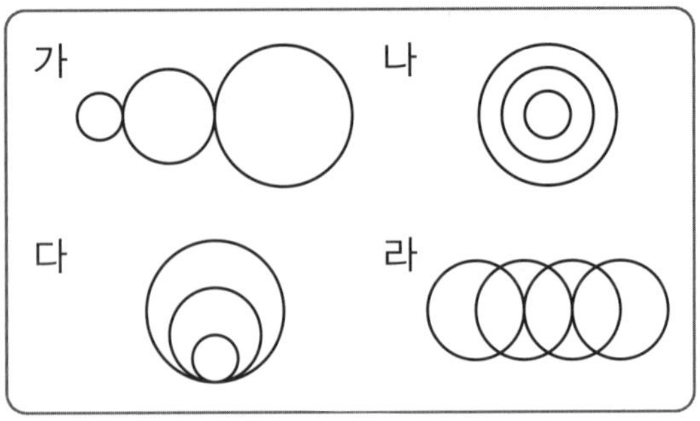

4 40쪽 이해

원의 반지름은 같고 원의 중심은 다르게 하여 그린 모양을 찾아 기호를 쓰세요.

(　　　　　　　　)

5 이해

원의 중심은 옮겨 가고 원의 반지름은 다르게 하여 그린 모양을 모두 찾아 기호를 쓰세요.

(　　　　　　　　)

6 40쪽 추론

주어진 모양에 원의 중심을 모두 찾아 표시하고, 오른쪽에 똑같이 그려 보세요.

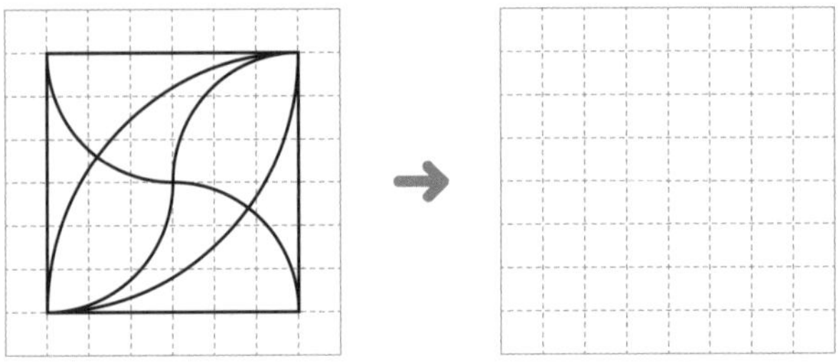

» 정답 · 풀이 25쪽

7 41쪽 의사 소통

[규칙]에 따라 원을 2개 더 그려 보세요.

[규칙] 원의 중심이 오른쪽으로 1칸씩 옮겨 가고, 원의 반지름이 1칸씩 늘어나는 규칙입니다.

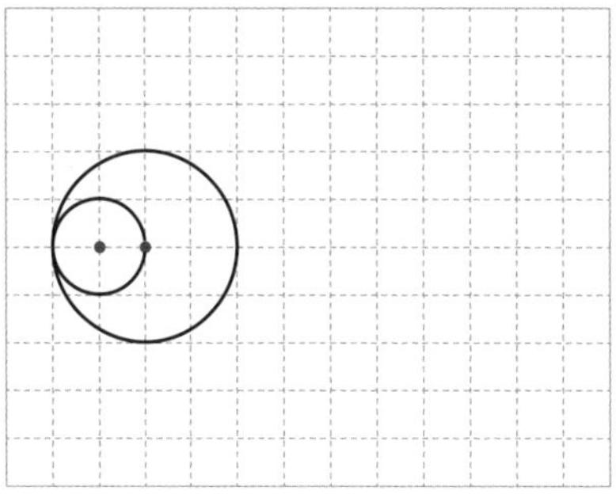

8 41쪽 창의 융합

그림과 같이 원의 중심을 지나도록 모눈종이에 반지름을 1칸씩 늘려가며 규칙에 따라 원을 2개 더 그려 보세요.

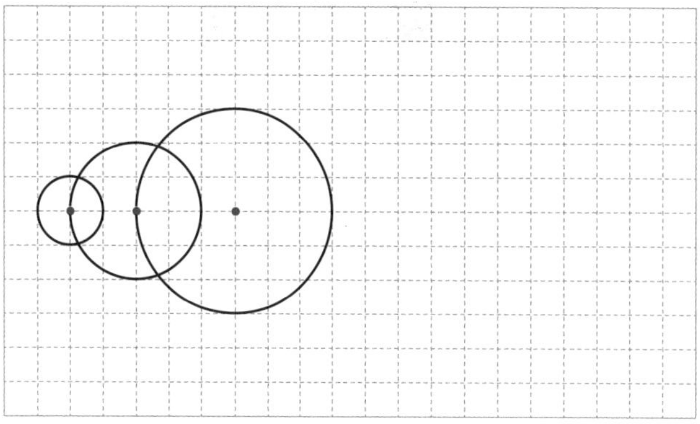

+9 41쪽 수학적 독해력

컴퍼스의 침을 꽂아야 할 곳의 수가 더 많은 모양을 찾아 기호를 쓰세요.

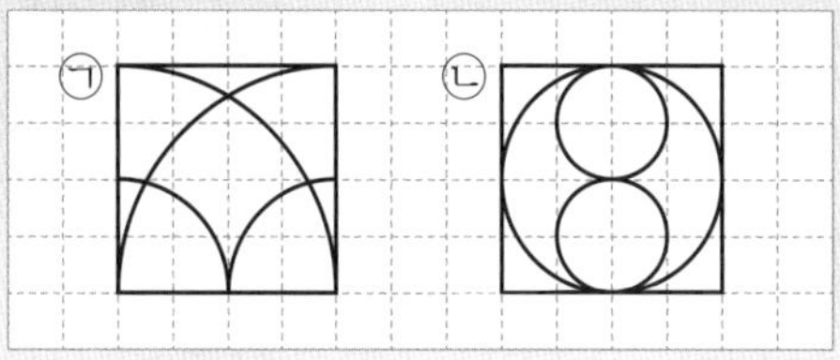

(　　　　　　)

독해 포인트 컴퍼스의 침을 꽂아야 할 곳=원의 중심

+10 41쪽 수학적 표현력

어떤 규칙으로 모양을 그린 것인지 설명해 보세요.

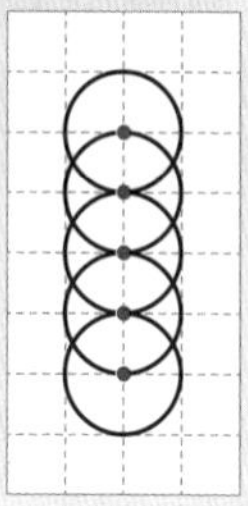

[규칙] 원의 반지름은 ______________________

____

____

오늘 공부 어땠나요? 10개 중 막힌 문제 [　] 개 › 틀린 문제는 힌트를 보고 다시 도전해 보세요. › 막힌 문제는 힌트를 보고 자신의 생각과 비교해 보세요.

단원평가

시험 시간 20분 | 문제 수 10개

01 원의 중심과 반지름, 지름을 잘못 표시한 것을 찾아 기호를 쓰세요.

(　　　　　　)

02 점 ㅇ은 원의 중심입니다. 원에 반지름을 1개 긋고, 몇 cm인지 재어 보세요.

(　　　　　　)

03 다음과 같이 컴퍼스를 벌려 원을 그리면 원의 지름은 몇 cm가 될까요?

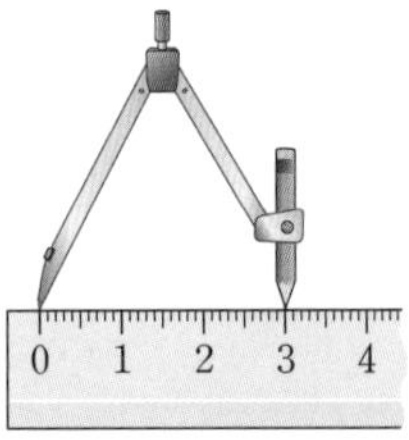

(　　　　　　)

04 다음 모양을 그리기 위하여 컴퍼스의 침을 꽂아야 할 곳은 몇 군데일까요?

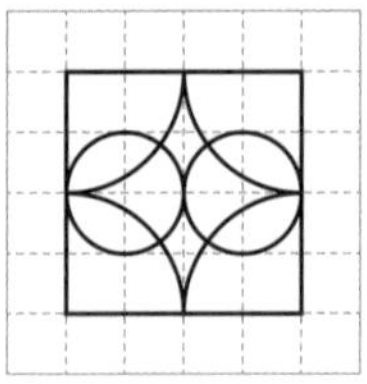

(　　　　　　)

05 두 원의 지름의 차는 몇 cm일까요?

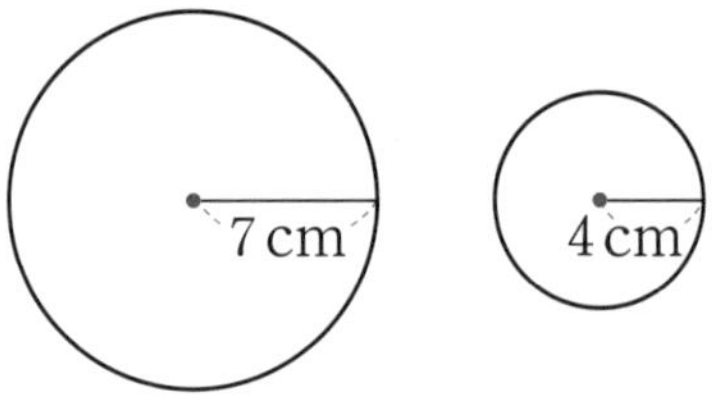

(　　　　　　)

06 점 ㅇ을 원의 중심으로 하고 지름이 3 cm인 원을 그려 보세요.

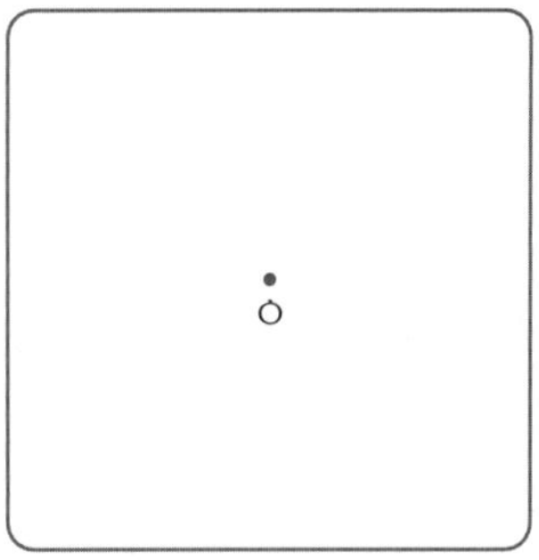

07 가장 큰 원을 찾아 기호를 쓰세요.

㉠ 지름이 10 cm인 원
㉡ 반지름이 6 cm인 원
㉢ 반지름이 8 cm인 원
㉣ 지름이 14 cm인 원

(　　　　　　)

08 점 ㄱ, 점 ㄴ, 점 ㄷ은 각각 원의 중심입니다. 선분 ㄱㄷ의 길이는 몇 cm일까요?

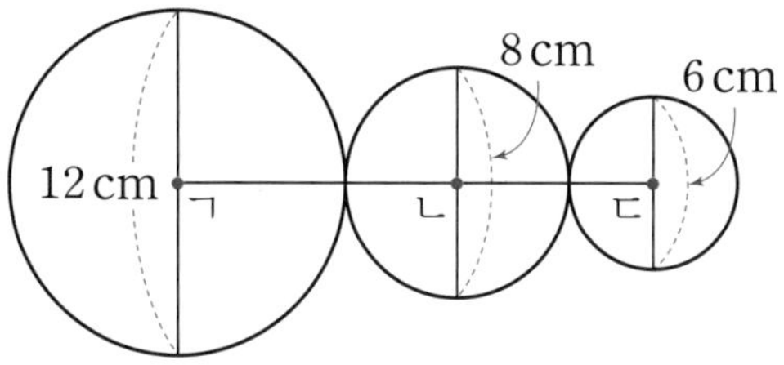

(　　　　　　)

09 [규칙]에 따라 원을 2개 더 그려 보세요.

[규칙] 원의 반지름이 1칸씩 늘어나고 원들이 맞닿는 규칙입니다.

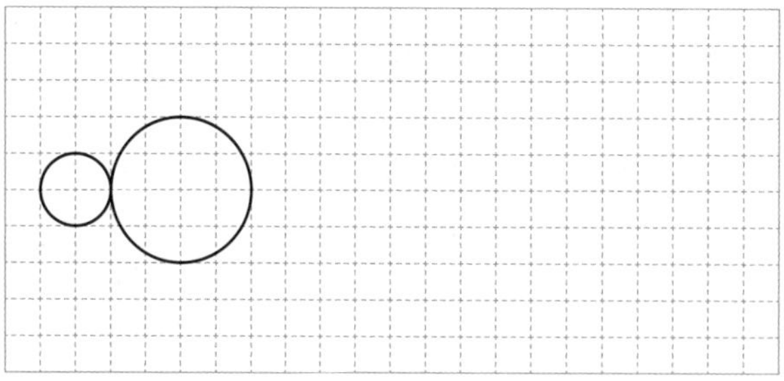

서술형

10 점 ㅇ은 원의 중심입니다. 삼각형 ㅇㄱㄴ의 세 변의 길이의 합이 21 cm라면 선분 ㅇㄴ의 길이는 몇 cm인지 풀이 과정을 쓰고, 답을 구하세요.

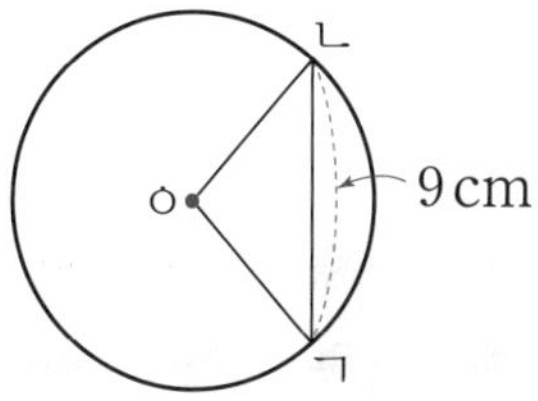

[풀이] ______________________

____

____

[답] ______________________

21일 분수로 나타내기

① 부분은 전체의 얼마인지 분수로 나타내기

예 

부분 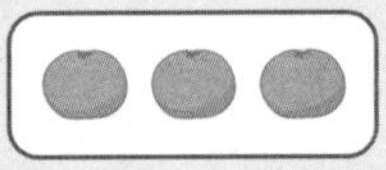 은 전체 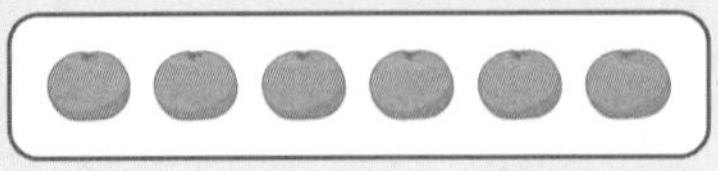 를 똑같이 2부분으로 나눈 것 중의 1입니다.

→ 3은 6의 $\frac{1}{2}$ ← 부분의 묶음 수 / ← 전체의 묶음 수

② 색칠한 부분을 분수로 나타내기

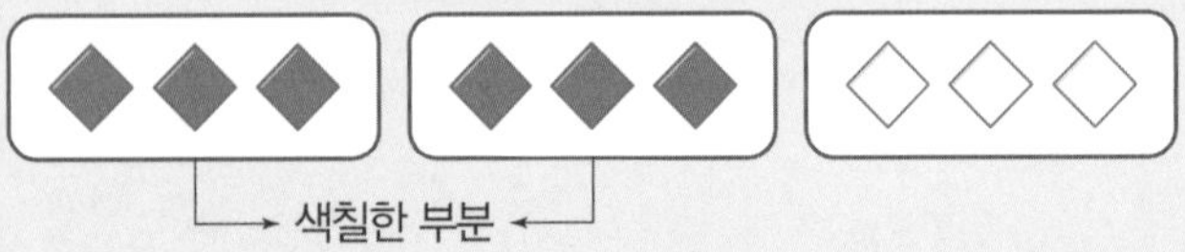

색칠한 부분은 3묶음 중에서 2묶음이므로 전체의 $\frac{2}{3}$입니다.

개념+ 전체를 몇씩 묶느냐에 따라 분수가 달라질 수 있습니다.

예 • 6을 3씩 묶으면 → 3은 6의 $\frac{1}{2}$ • 6을 2씩 묶으면 → 2는 6의 $\frac{1}{3}$

◐ 부분은 전체의 얼마인지 분수로 나타내기

전체가 몇 묶음인지 구하기 (■묶음)
↓
부분이 몇 묶음인지 구하기 (▲묶음)
↓
$\frac{▲}{■}$로 나타내기

◐ '전체의 묶음 수'는 분모에, '부분의 묶음 수'는 분자에 나타냅니다.

→ $\frac{(부분의\ 묶음\ 수)}{(전체의\ 묶음\ 수)}$

◐ 전체 ■묶음 중의 ▲묶음

→ $\frac{▲}{■}$

확인 1 그림을 보고 □ 안에 알맞은 수를 써넣으세요.

(1) 부분  은 전체  를 똑같이 5부분으로 나눈 것 중의 □입니다.

(2) 부분  은 5묶음 중에서 □묶음이므로 전체의 $\frac{□}{□}$입니다.

확인 2 그림을 보고 □ 안에 알맞은 수를 써넣으세요.

(1) 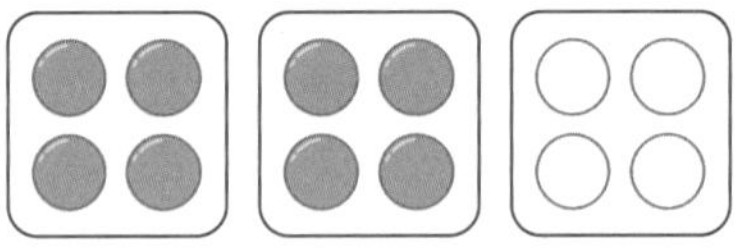

색칠한 부분은 3묶음 중에서 □묶음이므로 전체의 $\frac{□}{3}$입니다.

(2) 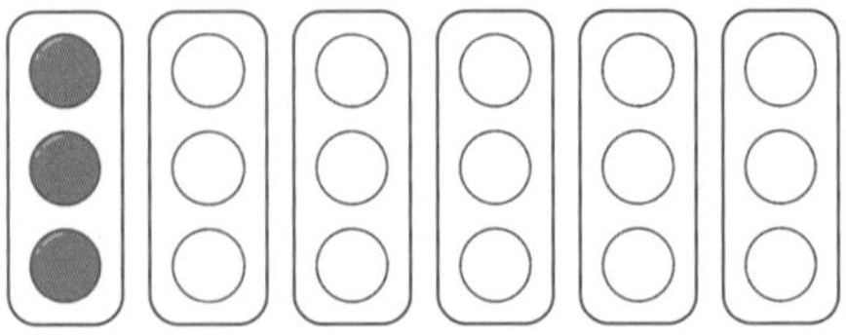

색칠한 부분은 6묶음 중에서 □묶음이므로 전체의 $\frac{□}{6}$입니다.

기본기 다지는 교과서 문제

» 정답 · 풀이 27쪽

1 그림을 보고 물음에 답하세요.

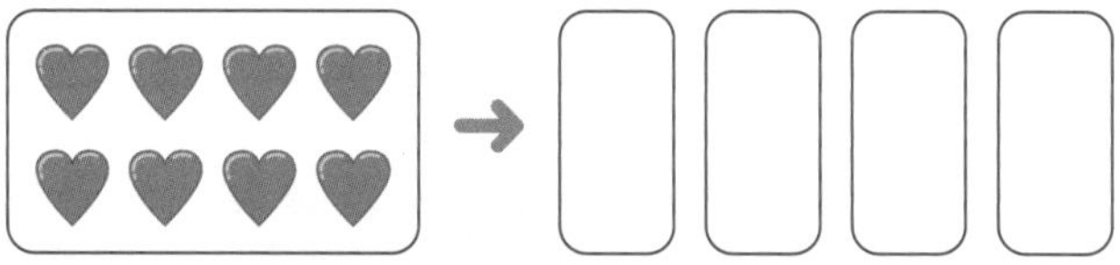

(1) 전체 8개를 똑같이 4부분으로 나누어 보세요.

(2) 부분  은 전체  를 똑같이 4부분으로 나눈 것 중의 □입니다.

(3) 2는 8의 $\frac{\square}{\square}$입니다.

2 색칠한 부분을 분수로 나타내세요.

(1)

$\frac{\square}{6}$

(2)

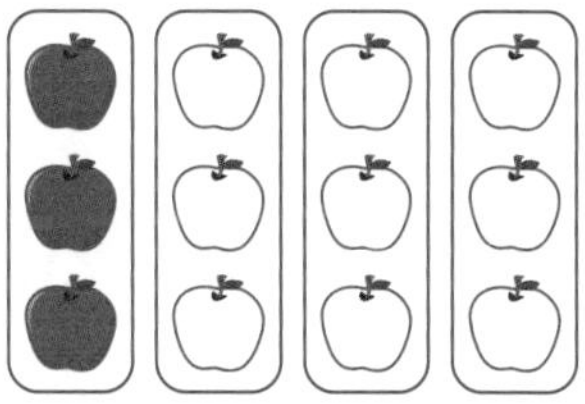

$\frac{1}{\square}$

3 지우개를 3개씩 묶어 보고 □ 안에 알맞은 수를 써넣으세요.

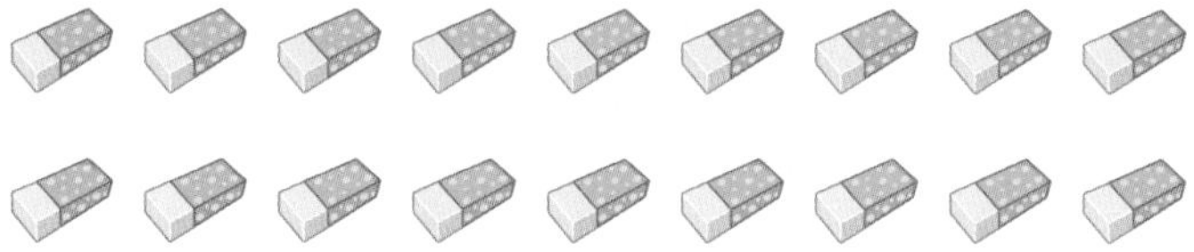

(1) 18을 3씩 묶으면 □묶음이 됩니다.

(2) 3은 18의 $\frac{\square}{\square}$입니다.

(3) 15는 18의 $\frac{\square}{\square}$입니다.

개념 따라쓰기

부분은 전체의 얼마인지 분수로 나타내기

$\frac{\text{(부분의 묶음 수)}}{\text{(전체의 묶음 수)}} \rightarrow \frac{▲}{■}$

부분이 전체의 얼마인지 분수로 나타낼 때, '전체의 묶음 수'는 분모에, '부분의 묶음 수'는 분자에 나타냅니다.

분수로 나타내기

전체 ■묶음 중의 ▲묶음

$\rightarrow \frac{▲}{■}$

4단원

1
이해

바둑돌 14개를 똑같이 2묶음으로 나누어 보세요.

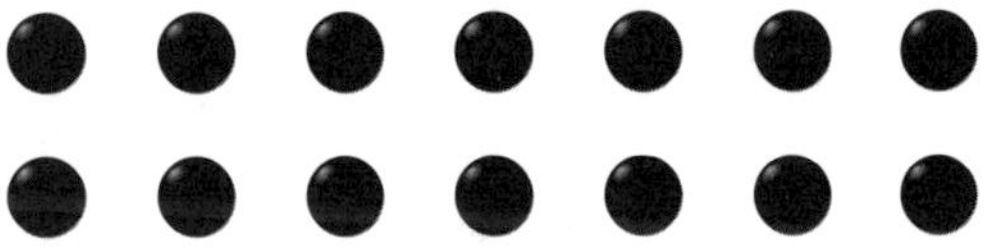

2
이해

그림을 보고 □ 안에 알맞은 수를 써넣으세요.

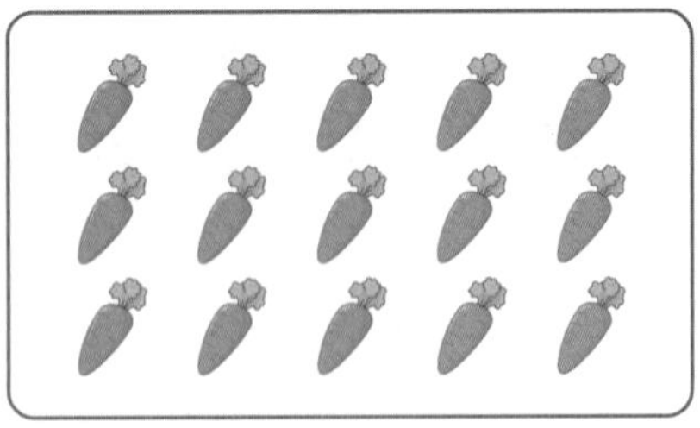

부분 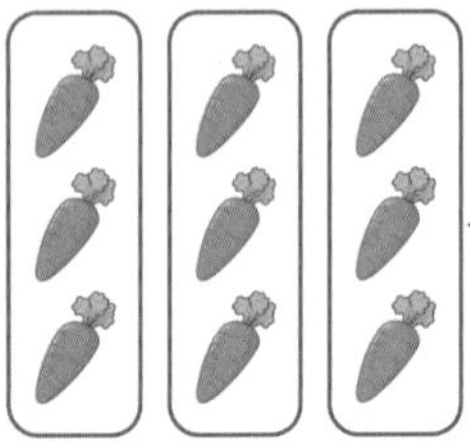 은 전체를 똑같이 5부분으로 나눈 것 중의 □이므로 전체의 $\frac{\square}{\square}$ 입니다.

3
42쪽
적용

색칠한 부분을 분수로 나타내세요.

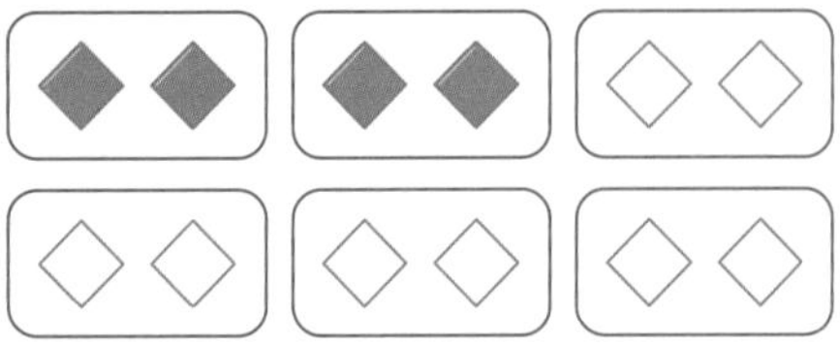
→ $\frac{\square}{\square}$

4
42쪽
적용

그림을 보고 □ 안에 알맞은 수를 써넣으세요.

(1) 5는 25의 $\frac{\square}{\square}$ 입니다.

(2) 20은 25의 $\frac{\square}{\square}$ 입니다.

5
42쪽
이해

그림을 보고 □ 안에 알맞은 수를 써넣으세요.

18을 3씩 묶으면 □묶음이 됩니다.

→ 12는 18의 $\frac{\square}{\square}$ 입니다.

6
42쪽
적용

색칠한 호두가 전체의 $\frac{2}{4}$인 것을 찾아 ○표 하세요.

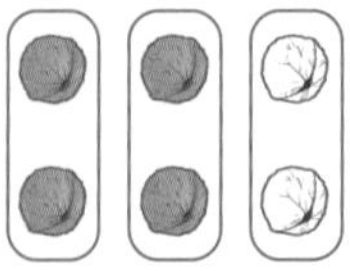
(　　　)

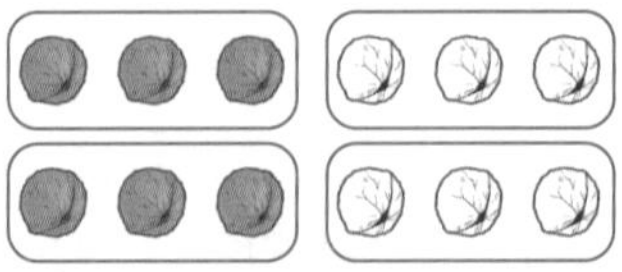
(　　　)

조금 더 어려운 문제에 도전해 볼까요?

7 43쪽 문제 해결

지혜는 구슬 28개를 4개씩 묶었습니다. 구슬 8개는 전체의 얼마인지 분수로 나타내세요.

(　　　　　　)

8 43쪽 적용

㉠과 ㉡의 합은 얼마일까요?

- 24를 3씩 묶으면 15는 24의 $\frac{㉠}{8}$입니다.
- 24를 8씩 묶으면 16은 24의 $\frac{㉡}{3}$입니다.

(　　　　　　)

4단원

+9 43쪽 수학적 독해력

★에 공통으로 알맞은 수를 구하세요.

★을 7씩 묶으면 14는 ★의 $\frac{2}{8}$입니다.

(　　　　　　)

독해 포인트　7씩 묶으면 14는 2묶음에 해당합니다.

+10 43쪽 수학적 표현력

분수로 나타낸 것입니다. 잘못 나타낸 사람의 이름을 쓰고 바르게 고쳐 보세요.

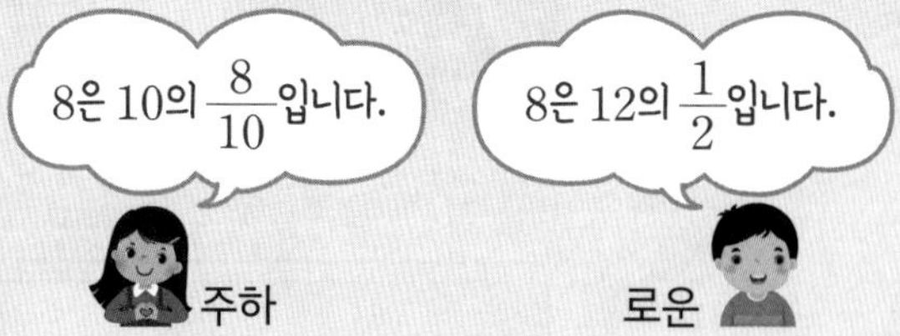

[잘못 나타낸 사람] ______________

[바르게 고치기] ______________

____

오늘 공부 어땠나요?　10개 중 맞힌 문제 [　] 개 > 틀린 문제는 힌트를 보고 다시 도전해 보세요. > 맞힌 문제는 힌트를 보고 자신의 생각과 비교해 보세요.

22일 분수만큼은 얼마인지 알아보기

① 전체에 대한 분수만큼은 얼마인지 알아보기

예 8의 $\frac{3}{4}$ 알아보기

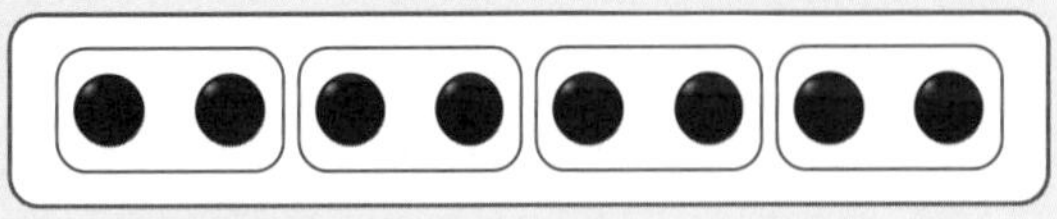

구슬 8개를 똑같이 4묶음으로 나누면

① 1묶음은 전체의 $\frac{1}{4}$이고, 1묶음에는 구슬이 2개 있습니다.

→ 8의 $\frac{1}{4}$은 2입니다.

② 3묶음은 전체의 $\frac{3}{4}$이고, 3묶음에는 구슬이 6개 있습니다.

→ 8의 $\frac{3}{4}$은 6입니다.

◐ 전체의 $\frac{▲}{■}$는 얼마인지 구하기

전체를 똑같이 ■묶음으로 나누었을 때 한 묶음의 수 구하기 (전체의 $\frac{1}{■}$)

↓

(한 묶음의 수)×▲

◐ 몇 배를 이용하여 알아보기

$\frac{3}{4}$은 $\frac{1}{4}$의 3배입니다.

8의 $\frac{1}{4}$은 **2**

8의 $\frac{3}{4}$은 **6** (2×3) ← 3배

② 길이에서 분수만큼은 얼마인지 알아보기

예 10 cm의 $\frac{2}{5}$ 알아보기

10 cm의 $\frac{2}{5}$

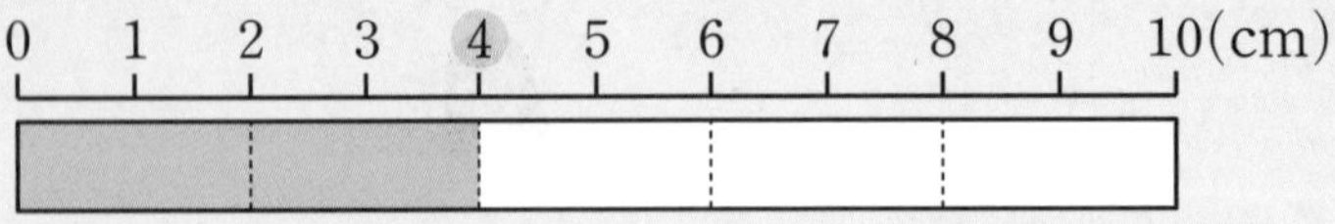

① 10 cm를 똑같이 5로 나눈 것 중의 1은 2 cm입니다.

→ 10 cm의 $\frac{1}{5}$은 2 cm입니다.

② 10 cm를 똑같이 5로 나눈 것 중의 2는 4 cm입니다.

→ 10 cm의 $\frac{2}{5}$는 4 cm입니다.

◐ 몇 배를 이용하여 알아보기

$\frac{2}{5}$는 $\frac{1}{5}$의 2배입니다.

10 cm의 $\frac{1}{5}$은 **2** cm

10 cm의 $\frac{2}{5}$는 **4** cm (2×2) ← 2배

확인 1 그림을 보고 □ 안에 알맞은 수를 써넣으세요.

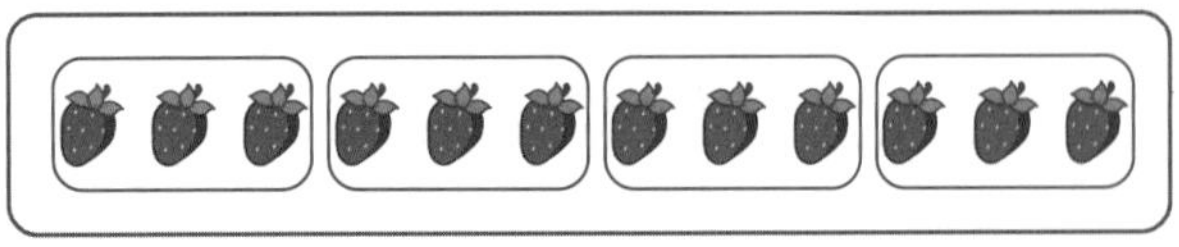

(1) 12의 $\frac{1}{4}$은 □입니다.

(2) 12의 $\frac{2}{4}$는 □입니다.

(3) 12의 $\frac{3}{4}$은 □입니다.

확인 2 그림을 보고 □ 안에 알맞은 수를 써넣으세요.

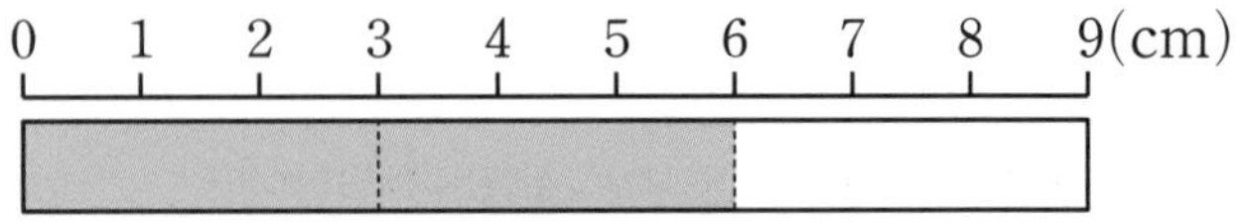

(1) 9 cm의 $\frac{1}{3}$은 □ cm입니다.

(2) 9 cm의 $\frac{2}{3}$는 □ cm입니다.

1 그림을 보고 □ 안에 알맞은 수를 써넣으세요.

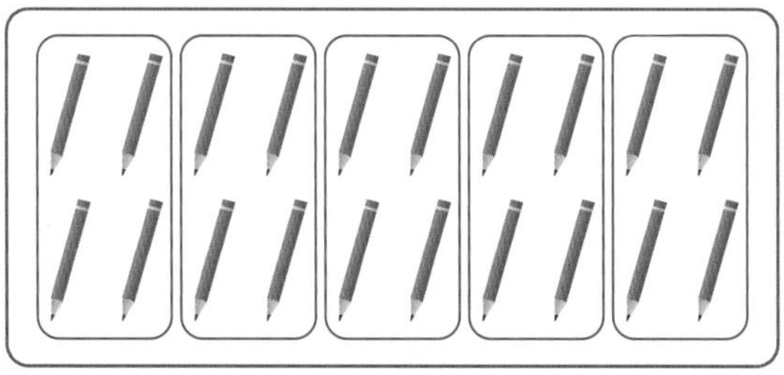

연필 20자루를 똑같이 5묶음으로 나누면 2묶음은 전체 묶음의 $\frac{\square}{\square}$이고, □자루입니다.

→ 20의 $\frac{2}{5}$는 □입니다.

2 □ 안에 알맞은 수를 써넣으세요.

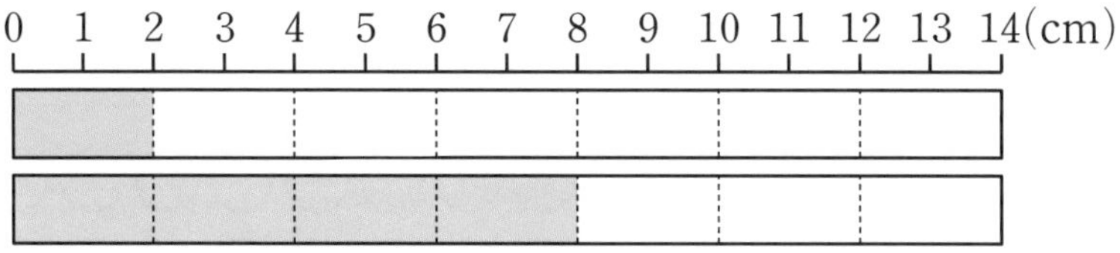

(1) 14 cm의 $\frac{1}{7}$은 □ cm입니다.

(2) 14 cm의 $\frac{4}{7}$는 □ cm입니다.

3 모자를 3개씩 묶어 보고 □ 안에 알맞은 수를 써넣으세요.

15의 $\frac{4}{5}$는 □입니다.

개념 따라쓰기

전체의 $\frac{△}{□}$는 얼마인지 알아보기

① 전체를 똑같이 □묶음으로 나누었을 때 한 묶음의 수 구하기
↓
② 한 묶음의 수에 △를 곱하기

길이의 $\frac{△}{□}$는 얼마인지 알아보기

① 길이의 $\frac{1}{□}$ 구하기
↓
② $\frac{1}{□}$에 △를 곱하기

1 44쪽
이해

그림을 보고 □ 안에 알맞은 수를 써넣으세요.

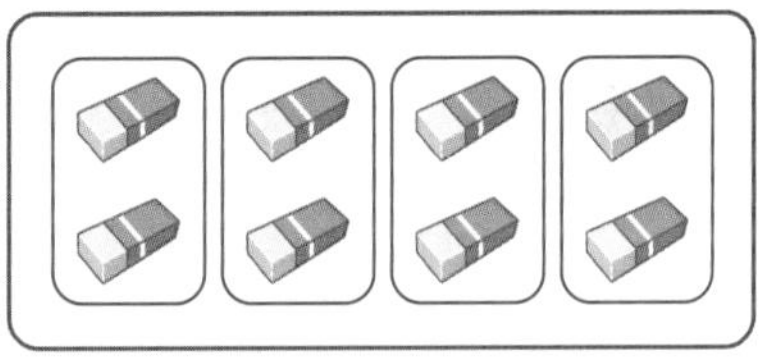

(1) 8의 $\frac{1}{4}$은 □입니다.

(2) 8의 $\frac{2}{4}$는 □입니다.

2
이해

그림을 보고 □ 안에 알맞은 수를 써넣으세요.

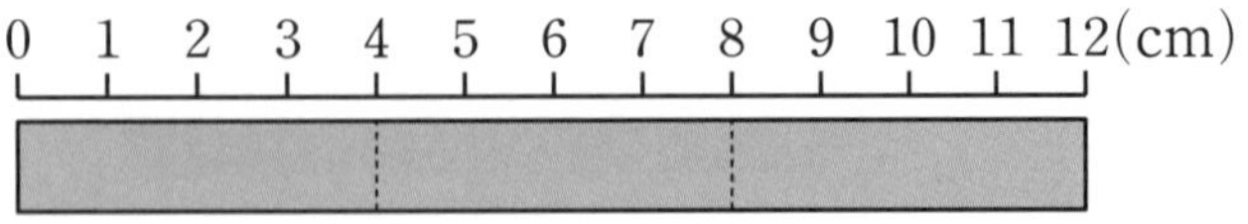

(1) 12 cm의 $\frac{1}{3}$은 □ cm입니다.

(2) 12 cm의 $\frac{2}{3}$는 □ cm입니다.

3
적용

16의 $\frac{5}{8}$는 얼마인지 알아보려고 합니다. 물음에 답하세요.

(1) 구슬 16개를 똑같이 8묶음으로 나누어 보세요.

(2) 16의 $\frac{1}{8}$은 얼마인가요? (　　　　　　)

(3) 16의 $\frac{5}{8}$는 얼마인가요? (　　　　　　)

4 44쪽
적용

10 cm의 $\frac{3}{5}$을 색칠해 보고 □ 안에 알맞은 수를 써넣으세요.

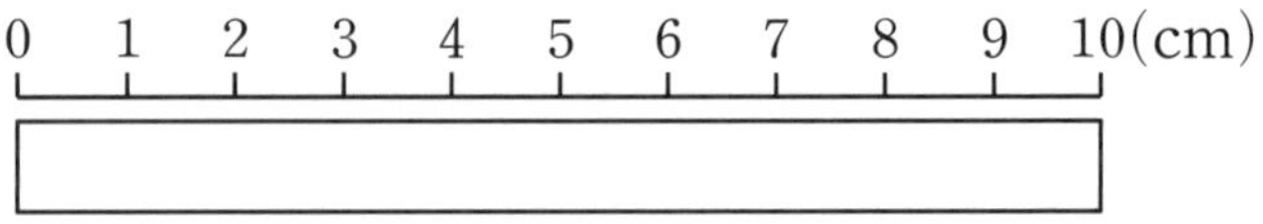

10 cm의 $\frac{3}{5}$은 □ cm입니다.

5 44쪽
적용

주어진 수만큼 노란색과 파란색으로 색칠하세요.

• 노란색: 20의 $\frac{1}{5}$　　• 파란색: 20의 $\frac{4}{5}$

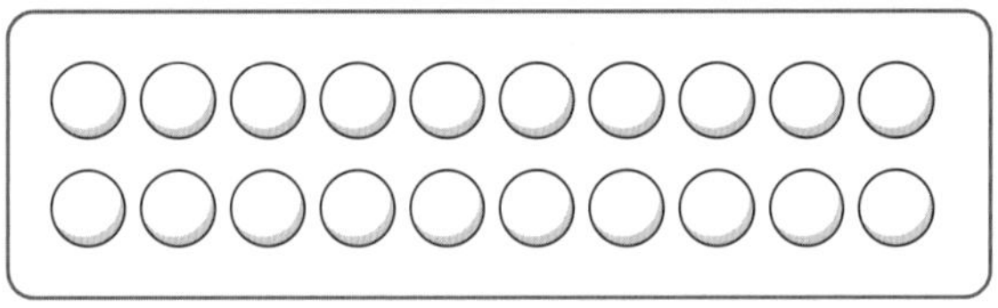

6 44쪽
적용

8 m의 $\frac{3}{4}$만큼 되는 곳을 찾아 기호를 쓰세요.

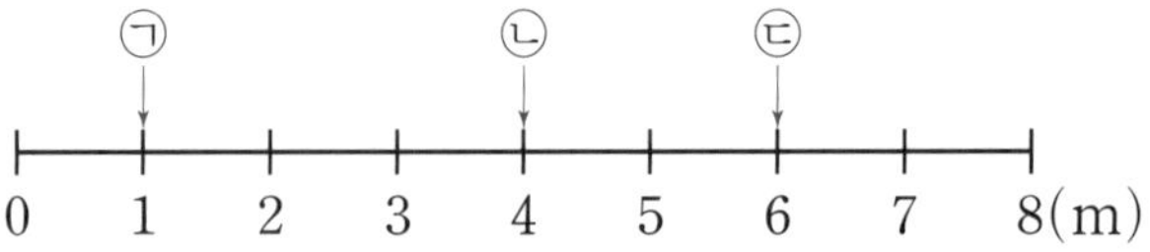

(　　　　　　)

» 정답 · 풀이 28쪽

7 45쪽 문제 해결

1시간의 $\frac{2}{3}$는 몇 분인지 구하세요.

(　　　　　　　　)

8 45쪽 추론

윤하가 말한 어떤 수는 얼마일까요?

(　　　　　　　　)

+9 45쪽 수학적 독해력

제과점에서 오늘 마카롱을 36개 만들었습니다. 마카롱을 오전에 36개의 $\frac{2}{9}$만큼, 오후에 36개의 $\frac{1}{6}$만큼 팔았습니다. 남은 마카롱은 몇 개일까요?

(　　　　　　　　)

독해 포인트 구해야 하는 것은 '남은 마카롱의 수'입니다.

+10 45쪽 수학적 표현력

나타내는 수가 더 큰 것의 기호를 쓰려고 합니다. 풀이 과정을 쓰고, 답을 구하세요.

㉠ 40의 $\frac{5}{8}$	㉡ 56의 $\frac{3}{7}$

[풀이] ㉠ 40을 똑같이 8묶음으로 나눈 것 중의 1묶음은 5이므로 5묶음은 ____________

____

____

[답] ____________

오늘 공부 어땠나요? 10개 중 맞힌 문제 [　] 개 > 틀린 문제는 힌트를 보고 다시 도전해 보세요. > 맞힌 문제는 힌트를 보고 자신의 생각과 비교해 보세요.

23일

여러 가지 분수 (1)

진분수, 가분수, 자연수

① 진분수, 가분수, 자연수 알아보기

- $\frac{1}{4}$, $\frac{2}{4}$, $\frac{3}{4}$과 같이 분자가 분모보다 작은 분수를 **진분수**라고 합니다.
- $\frac{4}{4}$, $\frac{5}{4}$와 같이 분자가 분모와 같거나 분모보다 큰 분수를 **가분수**라고 합니다.
- $\frac{4}{4}$는 1과 같습니다. 1, 2, 3과 같은 수를 **자연수**라고 합니다.

진분수 → (분자)<(분모)

가분수 → (분자)=(분모) 또는 (분자)>(분모)

개념+ 수직선에서 진분수, 가분수, 자연수 알아보기

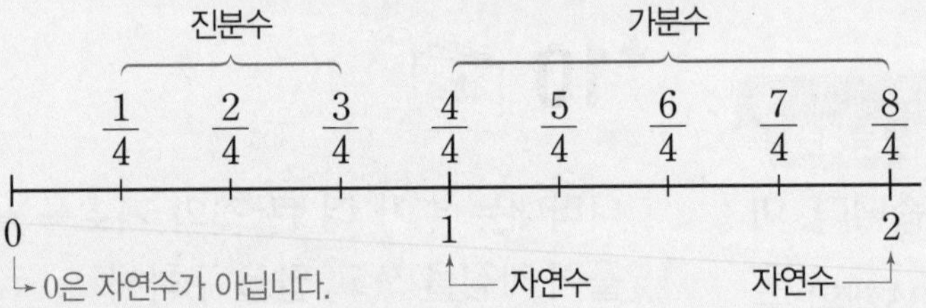

$\frac{■}{■}$=1임을 이용하여 분수를 자연수로 나타낼 수 있습니다.

예 $\frac{2}{2}=1$

$\frac{4}{2}=\frac{2\times2}{2}=2$

$\frac{6}{2}=\frac{2\times3}{2}=3$

확인 1 그림을 보고 □ 안에 알맞은 수를 써넣으세요.

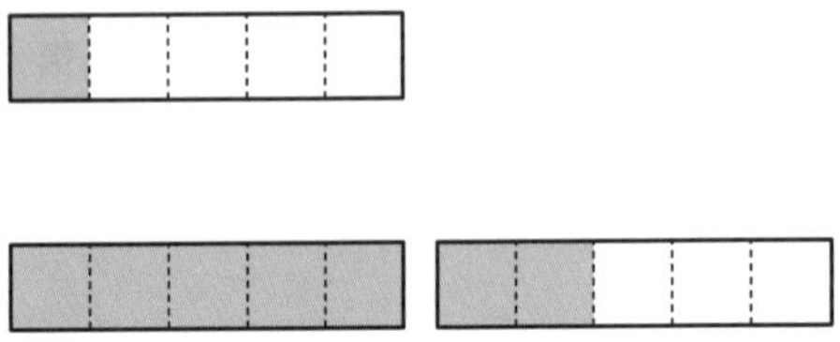

→ $\frac{1}{5}$이 1개 → $\frac{□}{5}$

→ $\frac{1}{5}$이 7개 → $\frac{□}{5}$

확인 2 분모가 3인 분수를 수직선에 나타내세요.

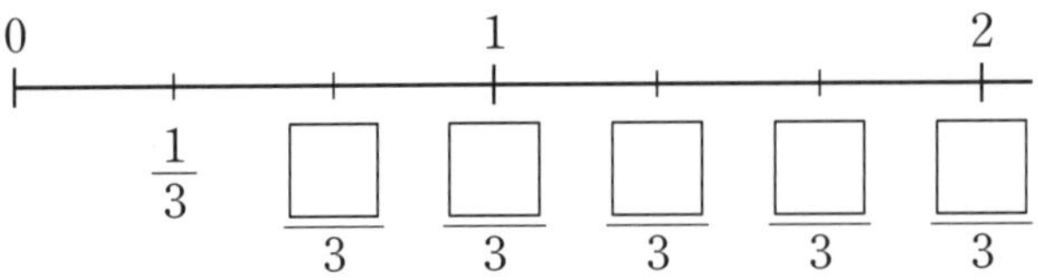

확인 3 진분수이면 '진', 가분수이면 '가'를 쓰세요.

$\frac{3}{5}$	$\frac{11}{5}$	$\frac{7}{5}$	$\frac{1}{5}$
(　　)	(　　)	(　　)	(　　)

기본기 다지는 교과서 문제

» 정답 · 풀이 29쪽

1 그림을 보고 □ 안에 알맞은 수를 써넣으세요.

(1) $\frac{1}{3}$

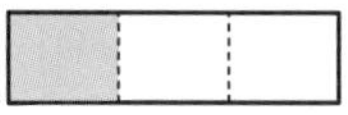

$\frac{\square}{\square}$

(2) $\frac{1}{4}$

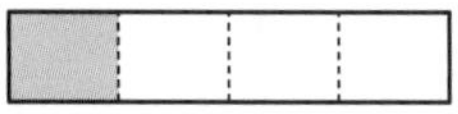

$\frac{\square}{\square}$

2 분모가 5인 분수로 나타내고 진분수이면 '진', 가분수이면 '가'를 쓰세요.

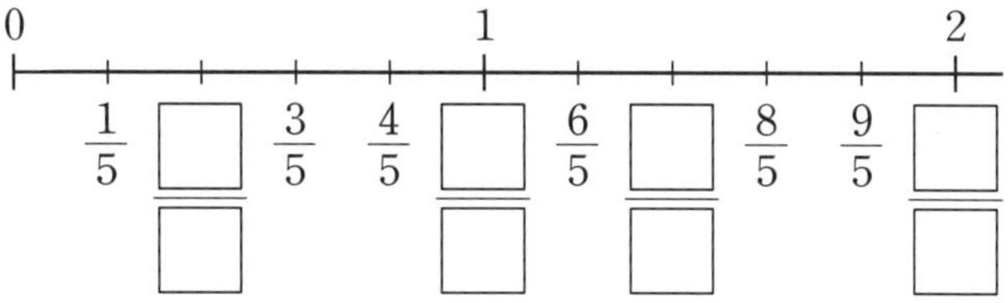

( ) ( ) ( ) ( )

3 자연수를 모두 찾아 쓰세요.

$\frac{1}{8}$	$\frac{13}{6}$	7	$\frac{11}{10}$	0	4

( )

개념 따라쓰기

진분수 알아보기

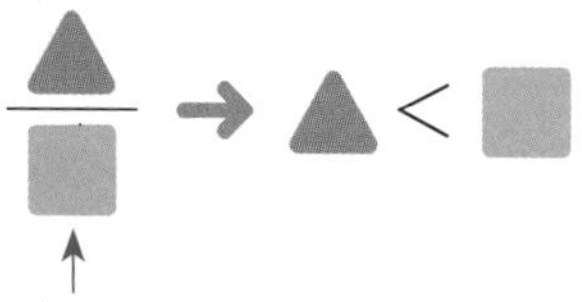

진분수는 분자가 분모보다 작은 분수입니다.

가분수 알아보기

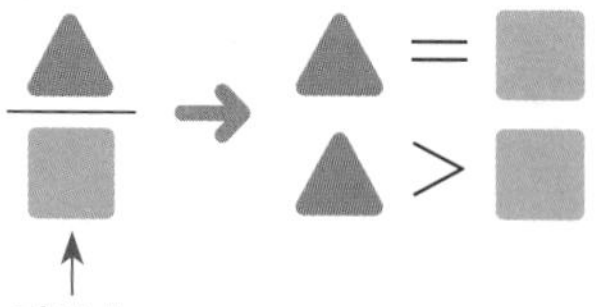

가분수는 분자가 분모와 같거나 분모보다 큰 분수입니다.

자연수 알아보기

$\frac{2}{2}=1$ $\frac{4}{2}=2$ $\frac{6}{2}=3$

자연수는 1, 2, 3과 같은 수입니다.

4 단원

스스로 풀어내는 도전 10 문제

1

이해

그림을 보고 □ 안에 알맞은 수를 써넣으세요.

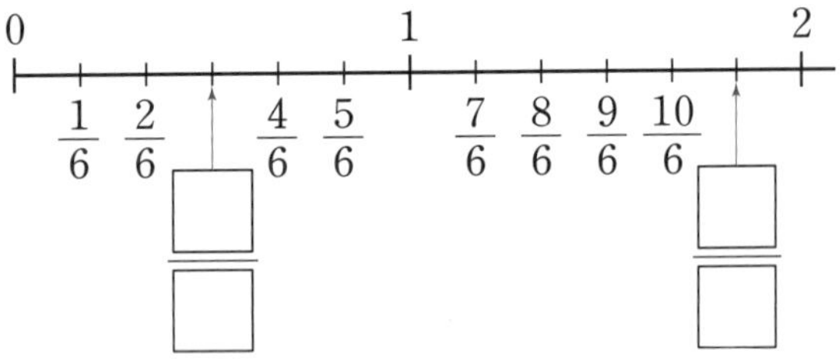

2

46쪽

적용

자연수를 가분수로 나타내려고 합니다. □ 안에 알맞은 수를 써넣으세요.

(1) $1=\frac{\square}{3}$, $1=\frac{\square}{5}$, $1=\frac{\square}{8}$

(2) $1=\frac{\square}{2}$, $2=\frac{\square}{2}$, $3=\frac{\square}{2}$

3

이해

$\frac{7}{5}$만큼 색칠하세요.

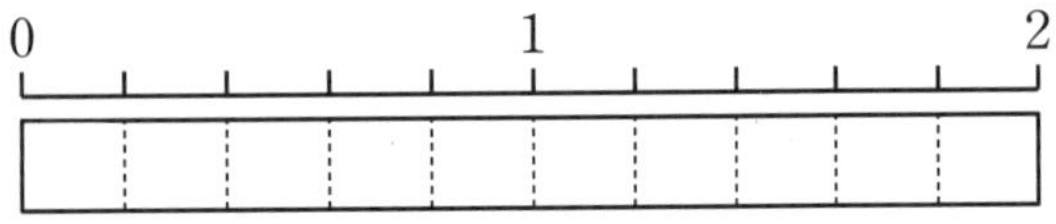

4

46쪽

창의 융합

사다리를 타고 내려가 도착한 곳이 참이면 ○표, 거짓이면 ×표 하세요.

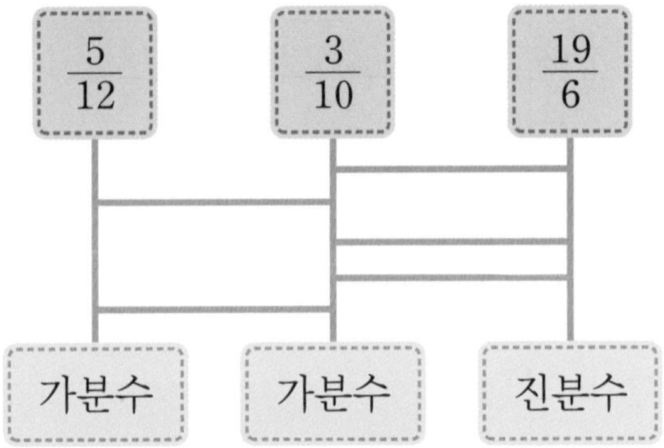

( ) ( ) ( )

5

46쪽

적용

가분수를 모두 찾아 쓰세요.

$\frac{2}{9}$ $\frac{14}{11}$ $\frac{5}{8}$ $\frac{5}{4}$ $\frac{3}{3}$

( )

6

46쪽

적용

진분수이면 '진', 가분수이면 '가'를 쓰세요.

$\frac{1}{7}$이 6개인 분수

( )

7 47쪽 문제 해결

자연수 3을 분모가 4인 가분수로 나타내세요.

( )

8 47쪽 추론

수 카드 2장을 사용하여 만들 수 있는 진분수를 모두 쓰세요.

3 4 5

( )

+9 47쪽 수학적 독해력

다음 조건을 모두 만족하는 분수를 구하세요.

- 분모가 8인 가분수입니다.
- 분자가 가장 작습니다.

( )

독해 포인트 가분수는 '분자가 분모와 같거나 분모보다 큰 분수'입니다.

+10 47쪽 수학적 표현력

$\frac{14}{13}$는 진분수가 아닙니다. 그 이유를 설명하세요.

이유 진분수는 분자가 분모보다 ________

오늘 공부 어땠나요?

10개 중 맞힌 문제 ☐ 개 > 틀린 문제는 힌트를 보고 다시 도전해 보세요. > 맞힌 문제는 힌트를 보고 자신의 생각과 비교해 보세요.

24일 여러 가지 분수 (2)

대분수

① 대분수 알아보기

• 2와 $\frac{1}{5}$은 $2\frac{1}{5}$이라 쓰고, **2와 5분의 1**이라고 읽습니다.

• $2\frac{1}{5}$과 같이 자연수와 진분수로 이루어진 분수를 **대분수**라고 합니다.

자연수와 가분수로 이루어진 분수는 가분수가 아닙니다.

◐ ■와 $\frac{▲}{●}$를 대분수로 쓰고 읽기

[쓰기] ■$\frac{▲}{●}$

[읽기] ■와 ●분의 ▲

② 대분수를 가분수로 나타내기

예 $1\frac{1}{4}$을 가분수로 나타내기

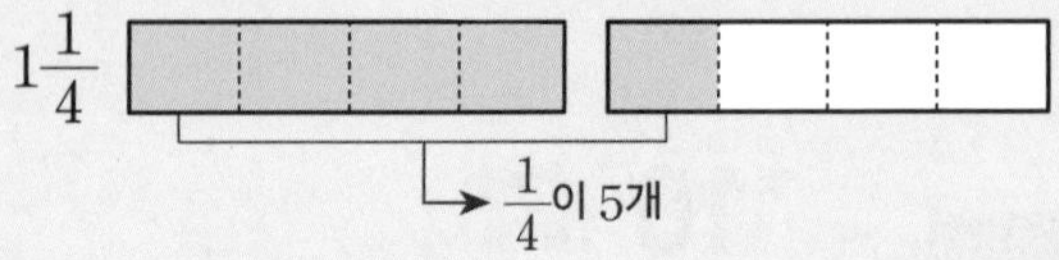

자연수 1을 가분수 $\frac{4}{4}$로 나타내면 $1\frac{1}{4}$은 $\frac{1}{4}$이 5개이므로 $\frac{5}{4}$입니다.

→ $1\frac{1}{4}=\frac{5}{4}$

③ 가분수를 대분수로 나타내기

예 $\frac{7}{4}$을 대분수로 나타내기

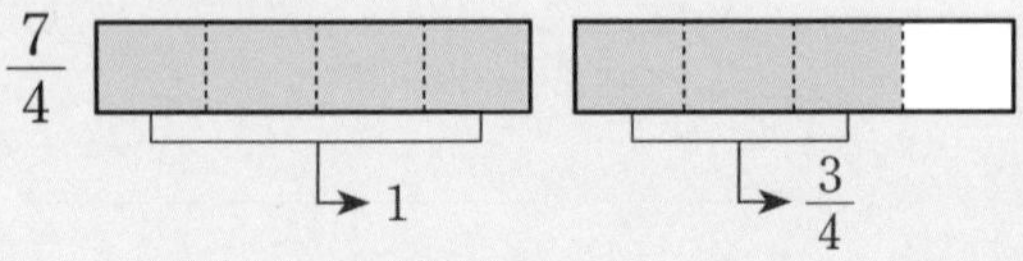

가분수 $\frac{7}{4}$에서 $\frac{4}{4}$는 자연수 1로 나타내고 나머지 $\frac{3}{4}$은 진분수로 나타내면 $1\frac{3}{4}$입니다. → $\frac{7}{4}=1\frac{3}{4}$

◐ 가분수를 대분수로 나타낼 때에는 $\frac{■}{■}=1$, $\frac{■\times 2}{■}=2$, $\frac{■\times 3}{■}=3$······임을 이용합니다.

확인 1 □ 안에 알맞은 말을 써넣으세요.

$2\frac{1}{6}$과 같이 자연수와 □로 이루어진 분수를 □라고 합니다.

» 정답 · 풀이 30쪽

1 대분수를 모두 찾아 ○표 하세요.

$\frac{9}{9}$ $1\frac{3}{4}$ $\frac{5}{10}$ $3\frac{1}{2}$ $\frac{9}{7}$

2 대분수 $3\frac{1}{2}$을 가분수로 나타내려고 합니다. 물음에 답하세요.

(1) 대분수 $3\frac{1}{2}$만큼 앞에서부터 차례로 색칠해 보세요.

(2) 대분수 $3\frac{1}{2}$을 가분수로 나타내세요.

( )

3 가분수 $\frac{11}{3}$을 대분수로 나타내려고 합니다. 물음에 답하세요.

(1) 가분수 $\frac{11}{3}$만큼 앞에서부터 차례로 색칠하세요.

(2) 가분수 $\frac{11}{3}$을 대분수로 나타내세요.

( )

개념 따라쓰기

대분수 알아보기

자연수 → 3, 진분수 → $\frac{1}{2}$: $3\frac{1}{2}$

대분수는 자연수와 진분수로 이루어진 분수입니다.

대분수를 가분수로 나타내기

자연수를 가분수로

$3\frac{1}{2} \rightarrow \frac{6}{2}$과 $\frac{1}{2} \rightarrow \frac{7}{2}$

$\frac{1}{2}$이 7개

대분수의 자연수를 가분수로 나타내고 가분수와 진분수에서 단위분수가 몇 개인지 세어 봅니다.

가분수를 대분수로 나타내기

가분수를 자연수로

$\frac{7}{2} \rightarrow \frac{6}{2}$과 $\frac{1}{2} \rightarrow 3\frac{1}{2}$

나머지는 진분수로

가분수에서 자연수로 나타낼 수 있는 가분수를 자연수로 나타내고, 나머지는 진분수로 나타냅니다.

4단원

1

이해

대분수에 ○표, 가분수에 △표 하세요.

$\frac{5}{3}$ $1\frac{4}{8}$ $\frac{7}{7}$ $\frac{1}{9}$ $2\frac{2}{6}$ $3\frac{3}{4}$

2

이해

그림을 보고 대분수를 가분수로 나타내세요.

(1) 

$2\frac{1}{6}$ ➔ $\frac{\square}{\square}$

(2) 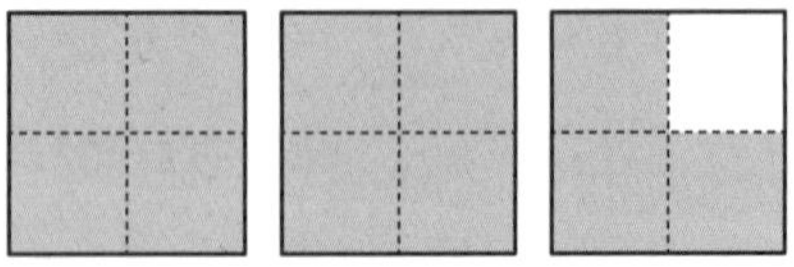

$2\frac{3}{4}$ ➔ $\frac{\square}{\square}$

3

48쪽

이해

가분수 $\frac{7}{3}$ 만큼 색칠하고 대분수로 나타내세요.

$\frac{7}{3}$ ➔ 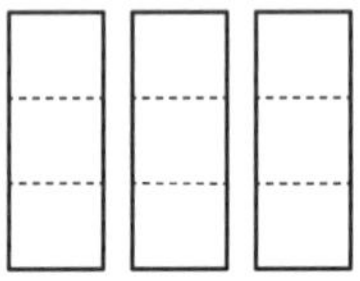 ➔ $\square\frac{\square}{\square}$

4

48쪽

적용

대분수는 가분수로, 가분수는 대분수로 나타내세요.

(1) $2\frac{1}{7}=\frac{\square}{\square}$

(2) $\frac{11}{8}=\square\frac{\square}{\square}$

5

48쪽

적용

크기가 같은 분수끼리 선으로 이어 보세요.

$1\frac{5}{9}$ •	• $\frac{17}{9}$
$2\frac{1}{9}$ •	• $\frac{14}{9}$
$1\frac{8}{9}$ •	• $\frac{19}{9}$

6

48쪽

추론

$3\frac{8}{10}$ 은 $\frac{1}{10}$ 이 몇 개인 수일까요?

( )

7 49쪽 — 문제 해결

다음 대분수의 □ 안에 들어갈 수 있는 자연수는 모두 몇 개일까요?

$5\frac{\square}{8}$

(   )

8 49쪽 — 추론

㉠과 ㉡의 차를 구하세요.

• $4=\frac{㉠}{7}$ • $\frac{33}{5}=㉡\frac{3}{5}$

(   )

+9 49쪽 — 수학적 독해력

3장의 수 카드를 한 번씩 모두 사용하여 만들 수 있는 분수 중 가장 큰 대분수를 만들고, 가분수로 나타내세요.

3 8 5

$\square\frac{\square}{\square}=\frac{\square}{\square}$

독해 포인트 가장 큰 대분수를 만들려면 자연수를 가장 크게 해야 합니다.

+10 49쪽 — 수학적 표현력

수현이가 가분수를 대분수로 나타낸 것입니다. 잘못 나타낸 이유를 쓰고, 바르게 나타내세요.

수현

$\frac{16}{5}=2\frac{6}{5}$

[이유] 대분수는 자연수와 진분수로 이루어진 분수인데, 나타낸 대분수는 ____________________

____

____

[바르게 나타내기] ____________________

오늘 공부 어땠나요? 10개 중 맞힌 문제 □ 개 > 틀린 문제는 힌트를 보고 다시 도전해 보세요. > 맞힌 문제는 힌트를 보고 자신의 생각과 비교해 보세요.

25일 분모가 같은 분수의 크기 비교

① 분모가 같은 가분수의 크기 비교

분모가 같은 가분수는 **분자가 클수록** 더 큰 분수입니다.

예 $\frac{6}{5}$과 $\frac{9}{5}$의 크기 비교

분자의 크기를 비교하면 ➜ $6<9$이므로 $\frac{6}{5}<\frac{9}{5}$입니다.

◐ 수직선에서 크기 비교

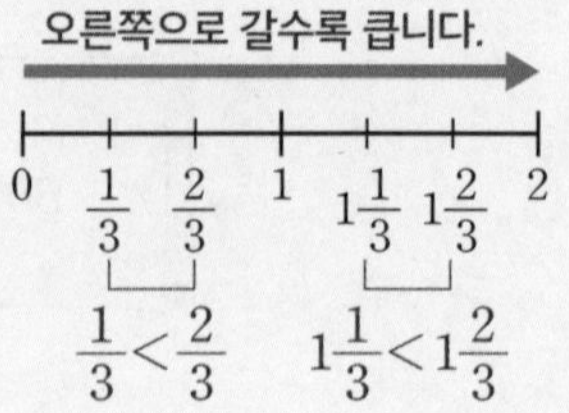

② 분모가 같은 대분수의 크기 비교

- **자연수가 클수록** 더 큰 분수입니다.
- 자연수의 크기가 같으면, **분자가 클수록** 더 큰 분수입니다.

예 $1\frac{3}{7}$과 $2\frac{1}{7}$의 크기 비교

자연수 부분의 크기를 비교하면 ➜ $1<2$이므로 $1\frac{3}{7}<2\frac{1}{7}$입니다.

예 $2\frac{3}{4}$과 $2\frac{1}{4}$의 크기 비교

자연수 부분이 2로 같으므로, 분자의 크기를 비교하면

➜ $3>1$이므로 $2\frac{3}{4}>2\frac{1}{4}$입니다.

③ 분모가 같은 대분수와 가분수의 크기 비교

대분수를 가분수로 나타내거나 가분수를 대분수로 나타내어 크기를 비교합니다.

예 $\frac{11}{5}$과 $1\frac{4}{5}$의 크기 비교

방법 1 대분수를 가분수로 나타내어 비교하기

$1\frac{4}{5}=\frac{9}{5}$이므로 $\frac{11}{5}>\frac{9}{5}$ ➜ $\frac{11}{5}>1\frac{4}{5}$입니다.

방법 2 가분수를 대분수로 나타내어 비교하기

$\frac{11}{5}=2\frac{1}{5}$이므로 $2\frac{1}{5}>1\frac{4}{5}$ ➜ $\frac{11}{5}>1\frac{4}{5}$입니다.

기본기 다지는 교과서 문제

» 정답 · 풀이 31쪽

1 $\frac{8}{7}$과 $\frac{11}{7}$의 크기를 비교하려고 합니다. 물음에 답하세요.

(1) $\frac{8}{7}$과 $\frac{11}{7}$을 수직선에 점(•)으로 나타내세요.

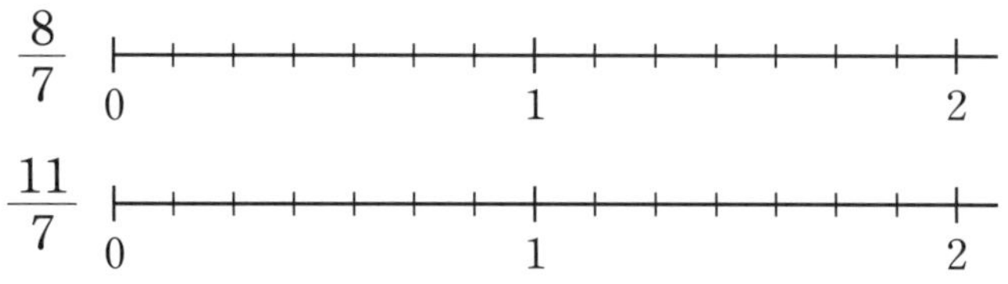

(2) $\frac{8}{7}$과 $\frac{11}{7}$ 중에서 어느 분수가 더 클까요?

(　　　　　　)

2 분수만큼 색칠하고 ◯ 안에 >, =, <를 알맞게 써넣으세요.

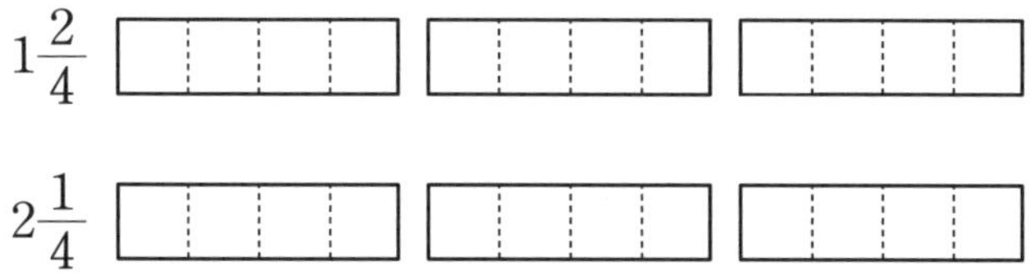

$1\frac{2}{4}$ ◯ $2\frac{1}{4}$

3 $1\frac{2}{8}$와 $\frac{13}{8}$의 크기를 비교하려고 합니다. 물음에 답하세요.

(1) 대분수를 가분수로 나타내고, ◯ 안에 >, =, <를 알맞게 써넣으세요.

$1\frac{2}{8}=\frac{\square}{\square}$ → $1\frac{2}{8}$ ◯ $\frac{13}{8}$

(2) 가분수를 대분수로 나타내고, ◯ 안에 >, =, <를 알맞게 써넣으세요.

$\frac{13}{8}=\square\frac{\square}{\square}$ → $1\frac{2}{8}$ ◯ $\frac{13}{8}$

개념 따라쓰기

가분수의 크기 비교하기

$\frac{11}{4} > \frac{7}{4}$

분모가 같은 가분수는 분자가 클수록 더 큽니다.

대분수의 크기를 비교하는 순서

❷ 자연수가 같으면 분자를 비교

$3\frac{1}{4} < 3\frac{3}{4}$

❶ 자연수를 먼저 비교

대분수의 크기를 비교할 때에는 자연수 → 분자의 순서로 비교합니다.

가분수와 대분수의 크기 비교하기

가분수와 대분수의 크기를 비교할 때에는 가분수 또는 대분수로 같게 나타내어 비교합니다.

스스로 풀어내는 도전 10 문제

1 50쪽

이해

그림을 보고 분수의 크기를 비교하여 ○ 안에 >, =, <를 알맞게 써넣으세요.

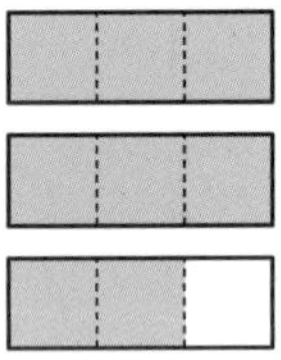

$2\frac{2}{3}$ ○ $1\frac{1}{3}$

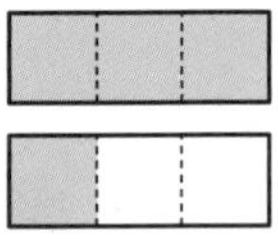

2 50쪽

이해

○ 안에 >, <를 알맞게 써넣고, 알맞은 말에 ○표 하세요.

$4\frac{5}{9}$ ○ $4\frac{7}{9}$

자연수의 크기가 같으므로 분자의 크기를 비교하면 $4\frac{5}{9}$가 $4\frac{7}{9}$보다 더 (큽니다 , 작습니다).

3 50쪽

적용

두 분수의 크기를 비교하여 ○ 안에 >, =, <를 알맞게 써넣으세요.

(1) $\frac{15}{4}$ ○ $3\frac{2}{4}=\frac{\square}{\square}$

(2) $2\frac{3}{5}$ ○ $\frac{13}{5}=\square\frac{\square}{\square}$

4

적용

두 분수의 크기를 잘못 비교한 것을 찾아 기호를 쓰세요.

㉠ $\frac{7}{3}>\frac{4}{3}$ ㉡ $2\frac{3}{6}<1\frac{5}{6}$

㉢ $\frac{5}{4}<1\frac{2}{4}$ ㉣ $3\frac{2}{8}<3\frac{5}{8}$

(   )

5

추론

두 분수의 크기를 비교하여 큰이 있으면 큰 분수를, 작이 있으면 작은 분수를 빈칸에 써넣으세요.

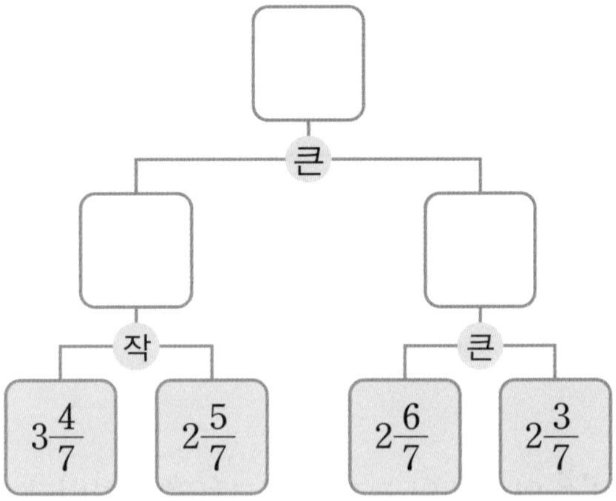

6 50쪽

문제 해결

더 큰 분수를 찾아 기호를 쓰세요.

㉠ $\frac{1}{9}$이 12개인 분수 ㉡ $1\frac{5}{9}$

(   )

» 정답 · 풀이 31쪽

조금 더 **어려운 문제**에 도전해 볼까요?

7 51쪽 문제 해결

$\frac{8}{10}$보다 크고 $\frac{23}{10}$보다 작은 분수를 모두 찾아 ○표 하세요.

$\frac{5}{10}$ $1\frac{3}{10}$ $\frac{29}{10}$ $2\frac{2}{10}$ $3\frac{1}{10}$

8 51쪽 창의 융합

슬기네 집에서 학교까지의 거리는 $\frac{15}{8}$ km, 도서관까지의 거리는 $1\frac{3}{8}$ km, 축구장까지의 거리는 $1\frac{5}{8}$ km입니다. 슬기네 집에서 가까운 장소부터 차례로 쓰세요.

[ ] — [ ] — [ ]

+9 51쪽 수학적 독해력

1부터 9까지의 수 중에서 □ 안에 들어갈 수 있는 수를 모두 구하세요.

$\square\frac{4}{11} < 5\frac{5}{11}$

( )

독해 포인트 두 대분수의 분자의 크기를 먼저 비교한 후 □ 안에 들어갈 수를 생각해 봅니다.

+10 51쪽 수학적 표현력

두 가지 방법으로 분수의 크기를 비교해 보세요.

$1\frac{7}{9}$ $\frac{13}{9}$

[방법 1] 대분수를 가분수로 나타내면 ____________

[방법 2] 가분수를 대분수로 나타내면 ____________

오늘 공부 어땠나요? 10개 중 맞힌 문제 [ ]개 › **틀린 문제**는 힌트를 보고 다시 도전해 보세요. › **맞힌 문제**는 힌트를 보고 자신의 생각과 비교해 보세요.

단원평가

01 그림을 보고 □ 안에 알맞은 수를 써넣으세요.

6은 12의 $\frac{\square}{\square}$입니다.

02 색칠한 부분을 분수로 나타내세요.

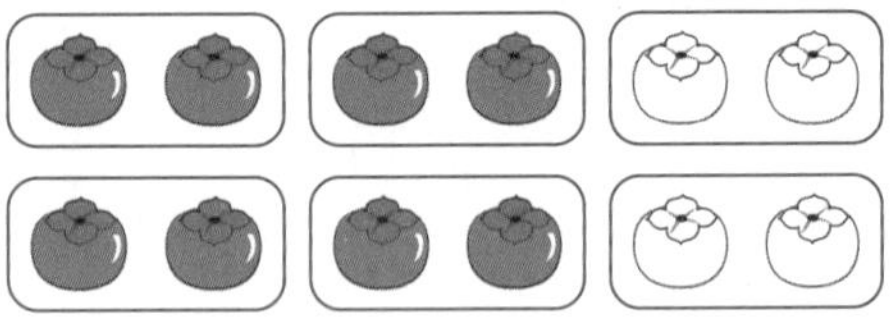

$\frac{\square}{\square}$

03 20의 $\frac{3}{5}$만큼을 색칠하세요.

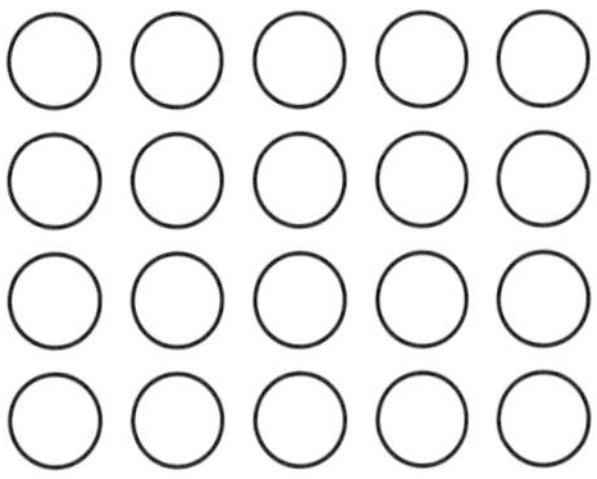

04 진분수와 가분수를 각각 모두 찾아 쓰세요.

$\frac{5}{5}$　$\frac{10}{6}$　$\frac{7}{11}$　$\frac{13}{9}$　$\frac{2}{15}$

진분수 (　　　　　　　　)

가분수 (　　　　　　　　)

05 크기가 같은 분수끼리 선으로 이어 보세요.

$\frac{42}{8}$ •	• $5\frac{6}{8}$
$\frac{37}{8}$ •	• $4\frac{5}{8}$
$\frac{46}{8}$ •	• $5\frac{2}{8}$

06 자연수 2를 분모가 3인 가분수로 나타내세요.

(　　　　　　　　)

07 두 분수의 크기를 잘못 비교한 사람은 누구일까요?

$\frac{3}{6}<\frac{8}{6}$ | $\frac{11}{4}>\frac{7}{4}$ | $1\frac{1}{3}>1\frac{2}{3}$

주하 | 서준 | 지혜

( )

08 □ 안에 들어갈 수가 가장 큰 것의 기호를 쓰세요.

㉠ 15의 $\frac{1}{3}$은 □입니다.

㉡ 20을 5씩 묶으면 12는 20의 $\frac{\square}{5}$입니다.

㉢ 27의 $\frac{\square}{9}$는 6입니다.

( )

09 $2\frac{\square}{7}$는 대분수입니다. □ 안에 들어갈 수 있는 자연수를 모두 쓰세요.

( )

서술형

10 동화책을 윤하는 $1\frac{1}{6}$시간 동안 읽었고, 민호는 $\frac{8}{6}$시간 동안 읽었습니다. 동화책을 더 오래 읽은 사람은 누구인지 풀이 과정을 쓰고, 답을 구하세요.

[풀이] ______________________

____

____

[답] ______________________

4단원

26일 들이 비교하기

① 들이 비교하기

예 물병과 주스병의 들이 비교하기

방법 1 직접 옮겨 담아 비교하기

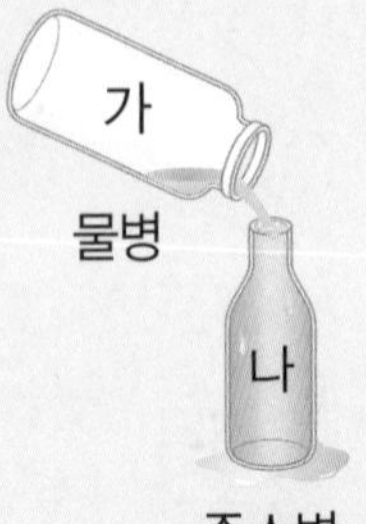

물병에 물을 가득 채운 후 주스병에 물을 옮겨 담았을 때 물이 흘러넘칩니다.

→ 물병이 주스병보다 들이가 더 많습니다.

◐ ㉮ 그릇에 물을 가득 채운 후 ㉯ 그릇에 옮겨 담았을 때 들이 비교하기

- ㉯ 그릇이 가득 차지 않으면 ㉯ 그릇의 들이가 더 많습니다.
- ㉯ 그릇에 물이 넘치면 ㉮ 그릇의 들이가 더 많습니다.

방법 1 은 다른 그릇을 준비하지 않아도 들이를 비교할 수 있어서 좋겠군.

방법 2 모양과 크기가 같은 큰 그릇에 옮겨 담아 비교하기

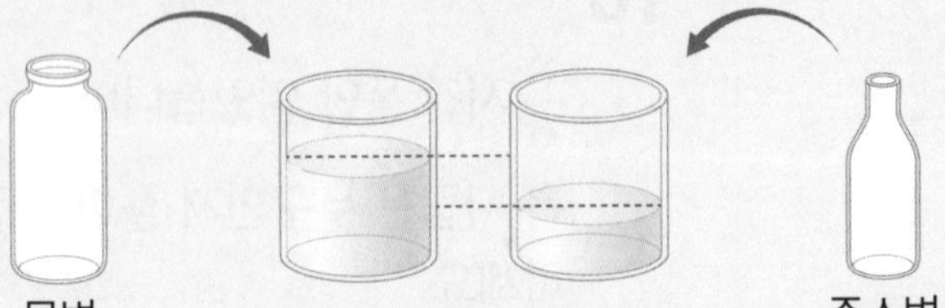

물의 높이가 높을수록 들이가 더 많습니다.

→ 물병이 주스병보다 들이가 더 많습니다.

방법 3 모양과 크기가 같은 작은 컵에 옮겨 담아 비교하기

방법 2 와 방법 3 은 크기가 같은 그릇에 옮겨 담아 비교하고 있어.

컵의 수가 많을수록 들이가 더 많습니다.

→ 물병이 주스병보다 컵 $5-3=2$(개)만큼 물이 더 들어갑니다.

기본기 다지는 교과서 문제

» 정답 · 풀이 33쪽

1 우유병에 물을 가득 채운 후 물병에 옮겨 담았습니다. 알맞은 말에 ○표 하세요.

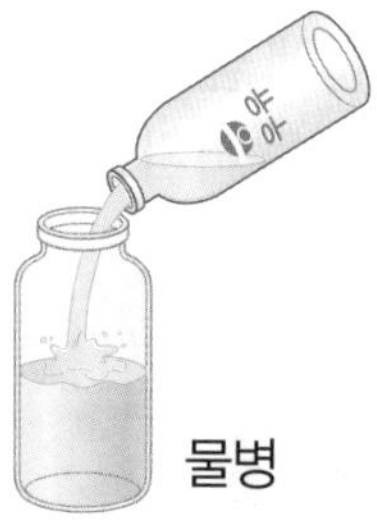

물병에 물이 가득 차지 않았으므로 물병이 우유병보다 들이가 더 (적습니다 , 많습니다).

2 ㉮ 병과 ㉯ 병에 물을 가득 채운 후 모양과 크기가 같은 그릇에 옮겨 담았더니 그림과 같이 물을 채워졌습니다. □ 안에 알맞은 기호를 써넣으세요.

물의 높이가 □ 병이 더 높습니다.

➜ 들이가 더 많은 것은 □ 병입니다.

3 ㉮ 그릇과 ㉯ 그릇에 물을 가득 채운 후 모양과 크기가 같은 작은 컵에 옮겨 담았더니 그림과 같았습니다. □ 안에 알맞은 기호나 수를 써넣으세요.

(1) 들이가 더 많은 것은 □ 그릇입니다.

(2) □ 그릇이 □ 그릇보다 컵 □ 개만큼 물이 더 들어갑니다.

개념 따라쓰기

그릇의 크기로 들이 비교하기

한 그릇에 물을 가득 채운 후 다른 그릇에 옮겨 담아 들이를 직접 비교할 수 있습니다.

큰 그릇에 옮겨 담아 들이 비교하기

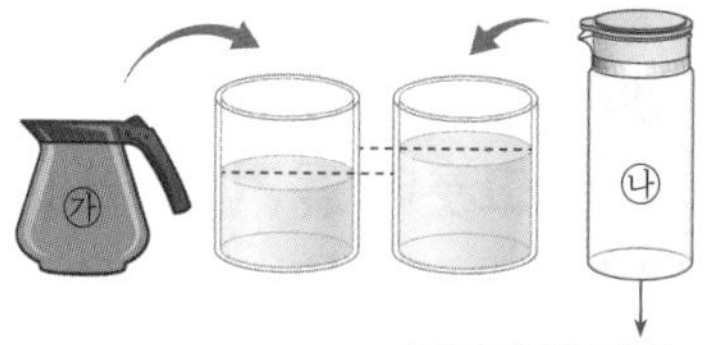

모양과 크기가 같은 큰 그릇에 옮겨 담았을 때 물의 높이가 높을수록 들이가 더 많습니다.

작은 컵에 옮겨 담아 들이 비교하기

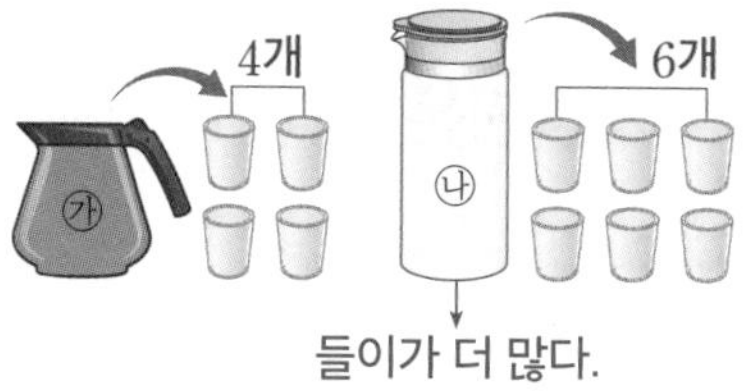

모양과 크기가 같은 작은 컵에 옮겨 담았을 때 컵의 수가 많을수록 들이가 더 많습니다.

1
이해

물통에 물을 가득 채운 후 꽃병에 옮겨 담았더니 그림과 같이 물이 넘쳤습니다. 들이가 더 적은 것은 어느 것일까요?

(　　　　　　　　)

2
이해

콜라 캔과 사이다 캔에 물을 가득 채운 후 모양과 크기가 같은 그릇에 옮겨 담았더니 그림과 같이 물이 채워졌습니다. 들이가 더 많은 것은 어느 것일까요?

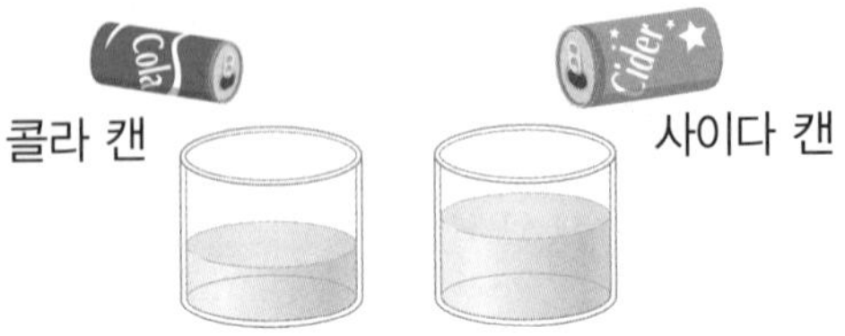

(　　　　　　　　)

3
52쪽　적용

들이가 가장 많은 것과 가장 적은 것을 각각 찾아 쓰세요.

가장 많은 것 (　　　　　　　　)

가장 적은 것 (　　　　　　　　)

4
52쪽　적용

우유갑과 그릇에 물을 가득 채운 후 모양과 크기가 같은 작은 컵에 옮겨 담았습니다. 어느 것이 컵 몇 개만큼 물이 더 들어가는지 구하세요.

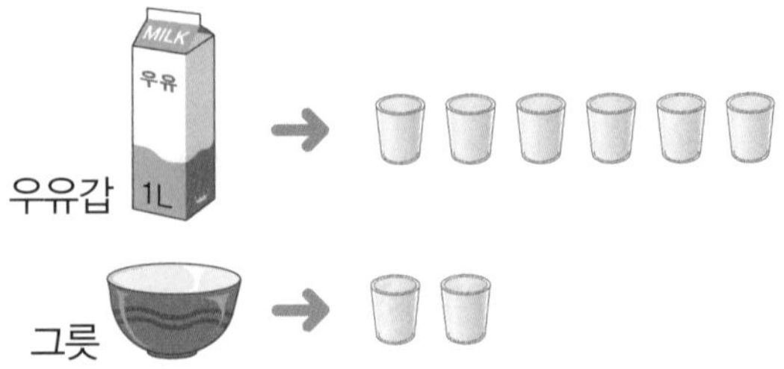

→ [　　　　]이 컵 [　　]개만큼 물이 더 들어갑니다.

5
52쪽　추론

컵, 주스병, 물병에 물을 가득 채운 후 모양과 크기가 같은 그릇에 옮겨 담았습니다. 알맞은 것끼리 선으로 이어 보세요.

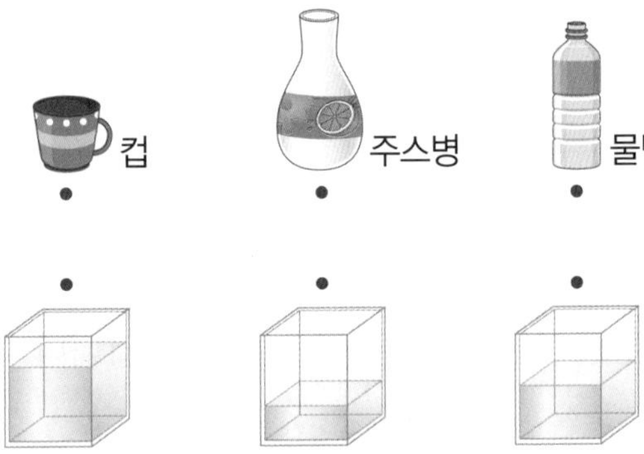

6
52쪽　문제 해결

민호, 종욱, 수현이가 각자 가지고 있는 컵으로 모양과 크기가 같은 병에 가득 들어 있는 우유를 모두 덜어낸 횟수입니다. 들이가 적은 컵을 가지고 있는 사람은 누구일까요?

이름	민호	종욱	수현
덜어낸 횟수	3번	2번	4번

(　　　　　　　　)

» 정답 · 풀이 33쪽

조금 더 **어려운 문제**에 도전해 볼까요?

7 53쪽 문제 해결

보온병과 어항에 물을 가득 채운 후 모양과 크기가 같은 작은 컵에 옮겨 담았습니다. 어항의 들이는 보온병 들이의 몇 배일까요?

( )

8 53쪽 의사 소통

컵, 물병, 물약병이 있습니다. 대화를 읽고 들이가 많은 것부터 차례로 쓰세요.

영민: 컵에 물을 가득 채워 물병에 옮기면 가득 차지 않아.

서연: 컵에 물을 가득 채워 물약병에 옮기면 물약병이 가득 차고, 컵에 물이 남아.

[ ] — [ ] — [ ]

5단원

+9 53쪽 수학적 독해력

수조와 양동이에 물을 가득 채우려면 ㉮ 컵과 ㉯ 컵으로 다음과 같이 각각 부어야 합니다. 잘못 이야기한 사람은 누구일까요?

	㉮ 컵	㉯ 컵
수조	5개	4개
양동이	10개	8개

민호: 수조보다 양동이에 물을 더 많이 담을 수 있어.
로운: 양동이의 들이는 수조 들이의 2배야.
윤하: ㉮ 컵과 ㉯ 컵 중에 들이가 더 많은 컵은 ㉮ 컵이야.

( )

독해 포인트 들이가 적을수록 더 여러 번 부어야 합니다.

+10 53쪽 수학적 표현력

슬기가 생수병과 주전자의 들이를 비교하려고 합니다. 생수병과 주전자의 들이를 비교하는 방법을 쓰세요.

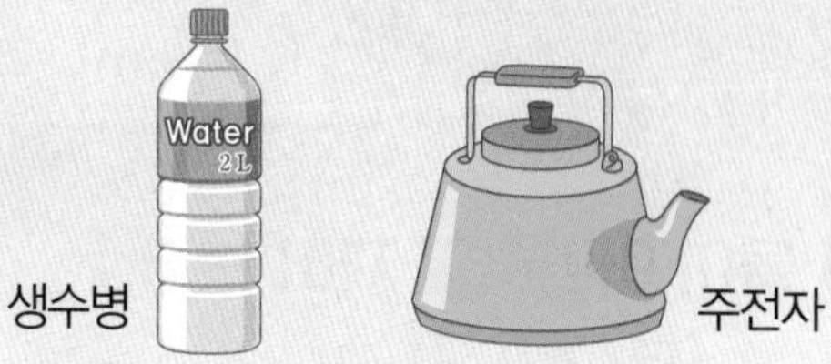

슬기: ______________________

오늘 공부 어땠나요? 10개 중 맞힌 문제 [ ] 개 > **틀린 문제**는 힌트를 보고 다시 도전해 보세요. > **맞힌 문제**는 힌트를 보고 자신의 생각과 비교해 보세요.

27일 들이의 단위 / 들이 어림하고 재어 보기

❶ 들이의 단위

① 1 L, 1 mL 알아보기

- 들이의 단위에는 **리터**와 **밀리리터** 등이 있습니다.
  1 리터는 **1 L**, 1 밀리리터는 **1 mL**라고 씁니다.

1 L 1 mL

- 1 리터는 1000 밀리리터와 같습니다.

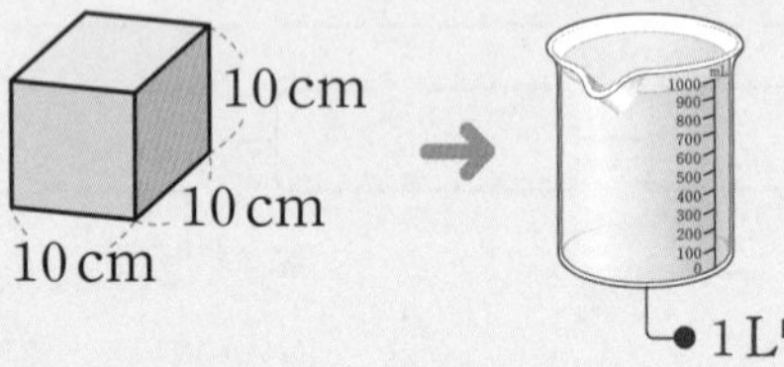

1 L=1000 mL

◐ 들이의 단위가 표시되어 있는 물건 알아보기

L 단위	세제 통, 물통 등
mL 단위	음료수 캔, 요구르트병 등

많은 들이는 L 단위, 적은 들이는 mL 단위를 사용하는 것이 좋습니다.

② 몇 L 몇 mL 알아보기

- 1 L보다 300 mL 더 많은 들이를 **1 L 300 mL**라 쓰고 **1 리터 300 밀리리터**라고 읽습니다.
- 1 L는 1000 mL와 같으므로 1 L 300 mL는 1300 mL입니다.

1 L 300 mL=1300 mL

◐ 몇 L 몇 mL를 몇 mL로 나타내기

1 L 300 mL
=1 L+300 mL
=1000 mL+300 mL
=1300 mL

❷ 들이 어림하고 재어 보기

들이를 어림하여 말할 때에는 **약 □ L** 또는 **약 □ mL**라고 합니다.

예

주전자

주전자에는 200 mL 우유갑으로 약 5번 정도 들어갈 것 같아 약 1 L로 어림하였습니다.

- 어림한 들이: 약 1 L
- 직접 잰 들이: 1 L 200 mL

확인 1 주어진 들이를 쓰고 읽어 보세요.

(1) 1 L

[쓰기]

[읽기] ( )

(2) 2 L 500 mL

[쓰기]

[읽기] ( )

기본기 다지는 교과서 문제

» 정답 · 풀이 34쪽

1 □ 안에 알맞은 단위를 골라 ○표 하세요.

(1)

욕조의 들이는 약 200 □입니다.

L	mL

(2)

음료수 캔의 들이는 약 350 □입니다.

L	mL

2 □ 안에 알맞은 수를 써넣으세요.

(1) 3 L= □ mL

(2) 4000 mL= □ L

(3) 2500 mL= □ L □ mL

(4) 5 L 800 mL= □ mL

3 들이의 단위를 잘못 사용한 것에 ×표 하세요.

밥그릇의 들이는 약 300 mL입니다. (   )

요구르트병의 들이는 약 150 L입니다. (   )

4 〈보기〉에서 물건을 선택하여 문장을 완성하세요.

〈보기〉
종이컵 세제 통

(1) □의 들이는 약 3 L입니다.

(2) □의 들이는 약 100 mL입니다.

개념 따라쓰기

들이의 단위

많은 들이는 L로, 적은 들이는 mL로 나타냅니다.

들이의 단위 사이의 관계

1 L=1000 mL

■ L=■000 mL

■ L ▲00 mL
=■▲00 mL

들이 어림하기

들이를 어림하여 말할 때에는 약 □ L 또는 약 □ mL라고 합니다.

5 단원

1

이해

밑줄 그은 부분의 들이를 읽어 보세요.

영민

우리집 냉장고에는 보리차가 2 L 있어.

(　　　　　　　)

2

54쪽

이해

물이 양이 얼마인지 눈금을 읽고 □ 안에 알맞은 수를 써넣으세요.

(1)

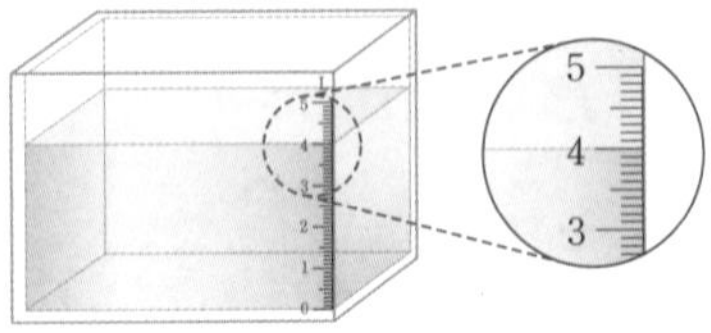

→ □ L

(2)

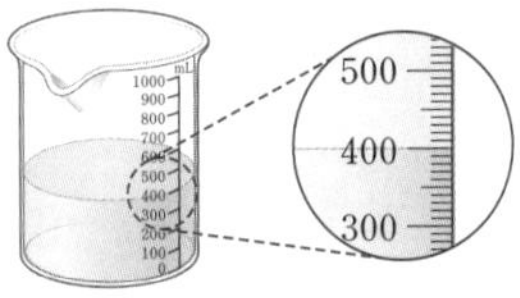

→ □ mL

3

이해

□ 안에 L와 mL 중에서 알맞은 단위를 써넣으세요.

(1) 사과주스 병의 들이는 약 300 □입니다.

(2) 양동이의 들이는 약 3 □입니다.

4

54쪽

적용

물건의 들이를 예상해 보고 〈보기〉에서 찾아 쓰세요.

〈보기〉

약 500 mL　　약 10 mL　　약 100 L

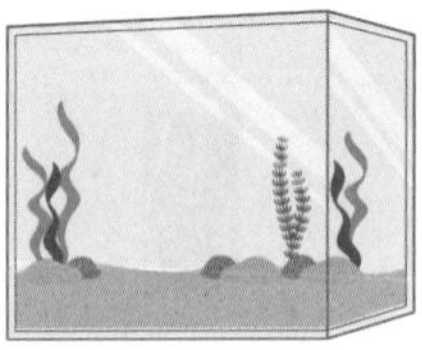

(　　　　)　　(　　　　)

5

54쪽

적용

들이가 같은 것끼리 선으로 이어 보세요.

7400 mL •	• 7 L 4 mL
7040 mL •	• 7 L 400 mL
7004 mL •	• 7 L 40 mL

6

54쪽

추론

냄비에 물을 가득 채운 후 비커에 모두 옮겨 담았습니다. 냄비의 들이는 몇 L 몇 mL일까요?

(　　　　　　　)

7 55쪽 문제 해결

윤하의 물병에는 물이 1 L보다 600 mL 더 많이 들어 있고, 영민이의 물병에는 물이 1550 mL 들어 있습니다. 물병에 들어 있는 물의 양이 더 많은 사람은 누구일까요?

(   )

8 55쪽 창의 융합

세 주스의 양을 나타낸 것입니다. 양이 적은 주스부터 차례로 쓰세요.

감귤 주스	포도 주스	토마토 주스
1 L 50 mL	1200 mL	1 L 450 mL

[   ] — [   ] — [   ]

+9 55쪽 수학적 독해력

물병의 들이를 가장 적절히 어림한 사람은 누구일까요?

슬기: 물병은 1 L 우유갑과 들이가 비슷할 것 같아. 들이는 약 1500 mL야.

서준: 물병에 200 mL 우유갑으로 4번쯤 들어갈 것 같아. 들이는 약 800 mL야.

민호: 물병에 500 mL 우유갑으로 1번, 200 mL 우유갑으로 2번 들어갈 것 같아. 들이는 약 700 mL야.

(   )

독해 포인트 ■mL 우유갑으로 ▲번은 ■mL씩 ▲번 더한 값과 같습니다.

+10 55쪽 수학적 표현력

단위가 바르지 않은 문장을 찾아 기호를 쓰고, 바르게 고치세요.

㉠ 컵의 들이는 약 200 mL입니다.
㉡ 8 L 30 mL는 830 mL입니다.
㉢ 9600 mL는 9 L 600 mL입니다.

[기호] ____________________

[바르게 고치기] ____________________

____

오늘 공부 어땠나요? 10개 중 맞힌 문제 [   ]개 › **틀린 문제**는 힌트를 보고 다시 도전해 보세요. › **맞힌 문제**는 힌트를 보고 자신의 생각과 비교해 보세요.

28일 들이의 덧셈과 뺄셈

1 들이의 덧셈

① 들이의 덧셈

L는 L끼리, mL는 mL끼리 더합니다.

예 1 L 200 mL+1 L 300 mL의 계산

	1 L	200 mL
+	1 L	300 mL
	2 L	500 mL

② 받아올림이 있는 들이의 덧셈

mL끼리의 합이 1000이거나 1000보다 크면 1000 mL를 1 L로 받아올림하여 계산합니다.

예 2 L 700 mL+3 L 800 mL의 계산

	1	
	2 L	700 mL
+	3 L	800 mL
	6 L	500 mL

2 들이의 뺄셈

① 들이의 뺄셈

L는 L끼리, mL는 mL끼리 뺍니다.

예 2 L 500 mL−1 L 400 mL의 계산

	2 L	500 mL
−	1 L	400 mL
	1 L	100 mL

② 받아내림이 있는 들이의 뺄셈

mL끼리 뺄 수 없으면 1 L를 1000 mL로 받아내림하여 계산합니다.

예 4 L 300 mL−2 L 700 mL의 계산

	3	1000
	~~4~~ L	300 mL
−	2 L	700 mL
	1 L	600 mL

확인 1 그림을 보고 □ 안에 알맞은 수를 써넣으세요.

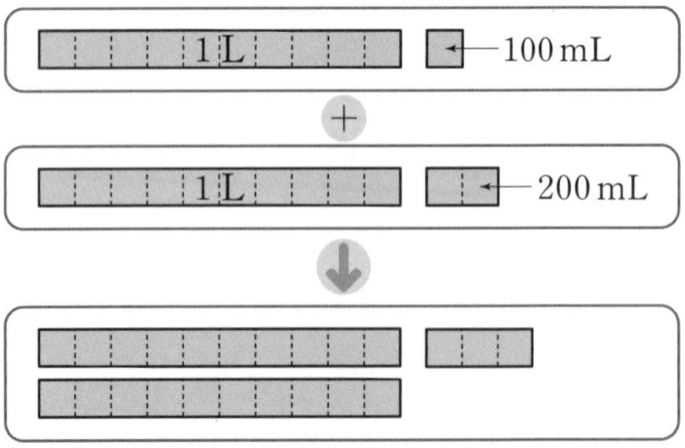

	1	L	100	mL
+	1	L	200	mL
	□	L	□	mL

확인 2 그림을 보고 □ 안에 알맞은 수를 써넣으세요.

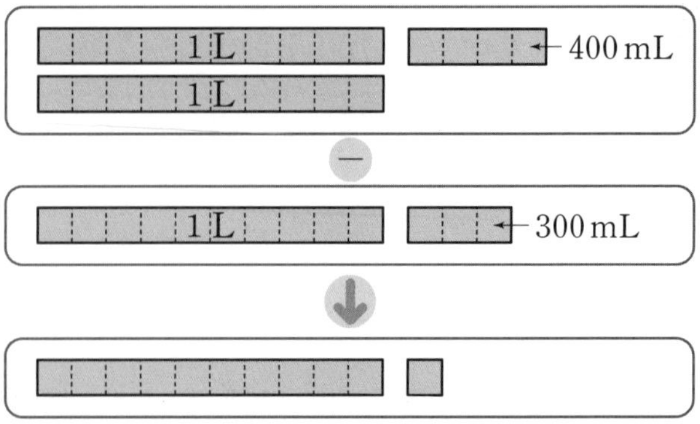

	2	L	400	mL
−	1	L	300	mL
	□	L	□	mL

기본기 다지는 교과서 문제

» 정답 · 풀이 35쪽

1 □ 안에 알맞은 수를 써넣으세요.

(1)

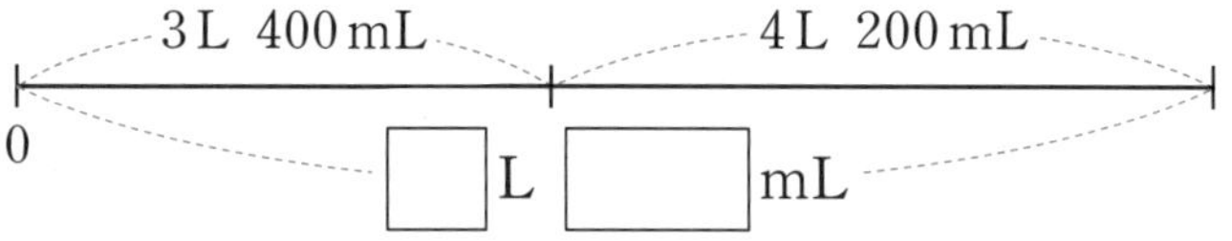

3 L 400 mL + 4 L 200 mL = □ L □ mL

(2)

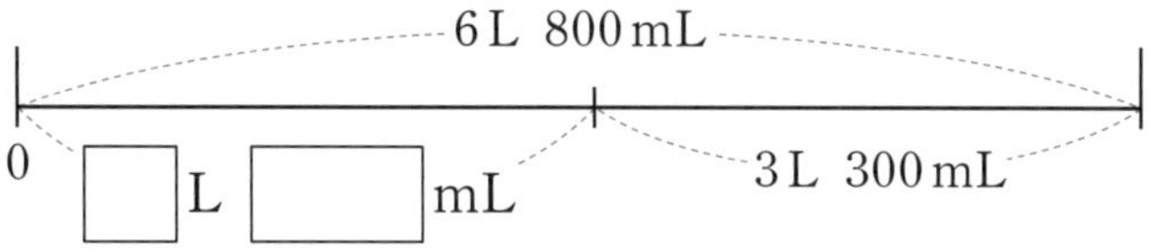

6 L 800 mL − 3 L 300 mL = □ L □ mL

2 □ 안에 알맞은 수를 써넣으세요.

(1)

	□			
	2	L	600	mL
+	2	L	500	mL
	□	L	□	mL

(2)

	□		□	
	~~5~~	L	100	mL
−	1	L	900	mL
	□	L	□	mL

3 두 물통의 들이의 합과 차는 몇 L 몇 mL인지 구해 보세요.

2 L 600 mL　　1 L 200 mL

합 (　　　　　　　　)
차 (　　　　　　　　)

개념 따라쓰기

들이의 덧셈

	1		
	5	L	600 mL
+	2	L	700 mL
	8	L	300 mL

1+5+2=8　　600+700=1300

들이의 덧셈은 L는 L끼리, mL는 mL끼리 더합니다. 이때 mL끼리의 합이 1000이거나 1000보다 크면 1000 mL를 1 L로 받아올림하여 계산합니다.

들이의 뺄셈

	4		1000
	~~5~~	L	600 mL
−	3	L	700 mL
	1	L	900 mL

5−1−3=1　　1000+600−700 =900

들이의 뺄셈은 L는 L끼리, mL는 mL끼리 뺍니다. 이때 mL끼리 뺄 수 없으면 1 L를 1000 mL로 받아내림하여 계산합니다.

5 단원

1
계산

계산해 보세요.

(1)
$$\begin{array}{rrr} & 2\text{ L} & 300\text{ mL} \\ + & 4\text{ L} & 300\text{ mL} \\ \hline \end{array}$$

(2)
$$\begin{array}{rrr} & 9\text{ L} & 700\text{ mL} \\ - & 8\text{ L} & 100\text{ mL} \\ \hline \end{array}$$

2
56쪽 계산

□ 안에 알맞은 수를 써넣으세요.

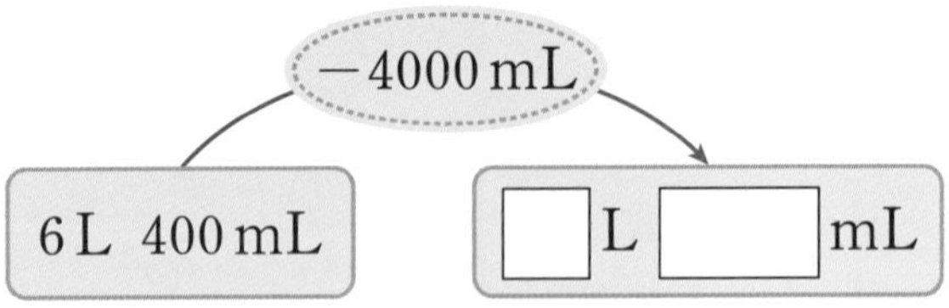

3
56쪽 이해

계산이 잘못된 곳을 찾아 바르게 계산해 보세요.

$$\begin{array}{rrr} & 1\text{ L} & 400\text{ mL} \\ + & 1\text{ L} & 900\text{ mL} \\ \hline & 2\text{ L} & 300\text{ mL} \end{array} \rightarrow \begin{array}{rrr} & 1\text{ L} & 400\text{ mL} \\ + & 1\text{ L} & 900\text{ mL} \\ \hline \end{array}$$

4
문제 해결

들이가 3 L 500 mL인 수조에 2 L 200 mL만큼 물이 들어 있습니다. 물을 몇 L 몇 mL 더 부어야 수조를 가득 채울 수 있을까요?

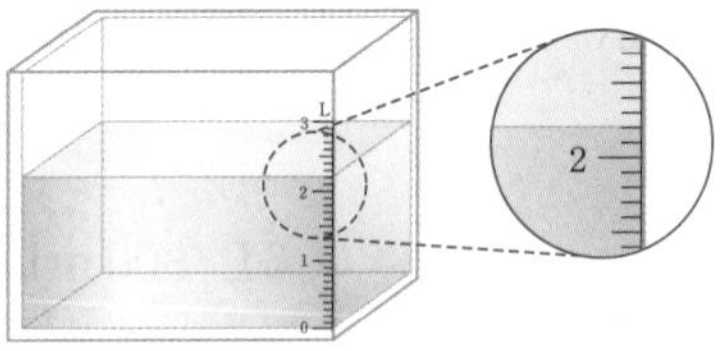

(　　　　　　)

5
56쪽 적용

가장 많은 들이와 가장 적은 들이의 차는 몇 L 몇 mL일까요?

1 L 700 mL　5 L 500 mL　4 L 200 mL

(　　　　　　)

6
56쪽 문제 해결

빨간색 페인트 5300 mL와 흰색 페인트 1 L 600 mL를 섞어서 분홍색 페인트를 만들었습니다. 분홍색 페인트는 몇 L 몇 mL일까요?

(　　　　　　)

7 57쪽

추론

□ 안에 알맞은 수를 써넣으세요.

$$\begin{array}{rrrl} & \square\ \mathrm{L} & 300 & \mathrm{mL} \\ + & 2\ \mathrm{L} & \square & \mathrm{mL} \\ \hline & 9\ \mathrm{L} & 100 & \mathrm{mL} \end{array}$$

8 57쪽

창의 융합

식당에서 사용한 식용유와 간장의 양은 모두 몇 L 몇 mL일까요?

	식용유	간장
사용하기 전의 양	8 L 900 mL	10 L 100 mL
사용하고 남은 양	7 L 850 mL	6 L 200 mL

(　　　　　　　　)

+9 57쪽

수학적 독해력

슬기네 가족은 우유를 어제는 4 L 450 mL 마셨고, 오늘은 어제보다 1 L 600 mL 더 많이 마셨습니다. 슬기네 가족이 어제와 오늘 마신 우유는 모두 몇 L 몇 mL일까요?

(　　　　　　　　)

독해 포인트 오늘은 어제보다 '더 많이' 마셨으므로 덧셈을 이용합니다.

+10 57쪽

수학적 표현력

㉮ 그릇과 ㉯ 그릇을 사용하여 수조에 물 5L를 담는 방법을 쓰고, 그렇게 생각한 이유를 쓰세요.

㉮ 그릇	㉯ 그릇
7 L 500 mL	2 L 500 mL

[방법] ____________________

[이유] ____________________

오늘 공부 어땠나요?

10개 중 맞힌 문제 □ 개

틀린 문제는 힌트를 보고 다시 도전해 보세요.

맞힌 문제는 힌트를 보고 자신의 생각과 비교해 보세요.

공부한 날 (월) (일)

29일 무게 비교하기

① 무게 비교하기

예 감과 사과의 무게 비교하기

방법 1 양손에 직접 들고 비교하기

감과 사과를 양손에 각각 들었을 때, 감보다 사과를 들고 있는 손에 힘이 더 많이 들므로 사과가 감보다 더 무겁습니다.

● 힘이 더 많이 드는 쪽의 무게가 더 무겁습니다.

방법 2 저울을 이용하여 비교하기

저울을 이용하여 무게를 비교할 때 먼저 저울의 눈금 0에 맞추고 물건을 올려놓아야 합니다.

아래로 내려간 쪽의 무게가 더 무겁습니다.

→ 사과가 감보다 더 무겁습니다.

방법 3 저울과 추를 사용하여 비교하기

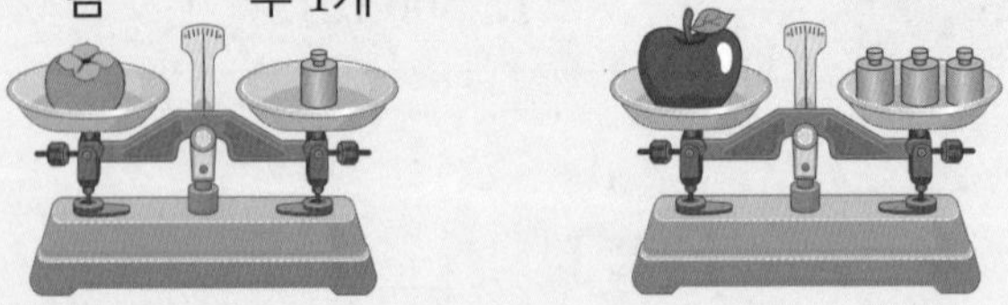

추의 수가 더 많은 쪽의 무게가 더 무겁습니다.

→ 사과가 감보다 추 $3-1=2$(개)만큼 더 무겁습니다.

확인 1 그림을 보고 □ 안에 알맞은 말을 써넣으세요.

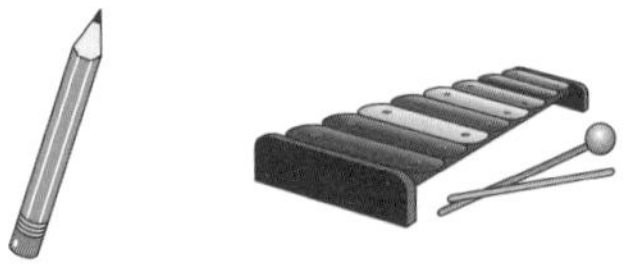

[ ]이 [ ]보다 더 가볍습니다.

확인 2 저울을 보고 □ 안에 알맞은 말을 써넣으세요.

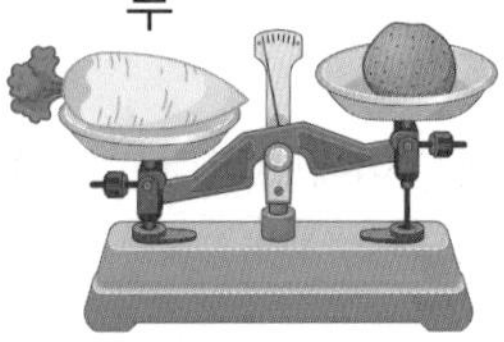

[ ]가 아래로 내려갔으므로 [ ]가 [ ]보다 더 무겁습니다.

» 정답 · 풀이 36쪽

1 무게가 가장 가벼운 것을 찾아 ○표 하세요.

( ) ( ) ( )

2 무게가 더 무거운 것을 찾아 쓰세요.

(1) 복숭아 멜론

( )

(2) 야구공 탁구공

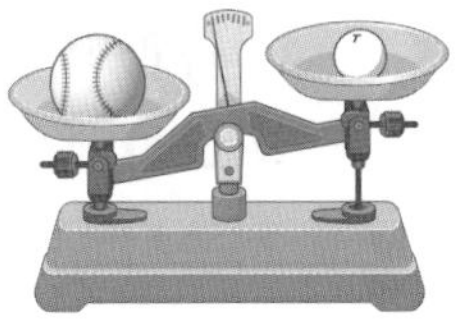

( )

3 저울과 100원짜리 동전을 사용하여 물건의 무게를 비교하였습니다. □ 안에 알맞은 수나 말을 써넣으세요.

필통 100원짜리 동전 10개

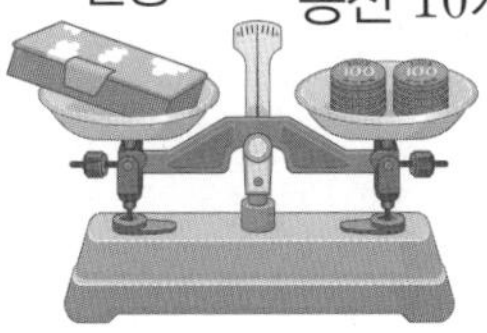

지우개 100원짜리 동전 5개

(1) 필통은 100원짜리 동전 □개의 무게와 같습니다.

지우개는 100원짜리 동전 □개의 무게와 같습니다.

(2) □이/가 □보다 100원짜리 동전 □개 만큼 더 무겁습니다.

개념 따라쓰기

양손으로 직접 들어 무게 비교하기

직접 들어 보았을 때 힘이 더 많이 드는 쪽의 무게가 더 무겁습니다.

저울을 이용하여 무게 비교하기

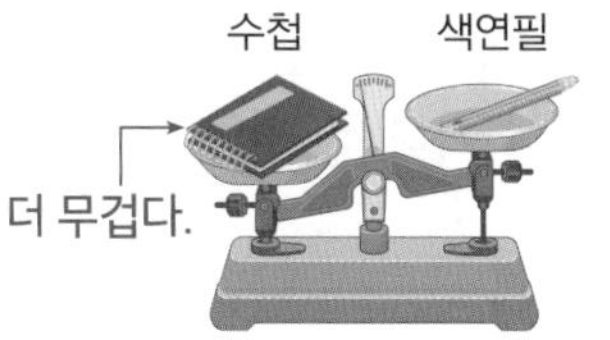

아래로 내려간 쪽의 무게가 더 무겁습니다.

저울과 바둑돌을 사용하여 무게 비교하기

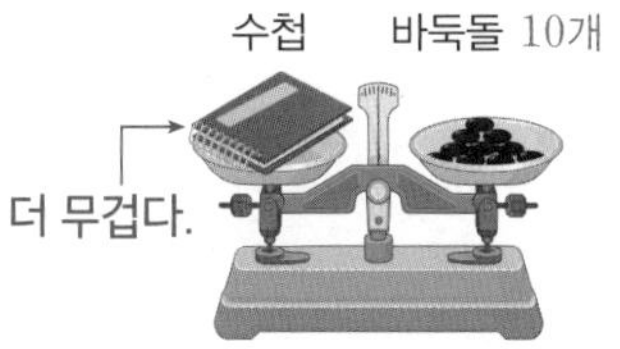

바둑돌의 수가 더 많은 쪽의 무게가 더 무겁습니다.

1 이해

더 무거운 것에 ○표 하세요.

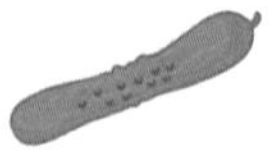

호박 　　　 오이

(　　　　) (　　　　)

2 58쪽 이해

무게가 더 가벼운 것에 ○표 하세요.

(　　　　) 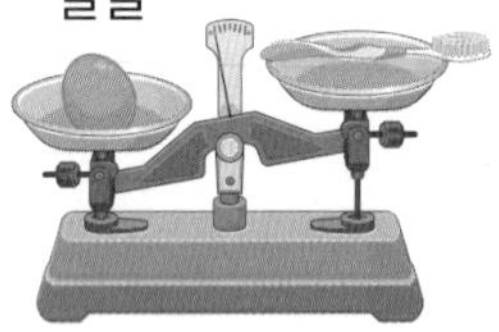

(　　　　)

3 58쪽 적용

저울의 양쪽에 시계와 안경을 각각 올려놓고 무게를 재었습니다. 무게를 바르게 비교한 것을 찾아 기호를 쓰세요.

㉠ 아래로 내려간 시계가 더 무겁습니다.
㉡ 위로 올라간 안경이 더 무겁습니다.

(　　　　)

4 이해

무게가 가벼운 것부터 순서대로 1, 2, 3을 쓰세요.

의자	풍선	수학책
(　　　　)	(　　　　)	(　　　　)

5 58쪽 적용

저울과 바둑돌을 사용하여 숟가락과 포크의 무게를 비교하였습니다. 어느 것이 바둑돌 몇 개만큼 더 무거운지 구하세요.

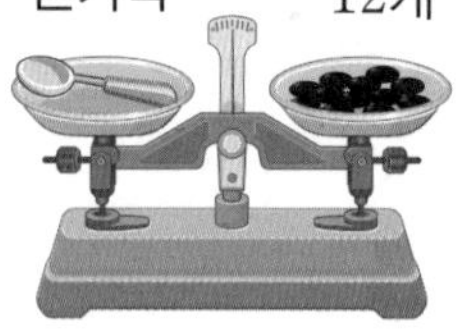

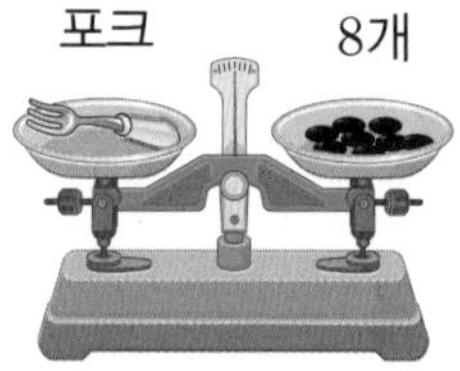

➜ □이/가 바둑돌 □개만큼 더 무겁습니다.

6 58쪽 추론

참외 1개와 귤 2개의 무게가 같습니다. 참외와 귤 중 1개의 무게가 더 무거운 것은 어느 것일까요?

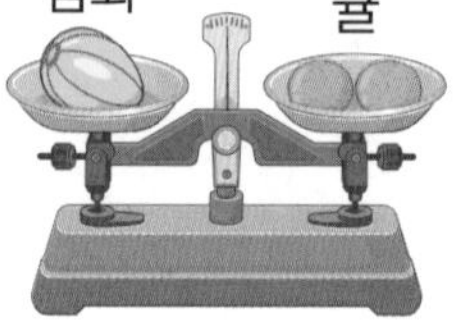

(　　　　)

» 정답 · 풀이 36쪽

7 59쪽 문제 해결

저울과 100원짜리 동전을 사용하여 물건의 무게를 비교하였습니다. 가장 무거운 것은 무엇일까요?

물건	컵	밥그릇	접시
100원짜리 동전의 수(개)	20	21	19

( )

8 59쪽 추론

저울로 비누, 빗, 치약의 무게를 비교하였습니다. 무거운 것부터 차례로 쓰세요.

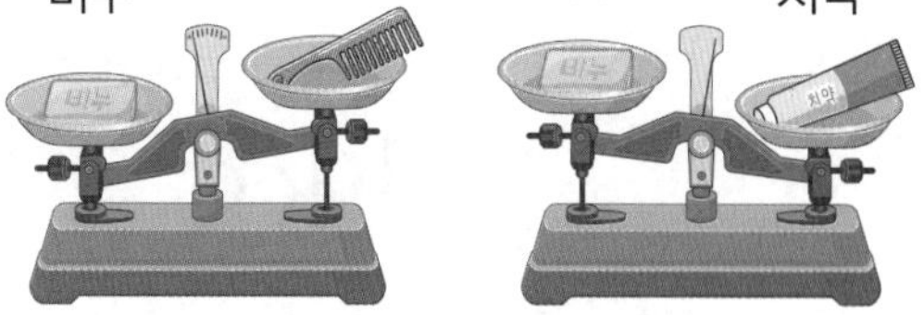

☐ - ☐ - ☐

+9 59쪽 수학적 독해력

저울과 공깃돌을 사용하여 풀, 연필, 자의 무게를 재었습니다. 풀은 공깃돌 8개의 무게와 같고, 연필은 공깃돌 2개, 자는 공깃돌 4개의 무게와 같았습니다. 가장 무거운 물건의 무게는 가장 가벼운 물건의 무게의 몇 배일까요?

( )

독해 포인트 공깃돌의 수가 많을수록 더 무거운 물건입니다.

+10 59쪽 수학적 표현력

서연이는 가지와 바나나의 무게를 다음과 같이 비교하였습니다. 서연이가 무게를 바르게 비교했는지 '예', '아니요'로 답하고, 그렇게 생각한 이유를 쓰세요.

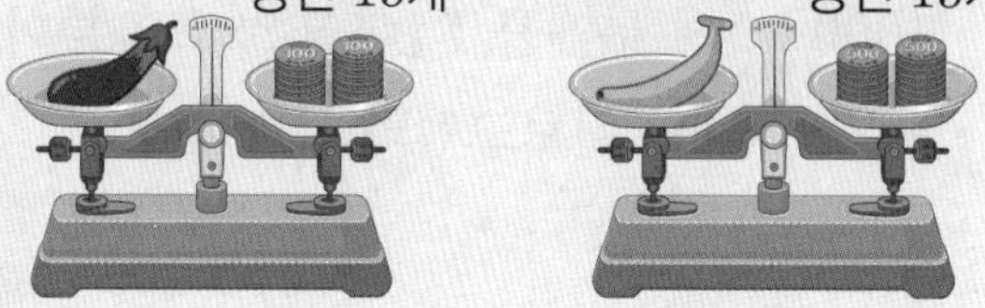

서연: 가지 1개와 바나나 1개의 무게는 같아. 가지와 바나나의 무게가 각각 동전 15개의 무게와 같기 때문이야.

답 (예, 아니요)

이유 동전의 수는 같지만 ______________________

____

오늘 공부 어땠나요? 10개 중 맞힌 문제 ☐ 개 〉 틀린 문제는 힌트를 보고 다시 도전해 보세요. 〉 맞힌 문제는 힌트를 보고 자신의 생각과 비교해 보세요.

30일 무게의 단위 / 무게 어림하고 재어 보기

① 무게의 단위

① 1 kg, 1 g 알아보기

- 무게의 단위에는 **킬로그램**과 **그램** 등이 있습니다.
 1 킬로그램은 **1 kg**, 1 그램은 **1 g**이라고 씁니다.

1kg 1g

- 1 킬로그램은 1000그램과 같습니다.

1 kg=1000 g

② 몇 kg 몇 g 알아보기

- 1 kg보다 600 g 더 무거운 무게를 **1 kg 600 g**이라 쓰고 **1 킬로그램 600 그램**이라고 읽습니다.
- 1 kg은 1000 g과 같으므로 1 kg 600 g은 1600 g입니다.

1 kg 600 g=1600 g

③ 1 kg보다 큰 무게의 단위 알아보기

- 1000 kg의 무게를 **1 t**이라 쓰고 **1 톤**이라고 읽습니다.
- 1 톤은 1000 킬로그램과 같습니다.

1t

1 t=1000 kg

무게의 단위가 표시되어 있는 물건 알아보기

g 단위	연필, 과자 봉지 등
kg 단위	수박, 세탁기 등
t 단위	트럭, 여객선 등

가벼운 무게를 잴 때에는 g 단위로 표시된 저울을 사용하고, 무거운 무게를 잴 때에는 kg 단위로 표시된 저울을 사용합니다.

몇 kg 몇 g을 몇 g으로 나타내기

1 kg 600 g
=1 kg+600 g
=1000 g+600 g
=1600 g

② 무게 어림하고 재어 보기

무게를 어림하여 말할 때에는 **약 □ kg** 또는 **약 □ g**이라고 합니다.

예

책가방은 1 kg이 2개 정도 되는 무게와 같을 것 같습니다.

책가방
- 어림한 무게: 약 2 kg
- 직접 잰 무게: 2 kg 300 g

어림한 무게와
실제 무게의 차이가 작을수록
더 적절히 어림한 거야.

확인 1 주어진 무게를 쓰고 읽어 보세요.

(1) 3 kg

쓰기

읽기 (   )

(2) 1 kg 700 g

쓰기

읽기 (   )

기본기 다지는 교과서 문제

» 정답 · 풀이 37쪽

1 □ 안에 알맞은 단위를 골라 ○표 하세요.

(1)

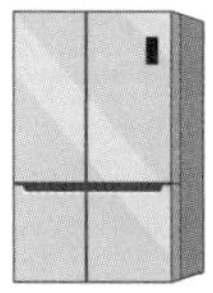

냉장고의 무게는 약 100 □입니다.		
g	kg	t

(2)

연필의 무게는 약 5 □입니다.		
g	kg	t

(3)

트럭의 무게는 약 1 □입니다.		
g	kg	t

2 □ 안에 알맞은 수를 써넣으세요.

(1) 2 kg= □ g

(2) 3000 g= □ kg

(3) 1900 g= □ kg □ g

(4) 5 kg 420 g= □ g

3 〈보기〉에서 물건을 선택하여 문장을 완성하세요.

〈보기〉
옷핀　　책상

(1) □의 무게는 약 7 kg입니다.

(2) □의 무게는 약 4 g입니다.

개념 따라쓰기

무게의 단위

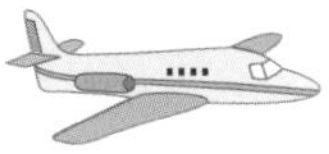

6 g　　10 kg　　200 t

가벼운 무게는 g, 무거운 무게는 kg, kg보다 더 무거운 무게는 t으로 나타냅니다.

무게의 단위 사이의 관계

1 kg=1000 g

■ kg=■000 g

■ kg ▲00 g
=■▲00 g

무게 어림하기

무게를 어림하여 말할 때에는 약 □ kg 또는 약 □ g이라고 합니다.

5 단원

1
이해

무게의 단위로 kg을 사용하기에 알맞은 것을 찾아 ○표 하세요.

가위

세탁기

과자

(　　　　) (　　　　) (　　　　)

2
60쪽
이해

저울의 눈금을 읽고 □ 안에 알맞은 수를 써넣으세요.

(1)

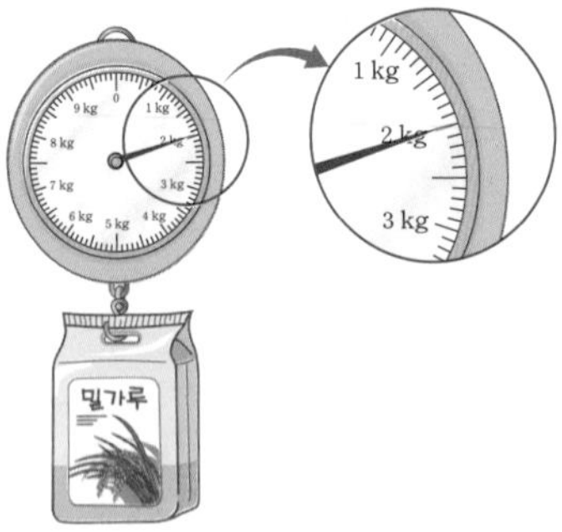

→ □ kg

(2)

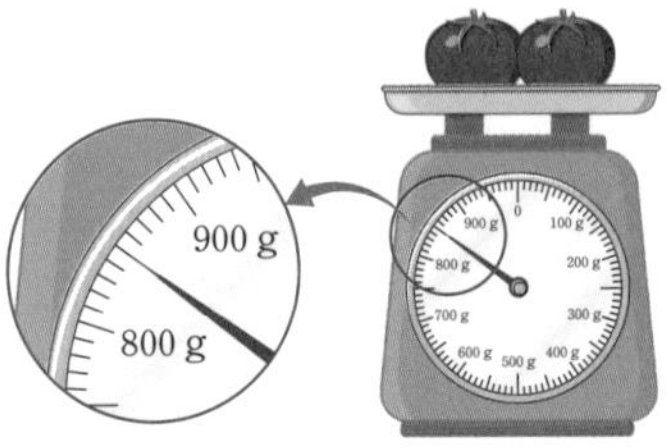

→ □ g

3
60쪽
이해

□ 안에 kg과 g 중에서 알맞은 단위를 써넣으세요.

(1) 테니스공의 무게는 약 57 □입니다.

(2) 쌀 한 포대의 무게는 약 10 □입니다.

4
적용

무게가 1 t보다 무거운 것을 모두 찾아 기호를 쓰세요.

㉠ 휴대 전화 1개	㉡ 배 1척
㉢ 버스 1대	㉣ 밥솥 1개

(　　　　)

5
60쪽
적용

저울의 눈금을 읽고 배추의 무게는 몇 kg 몇 g인지 구하세요.

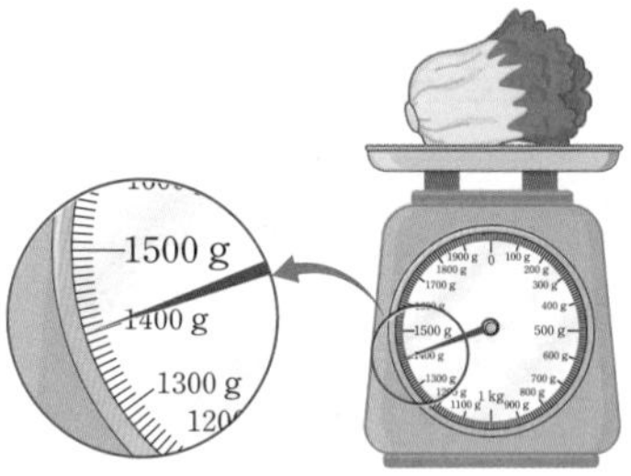

(　　　　)

6
60쪽
문제 해결

사과가 들어 있는 상자의 무게는 5 kg입니다. 이 상자에 사과를 600 g 더 넣으면 상자의 무게는 몇 g이 될까요?

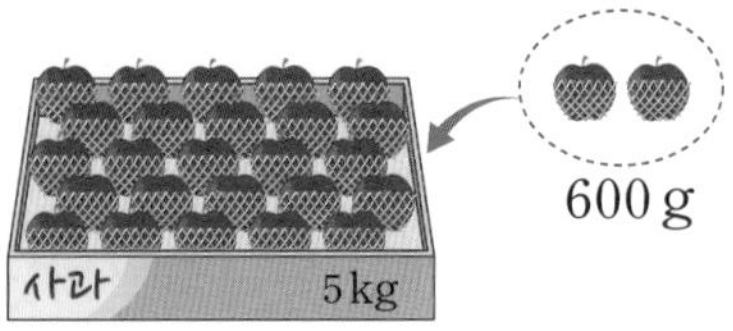

(　　　　)

조금 더 **어려운 문제**에 도전해 볼까요?

7 61쪽 추론

1 t은 종욱이의 몸무게의 약 몇 배쯤 될까요?

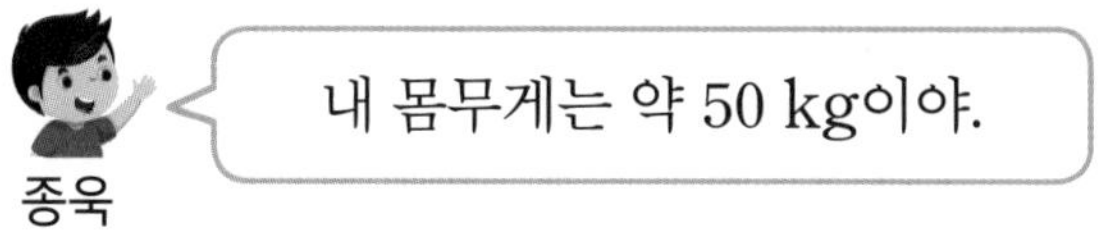

(　　　　　　　　)

8 61쪽 창의 융합

무게가 5 t인 트럭에 200 kg인 짐 5개를 실었습니다. 짐을 실은 트럭의 무게는 몇 t일까요?

(　　　　　　　　)

+9 61쪽 수학적 독해력

슬기네 농장에서 오늘 딴 사과의 무게는 6 kg 305 g, 배의 무게는 6050 g이고, 감의 무게는 6 kg보다 250 g 더 무겁습니다. 사과, 배, 감을 무게가 무거운 것부터 차례로 쓰세요.

□ — □ — □

독해 포인트 단위를 '몇 kg 몇 g'으로 통일하여 무게를 비교합니다.

+10 61쪽 수학적 표현력

단위가 바르지 않은 문장을 찾아 기호를 쓰고, 바르게 고치세요.

㉠ 수학책의 무게는 약 500 g입니다.
㉡ 9002 g은 9 kg 2 g입니다.
㉢ 7000 g은 7 t입니다.

기호 ____________________

바르게 고치기 ____________________

____

오늘 공부 어땠나요? 10개 중 맞힌 문제 □ 개 > 틀린 문제는 힌트를 보고 다시 도전해 보세요. > 맞힌 문제는 힌트를 보고 자신의 생각과 비교해 보세요.

31일 무게의 덧셈과 뺄셈

❶ 무게의 덧셈

① 무게의 덧셈

kg은 kg끼리, g은 g끼리 더합니다.

예 1 kg 400 g+1 kg 200 g의 계산

	1 kg	400 g
+	1 kg	200 g
	2 kg	600 g

② 받아올림이 있는 무게의 덧셈

g끼리의 합이 1000이거나 1000보다 크면 1000 g을 1 kg으로 받아올림하여 계산합니다.

예 2 kg 800 g+4 kg 300 g의 계산

	1	
	2 kg	800 g
+	4 kg	300 g
	7 kg	100 g

❷ 무게의 뺄셈

① 무게의 뺄셈

kg은 kg끼리, g은 g끼리 뺍니다.

예 2 kg 300 g−1 kg 100 g의 계산

	2 kg	300 g
−	1 kg	100 g
	1 kg	200 g

② 받아내림이 있는 무게의 뺄셈

g끼리 뺄 수 없으면 1 kg을 1000 g으로 받아내림하여 계산합니다.

예 6 kg 200 g−3 kg 500 g의 계산

	5	1000
	~~6~~ kg	200 g
−	3 kg	500 g
	2 kg	700 g

확인 1 그림을 보고 □ 안에 알맞은 수를 써넣으세요.

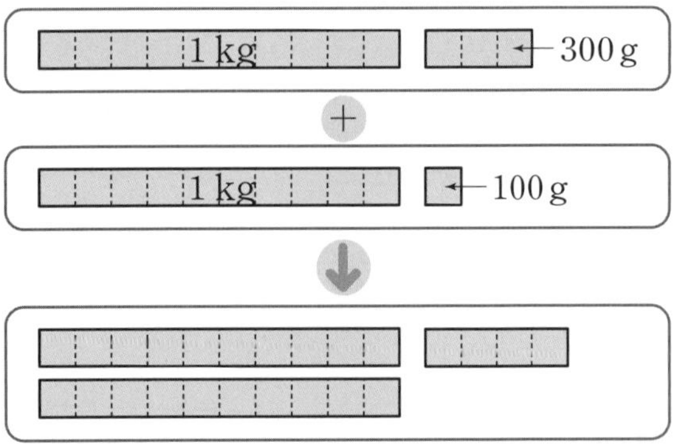

	1 kg	300 g
+	1 kg	100 g
	□ kg	□ g

확인 2 그림을 보고 □ 안에 알맞은 수를 써넣으세요.

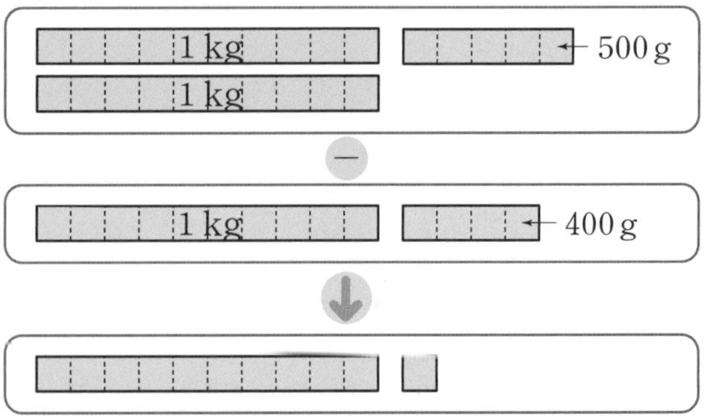

	2 kg	500 g
−	1 kg	400 g
	□ kg	□ g

» 정답 · 풀이 38쪽

1 □ 안에 알맞은 수를 써넣으세요.

(1)

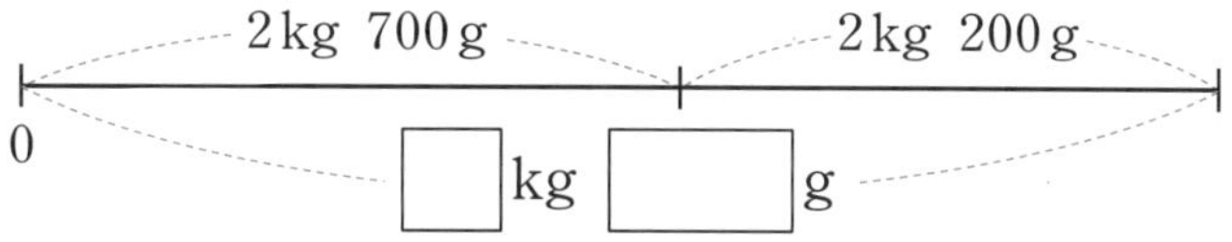

2 kg 700 g+2 kg 200 g=□ kg □ g

(2)

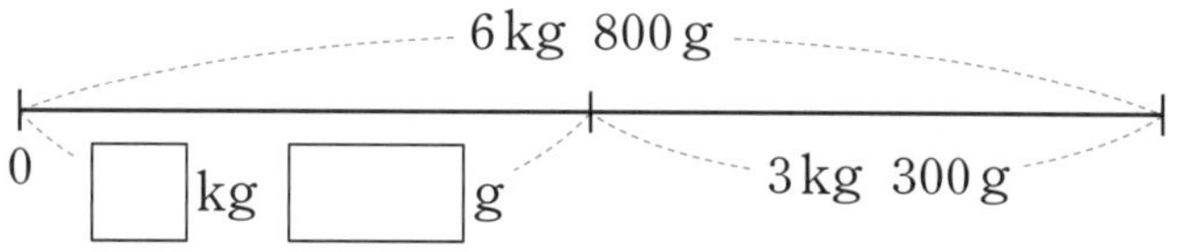

6 kg 800 g−3 kg 300 g=□ kg □ g

2 □ 안에 알맞은 수를 써넣으세요.

(1)

	□			
	3	kg	400	g
+	1	kg	900	g
	□	kg	□	g

(2)

	□		□	
	~~4~~	kg	200	g
−	2	kg	800	g
	□	kg	□	g

3 수박과 멜론의 무게의 합과 차는 몇 kg 몇 g인지 구하세요.

6 kg 700 g

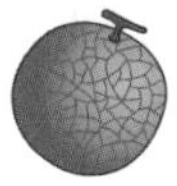

1 kg 100 g

합 (   )

차 (   )

개념 따라쓰기

무게의 덧셈

	1	
	2 kg	500 g
+	2 kg	600 g
	5 kg	100 g

1+2+2=5 　 500+600=1100

무게의 덧셈은 kg은 kg끼리, g은 g끼리 더합니다. 이때 g끼리의 합이 1000이거나 1000보다 크면 1000 g을 1 kg으로 받아올림하여 계산합니다.

무게의 뺄셈

	6	1000
	~~7~~ kg	400 g
−	3 kg	600 g
	3 kg	800 g

7−1−3=3 　 1000+400−600=800

무게의 뺄셈은 kg은 kg끼리, g은 g끼리 뺍니다. 이때 g끼리 뺄 수 없으면 1 kg을 1000 g으로 받아내림하여 계산합니다.

1

계산

계산해 보세요.

(1) $\begin{array}{r} 1\text{ kg }\ 600\text{ g} \\ +\ 3\text{ kg }\ 200\text{ g} \\ \hline \end{array}$

(2) $\begin{array}{r} 5\text{ kg }\ 500\text{ g} \\ -\ 2\text{ kg }\ 300\text{ g} \\ \hline \end{array}$

2

62쪽

적용

□ 안에 알맞은 수를 써넣으세요.

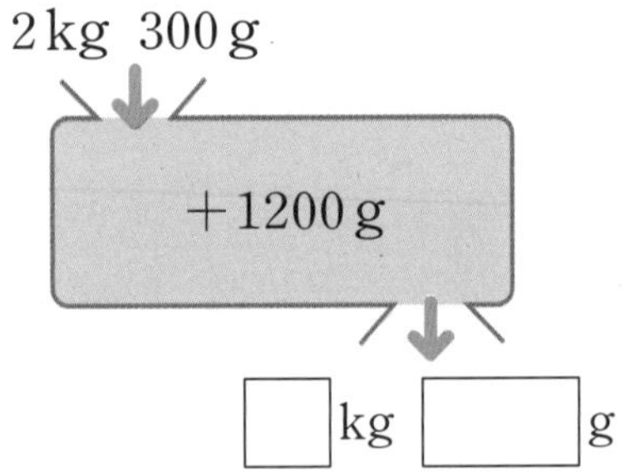

3

62쪽

이해

계산이 잘못된 곳을 찾아 바르게 계산해 보세요.

$\begin{array}{r} 7\text{ kg }\ 400\text{ g} \\ -\ 3\text{ kg }\ 800\text{ g} \\ \hline 4\text{ kg }\ 600\text{ g} \end{array}$ ➜ $\begin{array}{r} 7\text{ kg }\ 400\text{ g} \\ -\ 3\text{ kg }\ 800\text{ g} \\ \hline \end{array}$

4

적용

쌀이 4 kg 400 g, 콩이 3 kg 700 g 있습니다. 쌀과 콩은 모두 몇 kg 몇 g일까요?

(　　　　　　)

5

62쪽

문제 해결

지혜가 책가방을 메고 저울에 올라가면 무게가 36 kg 700 g이고, 책가방을 메지 않고 저울에 올라가면 무게가 35 kg 300 g입니다. 책가방의 무게는 몇 kg 몇 g일까요?

36 kg 700 g　　35 kg 300 g

(　　　　　　)

6

62쪽

추론

□ 안에 알맞은 수는 얼마일까요?

9 kg 100 g−□ g=4 kg 300 g

(　　　　　　)

조금 더 **어려운 문제**에 도전해 볼까요?

7 63쪽 추론

□ 안에 알맞은 수를 써넣으세요.

	5	kg	□	g
−	□	kg	600	g
	1	kg	900	g

8 63쪽 창의 융합

토마토 4개와 양파 3개의 무게는 모두 몇 kg 몇 g일까요?

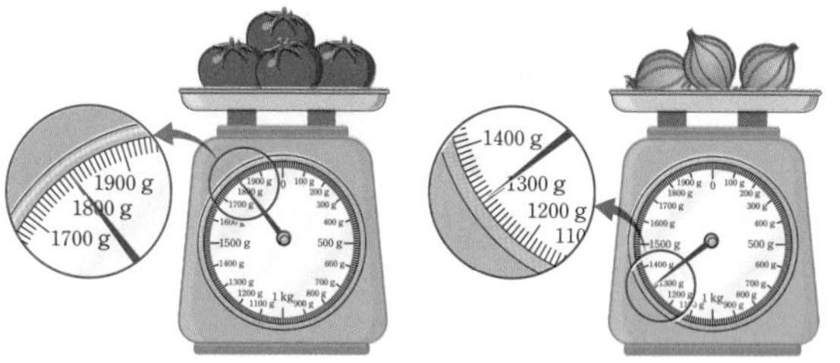

(   )

+9 63쪽 수학적 독해력

민호, 주하, 서준이가 갯벌에서 조개를 캤습니다. 민호가 캔 조개의 무게는 4 kg 500 g이고, 주하는 민호보다 조개를 300 g 더 적게 캤습니다. 서준이는 주하보다 조개를 1 kg 400 g 더 많이 캤다면 서준이가 캔 조개는 몇 kg 몇 g일까요?

(   )

독해 포인트 '더 적게'는 뺄셈, '더 많이'는 덧셈을 이용합니다.

+10 63쪽 수학적 표현력

다음은 수현이가 장바구니에 담은 물건의 무게입니다. 수현이가 담은 물건의 무게를 이용하여 무게의 덧셈 문제를 만들고, 답을 구하세요.

물건	무게
감자	2 kg 500 g
고구마	3 kg 400 g
옥수수	1 kg 200 g

[문제] ________________________

[답] ________________________

오늘 공부 어땠나요? 10개 중 맞힌 문제 □ 개 > 틀린 문제는 힌트를 보고 다시 도전해 보세요. > 맞힌 문제는 힌트를 보고 자신의 생각과 비교해 보세요.

5 단원

01 우유갑에 물을 가득 채운 후 물병에 옮겨 담았더니 그림과 같이 물이 채워졌습니다. 들이가 더 많은 것은 어느 것일까요?

(　　　　　　)

02 양동이와 수조에 물을 가득 채운 후 모양과 크기가 같은 작은 컵에 옮겨 담았더니 그림과 같았습니다. □ 안에 알맞은 수나 말을 써넣으세요.

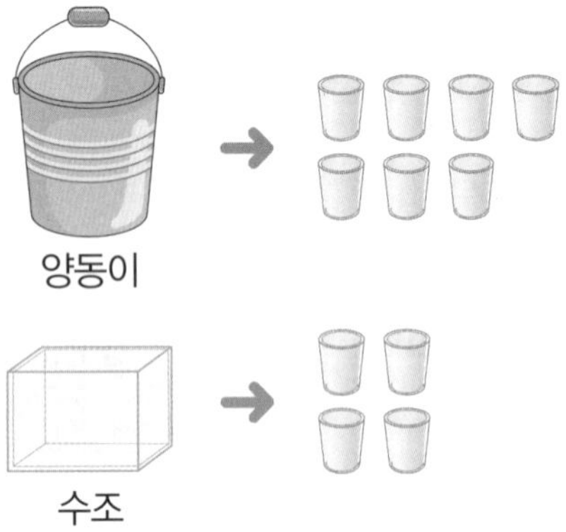

→ □가 컵 □개만큼 물이 더 들어갑니다.

03 저울의 눈금을 읽고 □ 안에 알맞은 수를 써넣으세요.

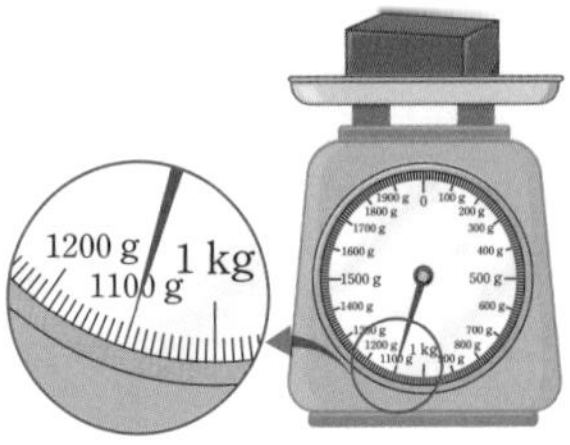

□ g = □ kg □ g

04 저울과 100원짜리 동전을 사용하여 지우개와 풀의 무게를 비교하였습니다. 어느 것이 100원짜리 동전 몇 개만큼 더 무거운지 구하세요.

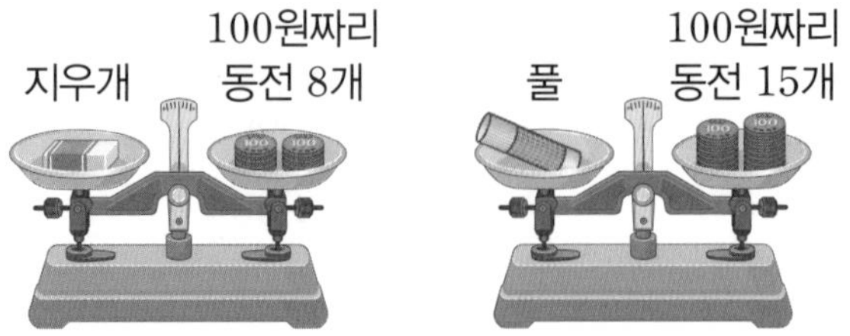

(　　　　　　), (　　　　　　)

05 들이의 단위를 바르게 사용한 문장을 찾아 기호를 쓰세요.

㉠ 주전자의 들이는 약 2 mL입니다.
㉡ 주사기의 들이는 약 10 L입니다.
㉢ 생수병의 들이는 약 500 mL입니다.

(　　　　　　)

06 들이가 많은 것부터 차례로 1, 2, 3을 써넣으세요.

5020 mL	(　　　)
5 L 100 mL	(　　　)
5006 mL	(　　　)

07 저울로 피망, 포도, 참외의 무게를 비교하였습니다. 가벼운 것부터 차례로 쓰세요.

[ ]—[ ]—[ ]

08 슬기네 마을에서 수확한 채소의 무게입니다. 수확한 채소의 무게는 모두 몇 t일까요?

채소	무	배추	마늘
무게	1100 kg	1500 kg	1400 kg

(　　　　　　)

09 가장 무거운 무게와 가장 가벼운 무게의 합과 차는 각각 몇 kg 몇 g인지 구하세요.

5 kg 300 g　2500 g　7 kg 200 g

합 (　　　　　　)
차 (　　　　　　)

서술형

10 수조에 뜨거운 물 3 L 700 mL와 찬물 1 L 800 mL를 넣어 섞은 후 2 L 300 mL를 사용했습니다. 수조에 남은 물은 몇 L 몇 mL인지 풀이 과정을 쓰고, 답을 구하세요.

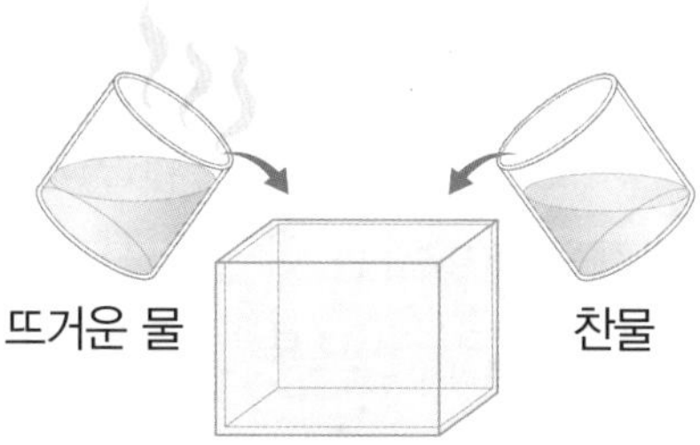

풀이 ______

답 ______

5 단원

32일 표를 보고 내용 알아보기

① 조사한 자료를 표로 나타내기

예 주하네 반 학생들이 좋아하는 과일을 조사하여 표로 나타내기

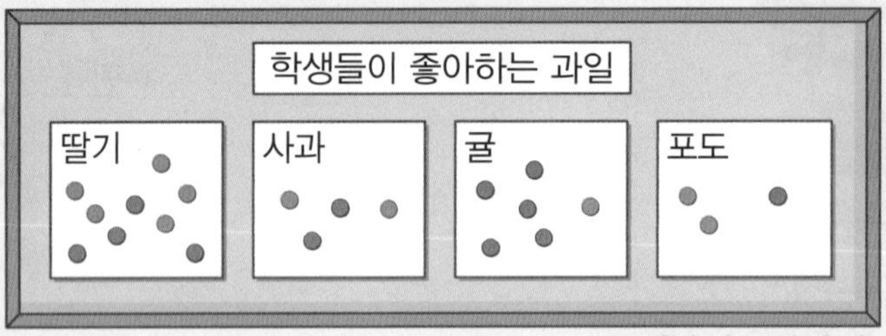

● 여학생 ● 남학생

↓

학생들이 좋아하는 과일

과일	딸기	사과	귤	포도	합계
학생 수(명)	9	4	6	3	22

조사한 자료를 표로 나타내는 방법
① 조사한 자료를 종류별로 분류합니다.
② 분류한 항목에 해당하는 수를 세어 표로 나타냅니다.

합계는 항목별 수를 모두 더하여 구할 수 있습니다.
예 $9+4+6+3=22$(명)

② 표를 보고 내용 알아보기

- 사과를 좋아하는 학생은 4명입니다.
- 가장 많은 학생이 좋아하는 과일은 딸기입니다.
- 딸기를 좋아하는 학생은 사과를 좋아하는 학생보다 5명 더 많습니다. ($9-4=5$(명))
- 조사한 학생은 모두 22명입니다.

표에서 알 수 있는 내용
- 각 항목별 조사한 수
- 조사한 수의 합계
- 수가 가장 많은 항목
- 수가 가장 적은 항목

개념+ 여학생과 남학생으로 나누어 표로 나타내고 내용 알아보기

남녀 학생들이 좋아하는 과일

과일	딸기	사과	귤	포도	합계
여학생 수(명)	5	2	1	2	10
남학생 수(명)	4	2	5	1	12

- 가장 많은 여학생이 좋아하는 과일은 딸기입니다.
- 가장 많은 남학생이 좋아하는 과일은 귤입니다.

» 정답 · 풀이 40쪽

1 슬기네 반 학생들이 좋아하는 계절을 조사하였습니다. 자료를 보고 표로 나타내세요.

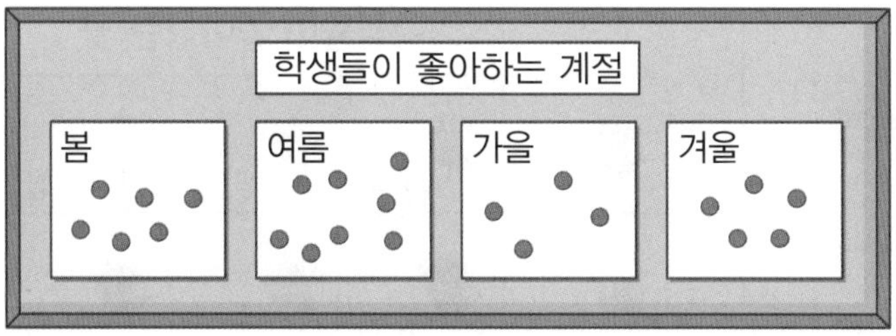

학생들이 좋아하는 계절

계절	봄	여름	가을	겨울	합계
학생 수(명)	6				

2 로운이네 반 학생들이 좋아하는 운동을 조사하여 나타낸 표입니다. 물음에 답하세요.

학생들이 좋아하는 운동

운동	축구	수영	피구	달리기	합계
학생 수(명)	5	4	8	7	24

(1) 수영을 좋아하는 학생은 몇 명입니까?

( )

(2) 피구를 좋아하는 학생은 축구를 좋아하는 학생보다 몇 명 더 많습니까?

( )

(3) 조사한 학생은 모두 몇 명입니까?

( )

개념 따라쓰기

조사한 자료를 표로 나타내기

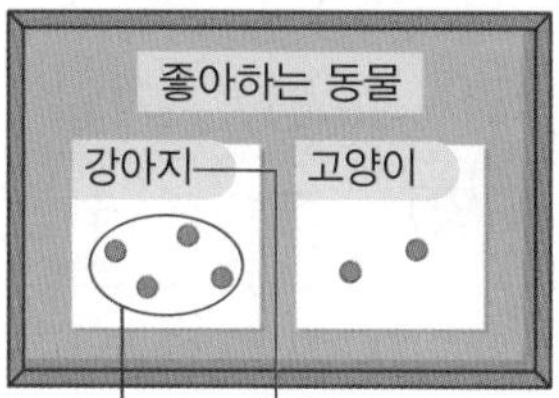

좋아하는 동물

동물	강아지	고양이	합계
학생 수(명)	4	2	6

조사한 자료를 종류별로 분류한 후, 분류한 항목에 해당하는 수를 세어 표로 나타냅니다.

표의 내용 알아보기

좋아하는 과목

과목	수학	국어	체육	합계
학생 수(명)	7	4	8	19

가장 많은 학생이 좋아하는 과목 / 자료의 합계

조사한 자료를 표로 나타내면 각 항목별 수와 자료의 합계를 알아보기 쉽습니다.

6 단원

스스로 풀어내는 도전 10 문제

[1~3] 지혜네 반 학생들이 좋아하는 간식을 조사하여 나타낸 표입니다. 물음에 답하세요.

학생들이 좋아하는 간식

간식	빵	과일	떡	과자	합계
학생 수(명)	5	6	3	10	

1

이해

가장 적은 학생이 좋아하는 간식은 무엇입니까?

( )

2 64쪽

이해

과자를 좋아하는 학생은 과일을 좋아하는 학생보다 몇 명 더 많습니까?

( )

3 64쪽

이해

지혜네 반 학생은 모두 몇 명입니끼?

( )

[4~6] 종욱이네 반 학생들이 좋아하는 꽃을 조사하였습니다. 물음에 답하세요.

학생들이 좋아하는 꽃

장미	수국	백합	튤립	장미
수국	장미	수국	장미	수국
튤립	백합	튤립	수국	장미
튤립	장미	장미	수국	백합

4 64쪽

적용

좋아하는 꽃을 4가지 종류로 분류하여 표로 나타내세요.

학생들이 좋아하는 꽃

꽃	장미	수국	백합	튤립	합계
학생 수(명)					

5 64쪽

적용

4의 표에서 알 수 없는 것의 기호를 쓰세요.

㉠ 가장 많은 학생이 좋아하는 꽃
㉡ 종욱이가 좋아하는 꽃
㉢ 조사한 학생의 수

( )

6

적용

4의 표를 보고 좋아하는 학생이 많은 꽃부터 순서대로 쓰세요.

☐ — ☐ — ☐ — ☐

» 정답 · 풀이 40쪽

조금 더 어려운 문제에 도전해 볼까요?

[7~8] 민호네 농장에서 기르는 동물을 조사하여 나타낸 표입니다. 물음에 답하세요.

농장에서 기르는 동물 수

동물	돼지	닭	염소	오리	합계
동물 수(마리)		14	11	10	50

7 65쪽 추론

민호네 농장에서 기르는 돼지는 몇 마리입니까?

(　　　　　　)

8 65쪽 적용

민호네 농장에서 가장 많이 기르는 동물은 가장 적게 기르는 동물보다 몇 마리 더 많습니까?

(　　　　　　)

+9 65쪽 수학적 독해력

수현이네 학교 3학년 학생들이 현장 체험 학습으로 가고 싶어 하는 장소를 조사하여 표로 나타내었습니다. 미술관에 가고 싶어 하는 학생은 몇 명입니까?

현장 체험 학습으로 가고 싶어 하는 장소

장소	박물관	미술관	고궁	과학관	합계
여학생 수(명)	12	15	18	9	54
남학생 수(명)	13	12	8	20	53

(　　　　　　)

독해 포인트 미술관에 가고 싶어 하는 학생 수는 미술관에 가고 싶어 하는 여학생과 남학생 수의 합입니다.

+10 65쪽 수학적 표현력

9의 표에서 수현이네 학교 3학년 학생들이 현장 체험 학습을 어디로 가면 좋을지 고르고, 그 이유를 쓰세요.

[답] ______________________

[이유] ______________________

____

____

6 단원

오늘 공부 어땠나요? 10개 중 맞힌 문제 [　] 개 > 틀린 문제는 힌트를 보고 다시 도전해 보세요. > 맞힌 문제는 힌트를 보고 자신의 생각과 비교해 보세요.

33일 그림그래프 알아보기

❶ 그림그래프 알아보기

알려고 하는 수(조사한 수)를 그림으로 나타낸 그래프를 **그림그래프**라고 합니다.

예 3학년 반별 학생 수

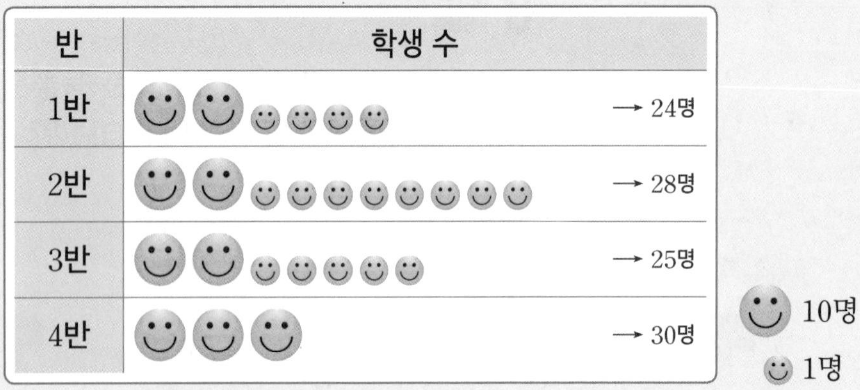

그림그래프에서 조사한 수 비교하기

① 큰 그림의 수가 많을수록 조사한 수가 큽니다.

② 큰 그림의 수가 같으면 작은 그림의 수가 많을수록 조사한 수가 큽니다.

- 그림 [그림]은 10명, [그림]은 1명을 나타냅니다.
- 학생 수가 가장 많은 반은 4반입니다.
- 학생 수가 가장 적은 반은 1반입니다.

그림그래프에서 그림의 크기에 따라 나타내는 값이 달라.

❷ 그림그래프의 특징

① 자료의 특징에 알맞은 그림으로 나타내어 어떤 자료에 대한 내용인지 알기 쉽습니다.

② 항목별 크기를 비교하기 쉽습니다.

확인 1 윤하네 반 학생들이 도서관에서 빌려 온 책의 수를 그림그래프로 나타내었습니다. 물음에 답하세요.

월별 빌려 온 책의 수

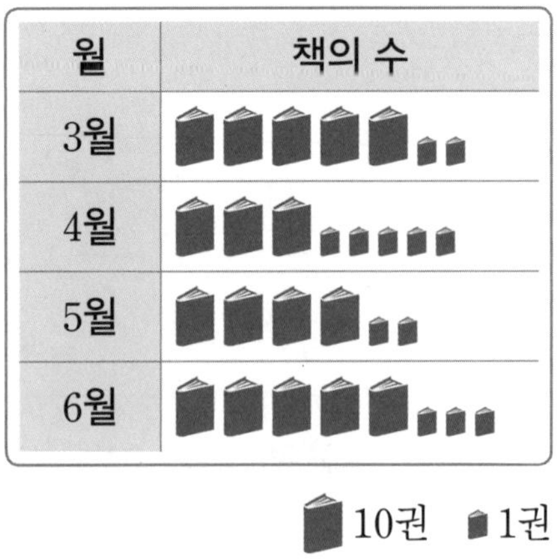

(1) 그림 [그림]과 [그림]은 각각 몇 권을 나타냅니까?

[그림]: □권, [그림]: □권

(2) 월별로 빌려 온 책의 수를 각각 쓰세요.

3월: 52권, 4월: □권, 5월: □권, 6월: □권

(3) 가장 많은 책을 빌려 온 달은 몇 월입니까?

(　　　　　　)

» 정답 · 풀이 41쪽

기본기 다지는 교과서 문제

[1~3] 가게별로 하루 동안 팔린 아이스크림의 수를 그림그래프로 나타내었습니다. 물음에 답하세요.

가게별 팔린 아이스크림의 수

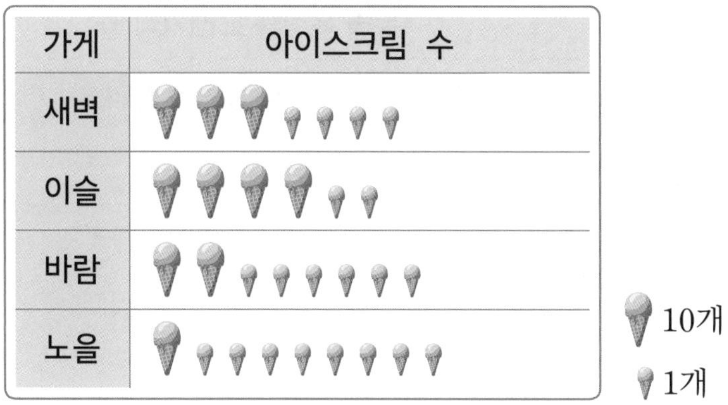

1 그림 과 은 각각 몇 개를 나타냅니까?

: (　　　　　　　)

: (　　　　　　　)

2 노을 가게에서 하루 동안 팔린 아이스크림은 몇 개입니까?

(　　　　　　　)

3 하루 동안 아이스크림을 가장 많이 판 가게는 어디이고, 몇 개를 팔았습니까?

(　　　　　　　), (　　　　　　　)

개념 따라쓰기

그림그래프 알아보기

좋아하는 꽃별 학생 수

꽃	장미	튤립	합계
학생 수(명)	20	12	32

수로 나타냄.

좋아하는 꽃별 학생 수

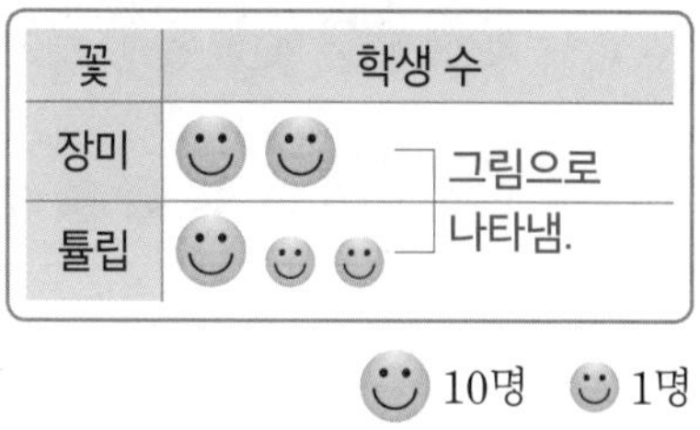

그림그래프는 조사한 수를 그림으로 나타낸 그래프입니다.

항목별 수량 비교하기

좋아하는 꽃별 학생 수

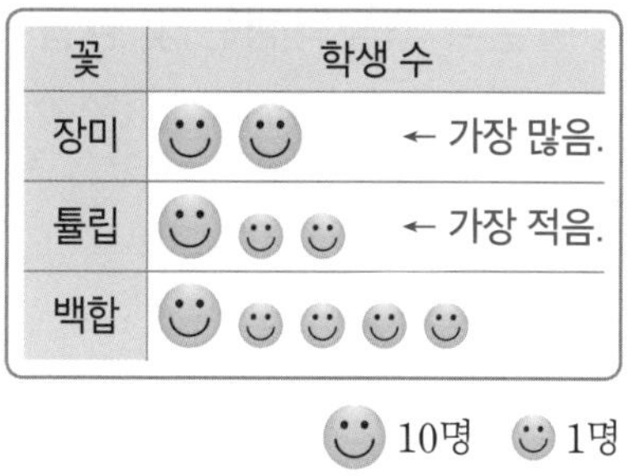

조사한 항목별 수량의 많고 적음은 큰 그림의 수를 비교한 후 큰 그림의 수가 같으면 작은 그림의 수를 비교합니다.

6 단원

스스로 풀어내는 도전 10 문제

막힐 때 힌트북

[1~3] 어느 지역의 마을별 초등학생 수를 그림그래프로 나타내었습니다. 물음에 답하세요.

마을별 초등학생 수

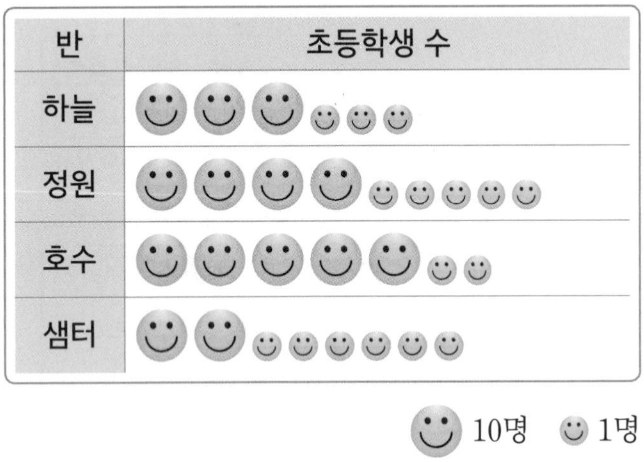

1 66쪽 이해

그림 (큰 그림)과 (작은 그림)은 각각 몇 명을 나타냅니까?

(큰 그림): (　　　　　　　　)

(작은 그림): (　　　　　　　　)

2 66쪽 이해

하늘 마을의 초등학생은 몇 명입니까?

(　　　　　　　　)

3 적용

초등학생 수가 가장 많은 마을은 어느 마을입니까?

(　　　　　　　　)

[4~6] 영민이네 아파트에서 하루 동안 배출한 음식물 쓰레기의 양을 그림그래프로 나타내었습니다. 물음에 답하세요.

동별 음식물 쓰레기의 양

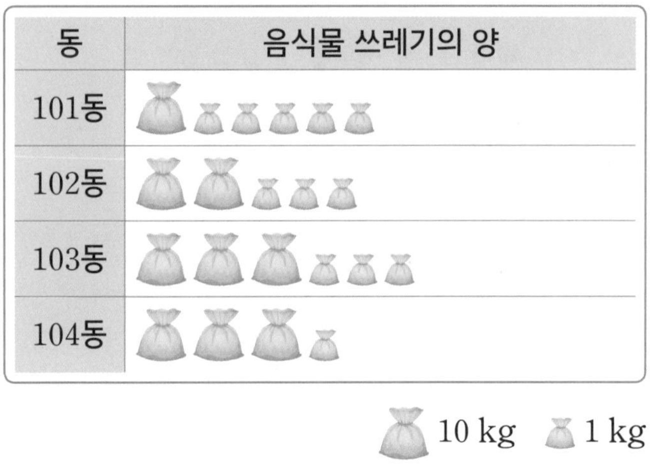

4 66쪽 이해

음식물 쓰레기를 가장 적게 배출한 동은 몇 동이고, 몇 kg입니까?

(　　　　　　　　), (　　　　　　　　)

5 66쪽 이해

103동과 104동 중에서 음식물 쓰레기를 더 많이 배출한 동은 몇 동입니까?

(　　　　　　　　)

6 적용

음식물 쓰레기의 배출량이 많은 동부터 순서대로 쓰세요.

[　　] — [　　] — [　　] — [　　]

» 정답 · 풀이 41쪽

[7~8] 어느 마을의 농장에서 키우고 있는 돼지의 수를 그림그래프로 나타내었습니다. 물음에 답하세요.

농장별 키우는 돼지의 수

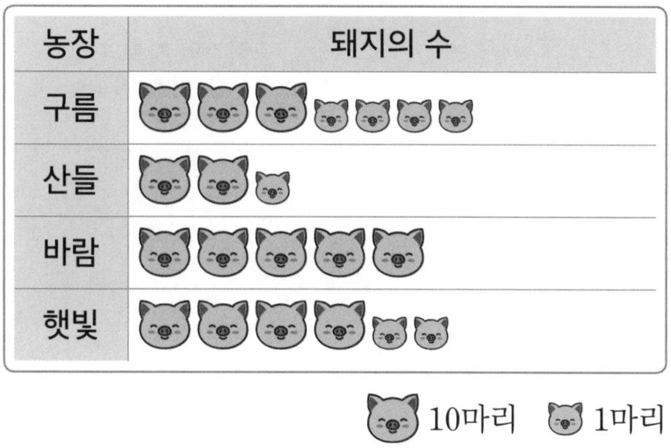

7 67쪽

적용

키우는 돼지가 가장 많은 농장과 가장 적은 농장의 돼지 수의 차는 몇 마리입니까?

(　　　　　　　)

8 67쪽

문제 해결

키우는 돼지의 수가 산들 농장의 2배인 농장은 어느 농장입니까?

(　　　　　　　)

6단원

+9 67쪽

수학적 독해력

어느 햄버거 가게에서 일주일 동안 팔린 햄버거의 수를 그림그래프로 나타내었습니다. 치즈버거와 불고기버거는 몇 개 차이인가요?

종류별 일주일 동안 팔린 햄버거의 수

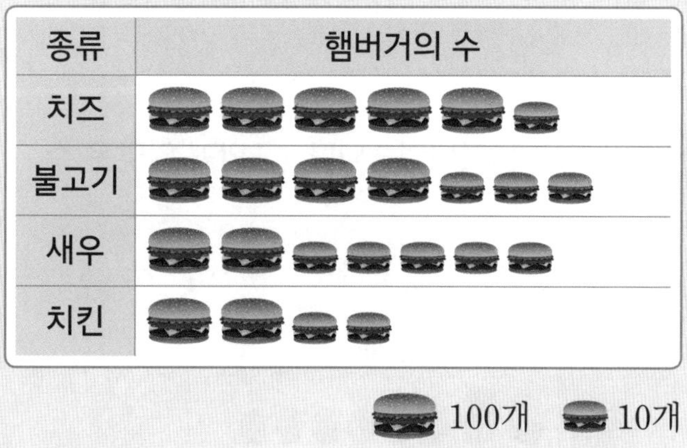

(　　　　　　　)

독해 포인트 '차이'는 뺄셈식을 만들어 구합니다.

+10 67쪽

수학적 표현력

9의 그림그래프에서 내가 햄버거 가게 주인이라면 다음 주에는 어떤 햄버거를 더 많이 준비하면 좋을지 쓰고, 이유를 설명하세요.

[답] ______________________

[이유] ______________________

____

오늘 공부 어땠나요?

10개 중 맞힌 문제 [　　] 개

틀린 문제는 힌트를 보고 다시 도전해 보세요.

맞힌 문제는 힌트를 보고 자신의 생각과 비교해 보세요.

34일 그림그래프로 나타내기

❶ 그림그래프로 나타내는 방법

① 그림을 몇 가지로 나타낼지 정합니다.
② 어떤 그림으로 나타낼지 정합니다.
③ 조사한 수에 맞도록 그림을 그립니다.
④ 그림그래프에 알맞은 제목을 붙입니다.

예 배우고 싶은 악기별 학생 수

악기	피아노	기타	바이올린	드럼	합계
학생 수(명)	45	31	24	16	116

① 그림의 가짓수 정하기: 10명, 1명(2가지)

배우고 싶은 악기별 학생 수 ④ 제목 쓰기

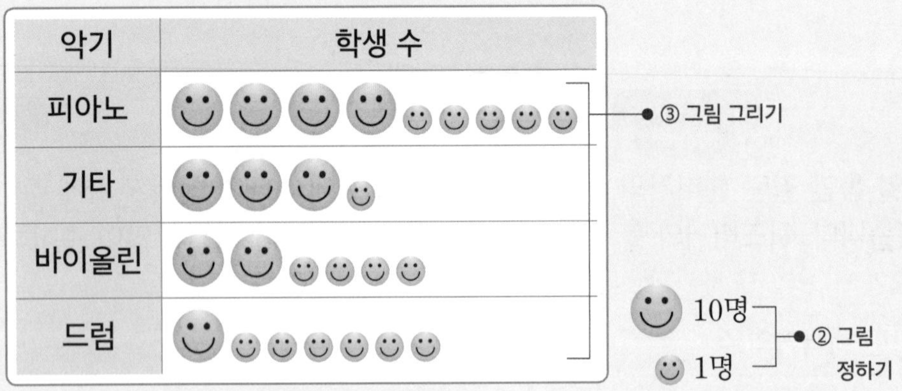

◐ 표와 그림그래프의 특징

표	각 항목별 조사한 수와 조사한 수의 합계를 바로 알 수 있습니다.
그림그래프	각각의 자료의 크기를 쉽게 비교할 수 있습니다.

◐ 그림그래프의 단위를 다르게 하여 10명, 5명, 1명으로 나타낼 수도 있습니다.

배우고 싶은 악기별 학생 수

확인 1 농장별로 하루 동안 판매한 달걀의 양을 조사하여 표로 나타내었습니다. □ 안에 알맞은 수를 써넣고, 그림그래프를 완성하세요.

농장별 달걀 판매량

농장	가	나	다	라	합계
달걀 수(판)	26	18	34	23	101

농장별 달걀 판매량

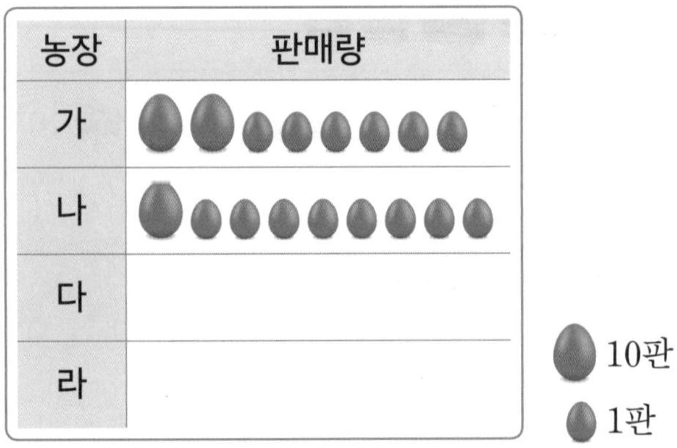

표를 보고 그림그래프로 나타낼 때 단위를 □판과 □판인 2가지로 나타내는 것이 좋습니다.

기본기 다지는 교과서 문제

» 정답 · 풀이 42쪽

[1~3] 과수원별 사과 생산량을 나타내었습니다. 물음에 답하세요.

과수원별 사과 생산량

과수원	가	나	다	라	합계
생산량(상자)	54	61	46	52	213

1 표를 보고 그림그래프로 나타낼 때 단위를 몇 가지로 나타내는 것이 좋을까요?

(　　　　　　　　)

2 표를 보고 그림그래프를 완성하세요.

과수원별 사과 생산량

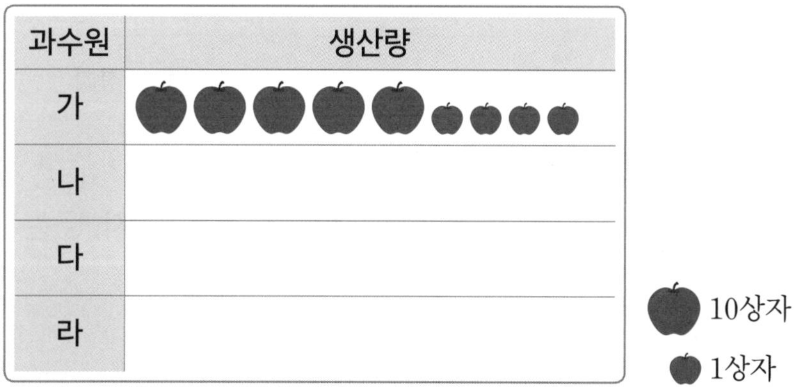

3 사과 생산량이 가장 많은 과수원은 어디입니까?

(　　　　　　　　)

개념 따라쓰기

그림그래프로 나타내는 방법

그림을 몇 가지로 나타낼지 정하기

↓

어떤 그림으로 나타낼지 정하기

↓

조사한 수에 맞도록 그림 그리기

↓

알맞은 제목 붙이기

6 단원

스스로 풀어내는 도전 10 문제

[1~3] 마트에 있는 우유의 수를 종류별로 조사하여 표로 나타내었습니다. 물음에 답하세요.

종류별 우유 수

종류	흰 우유	딸기 우유	초코 우유	바나나 우유	합계
우유 수(개)	43	24	32	17	116

1 68쪽 이해

표를 보고 그림그래프로 나타낼 때 과 은 각각 몇 개를 나타내는 것이 좋겠습니까?

: (　　　　　　　)

: (　　　　　　　)

2 68쪽 이해

표를 보고 그림그래프를 완성하세요.

종류별 우유 수

종류	우유 수
흰 우유	
딸기우유	
초코우유	
바나나우유	

 10개  1개

3

가장 적게 있는 우유는 어떤 우유입니까?

(　　　　　　　)

[4~6] 농장별 감자 생산량을 조사하여 표로 나타내었습니다. 물음에 답하세요.

농장별 감자 생산량

농장	가	나	다	라	합계
생산량(상자)	38	46	27	53	164

4 68쪽 이해

표를 보고 그림그래프로 나타내세요.

농장별 감자 생산량

농장	생산량
가	
나	
다	
라	

◎ 10상자 ○ 1상자

5 68쪽 이해

표를 보고 ◎는 10상자, △는 5상자, ○는 1상자로 하여 그림그래프로 나타내세요.

농장별 감자 생산량

농장	생산량
가	
나	
다	
라	

◎ [　　]상자 △ [　　]상자 ○ [　　]상자

6

감자 생산량이 나 농장보다 적은 농장을 모두 쓰세요.

(　　　　　　　)

» 정답 · 풀이 42쪽

[7~8] 육상 대회에 참가한 학생 수를 종목별로 조사하여 표로 나타내었습니다. 물음에 답하세요.

육상 종목별 학생 수

종목	달리기	높이뛰기	멀리뛰기	마라톤	합계
학생 수(명)	46	21		35	120

7 69쪽 추론

멀리뛰기에 참가한 학생은 몇 명입니까?

(　　　　　　)

8 69쪽 문제 해결

표를 보고 그림그래프로 나타내세요.

육상 종목별 학생 수

종목	학생 수
달리기	
높이뛰기	
멀리뛰기	
마라톤	

◎ 10명 ○ 1명

+9 69쪽 수학적 독해력

서연이네 학교 3학년 학생들이 반별로 모은 헌 종이의 무게를 조사하여 그림그래프로 나타내었습니다. 서연이네 학교 3학년 학생들이 모은 헌 종이의 무게가 모두 58 kg일 때 그림그래프를 완성하세요.

반별 모은 헌 종이의 무게

반	헌 종이의 무게
1반	◎◎○○○
2반	◎○○○○○○
3반	

◎ 10 kg ○ 1 kg

독해 포인트 3학년 학생들이 모은 헌 종이의 무게는 1반, 2반, 3반이 모은 헌 종이의 무게의 합입니다.

+10 69쪽 수학적 표현력

9의 그림그래프에서 1반은 3반보다 헌 종이를 몇 kg 더 많이 모았는지 풀이 과정을 쓰고, 답을 구하세요.

[풀이] 1반이 모은 헌 종이의 무게는 23 kg이고, 3반이 모은 헌 종이의 무게는 ______________________

____

____

[답] ______________________

오늘 공부 어땠나요?

10개 중 맞힌 문제 [　] 개

틀린 문제는 힌트를 보고 다시 도전해 보세요.

맞힌 문제는 힌트를 보고 자신의 생각과 비교해 보세요.

35일 자료를 조사하여 그림그래프로 나타내기

① 자료를 조사하여 그림그래프로 나타내는 방법

① 무엇을 조사할지 정합니다. → 학생들이 좋아하는 음식

② 어떤 방법으로 조사할지 정합니다. → 좋아하는 음식에 붙임딱지 붙이기

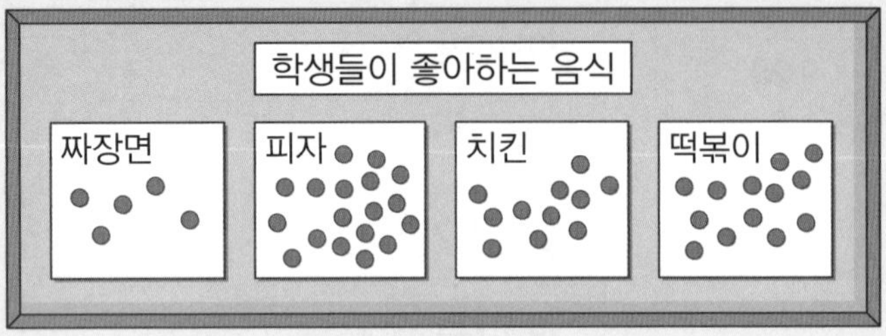

③ 조사한 내용을 표로 나타냅니다.

좋아하는 음식별 학생 수

음식	짜장면	피자	치킨	떡볶이	합계
학생 수(명)	5	18	11	13	47

④ 표를 보고 그림그래프로 나타냅니다.

좋아하는 음식별 학생 수

◐ 자료를 조사하여 그림그래프로 나타내기

조사할 내용 정하기
↓
조사할 방법 정하기
↓
조사한 자료를 표로 나타내기
↓
표를 보고 그림그래프로 나타내기

개념+ 자료를 조사하는 방법

자료를 조사하는 방법에는 직접 손들기, 붙임딱지 붙이기 등이 있습니다.

① 직접 손들기: 짧은 시간에 자료를 수집할 수 있습니다.

② 붙임딱지 붙이기: 붙임딱지판이 준비되면 언제든지 학생들이 조사에 참여할 수 있고, 증거 자료가 남습니다.

» 정답 · 풀이 43쪽

기본기 다지는 교과서 문제

[1~3] 윤하는 3학년 학생들이 보고 싶은 공연을 조사하였습니다. 물음에 답하세요.

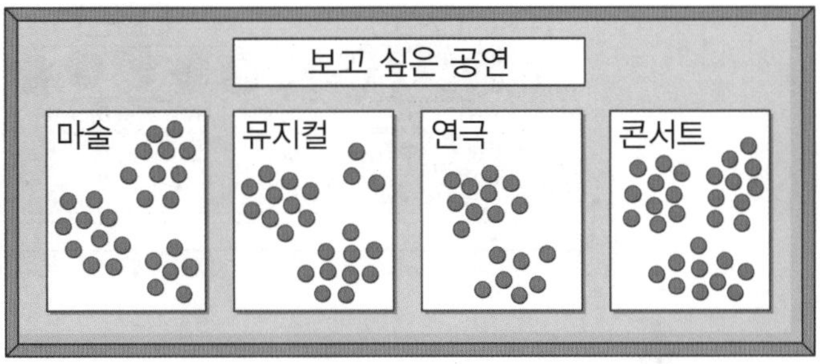

1 윤하가 조사한 것은 무엇입니까?

( )

2 조사한 자료를 보고 표를 완성하세요.

보고 싶은 공연별 학생 수

공연	마술	뮤지컬	연극	콘서트	합계
학생 수(명)	26				

3 표를 보고 그림그래프를 완성하세요.

보고 싶은 공연별 학생 수

공연	학생 수
마술	◎◎○○○○○○
뮤지컬	
연극	
콘서트	

◎ 10명
○ 1명

개념 따라쓰기

자료를 조사하여 그림그래프로 나타내는 방법

조사할 내용 정하기
↓
조사할 방법 정하기
↓
조사한 자료를 표로 나타내기
↓
표를 그림그래프로 나타내기

6 단원

스스로 풀어내는 도전 10 문제

[1~3] 10월의 날씨 달력을 보고 물음에 답하세요.

10월 날씨 달력

1 70쪽

이해

10월 날씨 달력을 보고 표로 나타내세요.

10월 날씨별 날수

날씨	맑음	흐림	비	합계
날수(일)				

2 70쪽

이해

표를 보고 그림그래프로 나타내세요.

10월 날씨별 날수

날씨	날수
맑음	
흐림	
비	

◎ 10일 ○ 1일

3

적용

10월의 날씨는 어떤 날이 가장 많았습니까?

( )

[4~6] 서준이는 과일 가게에 갔습니다. 물음에 답하세요.

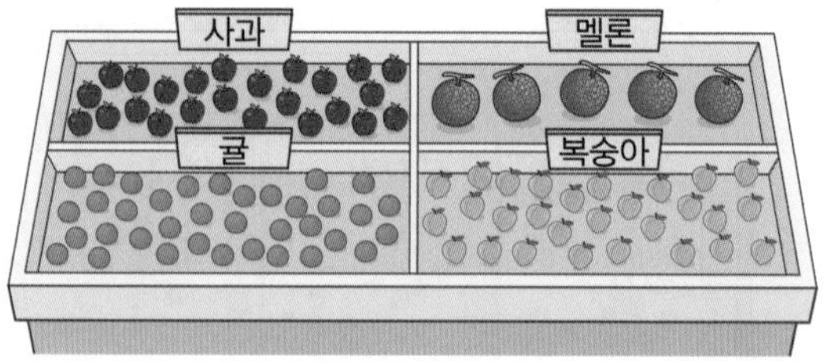

4

이해

과일 가게에 있는 과일의 수를 표로 나타내세요.

종류별 과일 수

종류	사과	멜론	귤	복숭아	합계
과일 수(개)					

5 70쪽

이해

표를 보고 그림그래프로 나타내세요.

종류별 과일 수

종류	과일 수
사과	
멜론	
귤	
복숭아	

◎ 10개 ○ 1개

6 70쪽

문제 해결

개수가 많은 과일부터 순서대로 이름을 쓰세요.

☐ — ☐ — ☐ — ☐

[7~8] 다음을 읽고 물음에 답하세요.

주하네 학교 학생 200명의 태어난 계절을 조사하였습니다. 봄에 태어난 학생은 38명, 여름은 43명, 가을은 64명이고, 나머지는 겨울에 태어났습니다.

7
71쪽

의사 소통

위 글을 읽고 표를 완성하세요.

태어난 계절별 학생 수

계절	봄	여름	가을	겨울	합계
학생 수(명)					

8
71쪽

이해

표를 보고 그림그래프로 나타내세요.

태어난 계절별 학생 수

계절	학생 수
봄	
여름	
가을	
겨울	

◎ 10명 ○ 1명

+9
71쪽

수학적 독해력

표와 그림그래프를 완성하세요.

반별 학급문고 수

반	1반	2반	3반	합계
책 수(권)	74		65	222

반별 학급문고 수

반	책 수
1반	◎◎◎◎◎◎◎○○○○
2반	◎◎◎◎◎◎◎◎○○○
3반	

◎ 10권 ○ 1권

독해 포인트 그림그래프를 보고 표에 알맞은 수를 써넣고, 표를 보고 그림그래프에 알맞은 그림을 그려 넣습니다.

+10
71쪽

수학적 표현력

학생들이 가지고 있는 구슬 수를 그림그래프로 나타내었습니다. 네 사람이 가지고 있는 구슬이 모두 98개일 때 영민이는 구슬을 몇 개 가지고 있는지 풀이 과정을 쓰고, 답을 구하세요.

학생별 가지고 있는 구슬 수

이름	구슬 수
슬기	◎◎○○○○○○
로운	◎◎◎○○○○
영민	
지혜	◎○○○○○○○○

◎ 10개 ○ 1개

[풀이] ______________________

____

[답] ______________________

오늘 공부 어땠나요?

10개 중 맞힌 문제 [ ] 개 > 틀린 문제는 힌트를 보고 다시 도전해 보세요. > 맞힌 문제는 힌트를 보고 자신의 생각과 비교해 보세요.

단원평가

6. 자료의 정리

시험 시간 **20분** | 문제 수 **10개**

[1~3] 수현이네 반 학생들이 좋아하는 TV 프로그램을 조사하여 나타낸 표입니다. 물음에 답하세요.

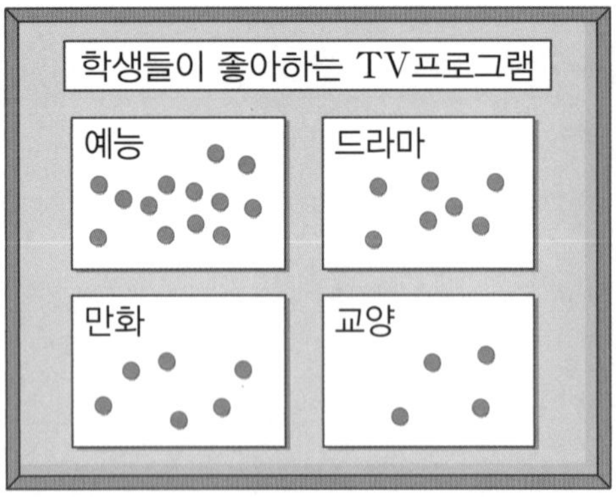

01 조사한 자료를 보고 표로 나타내세요.

좋아하는 TV 프로그램별 학생 수

프로그램	예능	드라마	만화	교양	합계
학생 수 (명)					

02 가장 많은 학생이 좋아하는 TV 프로그램은 무엇입니까?

(　　　　　　　　)

03 드라마를 좋아하는 학생은 교양을 좋아하는 학생보다 몇 명 더 많습니까?

(　　　　　　　　)

[4~6] 종욱이네 학교 3학년 학생들이 입고 싶은 단체복 색깔을 조사하여 그림그래프로 나타내었습니다. 물음에 답하세요.

단체복 색깔별 학생 수

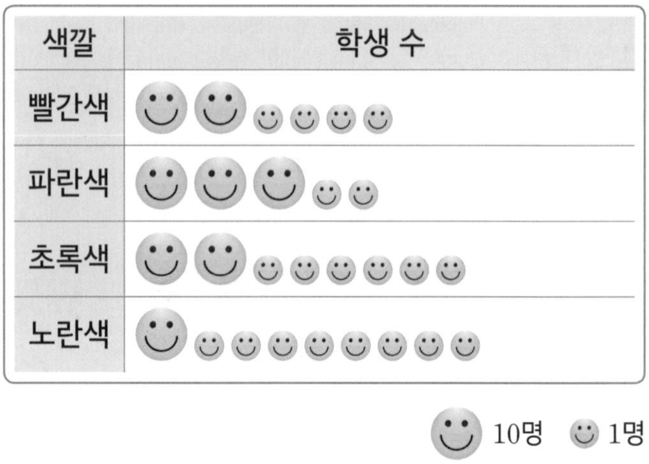

04 초록색 단체복을 입고 싶은 학생은 몇 명입니까?

(　　　　　　　　)

05 입고 싶은 학생 수가 많은 단체복 색깔부터 순서대로 쓰세요.

[　　　] — [　　　] — [　　　] — [　　　]

06 단체복 색깔을 한 가지로 정한다면 어떤 색으로 하면 좋을까요?

(　　　　　　　　)

[7~8] 농장별 양파 생산량을 조사하여 표로 나타내었습니다. 물음에 답하세요.

농장별 양파 생산량

농장	가	나	다	라	합계
생산량(상자)	62	28	45	39	174

07 표를 보고 그림그래프로 나타내세요.

농장별 양파 생산량

농장	생산량
가	
나	
다	
라	

◎ 10상자 ○ 1상자

08 표를 보고 ◎는 10상자, △는 5상자, ○는 1상자로 하여 그림그래프로 나타내세요.

농장	생산량
가	
나	
다	
라	

◎ 10상자 △ 5상자 ○ 1상자

09 빵집에서 하루 동안 팔린 빵의 수를 그림그래프로 나타내었습니다. 가장 많이 팔린 빵과 가장 적게 팔린 빵의 수의 차는 몇 개입니까?

종류별 빵의 수

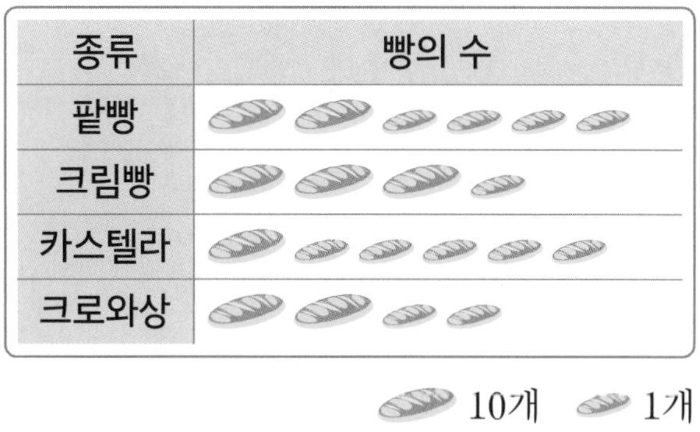

( )

서술형

10 슬기네 학교 도서관에 있는 종류별 책의 수를 조사하여 그림그래프로 나타내었습니다. 도서관에 있는 책이 모두 850권일 때 동화책은 몇 권인지 풀이 과정을 쓰고, 답을 구하세요.

종류별 책의 수

종류	책의 수
동화책	
위인전	◎◎○○
역사책	◎○○○○○
과학책	◎○○○○○○○○

◎ 100권 ○ 10권

[풀이]

[답]

memo

모든 문제의 첫 번째 힌트는
문제를 다시 읽는 것입니다.

새 교과서 분석 반영
초등 1등 공부 비법

막힐 땐

힌트북

초등수학 3-2

막힐 때 찾아보는 **힌트북**

슬기로운공부

힌트 = 개념

막힐 땐

힌트북

초등수학 3-2

막힐 때 찾아보는 힌트북

01 일 (세 자리 수)×(한 자리 수) (1)

$$\begin{array}{r} 143 \\ \times \quad 2 \\ \hline 6 \\ 80 \\ 200 \\ \hline 286 \end{array}$$

6 ← 일의 자리 수와의 곱

80 ← 십의 자리 수와의 곱

200 ← 백의 자리 수와의 곱

일의 자리, 십의 자리, 백의 자리의 순서로 곱을 구해.

■를 ▲번 더한 것을 곱셈식으로 나타내면 ■×▲야.

■+■+…+■=■×▲

(▲번)

일의 자리 수와의 곱은 일의 자리에

1 3 1 × 2 = 2 6 2

십의 자리 수와의 곱은 십의 자리에

백의 자리 수와의 곱은 백의 자리에

탁구공이 한 상자에 132개씩 들어 있습니다. 3상자에는 탁구공이 모두 몇 개 들어 있을까요?

전체 탁구공의 수 = 한 상자에 들어 있는 탁구공의 수 × 상자의 수

2 색칠된 부분은 실제 어떤 수의 곱인지 찾아 ○표 하세요.

$$\begin{array}{r} 143 \\ \times \quad 2 \\ \hline 6 \\ 80 \\ 200 \\ \hline 286 \end{array}$$

4×2
43×2
40×2
100×2

4 덧셈식을 곱셈식으로 나타내고 계산해 보세요.

121+121+121+121

[곱셈식] ______________________

5 (보기)와 같이 계산 결과를 찾아 색칠해 보세요.

(보기) 131×2=262

208	408	828
262	890	666
693	990	808

102×4　　414×2
222×3　　330×3

6 탁구공이 한 상자에 132개씩 들어 있습니다. 3상자에는 탁구공이 모두 몇 개 들어 있을까요?

[식] ______________________

[답] ______________________

7 길이가 210 cm인 색 테이프 4장을 그림과 같이 겹치지 않게 이어 붙였습니다. 이어 붙인 색 테이프의 전체 길이는 몇 cm일까요?

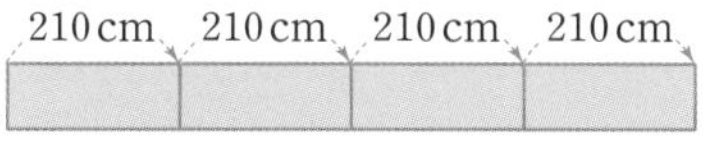

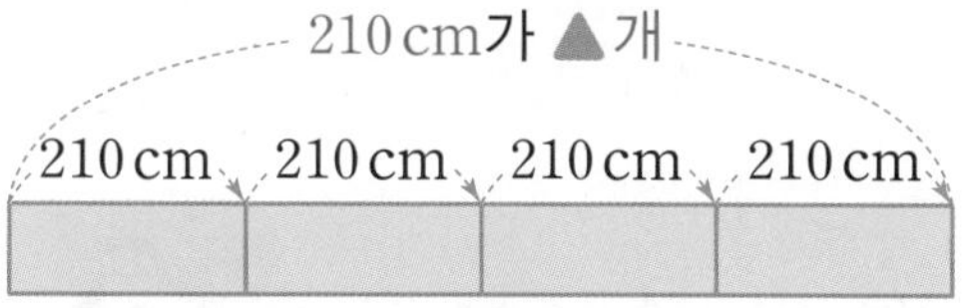

210 × ▲ = ?

8 다음이 나타내는 수의 3배인 수는 얼마일까요?

> 100이 2개, 10이 2개, 1이 12개인 수

세 자리 수로 나타내.

> 100이 2개, 10이 2개, 1이 12개인 수 × 3

수학적 독해력

+9 도로 한쪽에 나무 4그루를 102 m 간격으로 나란히 심었습니다. 첫 번째 나무와 마지막 나무 사이의 거리는 몇 m일까요? (단, 나무의 두께는 생각하지 않습니다.)

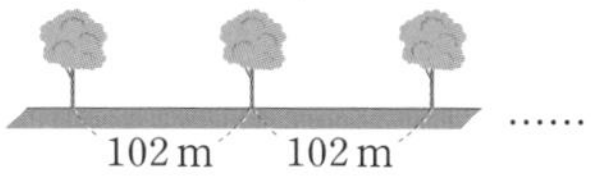

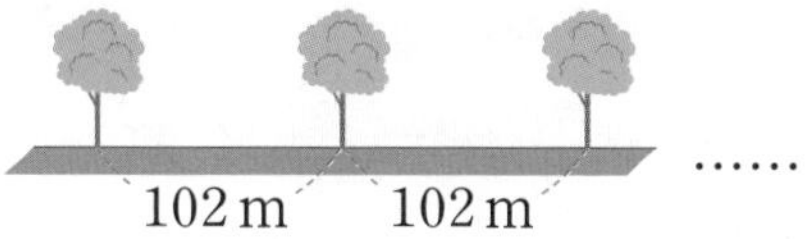

나무가 4그루이면 102 m 간격이 ▲번

102 × ▲

수학적 표현력

+10 한 변의 길이가 211 cm인 정사각형의 네 변의 길이의 합은 몇 cm인지 풀이 과정을 쓰고, 답을 구하세요.

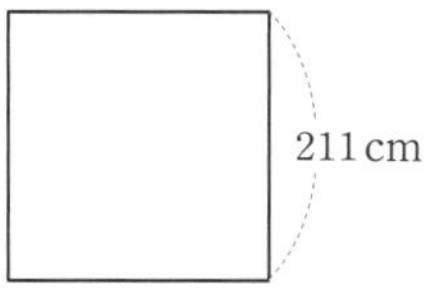

정사각형은 네 변의 길이가 모두 같아.

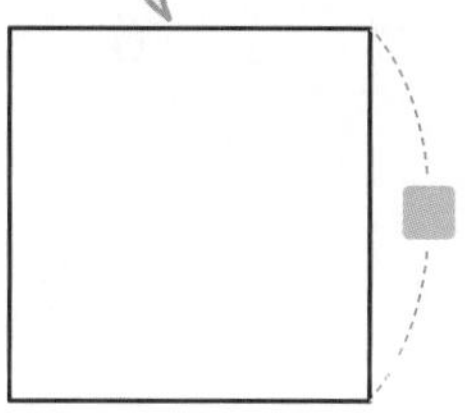

→ ■ + ■ + ■ + ■ = ■ × 4

02일 (세 자리 수)×(한 자리 수) (2)

```
  [3]
  2 1 8
×     4
-------
  8 7 2
```

일의 자리에서 올림한 수

일의 자리에서 올림한 수

```
  (1)
  2 2 5
×     3
-------
      5
```

일의 자리에서 올림한 수를 십의 자리 수와의 곱과 더해.

■+■+…+■=■×▲ (▲번)

■를 ▲번 더한 것을 곱셈식으로 나타내면 ■×▲이야.

일의 자리에서 올림한 수

```
  □                   □
  3 3 8               1 1 6
×     2      ○      ×     6
-------             -------
```

주의해!

일의 자리에서 올림한 수를 십의 자리 수와의 곱과 더해야 해.

3 □ 안의 숫자 3이 실제로 나타내는 값은 얼마일까요?

```
  [3]
  2 1 8
×     4
-------
  8 7 2
```

4 계산이 잘못된 부분을 찾아 바르게 고쳐 보세요.

```
  2 2 5            2 2 5
×     3    ➜     ×     3
-------          -------
  6 6 5
```

5 □ 안에 알맞은 수를 써넣으세요.

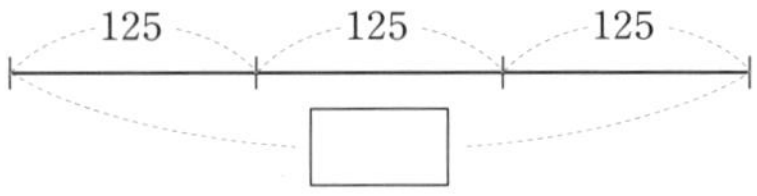

6 계산 결과를 비교하여 ○ 안에 >, =, <를 알맞게 써넣으세요.

338×2 ○ 116×6

7 슬기와 종욱이가 뽑은 곱셈 카드의 합을 구하세요.

슬기: 117×3   종욱: 226×2

일의 자리에서 올림한 수

$$\begin{array}{r} \square \\ 1\ 1\ 7 \\ \times\quad\ \ 3 \\ \hline \end{array} + \begin{array}{r} \square \\ 2\ 2\ 6 \\ \times\quad\ \ 2 \\ \hline \end{array}$$

주의해! 곱셈 카드의 합을 구해.

8 □ 안에 알맞은 수를 써넣으세요.

$$\begin{array}{r} 1\ 2\ \square \\ \times\quad\ \ 4 \\ \hline 4\ 9\ 2 \end{array}$$

$$\begin{array}{r} 1\ 2\ \square \\ \times\quad\ \ 4 \\ \hline \square \\ 8\ 0 \\ 4\ 0\ 0 \\ \hline 4\ 9\ 2 \end{array}$$

일의 자리 수의 곱 □×4의 값이야.

수학적 독해력

9 주하네 학교 3학년 전체 학생에게 수수깡을 3묶음씩 주려고 합니다. 수수깡은 모두 몇 묶음이 필요할까요?

반	1	2	3	4	5
학생 수(명)	24	23	26	25	26

(필요한 수수깡 묶음의 수) = (전체 학생의 수) × (3묶음)

수학적 표현력

10 의자를 한 줄에 124개씩 4줄로 놓으려고 합니다. 의자가 500개 있다면 남는 의자는 몇 개인지 풀이 과정을 쓰고, 답을 구하세요.

의자를 한 줄에 124개씩 4줄로 놓으려고 합니다. 의자가 500개 있다면 남는 의자는 몇 개일까요?

(남는 의자의 수) = (전체 의자의 수) − (놓으려는 의자의 수)

03일 (세 자리 수)×(한 자리 수) (3)

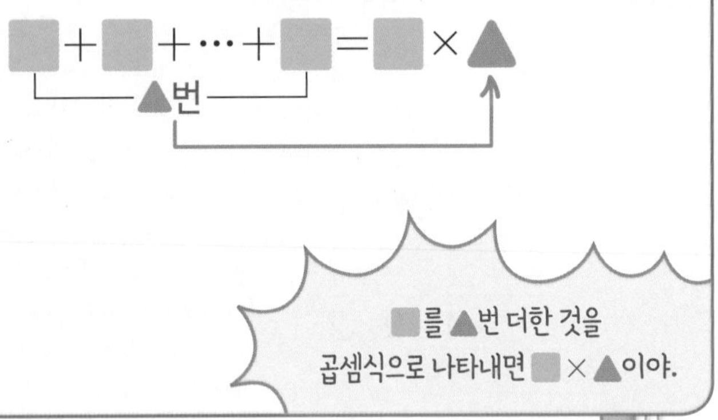

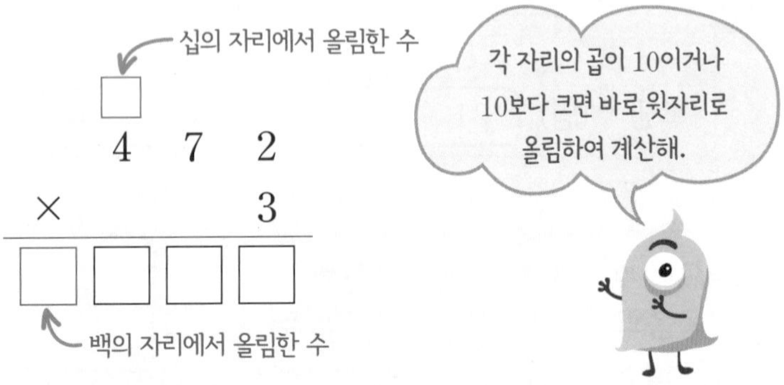

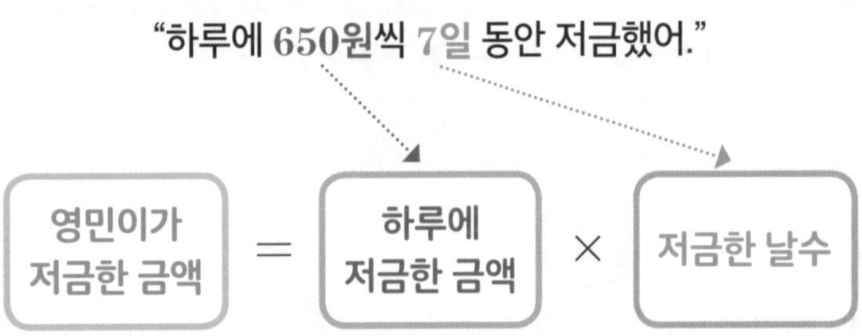

3 □ 안의 숫자 3이 실제로 나타내는 값은 얼마일까요?

$$\begin{array}{r} \boxed{3} \\ 5\ 8\ 2 \\ \times\quad\ \ 4 \\ \hline 2\ 3\ 2\ 8 \end{array}$$

4 덧셈식을 곱셈식으로 나타내고 계산해 보세요.

342+342+342+342

곱셈식 ______________________

5 계산 결과를 비교하여 ◯ 안에 >, =, <를 알맞게 써넣으세요.

472×3 ◯ 320×5

6 영민이가 저금한 돈은 모두 얼마일까요?

7 □ 안에 알맞은 수를 써넣으세요.

$$\begin{array}{r} 3\,\square\,8 \\ \times \quad\;\; 6 \\ \hline 2\,2\,0\,8 \end{array}$$

$$\begin{array}{r} 3\,\square\,8 \\ \times \quad\;\; 6 \\ \hline 4\,8 \\ \square\square \\ 1\,8\,0\,0 \\ \hline 2\,2\,0\,8 \end{array}$$

십의 자리 수의 곱 □×6의 값이야.

8 수 카드를 한 번씩만 사용하여 만든 곱셈식입니다. 곱이 가장 작은 것을 찾아 기호를 쓰세요.

3 8 6 2

㉠ 368×2　㉡ 238×6　㉢ 268×3

각 자리의 곱이 10이거나 10보다 크면 바로 윗자리로 올림하여 계산해.

㉠ 368×2　㉡ 238×6　㉢ 268×3

알아둬!

곱하는 수에 가장 작은 수를, 나머지 수로 가장 작은 세 자리 수를 만들면 곱이 가장 작아.

수학적 독해력

+9 문구점에서 한 자루에 750원인 연필을 6자루 사고 5000원을 냈습니다. 거스름돈으로 얼마를 받아야 할까요?

한 자루에 750원인 연필 6자루를 사고 5000원을 냈습니다. 거스름돈으로 얼마를 받아야 할까요?

연필 6자루의 값을 먼저 구해.

거스름돈 = 낸 금액 − 연필 6자루의 값

수학적 표현력

+10 계산에서 잘못된 부분을 찾아 잘못된 이유를 쓰고, 바르게 계산해 보세요.

$$\begin{array}{r} 1\,6\,2 \\ \times \quad\; 4 \\ \hline 4\,4\,8 \end{array} \rightarrow \begin{array}{r} 1\,6\,2 \\ \times \quad\; 4 \\ \hline \end{array}$$

십의 자리에서 올림한 수

$$\begin{array}{r} \square\;\;\; \\ 1\,6\,2 \\ \times \quad\; 4 \\ \hline \end{array}$$

십의 자리에서 올림한 수를 백의 자리 수와의 곱과 더해야 해.

04일 (몇십)×(몇십), (몇십몇)×(몇십)

0이 2개

$20 \times 60 = 1200$

$2 \times 6 = 12$

(몇십)×(몇십)은 (몇)×(몇)을 계산한 다음 0을 2개 붙여.

알아둬!

곱셈은 두 수를 바꾸어 곱해도 계산 결과가 같아.

$20 \times 60 = 60 \times 20$

(몇십몇)×(몇십)은 (몇십몇)×(몇)의 10배야.

$37 \times 60 = 37 \times 6 \times 10$

0이 2개

■0×▲0=●00

■×▲=●

(몇십)×(몇십)은 (몇)×(몇)을 계산한 다음 0을 2개 붙여.

하루 24시간
1시간=60분

하루는 60분이 24번 있는 것과 같아.

3 계산 결과가 다른 하나를 찾아 기호를 쓰세요.

㉠ 20×60	㉡ 30×40
㉢ 40×30	㉣ 50×20

4 빈칸에 알맞은 수를 써넣으세요.

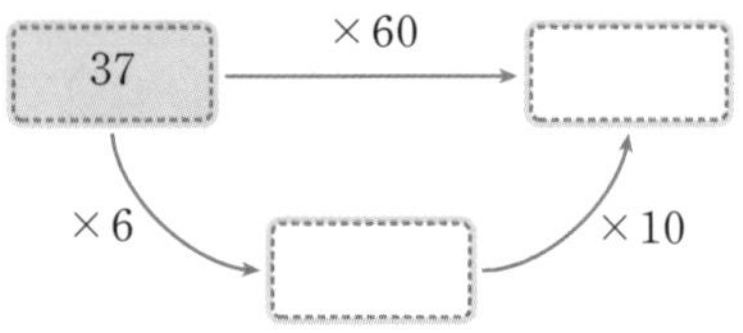

5 ㉠과 ㉡에 알맞은 수의 합은 얼마일까요?

$20 \times 80 =$ ㉠00
$60 \times 90 =$ ㉡00

6 하루는 24시간이고, 1시간은 60분입니다. 하루는 몇 분일까요?

7 두 곱셈식의 계산 결과는 같습니다. □ 안에 알맞은 수를 구하세요.

40×90	$60 \times \square$

6단 곱셈구구를 외워 □를 찾을 수 있어.

$40 \times 90 = 60 \times \square$

$40 \times 90 \rightarrow 3600$

8 ㉠과 ㉡의 곱을 구하세요.

㉠ 10이 7개, 1이 3개인 수
㉡ 10이 4개인 수

㉠ 10이 7개, 1이 3개인 수 → □
㉡ 10이 4개인 수 → □

㉠과 ㉡을 각각 수로 나타낸 후 곱을 구해.

수학적 독해력

+9 1부터 9까지의 수 중에서 □ 안에 들어갈 수 있는 수를 모두 구하세요.

$32 \times \square 0 < 1300$

$32 \times \square 0 < 1300$

→ 32를 30으로 어림하여 □에 들어갈 수를 예상해 봐.

수학적 표현력

+10 수현이네 반 남학생은 15명이고, 여학생은 16명입니다. 수현이네 반 학생들에게 사탕을 20개씩 나누어 주려면 사탕은 모두 몇 개 필요한지 풀이 과정을 쓰고, 답을 구하세요.

수현이네 반 남학생은 15명이고, 여학생은 16명입니다. 수현이네 반 학생들에게 사탕을 20개씩 나누어 주려면 사탕은 모두 몇 개 필요할까요?

(필요한 사탕의 수) = (전체 학생의 수) × (한 학생에게 나누어 주는 사탕의 수)

05일 (몇)×(몇십몇)

$$\begin{array}{r} 5 \\ \times\ 2\ 3 \\ \hline \square \\ \square \\ \hline \square \end{array}$$

←5×3

←5×20

(몇)×(몇십몇)은 (몇)×(몇)과 (몇)×(몇십)을 각각 계산한 후 두 곱을 더해.

곱하는 수를 (몇)과 (몇십)으로 나누어 계산해 봐.

주의해! 올림에 주의해서 계산해야 해!

$$\begin{array}{r} \square \\ 9 \\ \times\ 5\ 2 \\ \hline \end{array} \bigcirc \begin{array}{r} \square \\ 6 \\ \times\ 7\ 5 \\ \hline \end{array}$$

멜론을 한 상자에 4통씩 25상자에 담았습니다. 상자에 담은 멜론은 모두 몇 통일까요?

전체 멜론의 수 = 한 상자에 담은 멜론의 수 × 상자의 수

올림에 주의해!

$$\begin{array}{r} \square \\ 몇 \\ \times\ 몇십\ 몇 \\ \hline \end{array}$$

곱하는 수를 (몇)과 (몇십)으로 나누어 계산해.

3 계산이 잘못된 부분을 찾아 바르게 고쳐 보세요.

$$\begin{array}{r} 5 \\ \times\ 2\ 3 \\ \hline 1\ 5 \\ 1\ 0 \\ \hline 2\ 5 \end{array} \rightarrow \begin{array}{r} 5 \\ \times\ 2\ 3 \\ \hline \end{array}$$

4 계산 결과를 비교하여 ◯ 안에 >, =, <를 알맞게 써넣으세요.

9×52 ◯ 6×75

5 멜론을 한 상자에 4통씩 25상자에 담았습니다. 상자에 담은 멜론은 모두 몇 통일까요?

〔식〕 ______________________

〔답〕 ____________

6 계산 결과가 큰 것부터 차례로 기호를 쓰세요.

㉠ 4×82 ㉡ 6×61 ㉢ 7×54

7 □ 안에 알맞은 수를 써넣으세요.

$$\begin{array}{r} \square \\ \times \ \square \ 4 \\ \hline 3\ 7\ 0 \end{array}$$

$$\begin{array}{r} ㉠ \\ \times \ ㉡ \ 4 \\ \hline 3\ 7\ 0 \end{array} \rightarrow \begin{array}{r} ㉠ \\ \times \ 4 \\ \hline 0 \end{array}$$

㉠×㉡과 일의 자리에서 올림한 수를 더한 값이 37이야.

㉠×4의 계산 결과의 일의 자리 수가 0인 수를 먼저 찾아.

8 □ 안에 들어갈 수 있는 한 자리 수 중에서 가장 큰 수를 구하세요.

$3\times56 > \square\times43$

$3\times56 > \square\times43$ → 3×56 = ★

★을 먼저 구한 후 43을 40으로 어림하여 □ 안에 들어갈 수를 예상해 봐.

수학적 독해력

+9 수 카드 5, 3, 7 중에서 두 장을 한 번씩만 사용하여 계산 결과가 가장 큰 곱셈식을 만들려고 합니다. ㉠, ㉡에 알맞은 수를 각각 구하세요.

$$\begin{array}{r} ㉠ \\ \times \ 6\ ㉡ \\ \hline \end{array}$$

$$\begin{array}{r} ㉠ \\ \times \ 6\ ㉡ \\ \hline \end{array}$$

㉠ ← 가장 큰 수

알아둬!

계산 결과가 가장 큰 곱셈식을 만들려면 두 번 곱해지는 수 ㉠에 가장 큰 수를 놓아야 해.

수학적 표현력

+10 민호는 한자를 하루에 8글자씩 외웁니다. 민호가 7월 한 달 동안 외운 한자는 모두 몇 글자인지 풀이 과정을 쓰고, 답을 구하세요.

민호는 한자를 하루에 8글자씩 외웁니다. 민호가 7월 한 달 동안 외운 한자는 모두 몇 글자일까요?

7월은 31일까지 있어.

(7월 한 달 동안 외운 한자의 수) = (하루에 외운 한자의 수) × (7월의 날수)

06일 (몇십몇)×(몇십몇) (1)

□

```
   2 4        2 4
 × 1 7      × 4 2
```

(몇)×(몇십몇)은
(몇)×(몇)과 (몇)×(몇십)을
각각 계산한 후 두 곱을 더해.

```
    5 4
  × 1 2
 ┌────┐
 │    │ ← 54×2
 ├────┤
 │    │ ← 54×10
 ├────┤
 │    │
 └────┘
```

곱하는 수를
(몇)과 (몇십)으로 나누어 각각
계산한 후 두 곱을 더해.

곱셈에서
두 수의 순서를 바꾸어 곱해도
계산 결과는 같아.

■×▲=▲×■

슬기네 반 학생 28명이 고구마를 14개씩 캤습니다. 슬기네 반 학생들이 캔 고구마는 모두 몇 개일까요?

캔 고구마의 수 = 학생의 수 × 한 학생이 캔 고구마의 수

3 빈칸에 알맞은 수를 써넣으세요.

×	24	17	
	42		

4 계산이 잘못된 부분을 찾아 바르게 고쳐 보세요.

```
    5 4              5 4
  × 1 2     →      × 1 2
  -----            -----
  1 0 8
    5 4
  -----
  1 6 2
```

5 계산 결과를 비교하여 ○ 안에 >, =, <를 알맞게 써넣으세요.

19×51 ○ 51×19

6 고구마 캐기 체험 학습에서 슬기네 반 학생 28명이 고구마를 14개씩 캤습니다. 슬기네 반 학생들이 캔 고구마는 모두 몇 개일까요?

〔식〕 ______________________

〔답〕 ______________________

7 수 카드를 한 번씩만 사용하여 만들 수 있는 두 자리 수 중에서 가장 큰 수와 가장 작은 수의 곱을 구하세요.

9 1 4 2

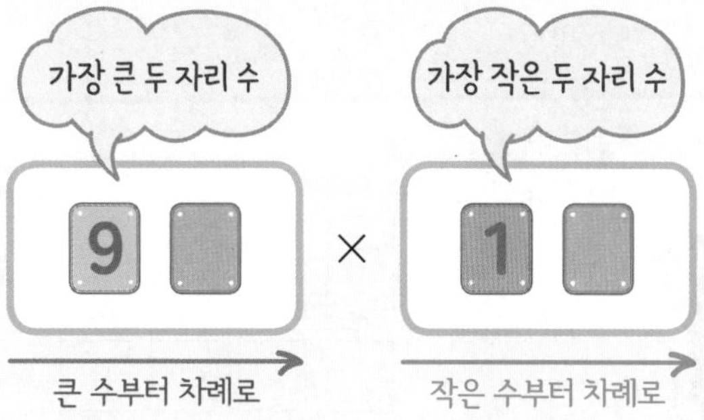

8 □ 안에 알맞은 수를 써넣으세요.

```
     □  7
×    1  5
---------
     8  □
□    7  0
---------
□    5  □
```

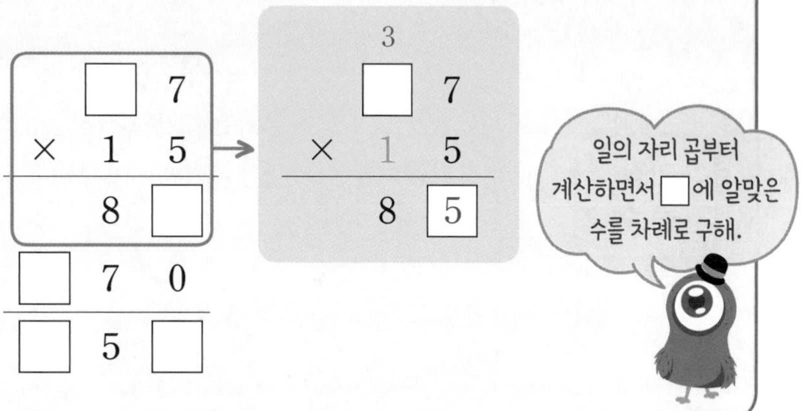

수학적 독해력

9 윤하네 학교 운동회 기념 선물로 학생들에게 연필을 한 자루씩 나누어 주기로 했습니다. 각 학년의 학급 수는 다음과 같고, 각 반은 25명입니다. 연필을 모두 몇 자루 준비해야 할까요?

학년	1	2	3	4	5	6
학급 수(반)	5	6	4	6	5	5

먼저 전체 학급 수를 구해.

준비해야 할 연필의 수 = 전체 학급의 수 × 한 반의 학생의 수

수학적 표현력

10 어떤 수에 13을 곱해야 할 것을 잘못하여 더했더니 50이 되었습니다. 바르게 계산하면 얼마인지 풀이 과정을 쓰고, 답을 구하세요.

잘못 계산한 값에서 (어떤 수)를 먼저 구해.

잘못한 계산 (어떤 수)$+13=50$

바른 계산 (어떤 수)$\times 13=?$

07일 (몇십몇)×(몇십몇) (2)

(몇십몇)×(몇십몇)은 (몇십몇)×(몇)과 (몇십몇)×(몇십)을 각각 계산한 후 두 곱을 더해.

		2	6	
	×	9	3	
		□	□	← 26×3
□	□	□	□	← 26×90
□	□	□	□	

가장 큰 수 × 가장 작은 수

가장 큰 수와 가장 작은 수의 "곱"이니까 곱셈으로 나타내.

(몇십몇)×(몇)과 (몇십몇)×(몇십)을 각각 계산한 후 두 곱을 더해.

35×51 ◯ 42×46

주하는 역사책을 하루에 16쪽씩 매일 읽으려고 합니다. 주하가 4주일 동안 읽을 수 있는 역사책은 모두 몇 쪽일까요?

일주일은 7일이야.

(읽을 수 있는 역사책 쪽수) = (하루에 읽는 역사책 쪽수) × (읽는 날수)

1 □ 안에 알맞은 수를 써넣으세요.

		2	6
	×	9	3
		□	□
□	□	□	□
□	□	□	□

4 가장 큰 수와 가장 작은 수의 곱을 구하세요.

54　48　69　24

5 계산 결과를 비교하여 ◯ 안에 >, =, <를 알맞게 써넣으세요.

35×51 ◯ 42×46

6 주하는 역사책을 하루에 16쪽씩 매일 읽으려고 합니다. 주하가 4주일 동안 읽을 수 있는 역사책은 모두 몇 쪽일까요?

〔식〕 ____________________

〔답〕 ____________________

7 윤하는 한 달 동안 매주 월요일, 수요일, 금요일에 줄넘기를 각각 55분씩 했습니다. 윤하는 한 달 동안 줄넘기를 모두 몇 분 했을까요?

일	월	화	수	목	금	토
		1	2	3	4	5
6	7	8	9	10	11	12
13	14	15	16	17	18	19
20	21	22	23	24	25	26
27	28	29	30	31		

일	월	화	수	목	금	토
		1	2	3	4	5
6	7	8	9	10	11	12
13	14	15	16	17	18	19
20	21	22	23	24	25	26
27	28	29	30	31		

먼저, 한 달 동안 줄넘기를 한 날을 모두 세어 봐.

8 수 카드 3, 4, 7을 한 번씩만 사용하여 계산 결과가 가장 큰 곱셈식을 만들어 보세요.

$\square\square \times 6\square = \square$

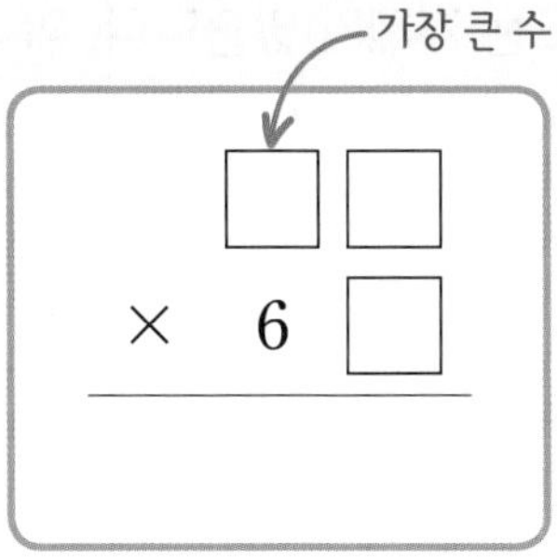

계산 결과가 가장 큰 곱셈식을 만들려면 십의 자리 수에 가장 큰 수를 놓아야 해.

수학적 독해력

9 길이가 28 cm인 색 테이프 47장을 그림과 같이 3 cm씩 겹치게 이어 붙였습니다. 이어 붙인 색 테이프의 전체 길이는 몇 cm일까요?

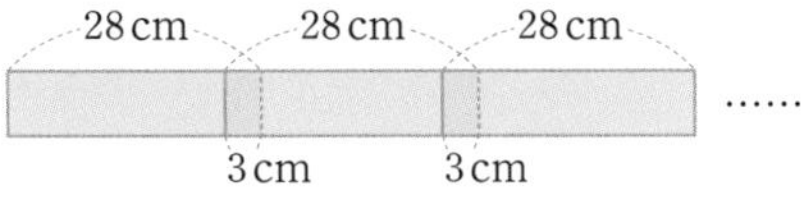

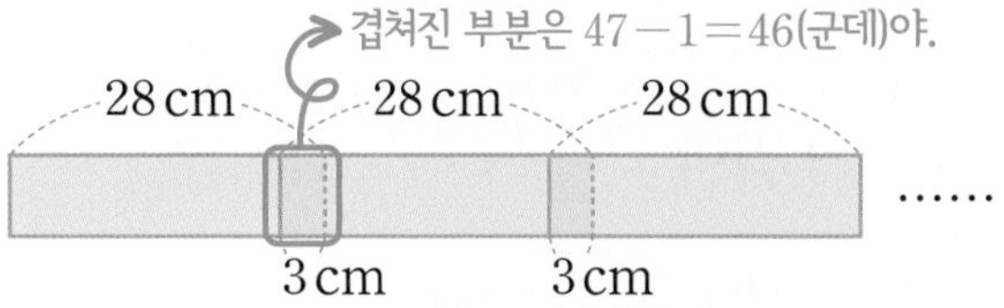

이어 붙인 색 테이프 전체 길이 = 색 테이프 47장의 길이의 합 − 겹쳐진 부분의 길이의 합

수학적 표현력

10 계산에서 잘못된 부분을 찾아 잘못된 이유를 쓰고, 바르게 계산한 값을 구하세요.

$$\begin{array}{r} 3\ 9 \\ \times\ 4\ 6 \\ \hline 2\ 3\ 4 \\ 1\ 5\ 6 \\ \hline 3\ 9\ 0 \end{array} \rightarrow \begin{array}{r} 3\ 9 \\ \times\ 4\ 6 \\ \hline \end{array}$$

$$\begin{array}{r} 3\ 9 \\ \times\ 4\ 6 \\ \hline \square \\ \square \\ \hline \square \end{array}$$

← 39×6

← 39×40

곱하는 두 자리 수를 (몇)과 (몇십)으로 나누어 각각 계산한 후 두 곱을 더해.

08일 곱셈의 활용

슬기의 키는 132 cm이고, 나무의 높이는 슬기의 키의 3배입니다. 나무의 높이는 몇 cm일까요?

나무의 높이 = 슬기의 키 × 3

한 시간에 장난감을 52개씩 만드는 기계가 있습니다. 이 기계가 쉬지 않고 하루 동안 만들 수 있는 장난감은 모두 몇 개일까요?

하루는 24시간이야.

하루 동안 만들 수 있는 장난감의 수 = 한 시간에 만드는 장난감의 수 × 하루의 시간

1위안 = 188원

↓ × 4 ↓ × 4

4위안 ?

모은 구슬의 수 = 한 봉지에 넣은 구슬의 수 × 봉지의 수

3 슬기의 키는 132 cm이고, 나무의 높이는 슬기의 키의 3배입니다. 나무의 높이는 몇 cm일까요?

〔식〕 ______________________

〔답〕 ______________

4 어느 공장에 한 시간에 장난감을 52개씩 만드는 기계가 있습니다. 이 기계가 쉬지 않고 하루 동안 만들 수 있는 장난감은 모두 몇 개일까요?

5 중국으로 여행을 간 지혜가 중국 돈 4위안으로 과자를 사고 돈을 냈습니다. 중국 돈 1위안이 우리나라 돈으로 188원과 같을 때 지혜가 과자를 사고 낸 돈은 우리나라 돈으로 얼마일까요?

중국 돈 1위안 = 우리나라 돈 188원

6 종욱이와 윤하 중 누가 구슬을 더 많이 모았을까요?

7 수현이의 지난달 휴대 전화 문자 사용량입니다. 일반 문자 요금은 1건에 21원, 그림 문자 요금은 35원입니다. 수현이가 사용한 문자 요금은 모두 얼마일까요?

사용량
일반 문자 30건
그림 문자 14건

"일반 문자 요금은 1건에 21원, 그림 문자 요금은 35원입니다."

사용량
일반 문자 30건 × 21원
그림 문자 14건 × 35원

일반 문자 요금과 그림 문자 요금을 구해서 더해.

8 도로의 한쪽에 처음부터 끝까지 나무 21그루가 95 m 간격으로 심어져 있습니다. 나무가 심어져 있는 도로의 길이는 몇 m일까요? (단, 나무의 두께는 생각하지 않습니다.)

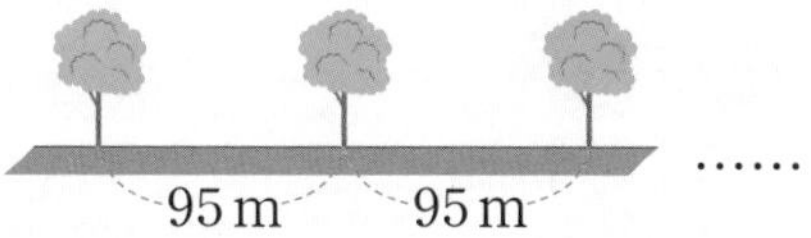

나무가 ▲그루이면 95 m 간격이 (▲－1)번

수학적 독해력

9 식품을 먹었을 때 몸속에서 발생하는 에너지의 양을 '열량'이라고 합니다. 식품별 열량이 다음과 같을 때 서준이네 가족이 먹은 간식의 열량은 모두 얼마일까요?

간식	열량(킬로칼로리)
삶은 밤 1개	17
호두 1개	65
배 1개	150

서준이네 가족이 먹은 간식
삶은 밤 20개, 배 2개

간식	열량(킬로칼로리)
삶은 밤 1개	17 × 20개
호두 1개	65
배 1개	150 × 2개

서준이네 가족이 먹은 간식
삶은 밤 20개, 배 2개

밤 20개의 열량과 배 2개의 열량을 구해서 더해.

수학적 표현력

10 민호네 학교 3학년 학생들이 현장 체험 학습을 가려고 45인승 버스 15대에 나누어 탔습니다. 버스마다 3자리씩 비어 있다면 3학년 학생은 모두 몇 명인지 풀이 과정을 쓰고, 답을 구하세요.

민호네 학교 3학년 학생들이 현장 체험 학습을 가려고 45인승 버스 15대에 나누어 탔습니다. 버스마다 3자리씩 비어 있다면 3학년 학생은 모두 몇 명일까요?

민호네 학교 3학년 학생의 수 ＝ 버스 한 대에 탄 학생의 수 × 버스의 수

09일 (몇십)÷(몇) (1)

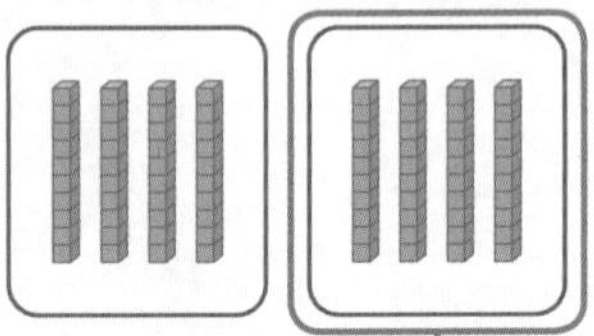

$80 \div 2 =$ 몫

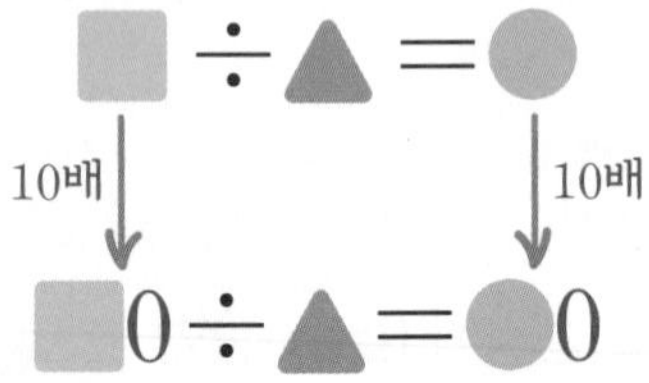

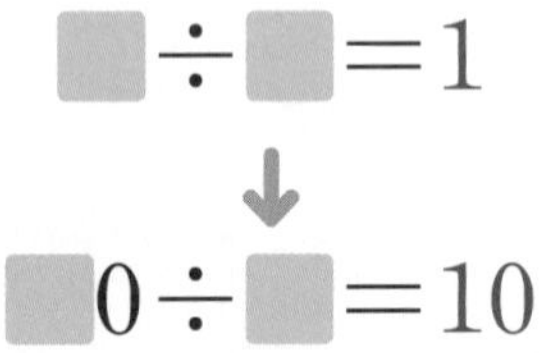

"가장 큰 수를 가장 작은 수로 나눈 몫"

(가장 큰 수)÷(가장 작은 수)

1 그림을 보고 □ 안에 알맞은 수를 써넣으세요.

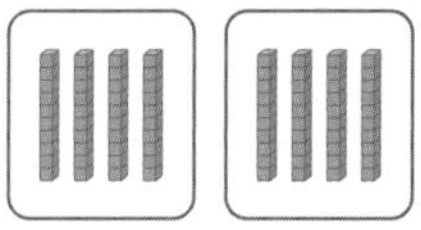

$80 \div 2 =$ □

2 계산해 보세요.

(1) $40 \div 2$

(2) $50 \div 5$

5 몫이 10인 나눗셈을 가지고 있는 사람은 누구일까요?

영민: $90 \div 3$

지혜: $90 \div 9$

6 가장 큰 수를 가장 작은 수로 나눈 몫을 구하세요.

30	80	6	2

7 나눗셈의 몫의 합을 구하세요.

$80 \div 8 \qquad 40 \div 2$

두 나눗셈의 몫을 각각 구한 후
두 몫의 합을 구해.

$80 \div 8 = \square \qquad 40 \div 2 = \square$

8 지우개 40개를 4명에게 똑같이 나누어 주려고 합니다. 한 명에게 지우개를 몇 개씩 줄 수 있을까요?

지우개 40개를 4명에게 똑같이 나누어 주려고 합니다. 한 명에게 지우개를 몇 개씩 줄 수 있을까요?

(한 명에게 나누어 줄 수 있는 지우개의 수) = (전체 지우개의 수) ÷ (나누어 줄 사람의 수)

수학적 독해력

+9 구슬 60개를 주머니 2개에 똑같이 나누어 담고, 한 주머니에 담은 구슬을 다시 3명에게 똑같이 나누어 주려고 합니다. 구슬을 한 명에게 몇 개씩 줄 수 있을까요?

구슬 60개를 주머니 2개에 똑같이 나누어 담고,
→ 한 주머니에 담긴 구슬 수를 먼저 구하고
↓
한 주머니에 담은 구슬을 다시 3명에게 똑같이 나누어 주려고 합니다.
→ 한 명에게 나누어 줄 수 있는 구슬 수를 구해.

수학적 표현력

+10 □ 안에 알맞은 수는 얼마인지 풀이 과정을 쓰고, 답을 구하세요.

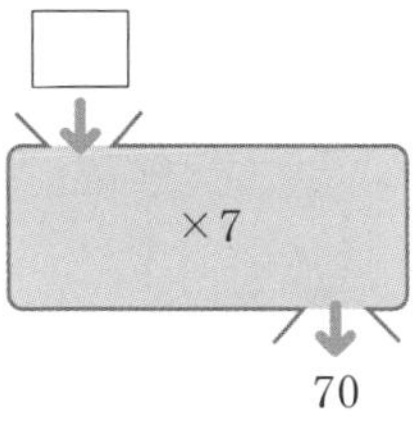

$\square \times 7 = 70$

$70 \div 7 = \square$

곱셈과 나눗셈의 관계를
이용하여 곱셈식을
나눗셈식으로 바꿔 봐.

10일 (몇십)÷(몇) (2)

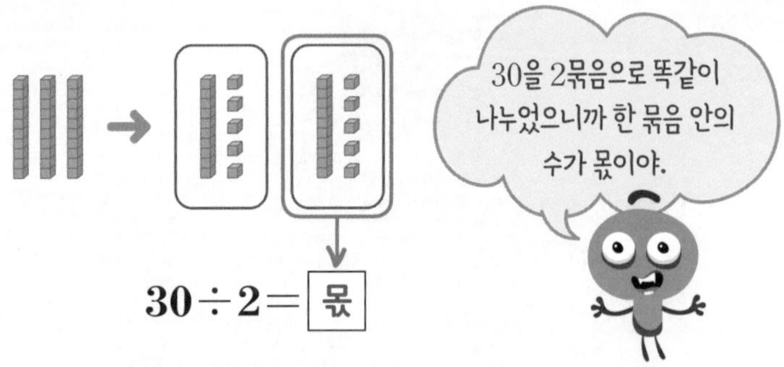

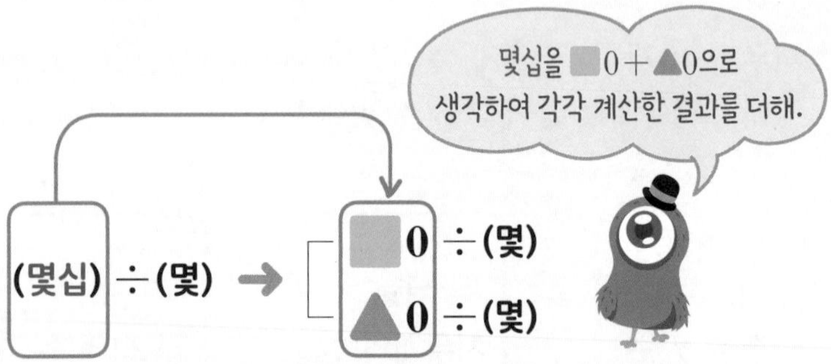

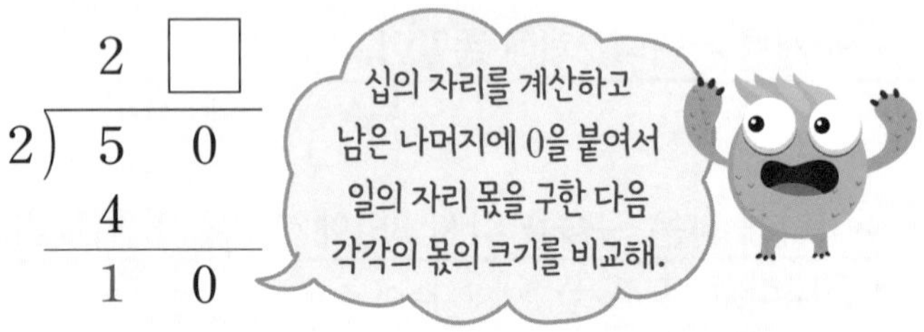

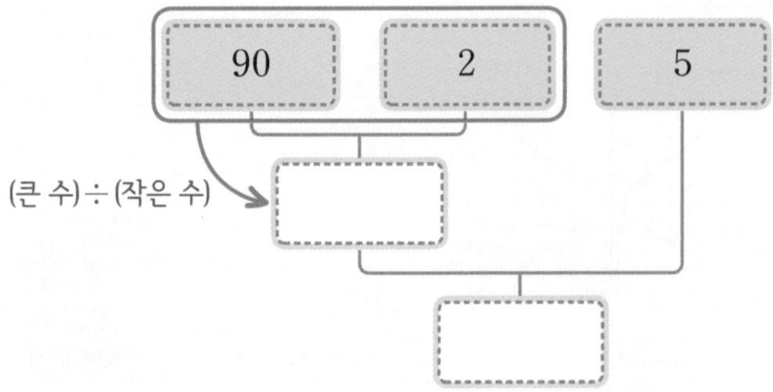

1 그림을 보고 □ 안에 알맞은 수를 써넣으세요.

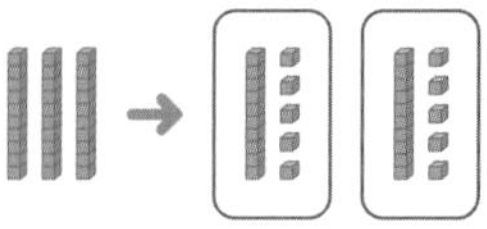

30 ÷ 2 = □

2 계산해 보세요.

(1) 50 ÷ 2

(2) 90 ÷ 6

5 몫의 크기가 가장 큰 것을 찾아 기호를 쓰세요.

㉠ 50 ÷ 2
㉡ 60 ÷ 4
㉢ 80 ÷ 5

6 선으로 연결된 두 수에 대하여 큰 수를 작은 수로 나눈 몫을 빈칸에 써넣으세요.

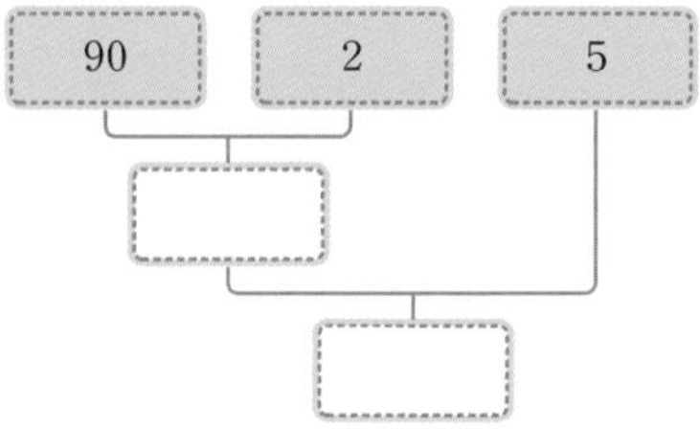

7 계산이 잘못된 부분을 찾아 바르게 고쳐 보세요.

$$\begin{array}{r} 1\ 0 \\ 5\overline{)\,7\ 0} \\ 5\ \ \\ \hline 2 \end{array} \rightarrow 5\overline{)\,7\ 0}$$

$$\begin{array}{r} 1\ \square \\ 5\overline{)\,7\ \ 0} \\ 5\ \ \ \ \\ \hline \square\ \square \\ \square\ \square \\ \hline \square \end{array}$$

십의 자리를 계산하고 남은 나머지는 십의 자리에 그대로 내려 써야 해.

8 남학생 27명과 여학생 23명이 있습니다. 학생들이 2명씩 짝을 지으면 모두 몇 쌍이 될까요?

남학생 27명과 여학생 23명이 있습니다. 학생들이 2명씩 짝을 지으면 모두 몇 쌍이 될까요?

(남학생 수) + (여학생 수)

쌍의 수 = 전체 학생의 수 ÷ 2명

수학적 독해력

9 연료 6 L로 90 km를 달리는 자동차가 있습니다. 이 자동차는 10 L의 연료로 몇 km를 갈 수 있을까요?

연료 6 L로 90 km

÷6 ÷6

연료 1 L로 ▢ km

먼저 연료 1 L로 갈 수 있는 거리를 구해 봐.

수학적 표현력

10 네 변의 길이의 합이 60 cm인 정사각형의 한 변의 길이는 몇 cm인지 풀이 과정을 쓰고, 답을 구하세요.

정사각형은 네 변의 길이가 모두 같아.

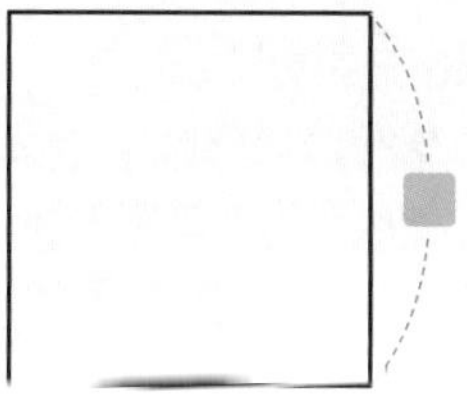

▢+▢+▢+▢

=▢×4=60

↓

▢=60÷4

11일 (몇십몇)÷(몇) (1)

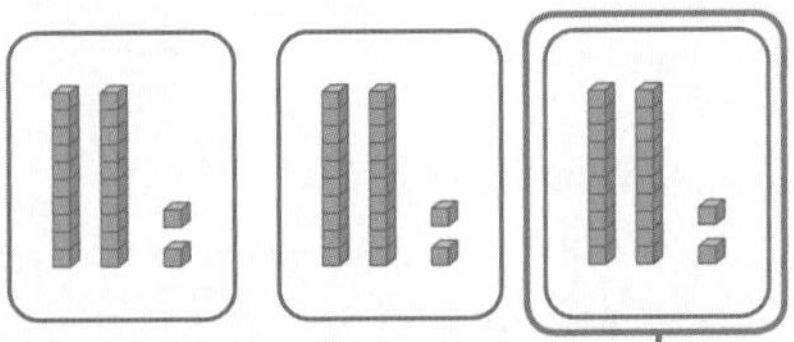

66÷3= 몫

몇십몇을 (몇십)+(몇)으로 생각하여 각각 계산한 결과를 더해.

(몇십몇)÷(몇) → (몇십)÷(몇), (몇)÷(몇)

십의 자리 몫을 먼저 정하고, 일의 자리 몫을 구해.

$$\begin{array}{r} \square\,\square \\ 2\overline{)\,6\ \ 2} \end{array}$$

99÷3= ?

86÷2= ?

주의해!

'차'를 구할 때에는 큰 수에서 작은 수를 빼야 해.

1 그림을 보고 □ 안에 알맞은 수를 써넣으세요.

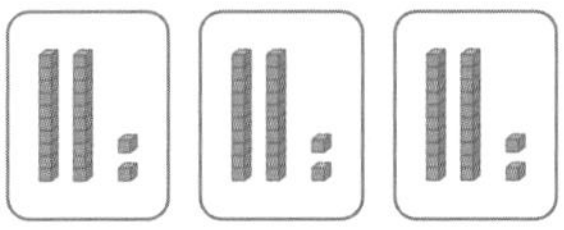

66÷3=□

2 계산해 보세요.

(1) 48÷2

(2) 93÷3

4 바르게 계산한 사람은 누구일까요?

슬기	로운
$\begin{array}{r} 3\ 1 \\ 2\overline{)\,6\ 2} \\ 6\ \ \\ \hline 2 \\ 2 \\ \hline 0 \end{array}$	$\begin{array}{r} 1\ 0 \\ 6\overline{)\,6\ 6} \\ 6\ 6 \\ \hline 0 \end{array}$

6 ㉠과 ㉡의 몫의 차를 구하세요.

㉠ 99÷3
㉡ 86÷2

7 탁구공 64개를 상자 2개에 똑같이 나누어 담으려고 합니다. 한 상자에 몇 개씩 담아야 할까요?

탁구공 64개를 상자 2개에 똑같이 나누어 담으려고 합니다. 한 상자에 몇 개씩 담아야 할까요?

한 상자에 담을 수 있는 탁구공의 수 = 전체 탁구공의 수 ÷ 상자의 수

8 수 카드 2장을 골라 한 번씩 사용하여 만들 수 있는 가장 작은 두 자리 수를 3으로 나눈 몫을 구하세요.

6 3 9

"가장 작은 두 자리 수를 3으로 나눈 몫"

↓

□□ ÷3

작은 수부터 차례로

수학적 독해력

9 종욱이는 종이로 장미 8개를 만드는 데 1시간 28분이 걸렸습니다. 장미 한 개를 만드는 데 걸리는 시간은 몇 분일까요?

종욱이는 종이로 장미 8개를 만드는 데 1시간 28분이 걸렸습니다. 장미 한 개를 만드는 데 걸리는 시간은 몇 분일까요?

1시간은 60분!

장미 1개를 만드는 데 걸리는 시간 = 장미 8개를 만드는 데 걸리는 시간 ÷ 8

수학적 표현력

10 □ 안에 들어갈 수 있는 가장 작은 자연수는 얼마인지 풀이 과정을 쓰고, 답을 구하세요.

$44 \div 2 < \square$

$44 \div 2 < \square$

↓

★

★을 먼저 구한 다음 생각해 봐.

알아둬!

□ 안에 들어갈 가장 작은 자연수는 ★보다 1 큰 수야.

(몇십몇)÷(몇) (2)

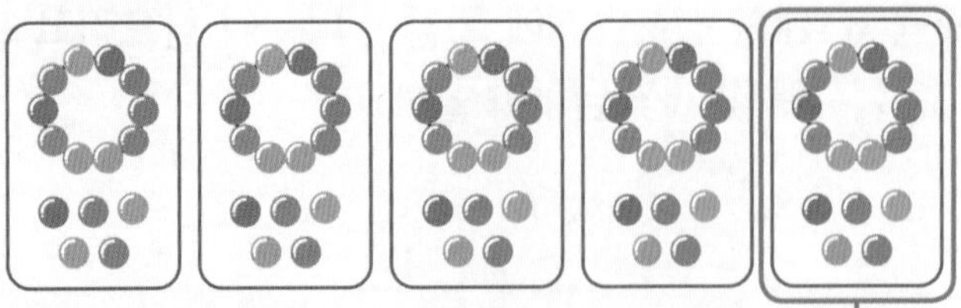

75÷5=몫

75를 5묶음으로 똑같이 나누었으니까 한 묶음 안의 수가 몫이야.

❶ 십의 자리 몫을 먼저 구하고,

```
     1  □
3) 5  7
    3
    2  7
```

❷ 십의 자리에서 내림한 수와 일의 자리 수를 더해서 일의 자리 몫을 구해.

```
     1  □
4) 6  8
    4
    □  8
```

십의 자리 몫을 먼저 구하고, 십의 자리에서 내림한 수와 일의 자리 수를 더해서 일의 자리 몫을 구해.

주의해!

몫이 '작은' 것부터 써야 해.

96 → ÷2 → □ → ÷3 → □

```
     □ □
2) 9  6

3) □ □
```

1 그림을 보고 □ 안에 알맞은 수를 써넣으세요.

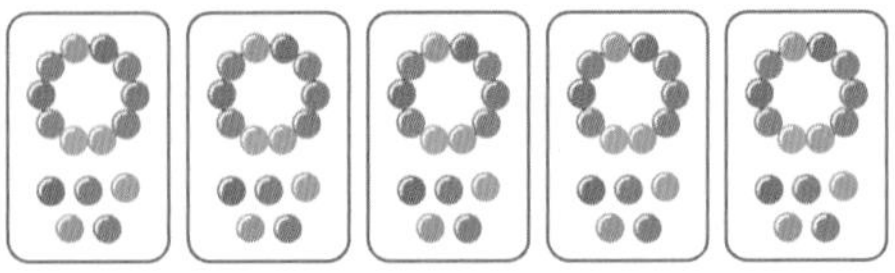

75÷5=□

2 계산해 보세요.

(1) 57÷3

(2) 84÷6

5 몫이 작은 것부터 차례로 기호를 쓰세요.

㉠ 68÷4
㉡ 65÷5
㉢ 81÷3

6 빈 곳에 알맞은 수를 써넣으세요.

96 → ÷2 → □ → ÷3 → □

7 □ 안에 알맞은 수를 써넣으세요.

```
      1 □
   ┌──────
 □ )  8  5
      5
   ───────
      □ □
      □ □
   ───────
         0
```

몫의 십의 자리부터
차례로 계산하며
□를 채워 봐.

```
       1 □
    ┌──────
 ㉠ )  8  5
       5  ← ㉠×1=5
    ───────
       □ □  ← 일의 자리에서 내려쓴 수
       □ □
    ───────
          0
```

8 사과 87개를 상자 3개에 똑같이 나누어 담으려고 합니다. 한 상자에 사과를 몇 개씩 담아야 할까요?

사과 87개를 상자 3개에 똑같이 나누어 담으려고 합니다.
한 상자에 사과를 몇 개씩 담아야 할까요?

한 상자에 담을 수 있는 사과의 수 = 전체 사과의 수 ÷ 상자의 수

수학적 독해력

9 철사 84 cm를 똑같이 7도막으로 자르고, 리본 65 cm를 똑같이 5도막으로 잘랐습니다. 철사와 리본 중 한 도막의 길이가 더 긴 것은 무엇일까요?

"철사 84 cm를 똑같이 7도막으로 자르고,
리본 65 cm를 똑같이 5도막으로 잘랐습니다."

한 도막의 길이 = 전체의 길이 ÷ 도막의 수

'한 도막의 길이가 더 길다'는 것은
'나눗셈의 몫이 더 크다'는 뜻이야.

수학적 표현력

10 □ 안에 알맞은 수는 얼마인지 풀이 과정을 쓰고, 답을 구하세요.

72 ÷ 2 = □ × 3

72 ÷ 2 = □ × 3
↓
★

★을 먼저 구한 다음,
□를 생각해.

13일 (몇십몇)÷(몇) (3)

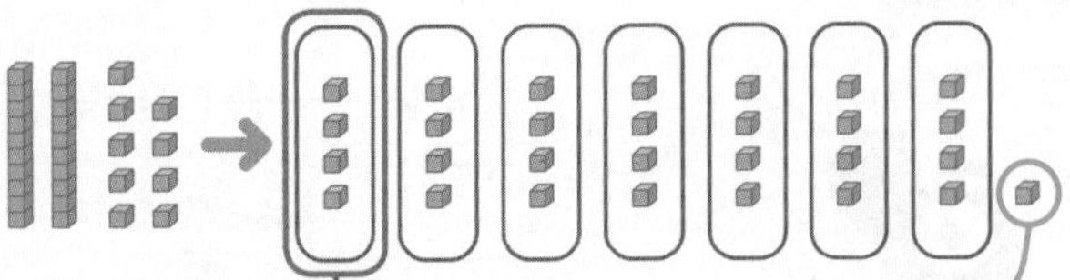

$29 \div 7 =$ 몫 … 나머지

1 그림을 보고 □ 안에 알맞은 수를 써넣으세요.

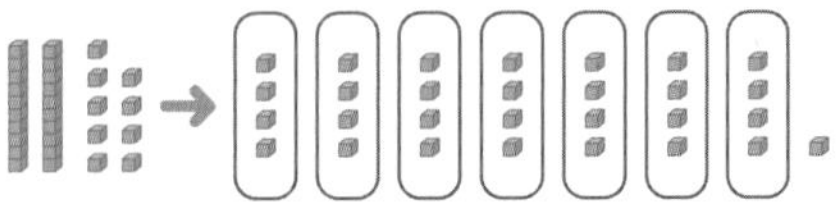

$29 \div 7 = \square \cdots \square$

몫

$8 \overline{)\,6\ 9}$

나머지

2 주어진 나눗셈의 몫과 나머지를 각각 구하세요.

$69 \div 8$

몫 (　　　　　)

나머지 (　　　　　)

몫　　　몫

$8 \overline{)\,5\ 1}$　　$6 \overline{)\,4\ 4}$

나머지 ＋ 나머지

주의해!

두 나머지의 '합'을 구해야 해.

5 두 나눗셈의 나머지의 합을 구하세요.

$51 \div 8$　　$44 \div 6$

나누어떨어지는 나눗셈식

↓

나머지가 0인 나눗셈식

6 나누어떨어지는 나눗셈을 가지고 있는 사람은 누구일까요?

슬기: $26 \div 8$

로운: $35 \div 7$

7 □ 안에 알맞은 수를 써넣으세요.

```
       □
   ┌────
 8 ) 6 □
     5 6
   ─────
       4
```

```
       ㉠
   ┌────
 8 ) 6 ㉡
     5 6  ← 8×㉠=56
   ─────
       4  ← 6㉡−56=4
```

8 공책 45권을 7명이 똑같이 나누어 가지려고 합니다. 한 명이 공책을 몇 권까지 가질 수 있고, 마지막에 몇 권이 남는지 차례로 쓰세요.

공책 45권을 7명이 똑같이 나누어 가지려고 합니다. 한 명이 공책을 몇 권까지 가질 수 있고, 몇 권이 남는지 차례로 쓰세요.

공책의 수 ÷ 사람의 수 = 몫 ⋯ 나머지

수학적 독해력

9 1부터 9까지의 자연수 중에서 27을 나누어떨어지게 하는 수는 모두 몇 개일까요?

1, 2, 3, 4, 5, 6, 7, 8, 9

나머지가 0인 나눗셈식이 되는 경우를 모두 찾아.

29 ÷ □ = □ ⋯ **0**

수학적 표현력

10 수 카드 2장을 골라 만들 수 있는 가장 작은 두 자리 수를 5로 나눈 몫을 구하려고 합니다. 풀이 과정을 쓰고, 답을 구하세요.

4 8 9

"가장 작은 두 자리 수를 5로 나눈 몫"

↓

□□ ÷ 5

작은 수부터 차례로

14일 (몇십몇)÷(몇) (4)

$■ ÷ ▲ = ● \cdots ★$

(확인) $▲ \times ● = \square$, $\square + ★ = ■$

나누는 수와 몫의 곱에 나머지를 더하면 나누어지는 수가 되어야 해.

몫

나누는 수) 나누어지는 수

나머지

더 이상 나눌 수 없을 때까지 나누고 남은 수

나머지는 항상 나누는 수보다 작아야 해.

나누어지는 수의 십의 자리 수가 나누는 수와 같거나 크면 몫은 두 자리 수야.

$85 \div 6 = \square \cdots \square$

나머지는 항상 나누는 수보다 작아야 해.

$$\begin{array}{r} 1 \\ 7\overline{)\,7\;9} \\ 7 \\ \hline 9 \end{array}$$

나머지는 항상 나누는 수보다 작아야 해.

1 다음 나눗셈식의 계산이 맞는지 확인해 보세요.

$87 \div 4 = 21 \cdots 3$

(확인) $4 \times \square = \square$, $\square + \square = \square$

3 어떤 수를 6으로 나누었을 때 나머지가 될 수 있는 수에 모두 ○표 하세요.

0 1 2 3 4 5 6 7

4 문제를 바르게 설명한 사람은 누구일까요?

$85 \div 6 = \square \cdots \square$

5 계산이 잘못된 부분을 찾아 바르게 고쳐 보세요.

$$\begin{array}{r} 1\;0 \\ 7\overline{)\,7\;9} \\ 7 \\ \hline 9 \end{array} \rightarrow 7\overline{)\,7\;9}$$

7 ★에 알맞은 수를 구하세요.

$★ \div 7 = 11 \cdots 4$

$★ \div 7 = 11 \cdots 4$

나누는 수와 몫의 곱에 나머지를 더하면 나누어지는 수가 돼.

[확인] $7 \times 11 = \square$, $\square + 4 = ★$

8 수현이는 95쪽짜리 동화책을 일주일 동안 똑같이 나누어 읽으려고 합니다. 하루에 최대한 많이 읽으려고 할 때 하루에 몇 쪽씩 읽어야 하고, 마지막에 몇 쪽이 남는지 구하세요.

수현이는 **95쪽짜리 동화책을 일주일 동안** 똑같이 나누어 읽으려고 합니다. 하루에 최대한 많이 읽으려고 할 때 하루에 몇 쪽씩 읽어야 하고, **마지막에 몇 쪽이 남는지** 구하세요.

동화책 쪽수 ÷ 책을 읽는 날수 = 몫 … 나머지

수학적 독해력

9 다음 나눗셈이 나누어떨어질 때 1부터 9까지의 수 중 □ 안에 들어갈 수 있는 수를 모두 구하세요.

$4\overline{)7\square}$

```
      1
  4 ) 7 □
      4
      3 □
      3 □
        0
```

3□가 4로 나누어떨어지는 경우를 모두 생각해 봐.

수학적 표현력

10 초콜릿 93개를 8명에게 똑같이 나누어 주려고 합니다. 초콜릿이 모자라지 않도록 하려면 몇 개가 더 필요한지 풀이 과정을 쓰고, 답을 구하세요.

```
     몫
  8 ) 9 3

     나머지
```

남은 초콜릿의 수

남은 초콜릿도 8명에게 똑같이 나누어 주려면 몇 개가 더 필요할지 생각해 봐.

(세 자리 수)÷(한 자리 수) (1)

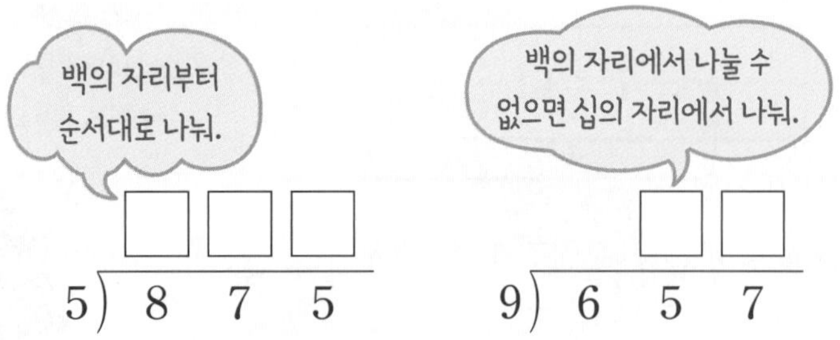

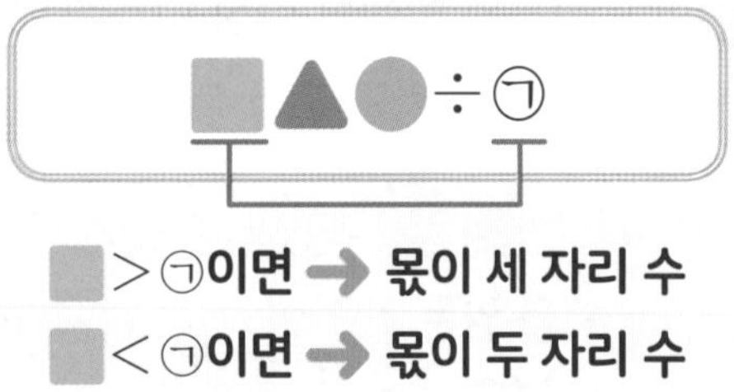

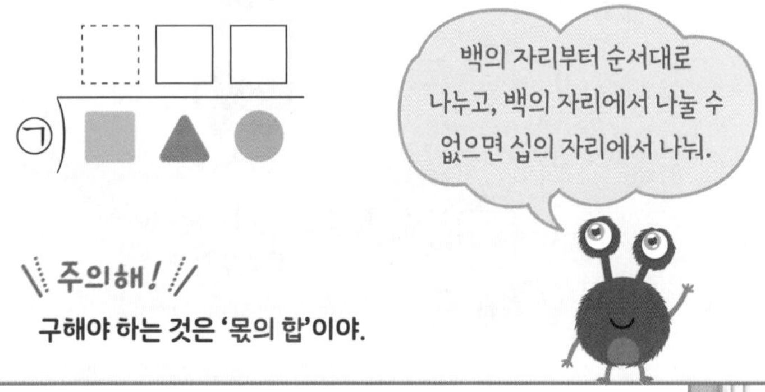

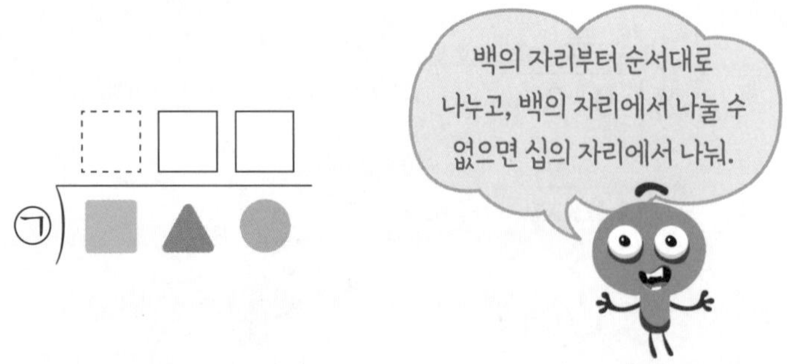

2 계산해 보세요.

(1) $5\overline{)875}$

(2) $9\overline{)657}$

3 몫이 두 자리 수인 나눗셈에 ○표 하세요.

$414 \div 9$ $552 \div 4$

4 두 나눗셈의 몫의 합을 구하세요.

$708 \div 6$ $376 \div 4$

6 몫이 가장 큰 것부터 차례로 기호를 쓰세요.

㉠ $736 \div 8$
㉡ $672 \div 6$
㉢ $635 \div 5$

7 □ 안에 알맞은 수를 써넣으세요.

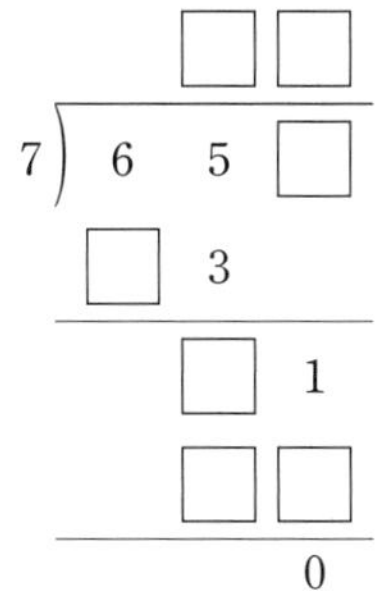

8 단추가 834개 있습니다. 이 단추를 6상자에 똑같이 나누어 담으려고 합니다. 한 상자에 단추를 몇 개씩 담아야 할까요?

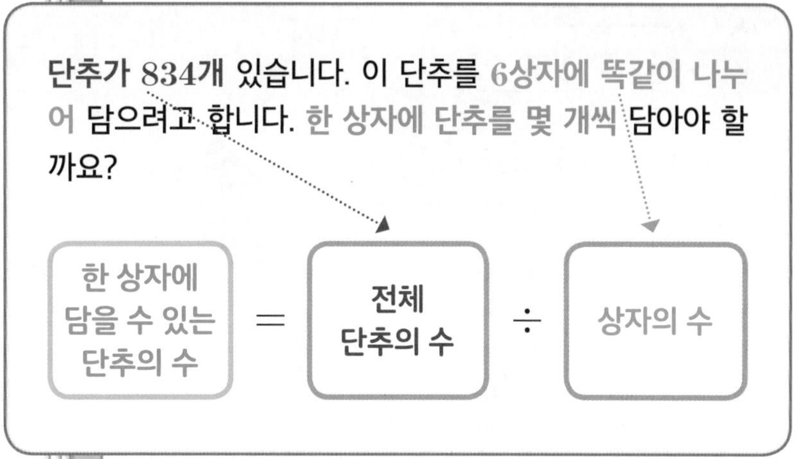

수학적 독해력

9 화단에 꽃이 8 cm 간격으로 한 줄로 심어져 있습니다. 처음에 심어진 꽃과 마지막에 심어진 꽃 사이의 거리가 952 cm라면 심어진 꽃은 모두 몇 송이일까요? (단, 꽃의 두께는 생각하지 않습니다.)

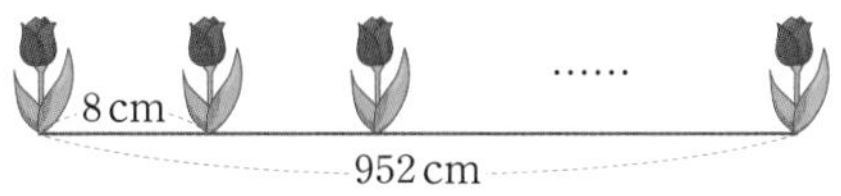

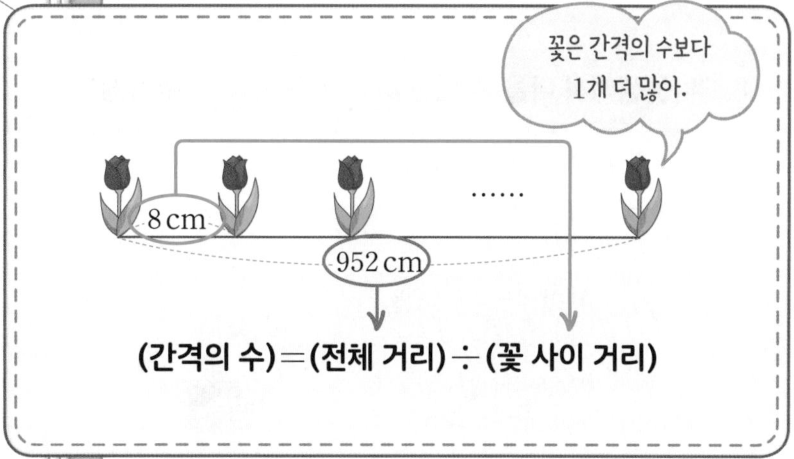

수학적 표현력

10 □ 안에 들어갈 수 있는 자연수는 모두 몇 개인지 구하려고 합니다. 풀이 과정을 쓰고, 답을 구하세요.

$434 \div 7 < \square < 272 \div 4$

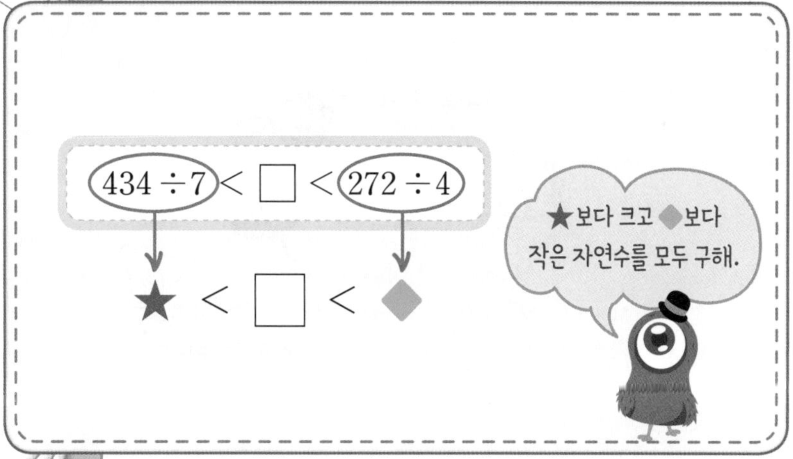

16일 (세 자리 수)÷(한 자리 수) (2)

십의 자리에서 나눌 수 없을 때에는 몫의 십의 자리에 0을 쓰고 일의 자리에서 나눠.

$$\begin{array}{r} \square\ 0\ \square \\ ㉠\overline{)\ ■\ ▲\ ●} \end{array}$$

2 바르게 계산한 것의 기호를 쓰세요.

㉠
$$\begin{array}{r} 1\,0\,2 \\ 7\overline{)7\,1\,5} \\ 7 \\ \hline 1\,5 \\ 1\,4 \\ \hline 1 \end{array}$$

㉡
$$\begin{array}{r} 1\,4\,0 \\ 5\overline{)5\,2\,3} \\ 5 \\ \hline 2\,3 \\ 2\,0 \\ \hline 3 \end{array}$$

$$\begin{array}{r} 1\,5\,4 \\ 5\overline{)7\,7\,9} \\ 5 \\ \hline 2\,7 \\ 2\,5 \\ \hline 2\,9 \\ 2\,0 \\ \hline 9 \end{array}$$

나머지는 항상 나누는 수보다 작아야 해.

3 계산이 잘못된 부분을 찾아 바르게 고쳐 보세요.

$$\begin{array}{r} 1\,5\,4 \\ 5\overline{)7\,7\,9} \\ 5 \\ \hline 2\,7 \\ 2\,5 \\ \hline 2\,9 \\ 2\,0 \\ \hline 9 \end{array} \rightarrow \begin{array}{r} \\ 5\overline{)7\,7\,9} \end{array}$$

"나눗셈에서 나올 수 있는 나머지 중 가장 큰 수가 8"

$\square \div ★ = △ \cdots 8$

나눗셈에서 나올 수 있는 나머지 중 가장 큰 수는 "나누는 수보다 1 작은 수"야.

5 다음 나눗셈에서 나올 수 있는 나머지 중 가장 큰 수가 8입니다. ★에 알맞은 한 자리 수는 얼마일까요?

$\square \div ★$

$$\begin{array}{r} 9 \\ 8\overline{)7\,3\,\square} \\ 7\,2 \\ \hline 1\,\square \\ 1\,\square \\ \hline 0 \end{array}$$

1□가 8로 나누어떨어지는 경우를 생각해 봐.

6 다음 나눗셈을 나누어떨어지게 하려고 합니다. □ 안에 들어갈 수 있는 수를 찾아 ○표 하세요.

73□÷8

(1 , 2 , 3 , 6)

7 장난감 338개를 상자에 모두 나누어 담으려고 합니다. 한 상자에 장난감을 7개씩 담을 수 있을 때 상자는 적어도 몇 개가 필요할까요?

8 네 장의 수 카드를 한 번씩만 사용하여 몫이 가장 큰 (세 자리 수)÷(한 자리 수)를 만들고 몫과 나머지를 구하세요.

2 5 7 8

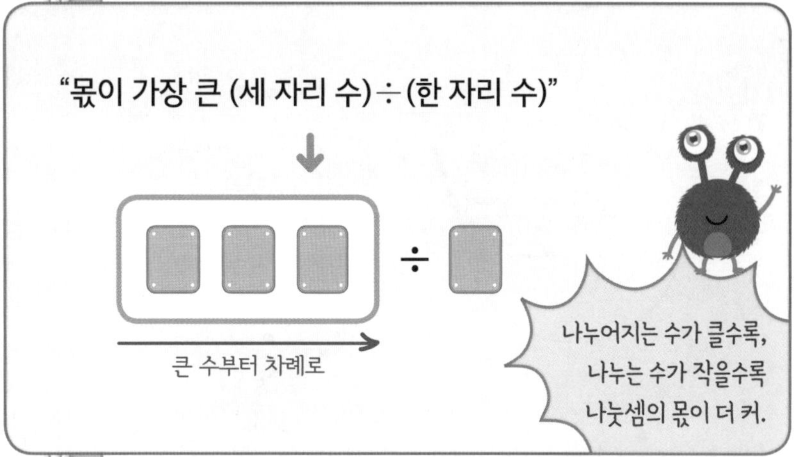

수학적 독해력

9 어떤 수를 5로 나누었더니 172로 나누어떨어졌습니다. 어떤 수를 7로 나누었을 때의 몫과 나머지를 각각 구하세요.

(어떤 수)를 먼저 구해.

(어떤 수)÷5=172

↓

(어떤 수)÷7=☐…☐

수학적 표현력

10 방울토마토 374개를 6명에게 똑같이 나누어 주려고 합니다. 남는 것이 없도록 주려면 방울토마토는 몇 개가 더 필요한지 풀이 과정을 쓰고, 답을 구하세요.

17일 원의 중심, 반지름, 지름

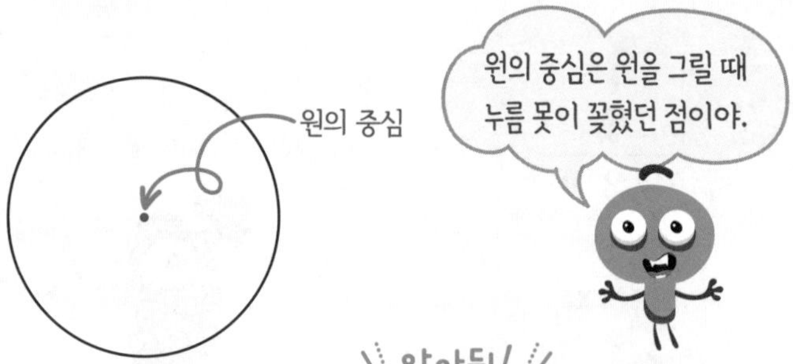

알아둬!

한 원에서 원의 중심은 1개뿐이야.

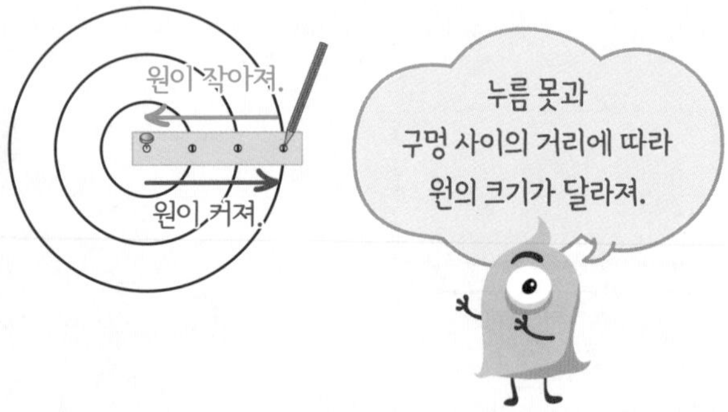

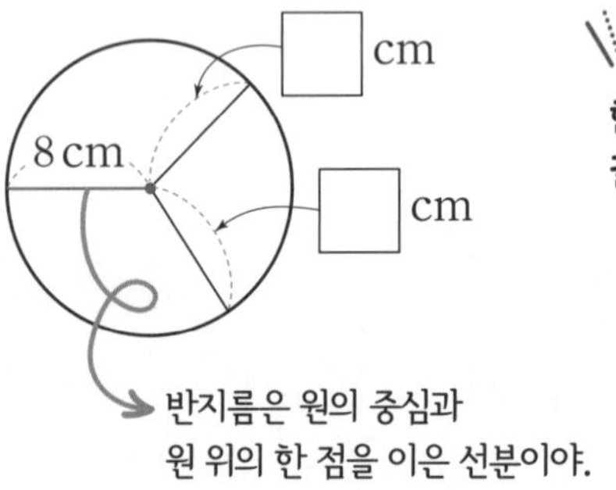

중요해!

한 원에서 원의 반지름은 길이가 모두 같아.

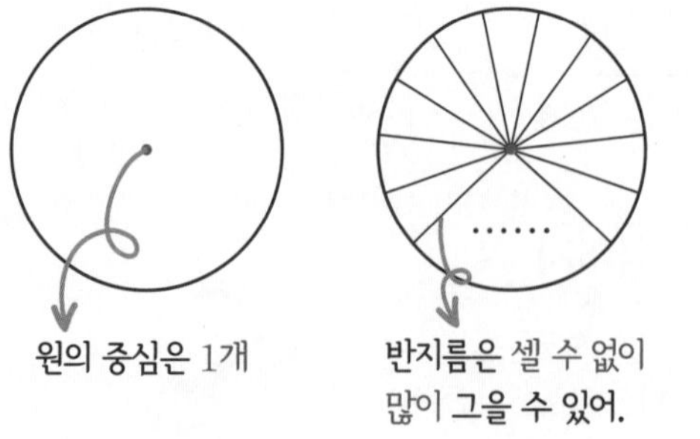

2 원의 중심을 바르게 표시한 것을 찾아 기호를 쓰세요.

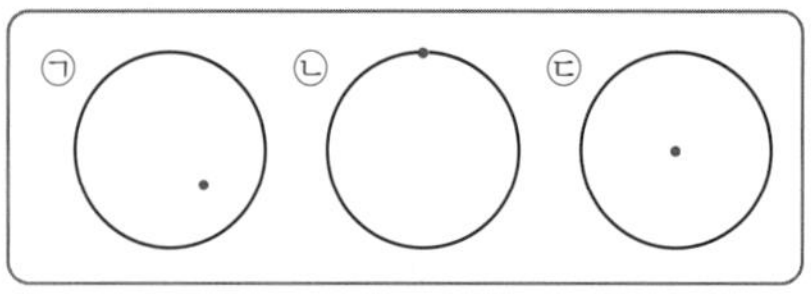

3 누름 못과 띠 종이를 이용하여 가장 큰 원을 그리려고 합니다. 연필을 어느 구멍에 꽂아야 하는지 찾아 기호를 쓰세요.

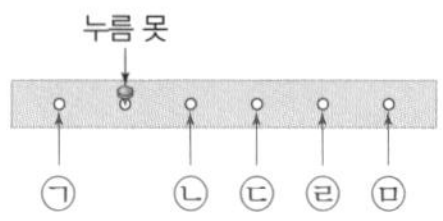

4 □ 안에 알맞은 수를 써넣으세요.

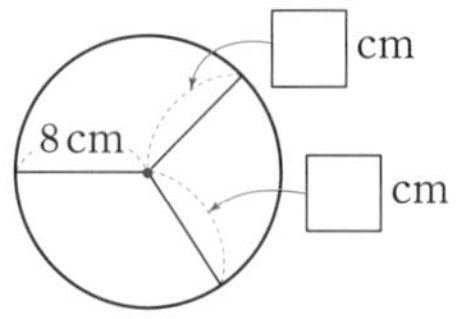

6 설명이 옳으면 ○표, 틀리면 ×표 하세요.

(1) 한 원에서 원의 중심은 1개입니다. (　　　)

(2) 한 원에는 반지름을 1개만 그을 수 있습니다. (　　　)

7 두 원의 지름의 차는 몇 cm일까요?

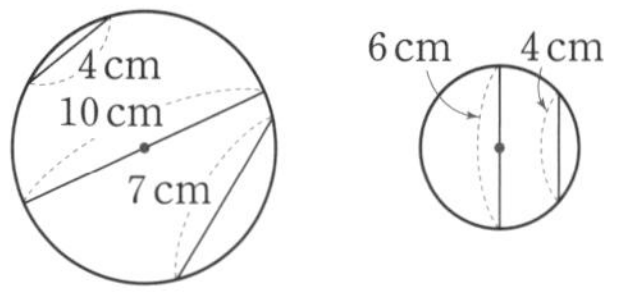

알아둬!
지름을 찾을 때에는 2가지를 확인해.
① 원의 중심을 지나는가?
② 원 위의 두 점을 잇는가?

8 점 ㅇ은 원의 중심입니다. 삼각형 ㅇㄱㄴ의 세 변의 길이의 합은 몇 cm일까요?

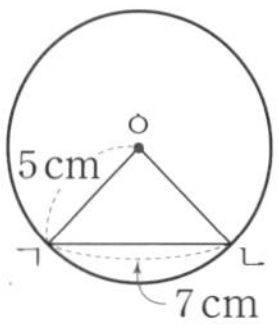

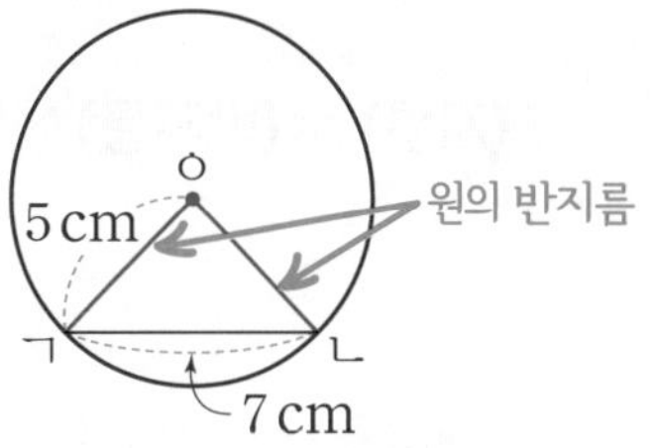

수학적 독해력

+9 슬기와 민호가 운동장에 막대와 줄을 이용하여 원을 그렸습니다. 잘못 설명한 부분을 찾아 기호를 쓰세요.

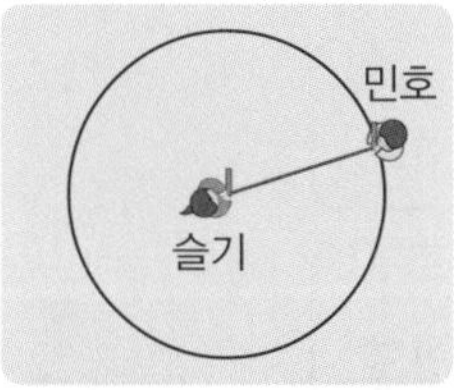

㉠ 슬기가 잡고 있는 막대가 꽂힌 곳이 원의 중심이고, ㉡ 슬기와 민호의 두 막대 사이를 이은 줄이 원의 지름입니다.

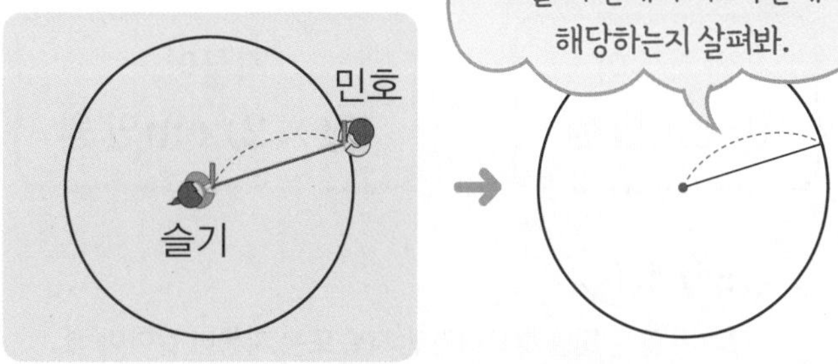

수학적 표현력

+10 원의 반지름을 잘못 나타낸 것입니다. 그 이유를 설명해 보세요.

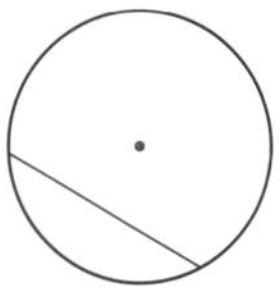

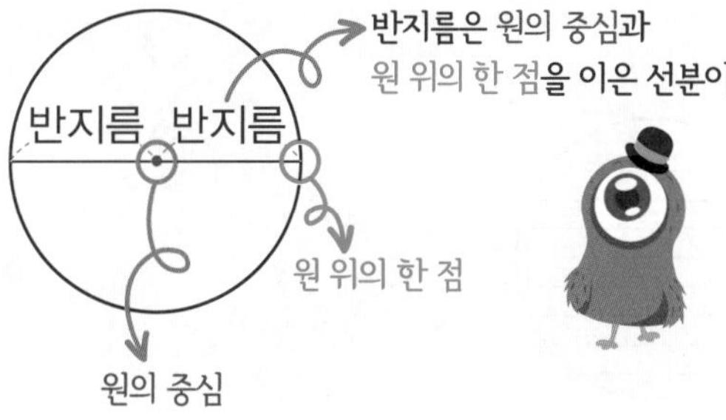

18일 원의 성질

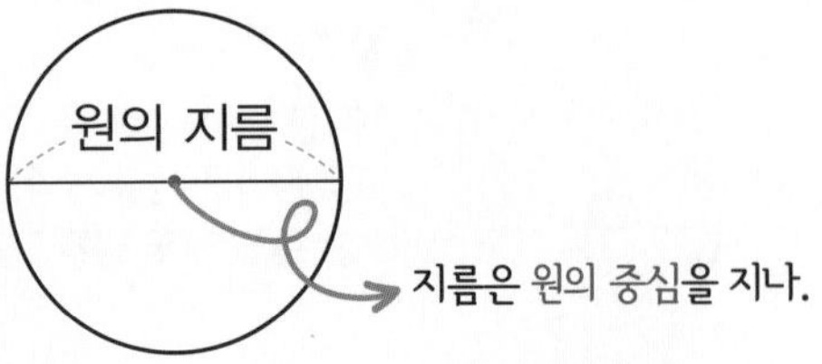

한 원에서 지름은 반지름의 2배,
반지름은 지름의 반이야.

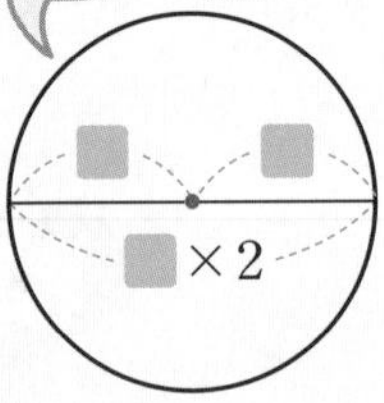

(지름) = (반지름) × 2

(반지름) = (지름) ÷ 2

우리는 크기가 같은 원이야.

반지름이 ■ cm인 원	=	지름이 (■ × 2) cm인 원

알아둬!

크기가 같은 원을 찾으려면 반지름 또는 지름이 같아야 해.

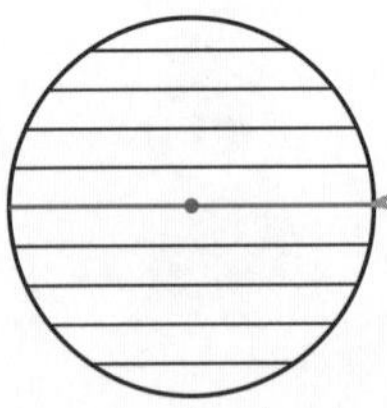

지름은 원 안에 그을 수 있는
가장 긴 선분이야.

1 원에 지름을 그을 때 반드시 지나는 점을 찾아 쓰세요.

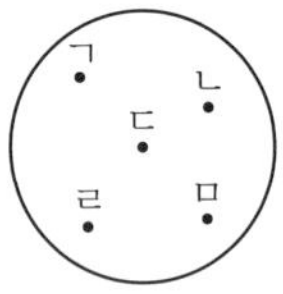

4 원의 반지름은 몇 cm일까요?

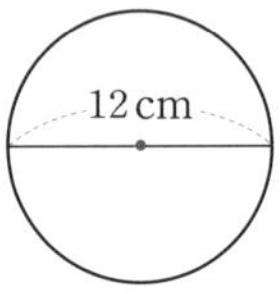

5 크기가 같은 원끼리 이어 보세요.

반지름이 1 cm인 원 •	• 지름이 2 cm인 원
반지름이 4 cm인 원 •	• 지름이 4 cm인 원
반지름이 2 cm인 원 •	• 지름이 8 cm인 원

6 원의 지름에 대한 설명으로 잘못된 것을 찾아 기호를 쓰세요.

> ㉠ 한 원에서 지름은 반지름의 2배입니다.
> ㉡ 지름은 원을 똑같이 둘로 나눕니다.
> ㉢ 지름은 원 안에 그을 수 있는 가장 짧은 선분입니다.

7 그림에서 작은 원의 반지름은 몇 m일까요?

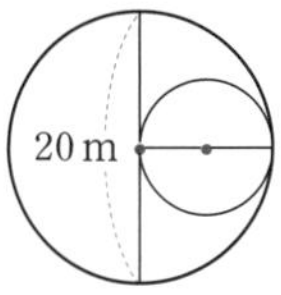

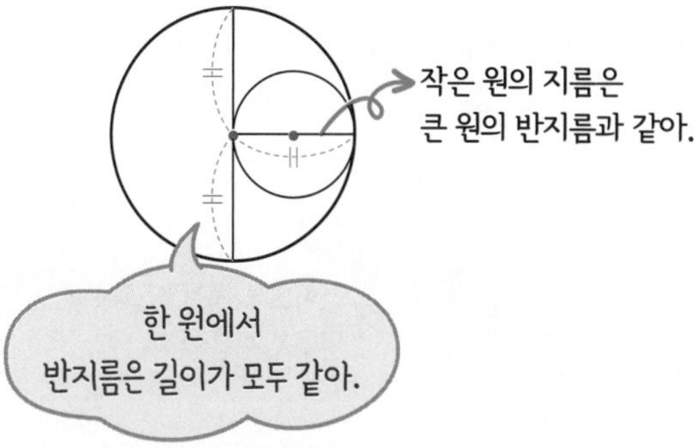

8 점 ㄱ, 점 ㄴ은 각각 원의 중심입니다. 선분 ㄱㄷ은 몇 cm일까요?

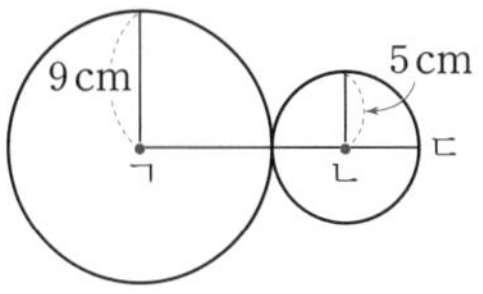

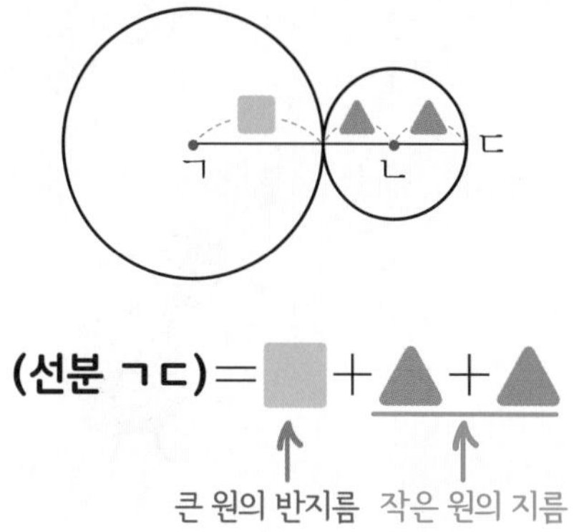

수학적 독해력

9 직사각형 안에 반지름이 3 cm인 원 2개를 꼭 맞게 그렸습니다. 직사각형의 가로와 세로는 각각 몇 cm일까요?

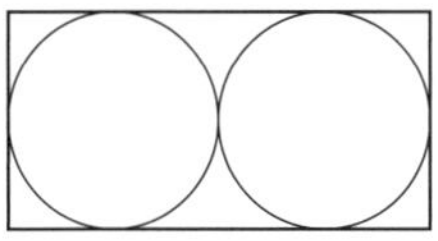

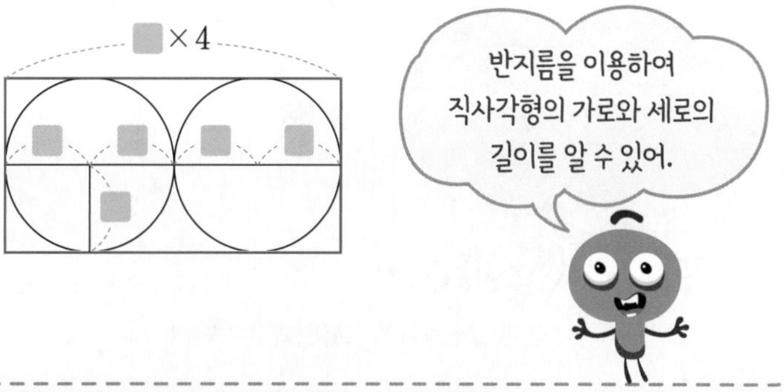

수학적 표현력

10 더 큰 원은 어느 것인지 풀이 과정을 쓰고, 알맞은 기호를 쓰세요.

㉠ 반지름이 7 cm인 원
㉡ 지름이 16 cm인 원

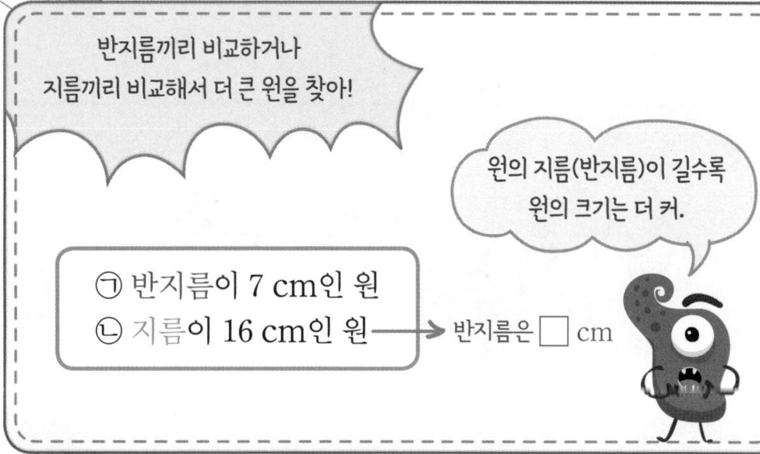

19일 컴퍼스를 이용하여 원 그리기

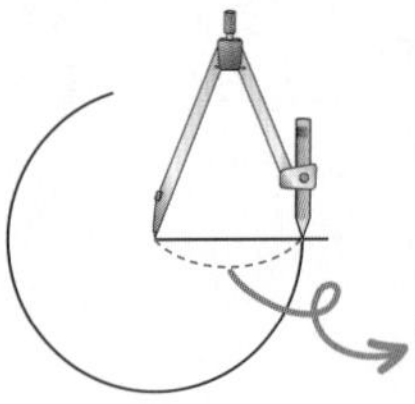

컴퍼스를 벌린 만큼이 원의 반지름이 돼.

[올바른 방법] [잘못된 방법]

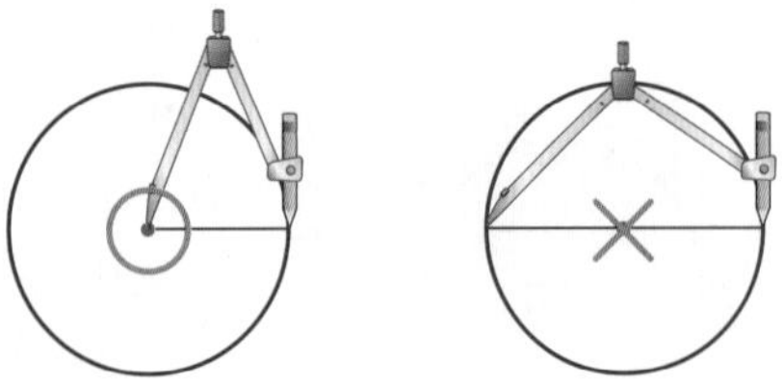

주의해!

컴퍼스는 원의 반지름만큼 벌려야 해!

원의 중심이 점 ㄱ이야.

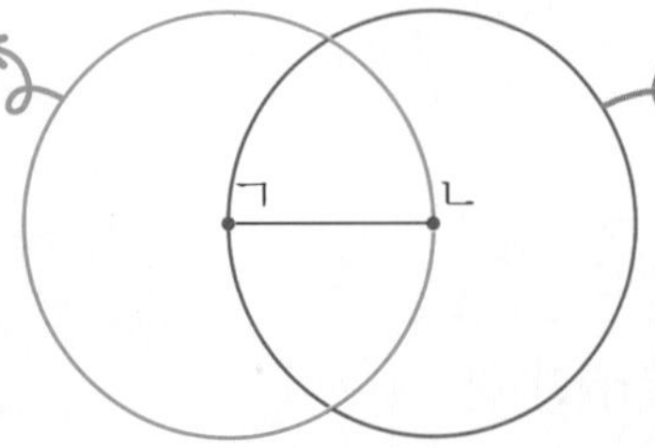

원의 중심이 점 ㄴ이야.

두 원의 반지름은 같지만 원의 중심이 서로 달라.

2 컴퍼스를 오른쪽과 같이 벌려서 원을 그리면 원의 반지름은 몇 cm가 될까요?

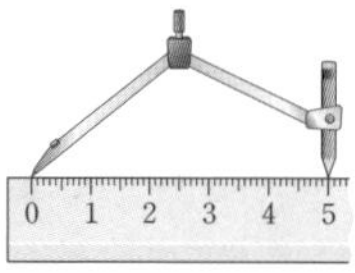

4 컴퍼스를 이용하여 주어진 선분을 반지름으로 하는 원을 그려 보세요.

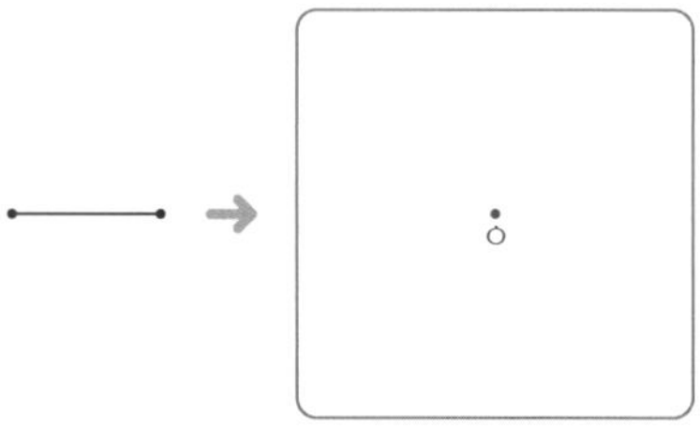

5 왼쪽 원과 크기가 같은 원을 그리기 위해서 컴퍼스를 바르게 벌린 사람은 누구일까요?

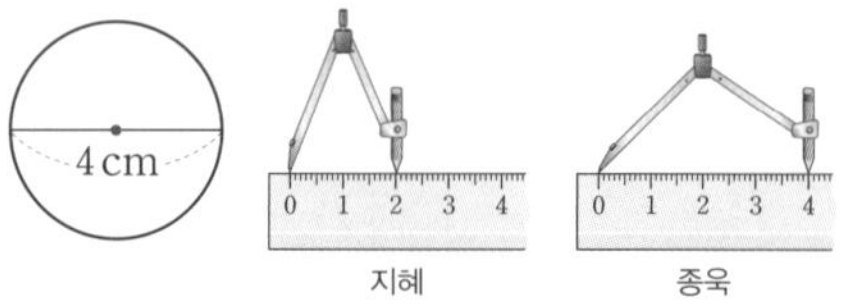

6 컴퍼스를 이용하여 점 ㄴ이 원의 중심, 선분 ㄱㄴ이 반지름인 원을 그려 보세요.

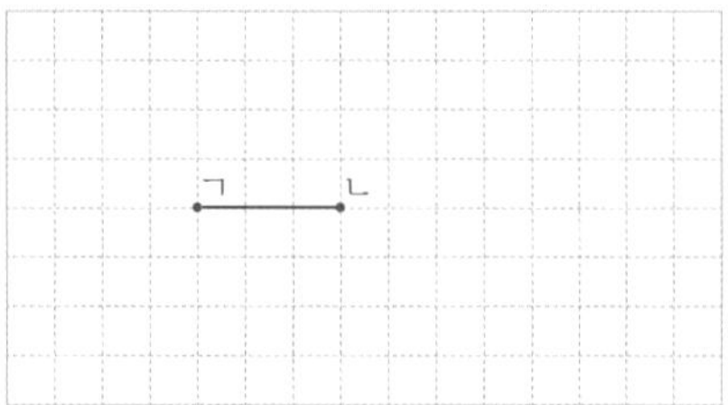

7 점 ㅇ을 원의 중심으로 하여 지름이 6 cm인 원을 그려 보세요.

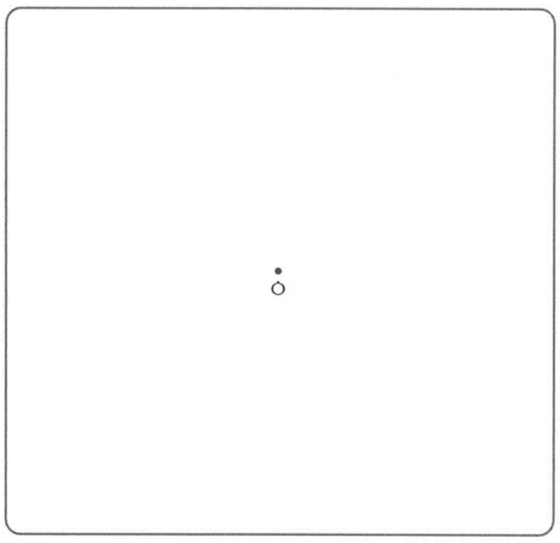

지름이 6 cm임을 이용하여 반지름의 길이를 먼저 구해 봐.

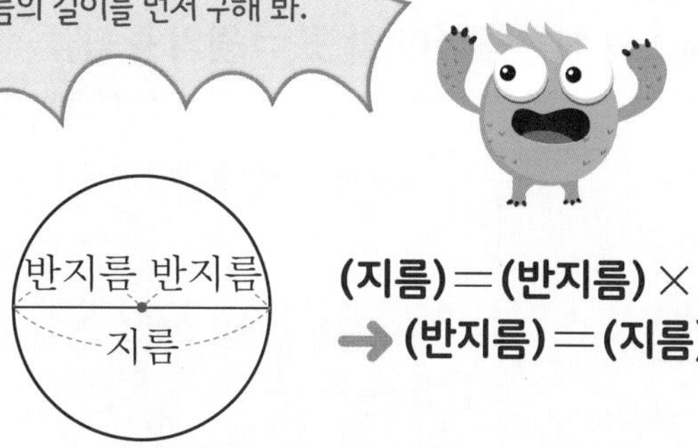

(지름)＝(반지름)×2

➜ (반지름)＝(지름)÷2

8 컴퍼스를 이용하여 왼쪽 동전과 크기가 같은 원을 그려 보세요.

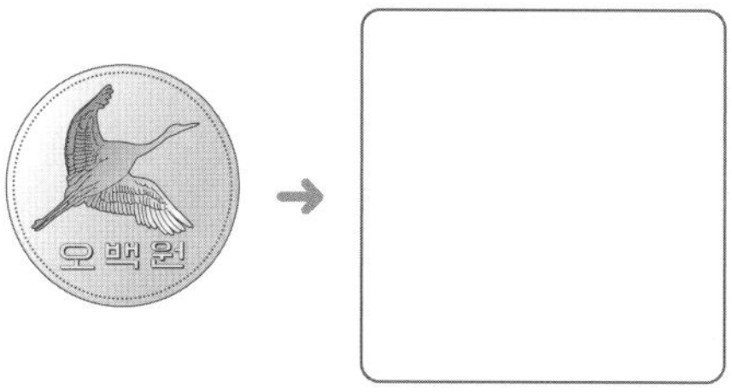

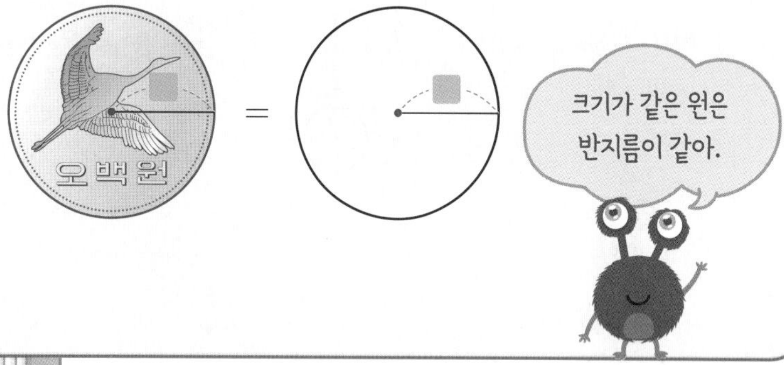

크기가 같은 원은 반지름이 같아.

수학적 독해력

9 컴퍼스를 이용하여 반지름이 1 cm인 원 2개를 맞닿게 그려 보세요.

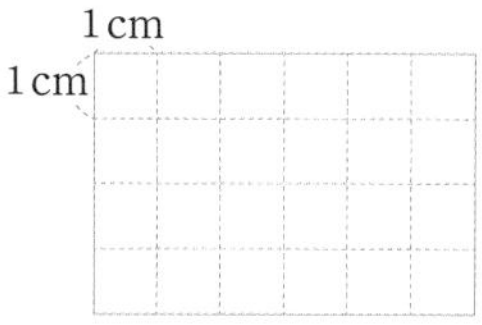

[맞닿은 두 원] [겹쳐진 두 원] [만나지 않는 두 원]

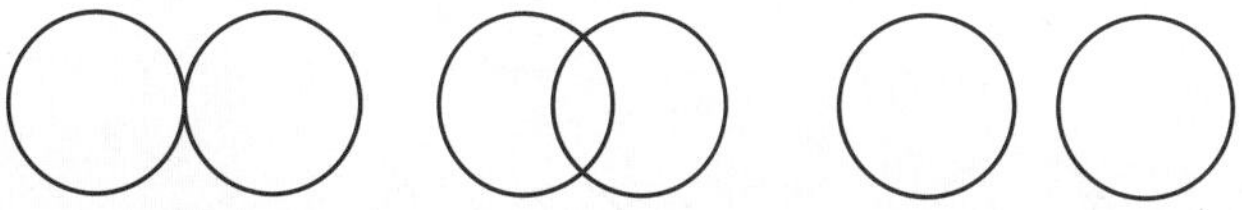

(○) (×) (×)

수학적 표현력

10 주하는 지름이 24 cm인 원을 그리려고 합니다. 컴퍼스의 침과 연필심 사이의 길이를 몇 cm로 해야 하는지 풀이 과정을 쓰고, 답을 구하세요.

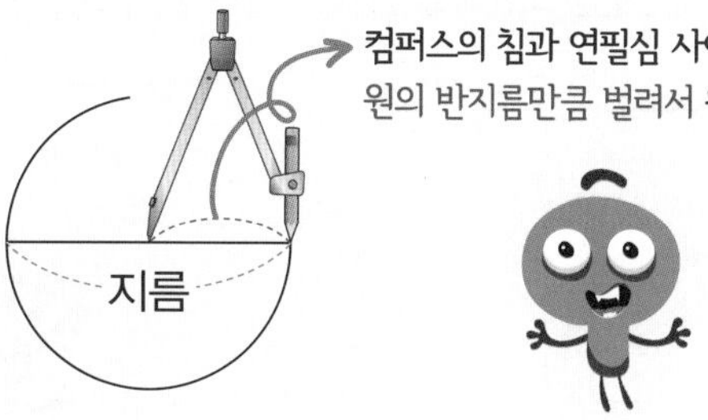

컴퍼스의 침과 연필심 사이를 원의 반지름만큼 벌려서 원을 그려.

3 단원

20일 원을 이용하여 여러 가지 모양 그리기

"컴퍼스의 침을 꽂아야 할 곳 = 원의 중심"

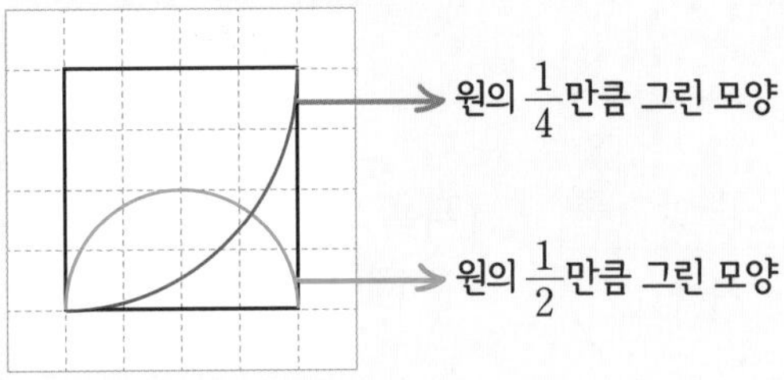

1 주어진 모양과 똑같이 그리기 위하여 컴퍼스의 침을 꽂아야 할 곳을 모두 찾아 쓰세요.

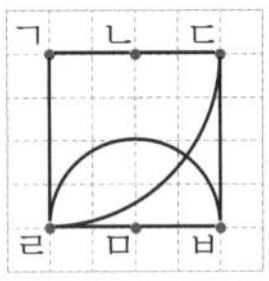

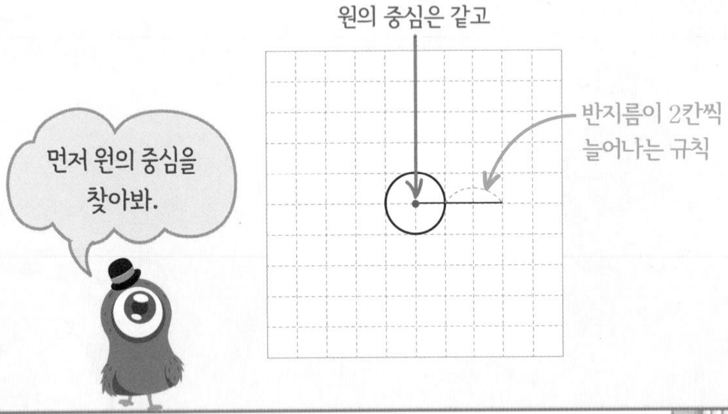

2 주어진 원과 원의 중심은 같고 반지름이 2칸씩 늘어나는 규칙으로 원을 2개 더 그려 보세요.

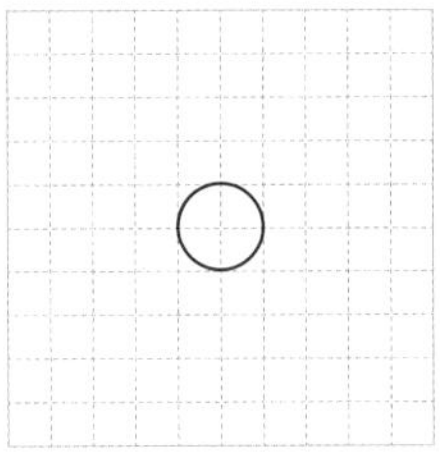

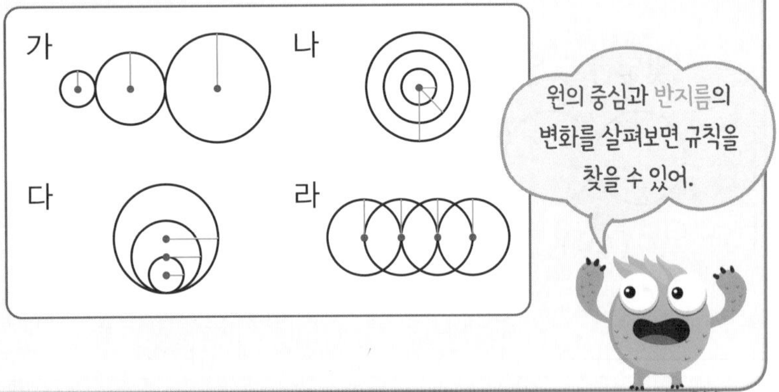

4 원의 반지름은 같고 원의 중심은 다르게 하여 그린 모양을 찾아 기호를 쓰세요.

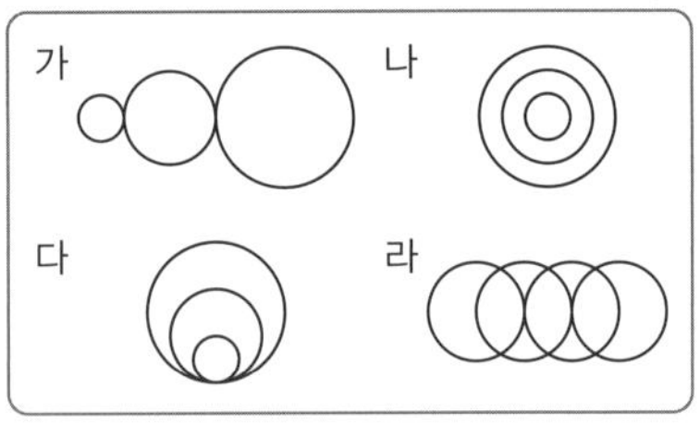

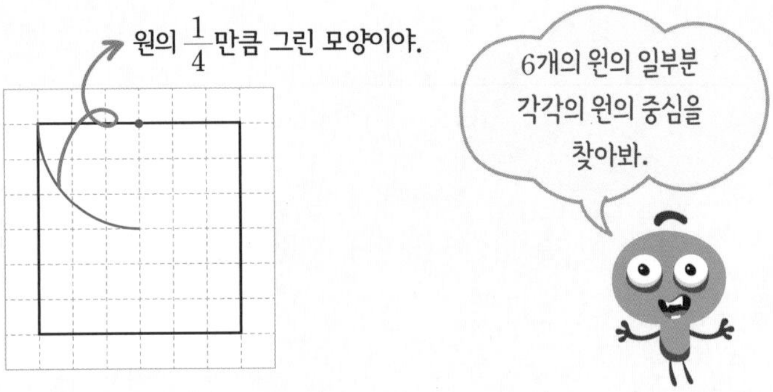

6 주어진 모양에 원의 중심을 모두 찾아 표시하고, 오른쪽에 똑같이 그려 보세요.

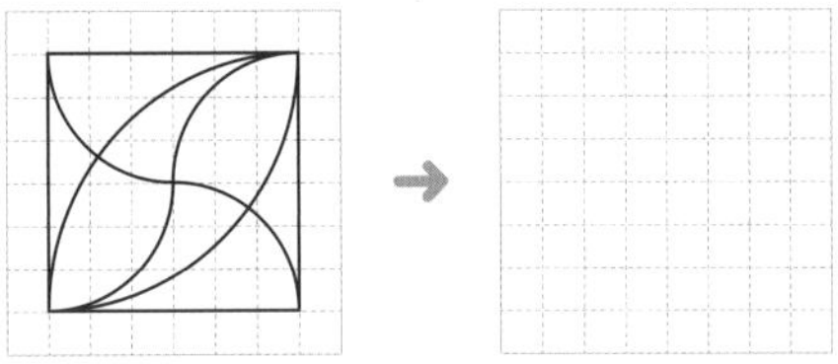

7 [규칙]에 따라 원을 2개 더 그려 보세요.

[규칙] 원의 중심이 오른쪽으로 1칸씩 옮겨 가고, 원의 반지름이 1칸씩 늘어나는 규칙입니다.

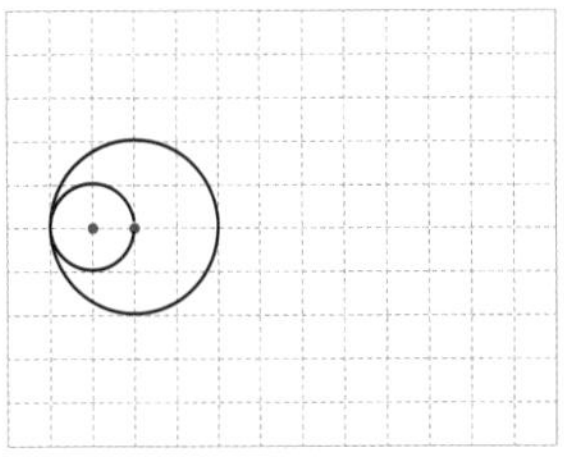

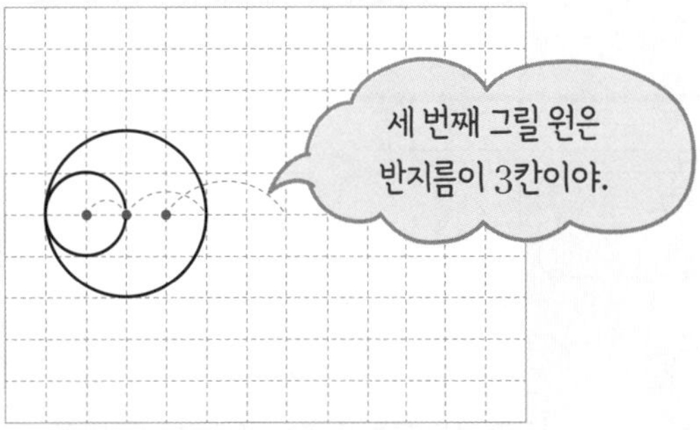

8 그림과 같이 원의 중심을 지나도록 모눈종이에 반지름을 1칸씩 늘려가며 규칙에 따라 원을 2개 더 그려 보세요.

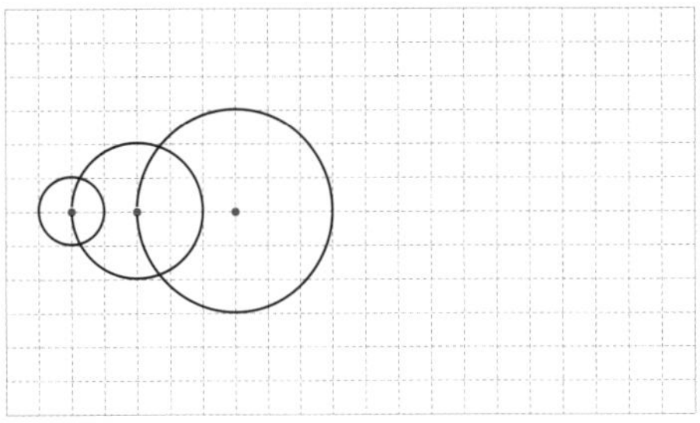

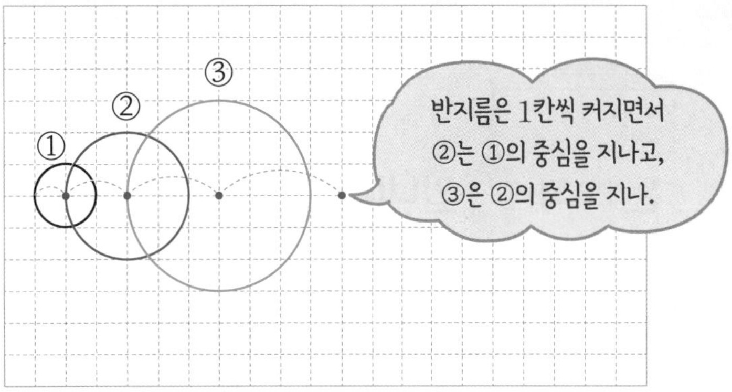

수학적 독해력

+9 컴퍼스의 침을 꽂아야 할 곳의 수가 더 많은 모양을 찾아 기호를 쓰세요.

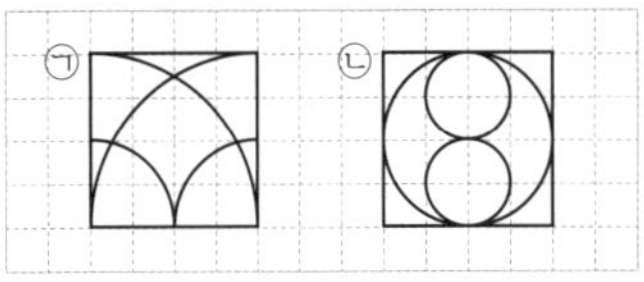

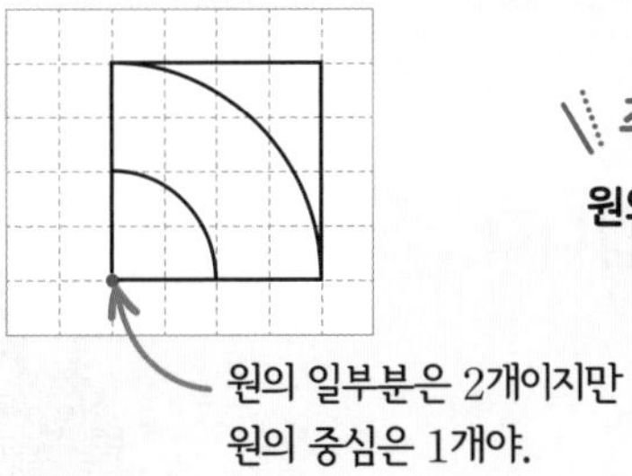

주의해!

원의 중심이 겹치는 곳도 있어.

수학적 표현력

+10 어떤 규칙으로 모양을 그린 것인지 설명해 보세요.

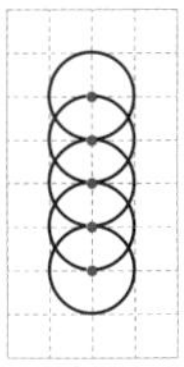

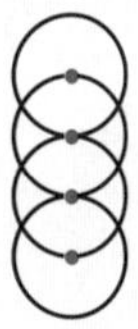

원의 중심: 변함
반지름: 변하지 않음

21일 분수로 나타내기

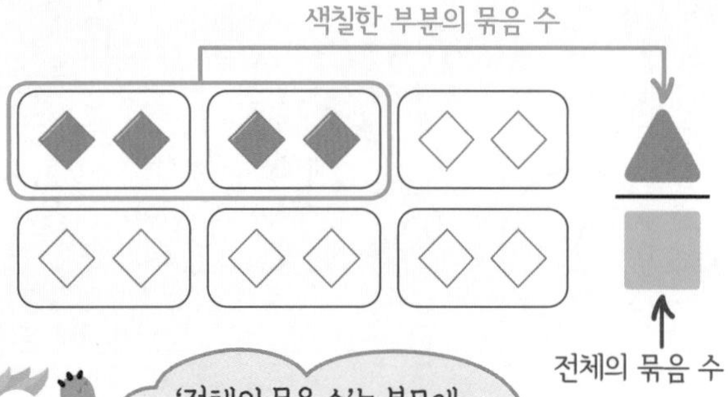

'전체의 묶음 수'는 분모에,
'부분의 묶음 수'는 분자에 써.

5씩 ▲묶음

5는 25의 $\frac{▲}{■}$입니다.

5씩 ■묶음

부분이
전체의 몇 묶음 중의
몇 묶음인지 세어 봐.

3씩 ▲묶음

12는 18의 $\frac{▲}{■}$입니다.

3씩 ■묶음

3씩 묶었을 때,
부분이 전체의 몇 묶음 중의
몇 묶음인지 세어 봐.

부분의 묶음 수

색칠한 호두가 전체의 $\frac{2}{4}$

전체의 묶음 수

분모는 '전체의 묶음 수'를,
분자는 '부분의 묶음 수'를 나타내.

3 색칠한 부분을 분수로 나타내세요.

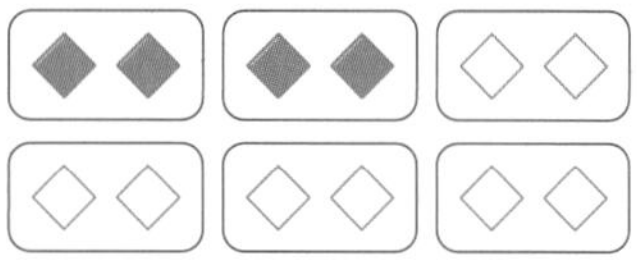

→ $\frac{□}{□}$

4 그림을 보고 □ 안에 알맞은 수를 써넣으세요.

(1) 5는 25의 $\frac{□}{□}$입니다.

(2) 20은 25의 $\frac{□}{□}$입니다.

5 그림을 보고 □ 안에 알맞은 수를 써넣으세요.

18을 3씩 묶으면 □묶음이 됩니다.

→ 12는 18의 $\frac{□}{□}$입니다.

6 색칠한 호두가 전체의 $\frac{2}{4}$인 것을 찾아 ○표 하세요.

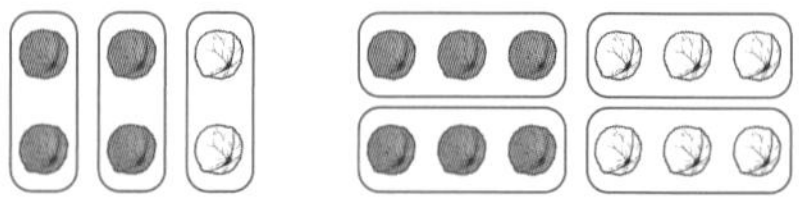

(　　　)　(　　　)

7 지혜는 구슬 28개를 4개씩 묶었습니다. 구슬 8개는 전체의 얼마인지 분수로 나타내세요.

▲ ← 8개는 4개씩 ▲묶음
■ ← 28개는 4개씩 ■묶음

'전체의 묶음 수'는 분모에, '부분의 묶음 수'는 분자에 써.

8 ㉠과 ㉡의 합은 얼마일까요?

- 24를 3씩 묶으면 15는 24의 $\frac{㉠}{8}$입니다.
- 24를 8씩 묶으면 16은 24의 $\frac{㉡}{3}$입니다.

3씩 ㉠묶음

- 24를 3씩 묶으면 (15)는 24의 $\frac{㉠}{8}$입니다.
- 24를 8씩 묶으면 (16)은 24의 $\frac{㉡}{3}$입니다.

8씩 ㉡묶음

알아둬!
전체를 몇씩 묶느냐에 따라 분수가 달라질 수 있어.

수학적 독해력

+9 ★에 공통으로 알맞은 수를 구하세요.

★을 7씩 묶으면 14는 ★의 $\frac{2}{8}$입니다.

7씩 2묶음

★을 7씩 묶으면 14는 ★의 $\frac{2}{8}$

7씩 8묶음

수학적 표현력

+10 분수로 나타낸 것입니다. 잘못 나타낸 사람의 이름을 쓰고 바르게 고쳐 보세요.

주하: 8은 10의 $\frac{8}{10}$입니다.

로운: 8은 12의 $\frac{1}{2}$입니다.

부분의 묶음 수

(부분)은 (전체)의 $\frac{▲}{■}$입니다.

전체의 묶음 수

전체와 부분의 묶음 수가 옳은지 살펴봐.

4단원

22일 분수만큼은 얼마인지 알아보기

$\frac{1}{4}$ ← 부분의 묶음 수 → $\frac{2}{4}$

$\frac{1}{4}$ ← 전체의 묶음 수 → $\frac{2}{4}$

분수의 분모는 '전체의 묶음 수'를,
분자는 '부분의 묶음 수'를 나타내.

$\frac{3}{5}$ ← 부분의 묶음 수 / ← 전체의 묶음 수

10 cm를 똑같이
5부분으로 나누면
3부분은 얼마일까?

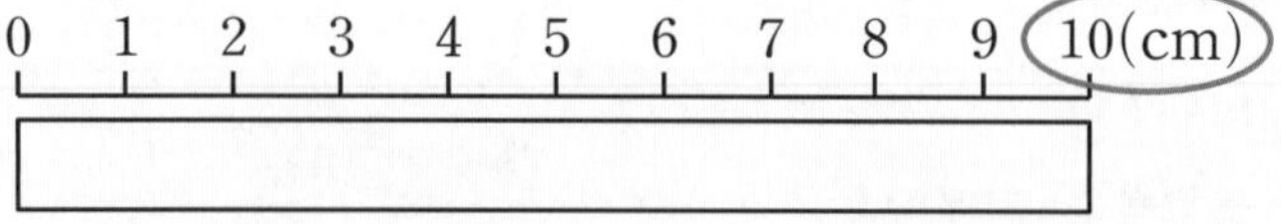

20을 똑같이
5묶음으로 나눈 것 중의
1묶음

20의 $\frac{1}{5}$

20을 똑같이
5묶음으로 나눈 것 중의
4묶음

20의 $\frac{4}{5}$

$\frac{3}{4}$ ← 부분의 묶음 수 / ← 전체의 묶음 수

8 m를 똑같이
4부분으로 나누면
3부분은 얼마일까?

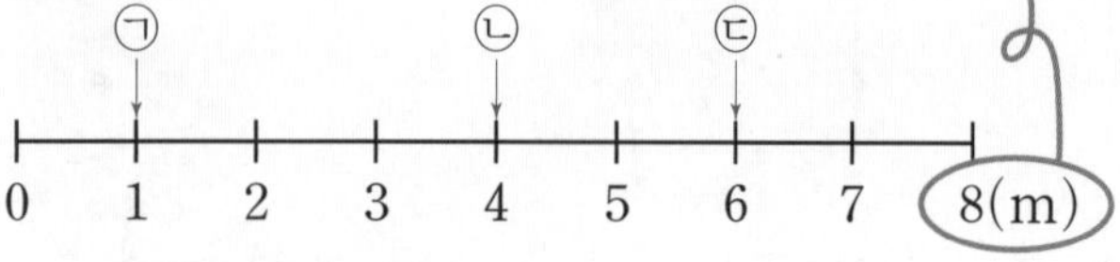

1 그림을 보고 □ 안에 알맞은 수를 써넣으세요.

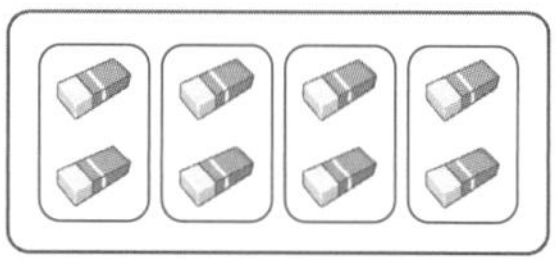

(1) 8의 $\frac{1}{4}$은 □입니다.

(2) 8의 $\frac{2}{4}$는 □입니다.

4 10 cm의 $\frac{3}{5}$을 색칠해 보고 □ 안에 알맞은 수를 써넣으세요.

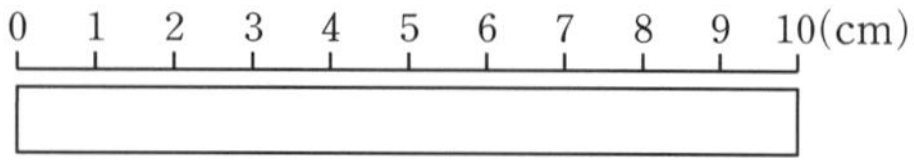

10 cm의 $\frac{3}{5}$은 □ cm입니다.

5 주어진 수만큼 노란색과 파란색으로 색칠하세요.

• 노란색: 20의 $\frac{1}{5}$ • 파란색: 20의 $\frac{4}{5}$

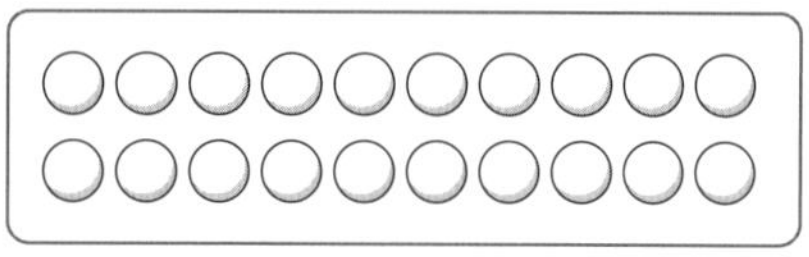

6 8 m의 $\frac{3}{4}$만큼 되는 곳을 찾아 기호를 쓰세요.

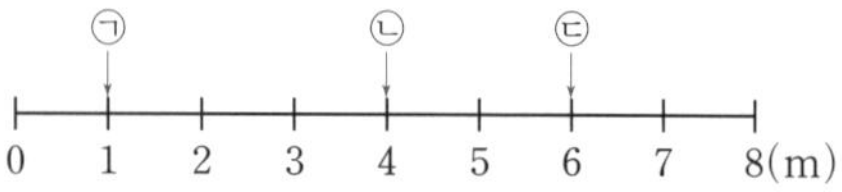

본책 100~101쪽

7 1시간의 $\frac{2}{3}$는 몇 분인지 구하세요.

1시간은 60분이야.

1시간의 $\frac{2}{3}$

60분을 똑같이 3부분으로 나눈 것 중의 2부분은 얼마일까?

4단원

8 윤하가 말한 어떤 수는 얼마일까요?

어떤 수의 $\frac{2}{6}$는 8이야.

어떤 수를 똑같이 6으로 나눈 것 중의 2가 8이면, 1은 얼마일까?

어떤 수의 $\frac{2}{6}$는 8

주의해!

'어떤 수'는 이 수를 똑같이 6으로 나눈 것 중의 6만큼이야.

수학적 독해력

+9 제과점에서 오늘 마카롱을 36개 만들었습니다. 마카롱을 오전에 36개의 $\frac{2}{9}$만큼, 오후에 36개의 $\frac{1}{6}$만큼 팔았습니다. 남은 마카롱은 몇 개일까요?

제과점에서 오늘 마카롱을 36개 만들었습니다. 마카롱을 오전에 36개의 $\frac{2}{9}$만큼, 오후에 36개의 $\frac{1}{6}$만큼 팔았습니다. 남은 마카롱은 몇 개일까요?

(남은 마카롱의 수) = (전체 마카롱의 수) − (오전과 오후에 판 마카롱의 수)

수학적 표현력

+10 나타내는 수가 더 큰 것의 기호를 쓰려고 합니다. 풀이 과정을 쓰고, 답을 구하세요.

㉠ 40의 $\frac{5}{8}$ ㉡ 56의 $\frac{3}{7}$

전체의 $\frac{▲}{■}$

↓

(전체를 똑같이 ■로 나눈 것 중의 1)×▲

23일 여러 가지 분수 (1)

1은 분모와 분자가 같은 분수로 나타낼 수 있어.

$1=\frac{■}{■}$임을 이용하여 자연수를 분수로 나타낼 수 있어.

$1=\frac{■}{■}$ $2=\frac{■\times 2}{■}$

진분수는 분자가 분모보다 작은 분수야.

가분수는 분자가 분모와 같거나 분모보다 큰 분수야.

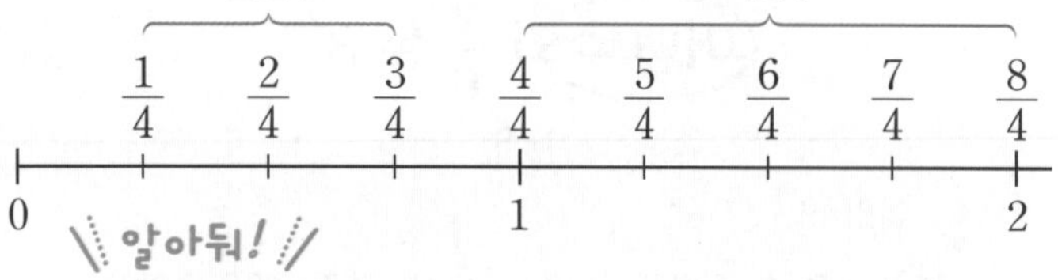

알아둬!

0은 자연수가 아니야.

중요해!

가분수는 1과 같거나 1보다 큰 수야.

가분수 $\frac{▲}{■}$ → ▲=■ 또는 ▲>■

$\frac{1}{■}$이 ▲개인 분수

↓

$\frac{▲}{■}$

2 자연수를 가분수로 나타내려고 합니다. □ 안에 알맞은 수를 써넣으세요.

(1) $1=\frac{□}{3}$, $1=\frac{□}{5}$, $1=\frac{□}{8}$

(2) $1=\frac{□}{2}$, $2=\frac{□}{2}$, $3=\frac{□}{2}$

4 사다리를 타고 내려가 도착한 곳이 참이면 ○표, 거짓이면 ×표 하세요.

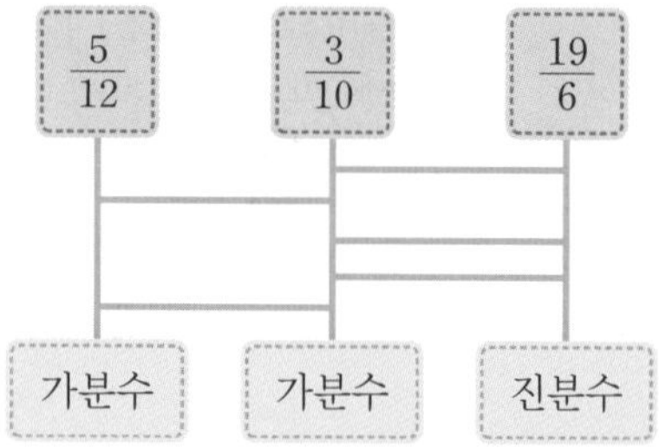

5 가분수를 모두 찾아 쓰세요.

$\frac{2}{9}$	$\frac{14}{11}$	$\frac{5}{8}$	$\frac{5}{4}$	$\frac{3}{3}$

6 진분수이면 '진', 가분수이면 '가'를 쓰세요.

$\frac{1}{7}$이 6개인 분수

7 자연수 3을 분모가 4인 가분수로 나타내세요.

$1=\frac{\square}{\square}$ $2=\frac{\square\times2}{\square}$ $\square=\frac{\square\times\square}{\square}$

자연수

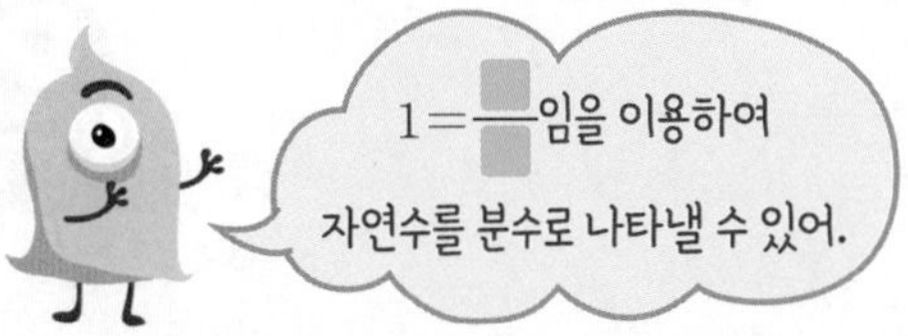

8 수 카드 2장을 사용하여 만들 수 있는 진분수를 모두 쓰세요.

3 4 5

$\frac{\square}{3}$ $\frac{\square}{4}$ $\frac{\square}{5}$

주의해!

분모가 3일 때는 분자가 3보다 커서 진분수를 만들 수 없어.

수학적 독해력

9 다음 조건을 모두 만족하는 분수를 구하세요.

- 분모가 8인 가분수입니다.
- 분자가 가장 작습니다.

$\frac{▲}{8}$

수학적 표현력

10 $\frac{14}{13}$는 진분수가 아닙니다. 그 이유를 설명하세요.

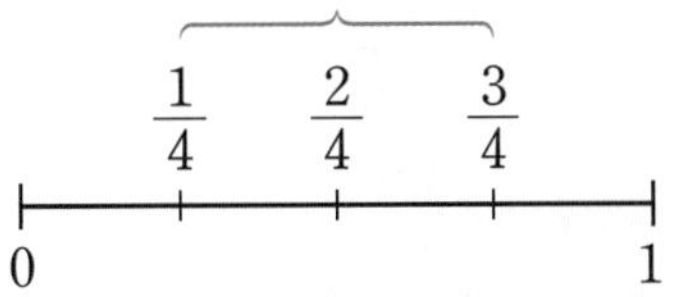

4단원

24일 여러 가지 분수 (2)

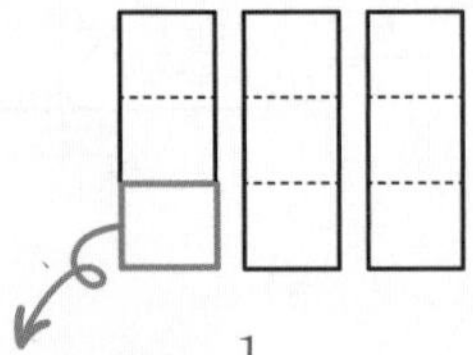

한 칸의 크기는 $\frac{1}{3}$

$\frac{1}{3}$이 3개이면 $\frac{3}{3}$,
즉 1이겠군!

대분수 → 가분수

자연수 부분을
가분수로 바꿔 봐.

$2\frac{1}{7} \rightarrow 2$와 $\frac{1}{7}$

가분수 → 대분수

자연수로 나타낼 수 있는
부분은 자연수로 바꿔 봐.

$\frac{11}{8} \rightarrow \frac{8}{8}$과 $\frac{3}{8}$

$1\frac{5}{9} \rightarrow \frac{9}{9}$와 $\frac{5}{9} \rightarrow \frac{\square}{9}$

대분수의 자연수를 가분수로
바꿔서 단위분수의 개수를 세면,
가분수로 나타낼 수 있어.

$\frac{▲}{■}$ → $\frac{1}{■}$이 ▲개인 분수

주의해!

대분수를 가분수로 바꿔서
분자를 알아봐야 해.

3 가분수 $\frac{7}{3}$만큼 색칠하고 대분수로 나타내세요.

$\frac{7}{3}$ → 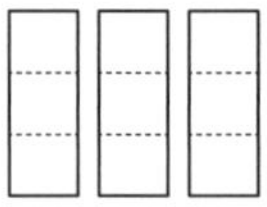 → $\square\frac{\square}{\square}$

4 대분수는 가분수로, 가분수는 대분수로 나타내세요.

(1) $2\frac{1}{7}=\frac{\square}{\square}$　　(2) $\frac{11}{8}=\square\frac{\square}{\square}$

5 크기가 같은 분수끼리 선으로 이어 보세요.

$1\frac{5}{9}$ •	• $\frac{17}{9}$
$2\frac{1}{9}$ •	• $\frac{14}{9}$
$1\frac{8}{9}$ •	• $\frac{19}{9}$

6 $3\frac{8}{10}$은 $\frac{1}{10}$이 몇 개인 수일까요?

7 다음 대분수의 □ 안에 들어갈 수 있는 자연수는 모두 몇 개일까요?

$5\frac{\square}{8}$

4단원

8 ㉠과 ㉡의 차를 구하세요.

• $4=\frac{㉠}{7}$ • $\frac{33}{5}=㉡\frac{3}{5}$

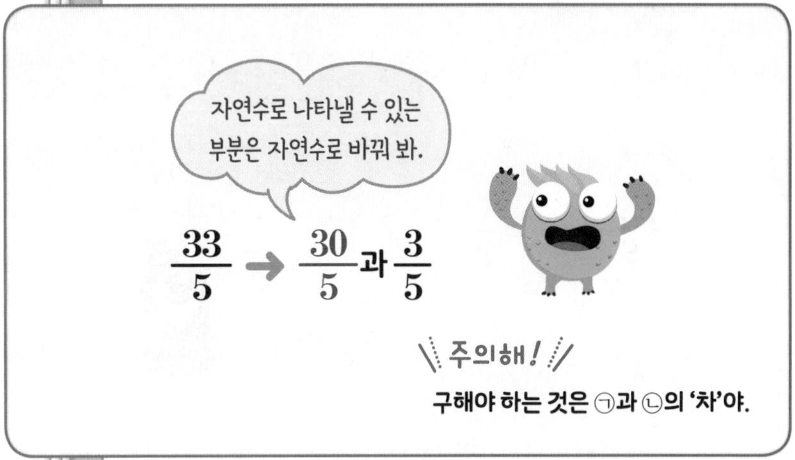

수학적 독해력

9 3장의 수 카드를 한 번씩 모두 사용하여 만들 수 있는 분수 중 가장 큰 대분수를 만들고, 가분수로 나타내세요.

3 8 5

$\square\frac{\square}{\square}=\frac{\square}{\square}$

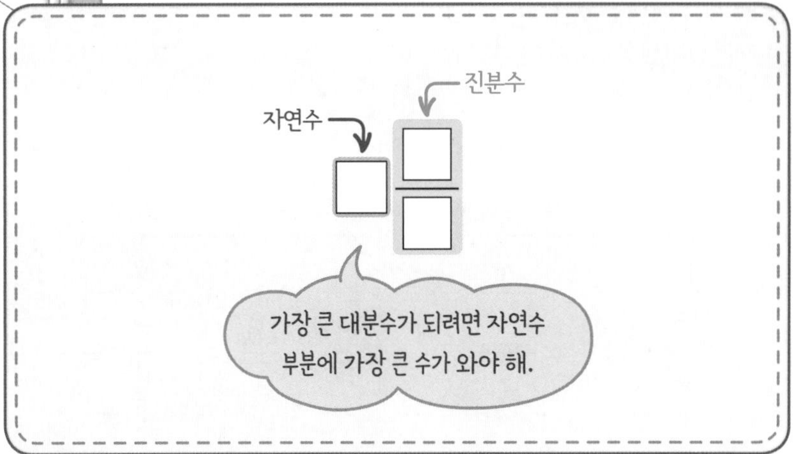

수학적 표현력

10 수현이가 가분수를 대분수로 나타낸 것입니다. 잘못 나타낸 이유를 쓰고, 바르게 나타내세요.

수현

$\frac{16}{5}=2\frac{6}{5}$

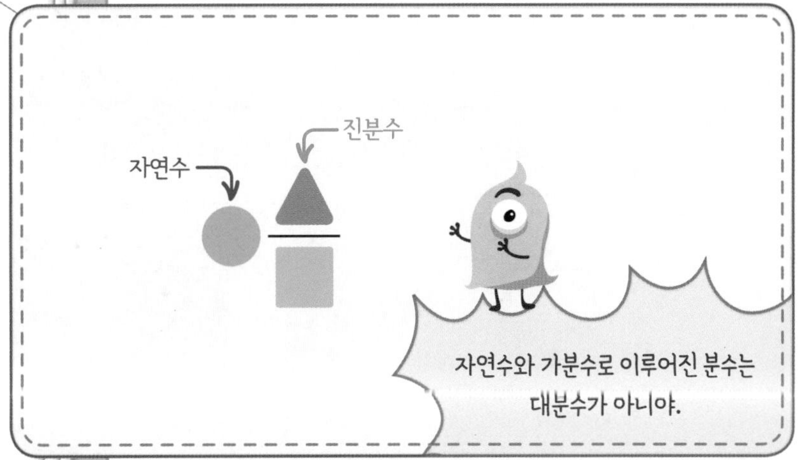

25일 분모가 같은 분수의 크기 비교

$2\frac{2}{3}$ ◯ $1\frac{1}{3}$

분모가 같은 대분수는 자연수가 클수록 더 큰 분수야.

$4\frac{5}{9}$ ◯ $4\frac{7}{9}$

대분수의 자연수 부분이 같으면, 분자가 클수록 더 큰 분수야.

가분수와 대분수의 크기를 비교할 때에는 가분수 또는 대분수로 같게 하여 비교해.

가분수로 같게 하여 비교해.

$\frac{15}{4}$ $3\frac{2}{4}=\frac{\square}{\square}$

대분수로 같게 하여 비교해.

$2\frac{3}{5}$ $\frac{13}{5}=\square\frac{\square}{\square}$

㉠ $\frac{1}{9}$이 12개인 분수 ㉡ $1\frac{5}{9}$

$\frac{\square}{9}$

가분수 또는 대분수로 같게 하여 크기를 비교해.

1 그림을 보고 분수의 크기를 비교하여 ◯ 안에 >, =, <를 알맞게 써넣으세요.

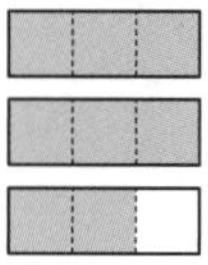

$2\frac{2}{3}$ ◯ $1\frac{1}{3}$

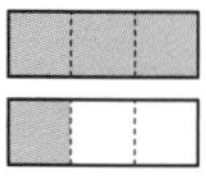

2 ◯ 안에 >, <를 알맞게 써넣고, 알맞은 말에 ◯표 하세요.

$4\frac{5}{9}$ ◯ $4\frac{7}{9}$

자연수의 크기가 같으므로 분자의 크기를 비교하면 $4\frac{5}{9}$가 $4\frac{7}{9}$보다 더 (큽니다 , 작습니다).

3 두 분수의 크기를 비교하여 ◯ 안에 >, =, <를 알맞게 써넣으세요.

(1) $\frac{15}{4}$ ◯ $3\frac{2}{4}=\frac{\square}{\square}$

(2) $2\frac{3}{5}$ ◯ $\frac{13}{5}=\square\frac{\square}{\square}$

6 더 큰 분수를 찾아 기호를 쓰세요.

㉠ $\frac{1}{9}$이 12개인 분수 ㉡ $1\frac{5}{9}$

7 $\frac{8}{10}$보다 크고 $\frac{23}{10}$보다 작은 분수를 모두 찾아 ○표 하세요.

$\frac{5}{10}$	$1\frac{3}{10}$	$\frac{29}{10}$	$2\frac{2}{10}$	$3\frac{1}{10}$

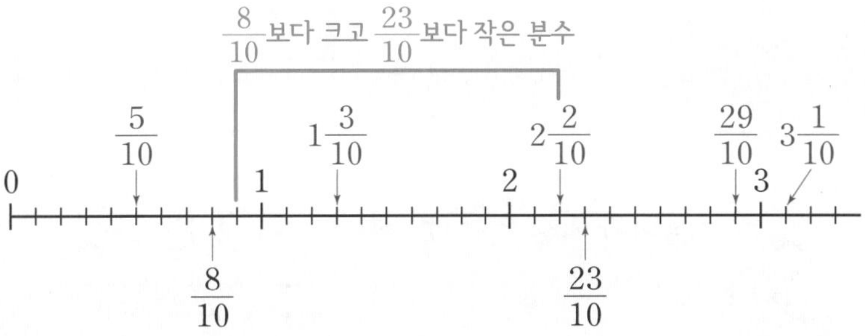

알아둬!

수직선에서 오른쪽으로 갈수록 큰 수야.

8 슬기네 집에서 학교까지의 거리는 $\frac{15}{8}$ km, 도서관까지의 거리는 $1\frac{3}{8}$ km, 축구장까지의 거리는 $1\frac{5}{8}$ km입니다. 슬기네 집에서 가까운 장소부터 차례로 쓰세요.

가분수 또는 대분수로 같게 하여 비교해.

$$\frac{15}{8} = \square\frac{\square}{\square} \quad 1\frac{3}{8} \quad 1\frac{5}{8}$$

대분수의 크기를 비교할 때에는 자연수 → 분자의 순서로 비교해.

수학적 독해력

9 1부터 9까지의 수 중에서 □ 안에 들어갈 수 있는 수를 모두 구하세요.

$$\square\frac{4}{11} < 5\frac{5}{11}$$

4<5

$$\square\frac{4}{11} < 5\frac{5}{11}$$

분자의 크기를 비교하면 4<5이므로 자연수가 같을 때에도 식이 성립해.

수학적 표현력

10 두 가지 방법으로 분수의 크기를 비교해 보세요.

$1\frac{7}{9}$ $\quad$ $\frac{13}{9}$

가분수와 대분수의 크기를 비교할 때에는 가분수 또는 대분수로 같게 하여 비교해.

$1\frac{7}{9}$ $\quad$ $\frac{13}{9}$

4단원

들이 비교하기

들이가 가장 많은 것 → **가장 큰 그릇**

들이가 가장 적은 것 → **가장 작은 그릇**

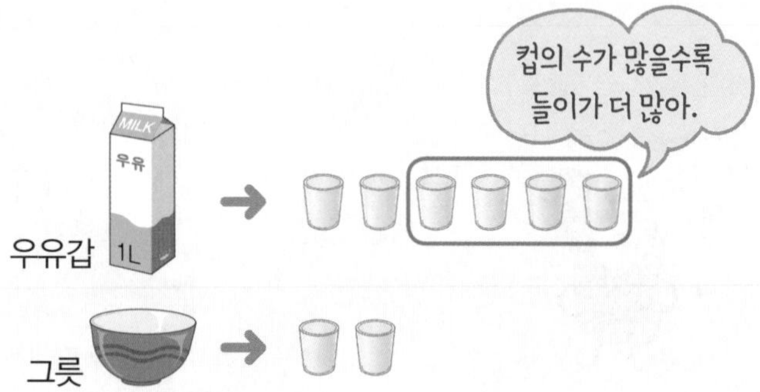

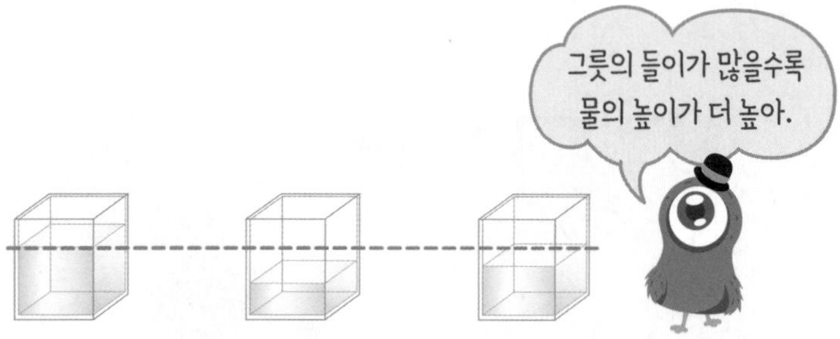

이름	민호	종욱	수현
덜어낸 횟수	3번	2번	4번

3 들이가 가장 많은 것과 가장 적은 것을 각각 찾아 쓰세요.

가장 많은 것 (　　　　　　)
가장 적은 것 (　　　　　　)

4 우유갑과 그릇에 물을 가득 채운 후 모양과 크기가 같은 작은 컵에 옮겨 담았습니다. 어느 것이 컵 몇 개만큼 물이 더 들어가는지 구하세요.

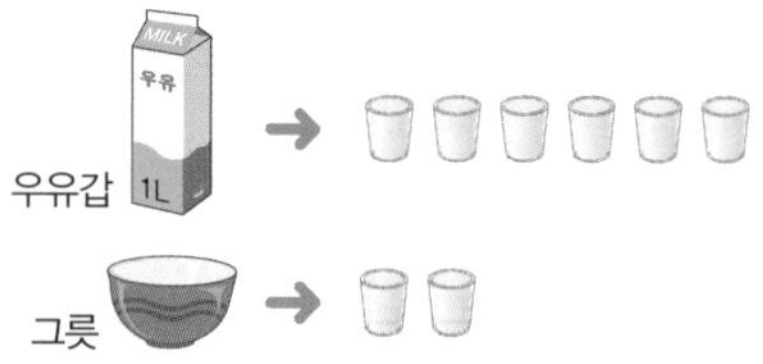

→ [　　　]이 컵 [　]개만큼 물이 더 들어갑니다.

5 컵, 주스병, 물병에 물을 가득 채운 후 모양과 크기가 같은 그릇에 옮겨 담았습니다. 알맞은 것끼리 선으로 이어 보세요.

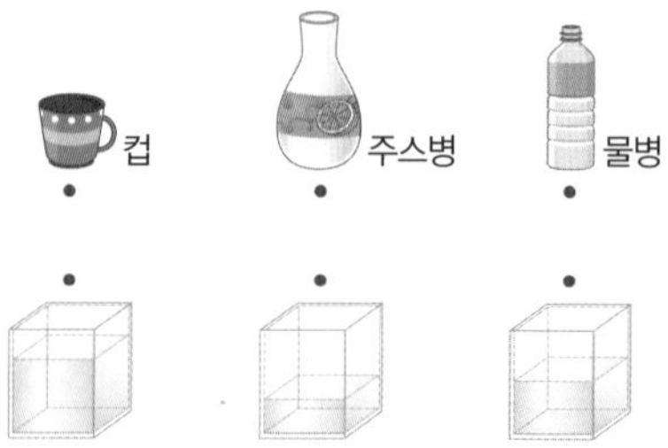

6 민호, 종욱, 수현이가 각자 가지고 있는 컵으로 모양과 크기가 같은 병에 가득 들어 있는 우유를 모두 덜어낸 횟수입니다. 들이가 적은 컵을 가지고 있는 사람은 누구일까요?

이름	민호	종욱	수현
덜어낸 횟수	3번	2번	4번

7 보온병과 어항에 물을 가득 채운 후 모양과 크기가 같은 작은 컵에 옮겨 담았습니다. 어항의 들이는 보온병 들이의 몇 배일까요?

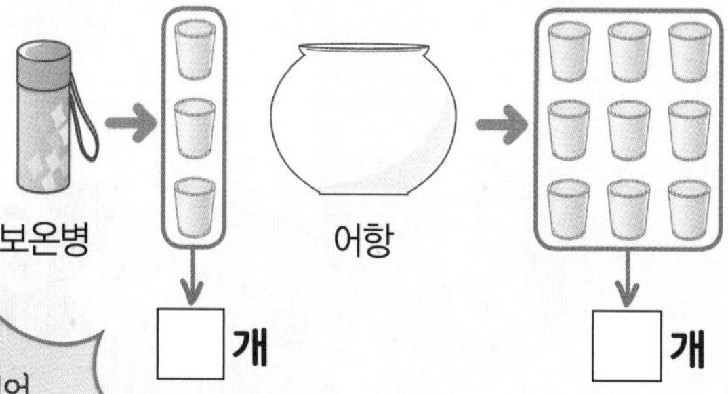

컵의 수를 세어 들이를 비교할 수 있어.

8 컵, 물병, 물약병이 있습니다. 대화를 읽고 들이가 많은 것부터 차례로 쓰세요.

영민: 컵에 물을 가득 채워 물병에 옮기면 가득 차지 않아.

서연: 컵에 물을 가득 채워 물약병에 옮기면 물약병이 가득 차고, 컵에 물이 남아.

[가]에 가득 채운 물을 [나]에 옮겼을 때,

[나]에 가득 차지 않으면?
→ [나]의 들이가 더 많아.

[나]에 가득 차고 남으면?
→ [가]의 들이가 더 많아.

수학적 독해력

9 수조와 양동이에 물을 가득 채우려면 ㉮ 컵과 ㉯ 컵으로 다음과 같이 각각 부어야 합니다. 잘못 이야기한 사람은 누구일까요?

	㉮ 컵	㉯ 컵
수조	5개	4개
양동이	10개	8개

민호: 수조보다 양동이에 물을 더 많이 담을 수 있어.
로운: 양동이의 들이는 수조 들이의 2배야.
윤하: ㉮ 컵과 ㉯ 컵 중에 들이가 더 많은 컵은 ㉮ 컵이야.

다른 컵으로 부었을 때, 컵의 들이가 클수록 부은 횟수가 적어.

	㉮ 컵	㉯ 컵
수조	5개	4개
양동이	10개	8개

같은 컵으로 부었을 때, 컵의 수가 많을수록 들이가 더 많아.

수학적 표현력

10 슬기가 생수병과 주전자의 들이를 비교하려고 합니다. 생수병과 주전자의 들이를 비교하는 방법을 쓰세요.

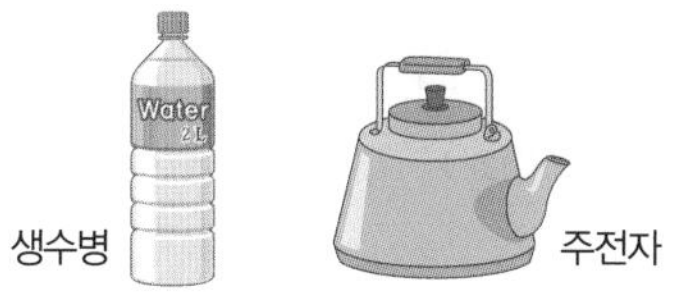

한 그릇에 가득 채운 물을 다른 그릇에 직접 옮겨 담아 비교할 수 있어.

크기가 같은 큰 그릇이나 작은 컵에 각각 옮겨 담아 비교하는 방법도 있어.

27일 들이의 단위 / 들이 어림하고 재어 보기

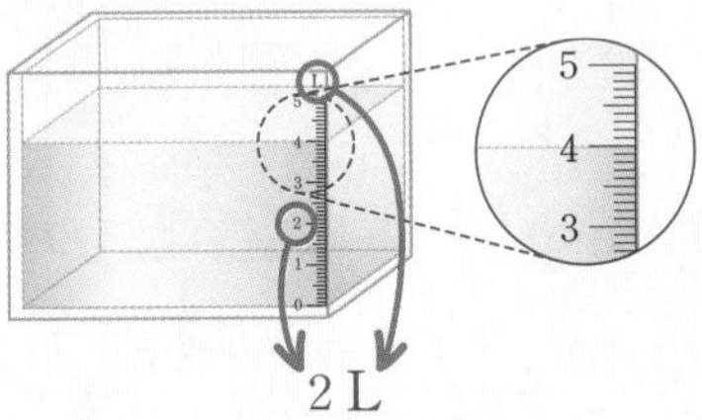

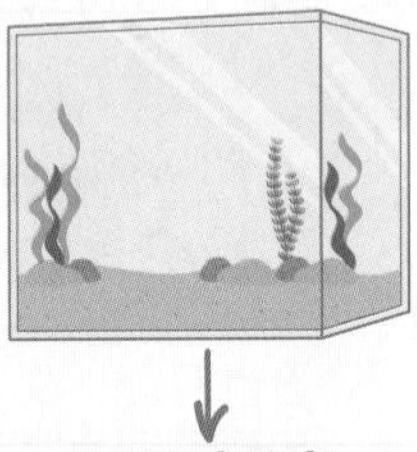

작은 그릇의 들이는 mL로 나타내.

큰 그릇의 들이는 L로 나타내.

1000 mL=1 L

↓

■▲00 mL=■ L ▲00 mL

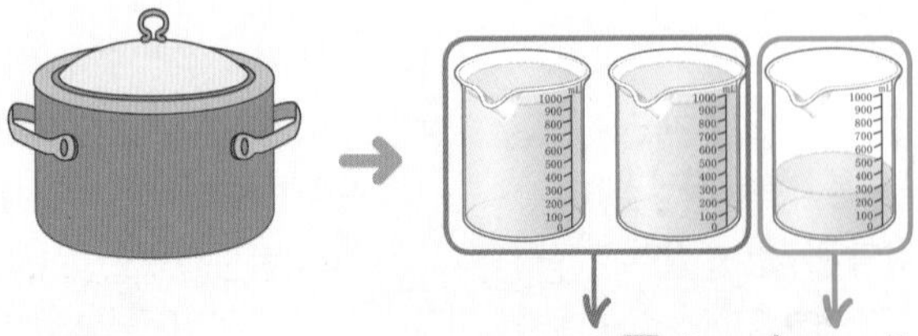

2 물이 양이 얼마인지 눈금을 읽고 □ 안에 알맞은 수를 써넣으세요.

(1)

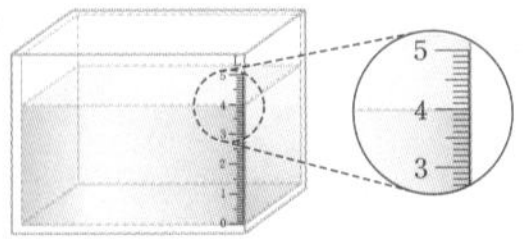

→ □ L

(2)

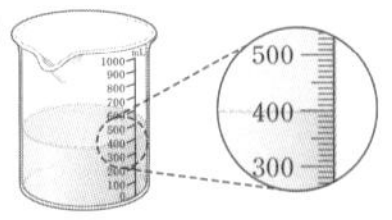

→ □ mL

4 물건의 들이를 예상해 보고 〈보기〉에서 찾아 쓰세요.

〈보기〉

약 500 mL　　약 10 mL　　약 100 L

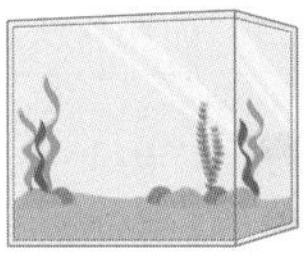

5 들이가 같은 것끼리 선으로 이어 보세요.

7400 mL •	• 7 L 4 mL
7040 mL •	• 7 L 400 mL
7004 mL •	• 7 L 40 mL

6 냄비에 물을 가득 채운 후 비커에 모두 옮겨 담았습니다. 냄비의 들이는 몇 L 몇 mL일까요?

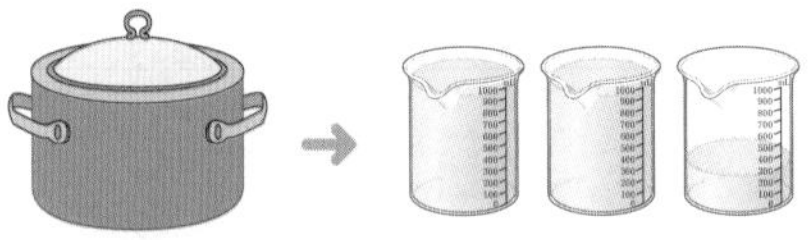

7 윤하의 물병에는 물이 1 L보다 600 mL 더 많이 들어 있고, 영민이의 물병에는 물이 1550 mL 들어 있습니다. 물병에 들어 있는 물의 양이 더 많은 사람은 누구일까요?

■ L보다 ▲00 mL 더 많은 들이

↓

■ L ▲00 mL

주의해!

두 물병의 물을 몇 mL 또는 몇 L 몇 mL로 나타내어야 해.

8 세 주스의 양을 나타낸 것입니다. 양이 적은 주스부터 차례로 쓰세요.

감귤 주스	포도 주스	토마토 주스
1 L 50 mL	1200 mL	1 L 450 mL

(1200 mL →) 몇 L 몇 mL로 바꿔 봐.

단위를 통일하여 들이를 비교해.

수학적 독해력

+9 물병의 들이를 가장 적절히 어림한 사람은 누구일까요?

슬기: 물병은 1 L 우유갑과 들이가 비슷할 것 같아. 들이는 약 1500 mL야.

서준: 물병에 200 mL 우유갑으로 4번쯤 들어갈 것 같아. 들이는 약 800 mL야.

민호: 물병에 500 mL 우유갑으로 1번, 200 mL 우유갑으로 2번 들어갈 것 같아. 들이는 약 700 mL야.

● mL 우유갑으로 ★번

↓

(● × ★) mL

수학적 표현력

+10 단위가 바르지 않은 문장을 찾아 기호를 쓰고, 바르게 고치세요.

㉠ 컵의 들이는 약 200 mL입니다.
㉡ 8 L 30 mL는 830 mL입니다.
㉢ 9600 mL는 9 L 600 mL입니다.

■ L ▲00 mL
= ■000 mL + ▲00 mL
= ■▲00 mL

1000 mL = 1 L야.

5 단원

28일 들이의 덧셈과 뺄셈

들이의 계산은 L는 L끼리, mL는 mL끼리 계산해.

주의해!

먼저 1000 mL＝1 L임을 이용하여 4000 mL를 몇 L로 바꿔!

6 L 400 mL —(−4000 mL)→ □ L □ mL

---

mL의 계산에서 받아올림한 수

	□	
	1 L	400 mL
＋	1 L	900 mL
	L	mL

mL끼리의 합이 1000이거나 1000보다 크면 1000 mL를 1 L로 받아올림하여 계산해.

들이의 '차'를 구해야 하니까 뺄셈이야.

가장 큰 들이 − **가장 작은 들이**

빨간색과 흰색을 섞어 분홍색 페인트를 만들었으니까 '덧셈'이야.

분홍색 페인트의 양 ＝ **빨간색 페인트의 양** ＋ **흰색 페인트의 양**

먼저 1000 mL＝1 L임을 이용하여 5300 mL가 몇 L 몇 mL인지 바꿔!

---

2 □ 안에 알맞은 수를 써넣으세요.

6 L 400 mL —(−4000 mL)→ □ L □ mL

3 계산이 잘못된 곳을 찾아 바르게 계산해 보세요.

	1 L	400 mL
＋	1 L	900 mL
	2 L	300 mL

→

	1 L	400 mL
＋	1 L	900 mL

5 가장 많은 들이와 가장 적은 들이의 차는 몇 L 몇 mL일까요?

1 L 700 mL　5 L 500 mL　4 L 200 mL

6 빨간색 페인트 5300 mL와 흰색 페인트 1 L 600 mL를 섞어서 분홍색 페인트를 만들었습니다. 분홍색 페인트는 몇 L 몇 mL일까요?

7 □ 안에 알맞은 수를 써넣으세요.

	□	L	300	mL
+	2	L	□	mL
	9	L	100	mL

mL의 계산에서 받아올림한 수

	□			
	□	L	300	mL
+	2	L	□	mL
	9	L	100	mL

100 mL는 300 mL보다 작으므로 받아올림하였음을 알 수 있어.

8 식당에서 사용한 식용유와 간장의 양은 모두 몇 L 몇 mL일까요?

	식용유	간장
사용하기 전의 양	8 L 900 mL	10 L 100 mL
사용하고 남은 양	7 L 850 mL	6 L 200 mL

식용유와 간장을 얼마나 사용했는지 먼저 구한 다음, 두 양을 더해.

	식용유	간장
사용하기 전의 양	8 L 900 mL	10 L 100 mL
	−	−
사용하고 남은 양	7 L 850 mL	6 L 200 mL

사용한 식용유의 양 + 사용한 간장의 양

수학적 독해력

9 슬기네 가족은 우유를 어제는 4 L 450 mL 마셨고, 오늘은 어제보다 1 L 600 mL 더 많이 마셨습니다. 슬기네 가족이 어제와 오늘 마신 우유는 모두 몇 L 몇 mL일까요?

오늘은 어제보다 '더 많이' 마셨으니까, 어제 마신 양에 1 L 600 mL를 더해.

어제와 오늘 마신 우유의 양 = 어제 마신 우유의 양 + 오늘 마신 우유의 양

수학적 표현력

10 ㉮ 그릇과 ㉯ 그릇을 사용하여 수조에 물 5L를 담는 방법을 쓰고, 그렇게 생각한 이유를 쓰세요.

㉮ 그릇	㉯ 그릇
7 L 500 mL	2 L 500 mL

두 들이의 덧셈과 뺄셈을 해 보고 5 L가 되는 경우를 찾아봐.

7 L 500 mL − 2 L 500 mL = ?

2 L 500 mL + 2 L 500 mL = ?

5 단원

29일

무게 비교하기

저울에 올려놓았을 때,
아래로 내려간 물건이 더 무거워.

㉠ **아래로 내려간 시계**가 더 무겁습니다.
㉡ **위로 올라간 안경**이 더 무겁습니다.

바둑돌이 많은 쪽이
바둑돌 수의 차만큼 더 무거워.

참외 1개의 무게	=	**귤 2개의 무게**

2 무게가 더 가벼운 것에 ○표 하세요.

(   )  (   )

3 저울의 양쪽에 시계와 안경을 각각 올려놓고 무게를 재었습니다. 무게를 바르게 비교한 것을 찾아 기호를 쓰세요.

㉠ 아래로 내려간 시계가 더 무겁습니다.
㉡ 위로 올라간 안경이 더 무겁습니다.

5 저울과 바둑돌을 사용하여 숟가락과 포크의 무게를 비교하였습니다. 어느 것이 바둑돌 몇 개만큼 더 무거운지 구하세요.

➜ ☐이/가 바둑돌 ☐개만큼 더 무겁습니다.

6 참외 1개와 귤 2개의 무게가 같습니다. 참외와 귤 중 1개의 무게가 더 무거운 것은 어느 것일까요?

7 저울과 100원짜리 동전을 사용하여 물건의 무게를 비교하였습니다. 가장 무거운 것은 무엇일까요?

물건	컵	밥그릇	접시
100원짜리 동전의 수(개)	20	21	19

물건	컵	밥그릇	접시
100원짜리 동전의 수(개)	20	21	19

중요해!

100원짜리 동전의 수가 가장 많은 물건이 가장 무거워.

8 저울로 비누, 빗, 치약의 무게를 비교하였습니다. 무거운 것부터 차례로 쓰세요.

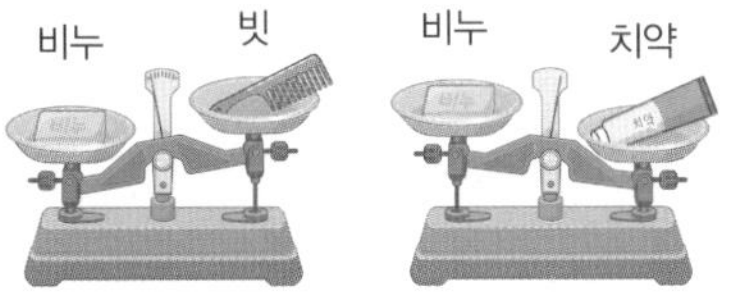

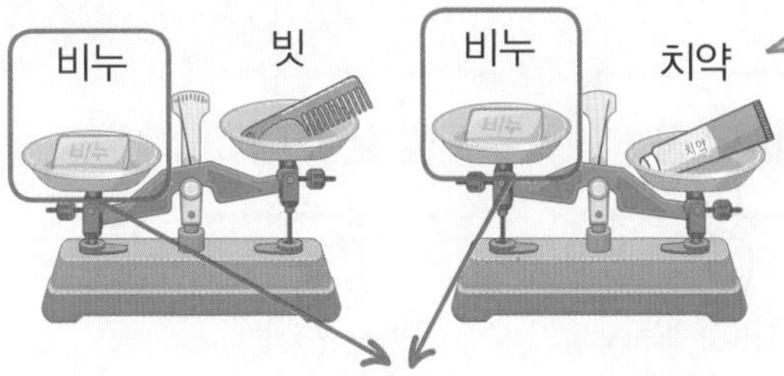

□ — 비누 — □

모두 비누와 비교하고 있으니까 비누를 가운데 놓고 생각해.

수학적 독해력

+9 저울과 공깃돌을 사용하여 풀, 연필, 자의 무게를 재었습니다. 풀은 공깃돌 8개의 무게와 같고, 연필은 공깃돌 2개, 자는 공깃돌 4개의 무게와 같았습니다. 가장 무거운 물건의 무게는 가장 가벼운 물건의 무게의 몇 배일까요?

풀: 공깃돌 8개
연필: 공깃돌 2개
자: 공깃돌 4개

공깃돌의 수가 많을수록 더 무거운 물건이야.

(가장 무거운 물건의 공깃돌의 수) ÷ (가장 가벼운 물건의 공깃돌의 수) = □(배)

수학적 표현력

+10 서연이는 가지와 바나나의 무게를 다음과 같이 비교하였습니다. 서연이가 무게를 바르게 비교했는지 '예', '아니요'로 답하고, 그렇게 생각한 이유를 쓰세요.

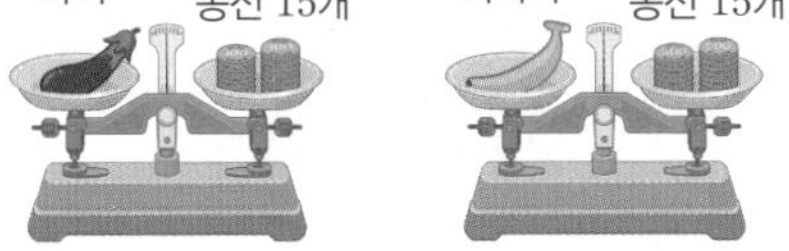

서연: 가지 1개와 바나나 1개의 무게는 같아. 가지와 바나나의 무게가 각각 동전 15개의 무게와 같기 때문이야.

주의해!

같은 단위로 무게를 비교해야 해.

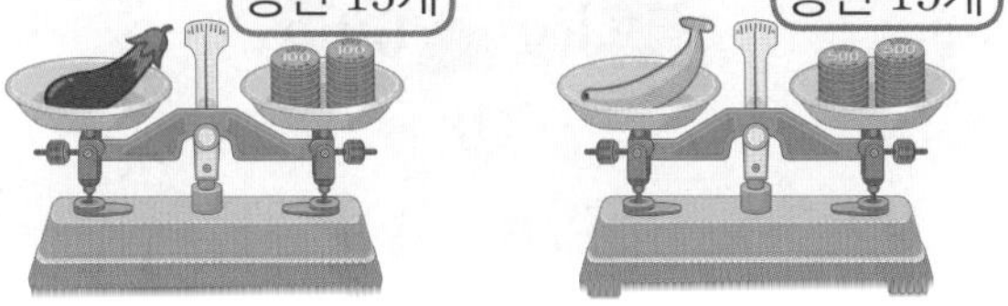

30일 무게의 단위 / 무게 어림하고 비교하기

테니스공 → 가벼운 무게는 g으로 나타내.

쌀 한 포대 → 무거운 무게는 kg으로 나타내.

1000 g = 1 kg

↓

■▲00 g = ■ kg ▲00 g

■ kg보다 ▲00 g 더 무거운 무게

↓

■ kg ▲00 g

↓

■▲00 g

2 저울의 눈금을 읽고 □ 안에 알맞은 수를 써넣으세요.

(1)

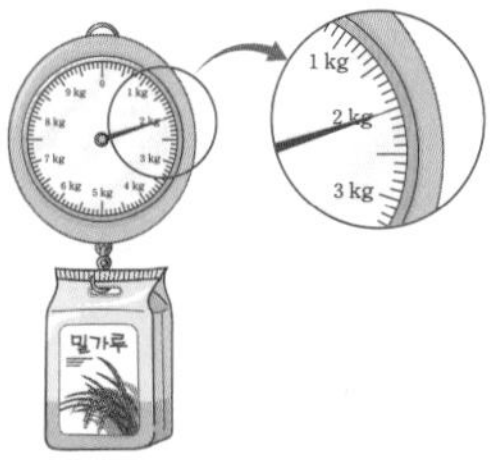

→ □ kg

(2)

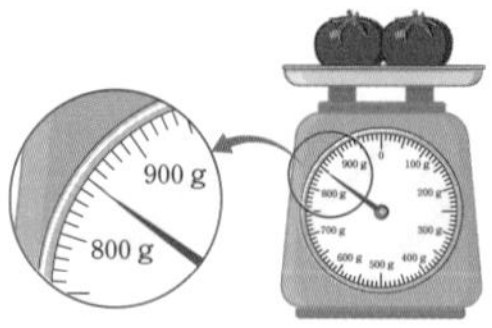

→ □ g

3 □ 안에 kg과 g 중에서 알맞은 단위를 써넣으세요.

(1) 테니스공의 무게는 약 57 □입니다.

(2) 쌀 한 포대의 무게는 약 10 □입니다.

5 저울의 눈금을 읽고 배추의 무게는 몇 kg 몇 g인지 구하세요.

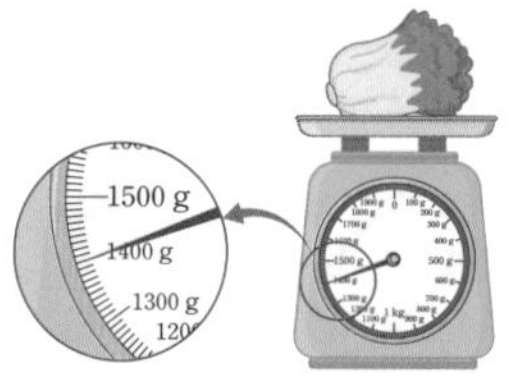

6 사과가 들어 있는 상자의 무게는 5 kg입니다. 이 상자에 사과를 600 g 더 넣으면 상자의 무게는 몇 g이 될까요?

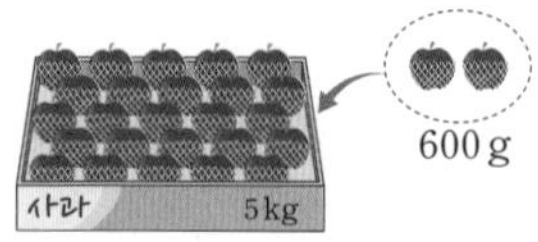

7 1 t은 종욱이의 몸무게의 약 몇 배쯤 될까요?

종욱

내 몸무게는 약 50 kg이야.

□배

1 t은 1000 kg이야.

50 kg → **1 t**

8 무게가 5 t인 트럭에 200 kg인 짐 5개를 실었습니다. 짐을 실은 트럭의 무게는 몇 t일까요?

무게가 5 t인 트럭에 200 kg인 짐 5개를 실었습니다. 짐을 실은 트럭의 무게는 몇 t일까요?

200 kg씩 5번 더한 무게를 구해.

짐을 실은 트럭의 무게 = 트럭의 무게 + 짐의 무게

수학적 독해력

9 슬기네 농장에서 오늘 딴 사과의 무게는 6 kg 305 g, 배의 무게는 6050 g이고, 감의 무게는 6 kg보다 250 g 더 무겁습니다. 사과, 배, 감을 무게가 무거운 것부터 차례로 쓰세요.

사과 6 kg 305 g

배 6050 g

→ □ kg □ g

감 6 kg보다 250 g 더 무거운 무게

→ □ kg □ g

모두 몇 kg 몇 g으로 나타낸 다음 무게를 비교해.

수학적 표현력

10 단위가 바르지 않은 문장을 찾아 기호를 쓰고, 바르게 고치세요.

㉠ 수학책의 무게는 약 500 g입니다.
㉡ 9002 g은 9 kg 2 g입니다.
㉢ 7000 g은 7 t입니다.

■000 g = ■ kg

▲000 kg = ▲ t

5 단원

31일 무게의 덧셈과 뺄셈

무게의 계산은 kg은 kg끼리, g은 g끼리 계산해.

2 kg 300 g ↓ [+1200 g] ↓ □ kg □ g

주의해! 먼저 1000 g=1 kg임을 이용하여 1200 g을 몇 kg 몇 g으로 바꿔!

받아내림하고 남은 수

	□	1000
	7 kg	400 g
−	3 kg	800 g
	kg	g

g끼리 뺄 수 없으면 1 kg을 1000 g으로 받아내림하여 계산해.

책가방의 무게 = 책가방을 메고 잰 무게 − 책가방을 메지 않고 잰 무게

덧셈과 뺄셈의 관계를 이용하면 □를 구할 수 있어.
■−●=▲ → ●=■−▲

9 kg 100 g−□ g=4 kg 300 g

주의해! 구하려는 값을 g으로 나타내야 해.

2 □ 안에 알맞은 수를 써넣으세요.

2 kg 300 g ↓ [+1200 g] ↓ □ kg □ g

3 계산이 잘못된 곳을 찾아 바르게 계산해 보세요.

	7 kg	400 g
−	3 kg	800 g
	4 kg	600 g

→

	7 kg	400 g
−	3 kg	800 g

5 지혜가 책가방을 메고 저울에 올라가면 무게가 36 kg 700 g이고, 책가방을 메지 않고 저울에 올라가면 무게가 35 kg 300 g입니다. 책가방의 무게는 몇 kg 몇 g일까요?

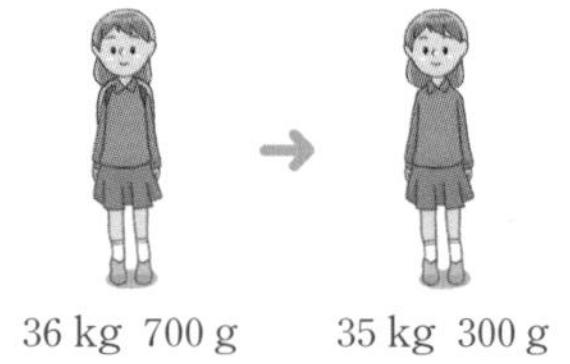

6 □ 안에 알맞은 수는 얼마일까요?

9 kg 100 g−□ g=4 kg 300 g

7 □ 안에 알맞은 수를 써넣으세요.

	5 kg	□ g
−	□ kg	600 g
	1 kg	900 g

받아내림하고 남은 수

	□	1000
	~~5~~ kg	□ g
−	□ kg	600 g
	9 kg	900 g

900 g은 600 g보다 크니까 받아내림하여 계산했음을 알 수 있어.

8 토마토 4개와 양파 3개의 무게는 모두 몇 kg 몇 g일까요?

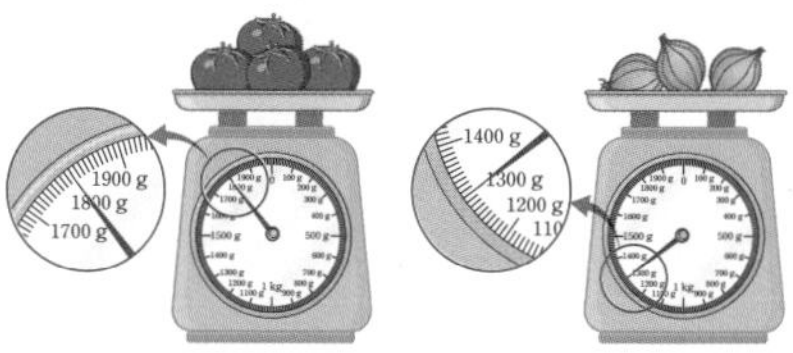

두 무게의 합을 구한 다음 몇 kg 몇 g으로 바꿔 봐.

■▲00 g=■ kg ▲00 g

수학적 독해력

+9 민호, 주하, 서준이가 갯벌에서 조개를 캤습니다. 민호가 캔 조개의 무게는 4 kg 500 g이고, 주하는 민호보다 조개를 300 g 더 적게 캤습니다. 서준이는 주하보다 조개를 1 kg 400 g 더 많이 캤다면 서준이가 캔 조개는 몇 kg 몇 g일까요?

민호보다 300 g 더 적게 캤어.

주하보다 1 kg 400 g 더 많이 캤어.

민호

주하

서준

민호	주하	서준
4 g 500 kg	□ g □ kg	□ g □ kg

−300 g　　+1 kg 400 g

수학적 표현력

+10 다음은 수현이가 장바구니에 담은 물건의 무게입니다. 수현이가 담은 물건의 무게를 이용하여 무게의 덧셈 문제를 만들고, 답을 구하세요.

물건	무게
감자	2 kg 500 g
고구마	3 kg 400 g
옥수수	1 kg 200 g

세 물건 중 두 물건을 골라 무게의 합을 구하는 덧셈 문제를 만들어 봐.

알아둬!

세 물건의 무게의 합을 구하는 문제를 만들 수도 있어.

32일 표를 보고 내용 알아보기

조사한 자료를 표로 나타내면
각 항목별 수를 알 수 있어.

간식	빵	과일	떡	과자	합계
학생 수(명)	5	6	3	10	

각 항목의 학생 수를 모두 더하면
전체 학생 수를 알 수 있어.

간식	빵	과일	떡	과자	합계
학생 수(명)	5 +	6 +	3 +	10 →	

빠뜨리거나 중복되지 않도록
각각의 꽃의 수를 세어야 해.

중요해!

각 항목별 수를 모두 더하면 합계야.

꽃	장미	수국	백합	튤립	합계
학생 수(명)					

조사한 자료를 표로 나타내면

각 항목별 수를
알 수 있어.

조사한 수의 합계를
알 수 있어.

꽃	장미	수국	백합	튤립	합계
학생 수(명)					

2 과자를 좋아하는 학생은 과일을 좋아하는 학생보다 몇 명 더 많습니까?

학생들이 좋아하는 간식

간식	빵	과일	떡	과자	합계
학생 수(명)	5	6	3	10	

3 지혜네 반 학생은 모두 몇 명입니까?

4 좋아하는 꽃을 4가지 종류로 분류하여 표로 나타내세요.

학생들이 좋아하는 꽃

꽃	장미	수국	백합	튤립	합계
학생 수(명)					

5 4의 표에서 알 수 없는 것의 기호를 쓰세요.

㉠ 가장 많은 학생이 좋아하는 꽃
㉡ 종욱이가 좋아하는 꽃
㉢ 조사한 학생의 수

7 민호네 농장에서 기르는 돼지는 몇 마리입니까?

농장에서 기르는 동물 수

동물	돼지	닭	염소	오리	합계
동물 수(마리)		14	11	10	50

각 항목별 수량을 모두 더하면 50이야.

동물	돼지	닭	염소	오리	합계
동물 수(마리)	□	14	11	10	50

$\square + 14 + 11 + 10 = 50$

8 민호네 농장에서 가장 많이 기르는 동물은 가장 적게 기르는 동물보다 몇 마리 더 많습니까?

동물	돼지	닭	염소	오리	합계
동물 수(마리)		14	11	10	50

항목의 수가 가장 큰 것과 가장 적은 것의 차를 구해.

수학적 독해력

9 수현이네 학교 3학년 학생들이 현장 체험 학습으로 가고 싶어 하는 장소를 조사하여 표로 나타내었습니다. 미술관에 가고 싶어 하는 학생은 몇 명입니까?

현장 체험 학습으로 가고 싶어 하는 장소

장소	박물관	미술관	고궁	과학관	합계
여학생 수(명)	12	15	18	9	54
남학생 수(명)	13	12	8	20	53

주의해!

미술관에 가고 싶은 남학생과 여학생의 수를 모두 더해야 해.

장소	박물관	미술관	고궁	과학관	합계
여학생 수(명)	12	15	18	9	54
남학생 수(명)	13	12	8	20	53

수학적 표현력

10 9의 표에서 수현이네 학교 3학년 학생들이 현장 체험 학습을 어디로 가면 좋을지 고르고, 그 이유를 쓰세요.

가장 많은 학생들이 가고 싶은 곳으로 정하는 것이 좋을 것 같아.

장소	박물관	미술관	고궁	과학관	합계
여학생 수(명)	12	15	18	9	54
남학생 수(명)	13	12	8	20	53
	□	□	□	□	

6 단원

33일 그림그래프 알아보기

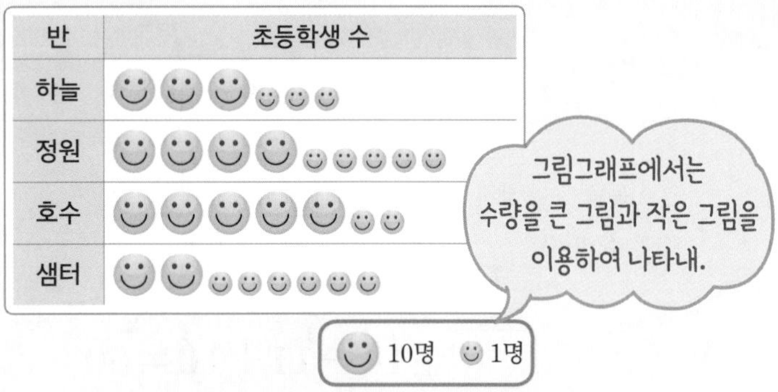

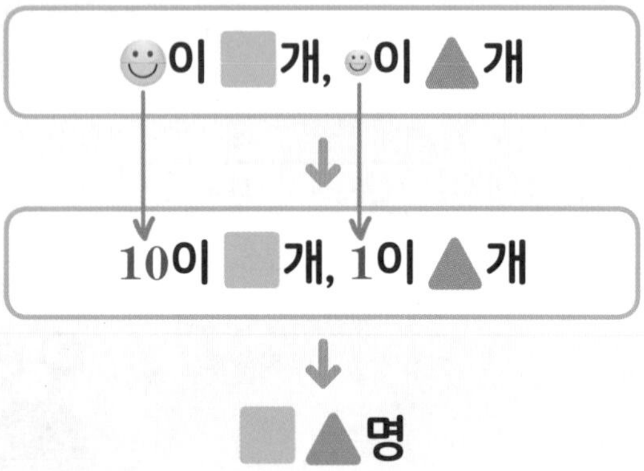

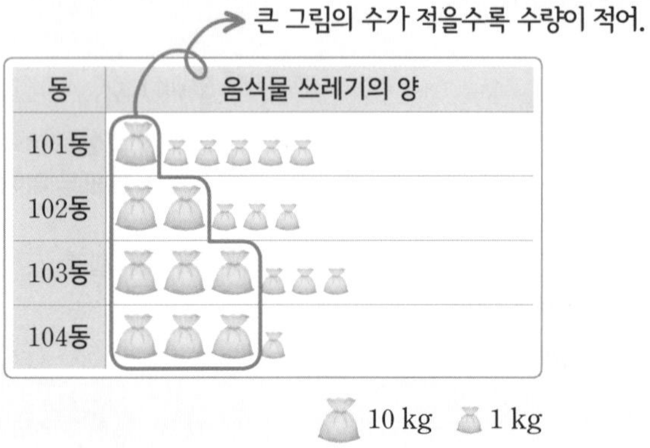

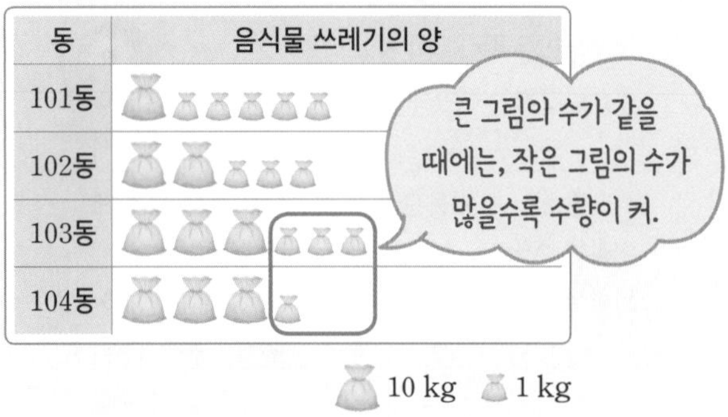

1 그림 ☺과 ☺은 각각 몇 명을 나타냅니까?

마을별 초등학생 수

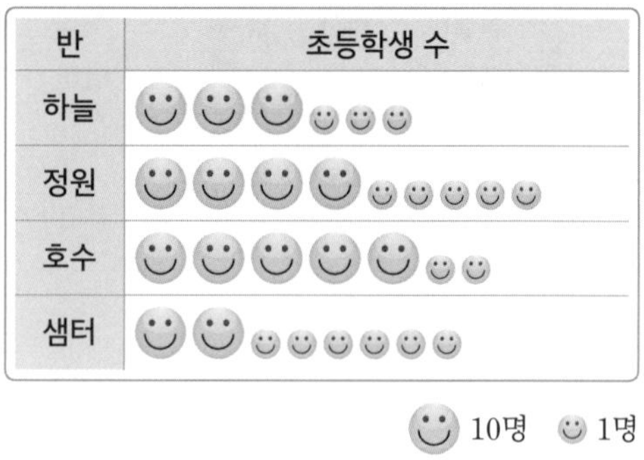

2 하늘 마을의 초등학생은 몇 명입니까?

4 음식물 쓰레기를 가장 적게 배출한 동은 몇 동이고, 몇 kg입니까?

동별 음식물 쓰레기의 양

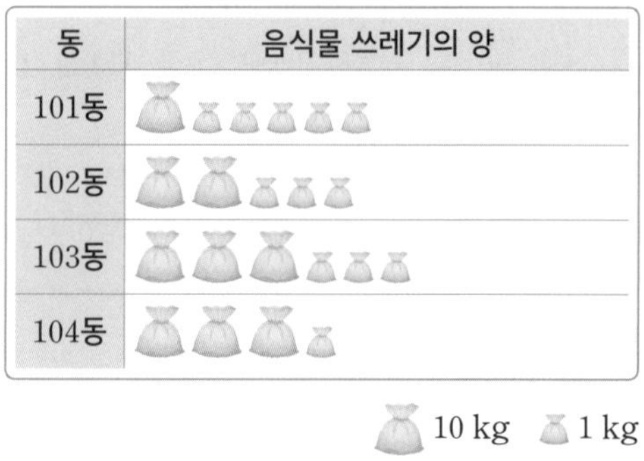

5 103동과 104동 중에서 음식물 쓰레기를 더 많이 배출한 동은 몇 동입니까?

본책 148~149쪽

7 키우는 돼지가 가장 많은 농장과 가장 적은 농장의 돼지 수의 차는 몇 마리입니까?

농장별 키우는 돼지의 수

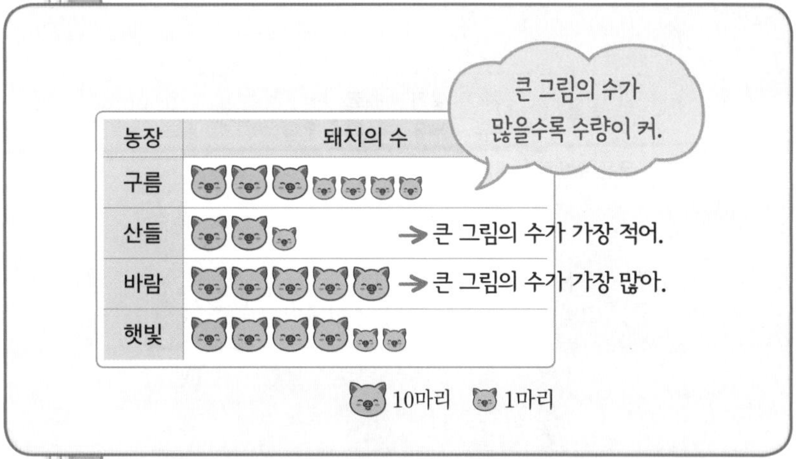

8 키우는 돼지의 수가 산들 농장의 2배인 농장은 어느 농장입니까?

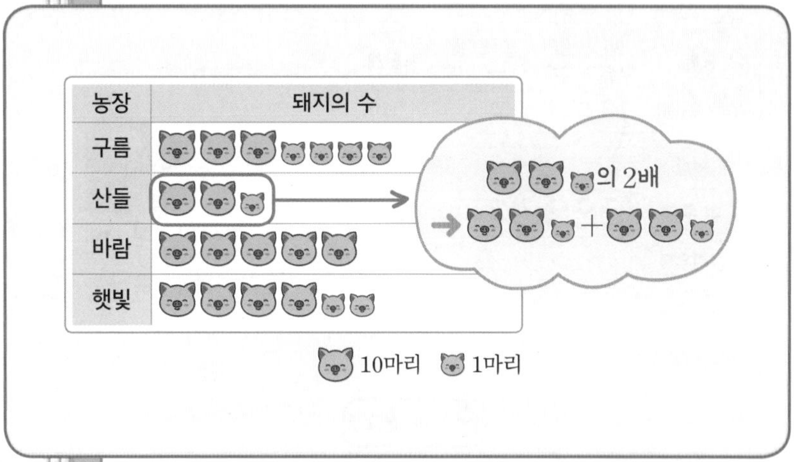

수학적 독해력

+9 어느 햄버거 가게에서 일주일 동안 팔린 햄버거의 수를 그림그래프로 나타내었습니다. 치즈버거와 불고기버거는 몇 개 차이인가요?

종류별 일주일 동안 팔린 햄버거의 수

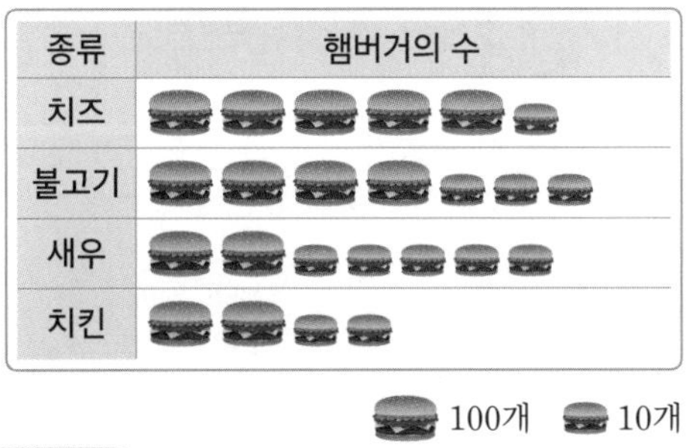

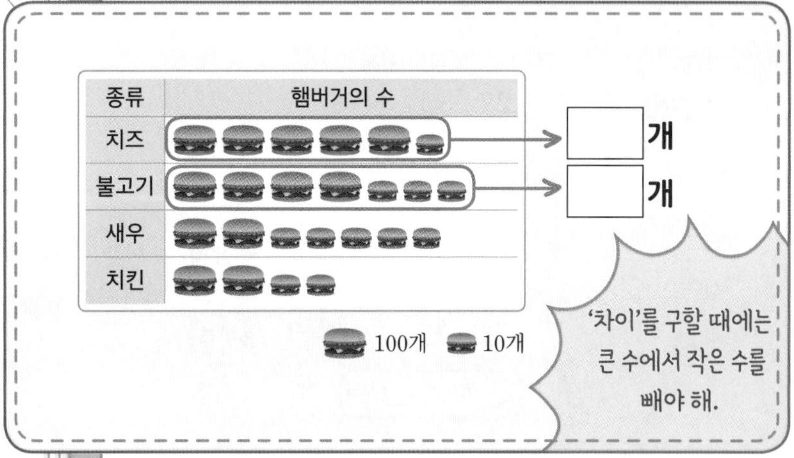

수학적 표현력

+10 9의 그림그래프에서 내가 햄버거 가게 주인이라면 다음 주에는 어떤 햄버거를 더 많이 준비하면 좋을지 쓰고, 이유를 설명하세요.

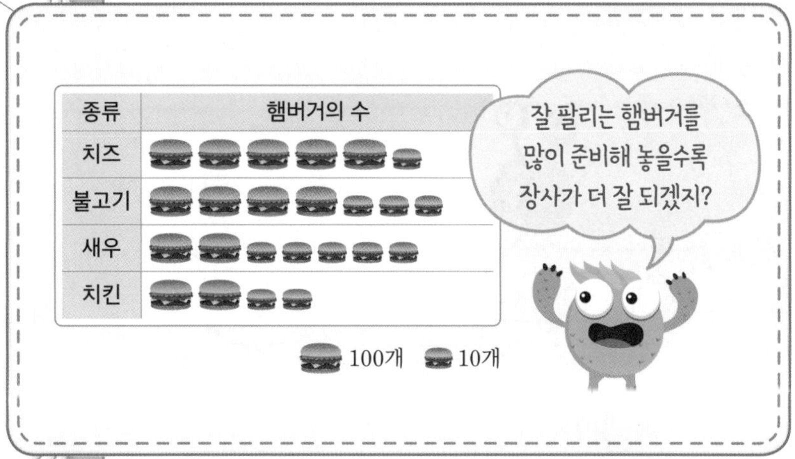

34일 그림그래프로 나타내기

종류	흰 우유	딸기 우유	초코 우유	바나나 우유	합계
우유 수(개)	43	24	32	17	116

우유 수가 두 자리 수이니까
그림을 2가지로 나타내는 것이 좋아.

종류	흰 우유	딸기 우유	초코 우유	바나나 우유	합계
우유 수(개)	43	24	32	17	116

종류	우유 수
흰 우유	
딸기우유	
초코우유	
바나나우유	

10개 1개

십의 자리 수만큼 를 그리고, 일의 자리 수만큼 를 그려.

농장	가	나	다	라	합계
생산량(상자)	38	46	27	53	164

농장	생산량
가	
나	
다	
라	

◎ 10상자 ○ 1상자

십의 자리 수만큼 ◎를 그리고, 일의 자리 수만큼 ○를 그려.

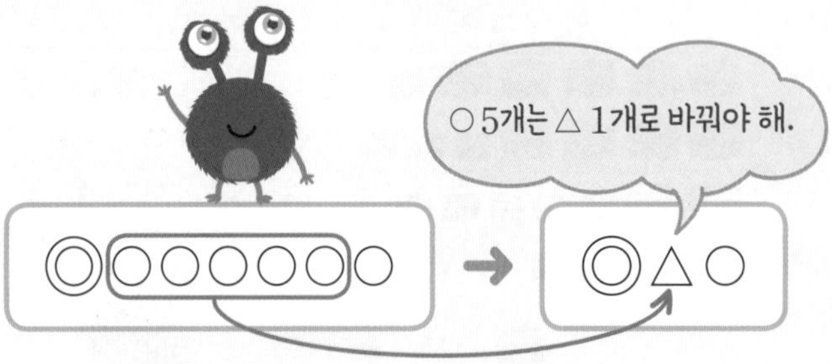

1 표를 보고 그림그래프로 나타낼 때 과 은 각각 몇 개를 나타내는 것이 좋겠습니까?

종류별 우유 수

종류	흰 우유	딸기 우유	초코 우유	바나나 우유	합계
우유 수(개)	43	24	32	17	116

2 표를 보고 그림그래프를 완성하세요.

종류별 우유 수

종류	우유 수
흰 우유	
딸기우유	
초코우유	
바나나우유	

10개 1개

4 표를 보고 그림그래프로 나타내세요.

농장별 감자 생산량

농장	생산량
가	
나	
다	
라	

◎ 10상자 ○ 1상자

5 표를 보고 ◎는 10상자, △는 5상자, ○는 1상자로 하여 그림그래프로 나타내세요.

농장별 감자 생산량

농장	생산량
가	
나	
다	
라	

◎ ☐상자 △ ☐상자 ○ ☐상자

7 멀리뛰기에 참가한 학생은 몇 명입니까?

육상 종목별 학생 수

종목	달리기	높이뛰기	멀리뛰기	마라톤	합계
학생 수(명)	46	21		35	120

참가한 학생 수의 합은 120명이야.

종목	달리기	높이뛰기	멀리뛰기	마라톤	합계
학생 수(명)	46	21	□	35	120

$46+21+\square+35=120$

8 표를 보고 그림그래프로 나타내세요.

육상 종목별 학생 수

종목	학생 수
달리기	
높이뛰기	
멀리뛰기	
마라톤	

◎ 10명 ○ 1명

종목	달리기	높이뛰기	멀리뛰기	마라톤	합계
학생 수(명)	46	21		35	120

종목	학생 수
달리기	
높이뛰기	
멀리뛰기	
마라톤	

◎ 10명 ○ 1명

그림의 크기를 알아본 다음, 조사한 수에 맞게 그림을 그려.

수학적 독해력

9 서연이네 학교 3학년 학생들이 반별로 모은 헌 종이의 무게를 조사하여 그림그래프로 나타내었습니다. 서연이네 학교 3학년 학생들이 모은 헌 종이의 무게가 모두 58 kg일 때 그림그래프를 완성하세요.

반별 모은 헌 종이의 무게

반	헌 종이의 무게
1반	◎◎○○○
2반	◎○○○○○○○
3반	

◎ 10 kg ○ 1 kg

반	헌 종이의 무게
1반	◎◎○○○
2반	◎○○○○○○○
3반	

◎ 10 kg ○ 1 kg

모든 수량의 합은 58 kg이야.

1반이 모은 무게 + 2반이 모은 무게 + 3반이 모은 무게 = 58 kg

수학적 표현력

10 9의 그림그래프에서 1반은 3반보다 헌 종이를 몇 kg 더 많이 모았는지 풀이 과정을 쓰고, 답을 구하세요.

반	헌 종이의 무게	
1반	◎◎○○○	→ □ kg
2반	◎○○○○○○○	
3반		→ □ kg

◎ 10 kg ○ 1 kg

1반과 3반이 모은 헌 종이의 무게를 각각 구한 다음 차를 구해.

6 단원

자료를 조사하여 그림그래프로 나타내기

1 10월 날씨 달력을 보고 표로 나타내세요.

10월 날씨별 날수

날씨	맑음	흐림	비	합계
날수(일)				

날씨	날수
맑음	
흐림	
비	

◎10일 ○1일

2 표를 보고 그림그래프로 나타내세요.

10월 날씨별 날수

날씨	날수
맑음	
흐림	
비	

◎10일 ○1일

종류	과일 수
사과	
멜론	
귤	
복숭아	

◎10개 ○1개

5 표를 보고 그림그래프로 나타내세요.

종류별 과일 수

종류	과일 수
사과	
멜론	
귤	
복숭아	

◎10개 ○1개

종류	사과	멜론	귤	복숭아	합계
과일 수(개)					

종류	과일 수
사과	
멜론	
귤	
복숭아	

◎10개 ○1개

알아둬!

표와 그림그래프 중에서 비교하기 더 편한 자료를 이용해.

6 개수가 많은 과일부터 순서대로 이름을 쓰세요.

7 위 글을 읽고 표를 완성하세요.

태어난 계절별 학생 수

계절	봄	여름	가을	겨울	합계
학생 수(명)					

주하네 학교 학생 200명의 태어난 계절을 조사하였습니다. 봄에 태어난 학생은 38명, 여름은 43명, 가을은 64명이고, 나머지는 겨울에 태어났습니다.

계절	봄	여름	가을	겨울	합계
학생 수(명)					

합계는 200명이야.

8 표를 보고 그림그래프로 나타내세요.

태어난 계절별 학생 수

계절	학생 수
봄	
여름	
가을	
겨울	

◎ 10명 ○ 1명

계절	학생 수
봄	
여름	
가을	
겨울	

◎ 10명 ○ 1명

그림의 크기를 알아본 다음, 조사한 수에 맞게 그림을 그려.

수학적 독해력

9 표와 그림그래프를 완성하세요.

반별 학급문고 수

반	1반	2반	3반	합계
책 수(권)	74		65	222

반별 학급문고 수

반	책 수
1반	◎◎◎◎◎◎◎○○○○
2반	◎◎◎◎◎◎◎◎○○○
3반	

◎ 10권 ○ 1권

반	1반	2반	3반	합계
책 수(권)	74		65	222

반	책 수
1반	◎◎◎◎◎◎◎○○○○
2반	◎◎◎◎◎◎◎◎○○○
3반	

◎ 10권 ○ 1권

표를 보고 그림그래프를 그리고, 그림그래프를 보고 표를 완성해.

수학적 표현력

10 학생들이 가지고 있는 구슬 수를 그림그래프로 나타내었습니다. 네 사람이 가지고 있는 구슬이 모두 98개일 때 영민이는 구슬을 몇 개 가지고 있는지 풀이 과정을 쓰고, 답을 구하세요.

학생별 가지고 있는 구슬 수

이름	구슬 수
슬기	◎◎○○○○○○○
로운	◎◎◎○○○○
영민	
지혜	◎○○○○○○○○○

◎ 10개 ○ 1개

각 사람이 가진 구슬의 수를 각각 세어 봐.

이름	구슬 수
슬기	◎◎○○○○○○○
로운	◎◎◎○○○○
영민	
지혜	◎○○○○○○○○○

→ 모든 구슬의 합은 98개야.

◎ 10개 ○ 1개

6 단원

memo

자신감 뿜뿜

수학이 만만해지는 힌트의 힘!

막힐 때 찾아보는

힌트북

풀이집은 개념의 빈틈을 채우는
두 번째 학습서입니다.

막힐 땐

힌트북

초등수학 3-2

정답 · 풀이

슬기로운 공부

막힐 땐

힌트북

초등수학 3-2

정답 · 풀이

본책 008~011쪽

01일 (세 자리 수)×(한 자리 수) (1)

확인 008쪽

① (1) 2, 200 (2) 6, 60 (3) 4 (4) 264

② (왼쪽에서부터) 3, 0 / 9, 3, 6 / 2, 10, 300

기본기 다지는 교과서 문제 009쪽

1 3, 696
2 (왼쪽에서부터) 8, 40, 600 / 648
3 (1) 4, 2, 6 (2) 9, 3, 9
4 (1) 666 (2) 636

1 백 모형: 2×3=6이므로 600
십 모형: 3×3=9이므로 90
일 모형: 2×3=6이므로 6
➜ 232×3=600+90+6=696

2 일의 자리, 십의 자리, 백의 자리의 순서로 곱을 구한 후 더합니다.

4 (1) 111×6=666
(2) 212×3=636

스스로 풀어내는 도전 10 문제 010~011쪽

1 332, 2, 664 **2** 40×2에 ○표
3 (1) 284 (2) 903 **4** 121×4=484
5

208	408	828
262	890	666
693	990	808

6 132×3=396 / 396개 **7** 840 cm
8 696
+9 306 m
+10 예 정사각형의 네 변의 길이는 모두 같습니다. 따라서 정사각형의 네 변의 길이의 합은 211×4=844 (cm)입니다. / 844 cm

1 백 모형: 3×2=6이므로 600
십 모형: 3×2=6이므로 60
일 모형: 2×2=4이므로 4
➜ 332×2=600+60+4=664

2 십의 자리의 곱이므로 40×2입니다.

3 (1)

$$\begin{array}{r} 1\ 4\ 2 \\ \times\quad\ 2 \\ \hline 2\ 8\ 4 \end{array}$$

(2)

$$\begin{array}{r} 3\ 0\ 1 \\ \times\quad\ 3 \\ \hline 9\ 0\ 3 \end{array}$$

4 121+121+121+121=121×4=484
4번

힌트북 02쪽

5

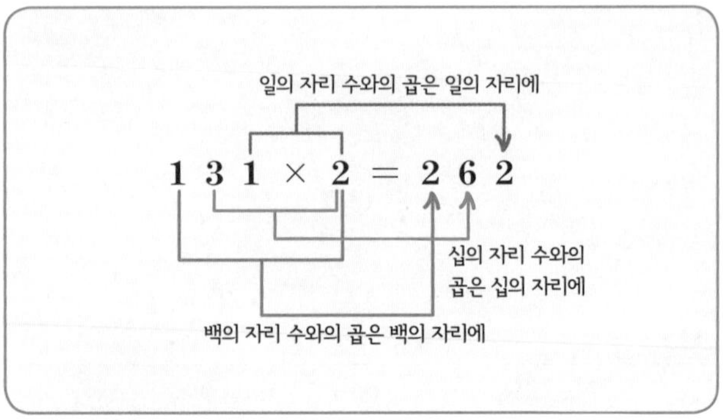

102×4=408　414×2=828
222×3=666　330×3=990

6 (3상자에 들어 있는 탁구공의 수)
=(한 상자에 들어 있는 탁구공의 수)×(상자의 수)
=132×3=396(개)

7 (이어 붙인 색 테이프의 전체 길이)
=210+210+210+210
=210×4=840 (cm)

8 100이 2개, 10이 2개, 1이 12개인 수는 232입니다.
➜ 232×3=696

+9 (나무의 간격 수)=(나무의 수)−1
=4−1=3(군데)
➜ 102×3=306 (m)

+10 정사각형은 네 변의 길이가 모두 같습니다.
➜ (정사각형의 네 변의 길이의 합)
=211+211+211+211
=211×4=844 (cm)

본책 012~015쪽

02일 (세 자리 수)×(한 자리 수) (2)

확인 ························ 012쪽

❶ (1) 6, 600 (2) 3, 30 (3) 12 (4) 642

❷ (왼쪽에서부터) 2, 4 / 5, 0, 4 / 6, 20, 100

기본기 다지는 교과서 문제 013쪽

1 3, 981

2 (왼쪽에서부터) 24, 40, 800 / 864

3 (위에서부터) 2 / 8, 6, 0

4 (1) 5, 9, 5 (2) 4, 7, 2

1 백 모형: 3×3=9이므로 900
십 모형: 2×3=6이므로 60
일 모형: 7×3=21
➜ 327×3=900+60+21=981

2 일의 자리, 십의 자리, 백의 자리의 순서로 곱을 구한 후 더합니다.

3 일의 자리 수와의 곱에서 올림한 수를 십의 자리 위에 작게 씁니다.

4 (1)
$$\begin{array}{rrrr} & & {\scriptstyle 4} & \\ & 1 & 1 & 9 \\ \times & & & 5 \\ \hline & 5 & 9 & 5 \end{array}$$
(2)
$$\begin{array}{rrrr} & & {\scriptstyle 1} & \\ & 2 & 3 & 6 \\ \times & & & 2 \\ \hline & 4 & 7 & 2 \end{array}$$

스스로 풀어내는 도전 10 문제 014~015쪽

1 237, 2, 474

2 (1) 270 (2) 957

3 30

4
$$\begin{array}{rrrr} & {\scriptstyle 1} & & \\ & 2 & 2 & 5 \\ \times & & & 3 \\ \hline & 6 & 7 & 5 \end{array}$$

5 375

6 <

7 803

8 3

+9 372묶음

+10 예 놓으려는 의자의 수는 124×4=496(개)입니다. 따라서 남는 의자는 500−496=4(개)입니다. / 4개

1 백 모형: 2×2=4이므로 400
십 모형: 3×2=6이므로 60
일 모형: 7×2=14
➜ 237×2=400+60+14=474

2 (1)
$$\begin{array}{rrrr} & & {\scriptstyle 1} & \\ & 1 & 3 & 5 \\ \times & & & 2 \\ \hline & 2 & 7 & 0 \end{array}$$
(2)
$$\begin{array}{rrrr} & & {\scriptstyle 2} & \\ & 3 & 1 & 9 \\ \times & & & 3 \\ \hline & 9 & 5 & 7 \end{array}$$

3 일의 자리 계산 8×4=32에서 30을 십의 자리로 올림한 것이므로 □ 안의 숫자 3이 실제로 나타내는 값은 30입니다.

4 십의 자리 계산을 할 때, 일의 자리 계산에서 올림한 수 1을 더하지 않고 계산했습니다.

5 125+125+125=125×3=375

6 338×2=676, 116×6=696
➜ 676<696

7 슬기가 뽑은 곱셈 카드: 117×3=351
종욱이가 뽑은 곱셈 카드: 226×2=452
➜ 351+452=803

8 □×4의 계산 결과의 일의 자리 숫자가 2이므로 3×4=12, 8×4=32입니다. 이 중에서 십의 자리로 올림하여 곱의 십의 자리가 9가 되는 것은 3×4=12이므로 □ 안에 알맞은 수는 3입니다.

다른 풀이
$$\begin{array}{rrrr} & 1 & 2 & \square \\ \times & & & 4 \\ \hline & & \blacksquare & \\ & & 8 & 0 \\ & 4 & 0 & 0 \\ \hline & 4 & 9 & 2 \end{array}$$
➜ ▒+80+400=492
▒+480=492
▒=492−480=12
▒=□×4=12이므로 □=3

+9 (주하네 학교 3학년 전체 학생의 수)
=24+23+26+25+26=124(명)
➜ (필요한 수수깡 묶음의 수)=124×3=372(묶음)

+10 놓으려는 의자의 수를 먼저 구해야 합니다.
➜ (남는 의자의 수)
=(전체 의자의 수)−(놓으려는 의자의 수)

본책 016~019쪽

03일 (세 자리 수)×(한 자리 수) (3)

확인 ········· 016쪽

① (1) 4, 400 (2) 14, 140 (3) 6 (4) 546

② (왼쪽에서부터) 1, 2, 0 / 1, 5, 0, 0 / 1, 6, 2, 3 / 1, 40, 500

기본기 다지는 교과서 문제 017쪽

1 3, 1086

2 (왼쪽에서부터) 8, 100, 1200 / 1308

3 (위에서부터) 3 / 1, 5, 6, 8

4 (1) 968 (2) 1526

1 백 모형: $3\times3=9$이므로 900

십 모형: $6\times3=18$이므로 180

일 모형: $2\times3=6$

➔ $362\times3=900+180+6=1086$

2 일의 자리, 십의 자리, 백의 자리의 순서로 곱을 구한 후 더합니다.

3 십의 자리 수와의 곱에서 올림한 수를 백의 자리 위에 작게 쓰고, 백의 자리 수와의 곱에서 올림한 수는 올림으로 표시하지 않고 천의 자리에 씁니다.

4 (1)
$$\begin{array}{r} {}^{1} \\ 484 \\ \times\ 2 \\ \hline 968 \end{array}$$
(2)
$$\begin{array}{r} {}^{1} \\ 763 \\ \times\ 2 \\ \hline 1526 \end{array}$$

스스로 풀어내는 도전 10 문제 018~019쪽

1 353, 2, 706

2 (1) 1755 (2) 2814

3 300

4 342×4=1368

5 <

6 4550원

7 6

8 ㉠

+9 500원

+10 예 백의 자리 계산을 할 때, 십의 자리의 계산에서 올림한 수 2를 더하지 않고 계산했습니다. / 648

1 백 모형: $3\times2=6$이므로 600

십 모형: $5\times2=10$이므로 100

일 모형: $3\times2=6$

➔ $353\times2=600+100+6=706$

2 (1)
$$\begin{array}{r} {}^{2} \\ 351 \\ \times\ 5 \\ \hline 1755 \end{array}$$
(2)
$$\begin{array}{r} {}^{1} \\ 402 \\ \times\ 7 \\ \hline 2814 \end{array}$$

3 십의 자리 계산 $8\times4=32$에서 30을 백의 자리로 올림한 것이므로 □ 안의 숫자 3이 실제로 나타내는 값은 300입니다.

4 $342+342+342+342=342\times4=1368$

5 $472\times3=1416$, $320\times5=1600$

➔ $1416<1600$

6 (영민이가 저금한 금액)

=(하루에 저금한 금액)×(저금한 날수)

$=650\times7=4550$(원)

7
$$\begin{array}{r} {}^{4}\ {}^{4} \\ 3\ \boxed{6}\ 8 \\ \times\ 6 \\ \hline 2208 \end{array}$$

• 일의 자리: $8\times6=48$이므로 십의 자리로 올림한 수는 4입니다.

• 백의 자리: $3\times6=18$이므로 백의 자리로 올림한 수는 $22-18=4$입니다.

• 십의 자리: $\square\times6+4=40$이므로 $\square=6$입니다.

8 ㉠ $368\times2=736$

㉡ $238\times6=1428$

㉢ $268\times3=804$

➔ 곱이 가장 작은 것은 ㉠입니다.

참고 (세 자리 수)×(한 자리 수)에서 곱하는 수에 가장 작은 수를, 나머지 수로 가장 작은 세 자리 수를 만들면 곱이 가장 작습니다.

+9 (연필 6자루의 값)$=750\times6=4500$(원)

➔ (거스름돈)=(낸 금액)−(연필 6자루의 값)

$=5000-4500=500$(원)

+10
$$\begin{array}{r} {}^{2} \\ 162 \\ \times\ 4 \\ \hline 648 \end{array}$$

본책 020~023쪽

04일 (몇십)×(몇십), (몇십몇)×(몇십)

확인 020쪽

❶ (위에서부터) (1) 1200, 100 (2) 640, 10
❷ (위에서부터) (1) 35, 3500 (2) 108, 1080

기본기 다지는 교과서 문제 021쪽

1 (1) 00 (2) 0
2 (1) 2700 (2) 2880
3 (1) (위에서부터) 60, 600, 660
(2) (위에서부터) 300, 3000, 3300
4 (1) (위에서부터) 1000, 1500, 2000
(2) (위에서부터) 1260, 1560, 1860

1 (1) 80×30은 8×3을 계산한 값에 0을 2개 붙입니다.
(2) 43×30은 43×3을 계산한 값에 0을 1개 붙입니다.

2 (1) 30×90은 $3\times9=27$에 0을 2개 붙입니다.
(2) 72×40은 $72\times4=288$에 0을 1개 붙입니다.

3 (1) $22\times30=20\times30+2\times30$
$=600+60=660$
(2) $55\times60=50\times60+5\times60$
$=3000+300=3300$

4 (1) 20×50은 $2\times5=10$에 0을 2개 붙입니다.
30×50은 $3\times5=15$에 0을 2개 붙입니다.
40×50은 $4\times5=20$에 0을 2개 붙입니다.
(2) 42×30은 $42\times3=126$에 0을 1개 붙입니다.
52×30은 $52\times3=156$에 0을 1개 붙입니다.
62×30은 $62\times3=186$에 0을 1개 붙입니다.

스스로 풀어내는 도전 10 문제 022~023쪽

1 45, 4500
2 (1) 1400 (2) 3680 (3) 3600 (4) 5250
3 ㉣
4 (위에서부터) 2220, 222
5 70
6 1440분
7 60
8 2920
+**9** 1, 2, 3, 4
+**10** 예 수현이네 반 전체 학생 수는 $15+16=31$(명)입니다. 따라서 필요한 사탕은 모두 $31\times20=620$(개)입니다. / 620개

1 50×90은 $5\times9=45$에 0을 2개 붙입니다.

2 (1) 20×70은 $2\times7=14$에 0을 2개 붙입니다.
(2) 46×80은 $46\times8=368$에 0을 1개 붙입니다.
(3) 90×40은 $9\times4=36$에 0을 2개 붙입니다.
(4) 75×70은 $75\times7=525$에 0을 1개 붙입니다.

3 ㉠ $20\times60=1200$　㉡ $30\times40=1200$
㉢ $40\times30=1200$　㉣ $50\times20=1000$
➜ 계산 결과가 다른 하나는 ㉣입니다.

4 37×60은 37×6의 10배입니다.

5 $20\times80=1600\rightarrow$ ㉠$=16$
$60\times90=5400\rightarrow$ ㉡$=54$
➜ ㉠+㉡$=16+54=70$

6 하루를 분으로 나타내면,
(하루의 시간)$\times60=24\times60=1440$(분)입니다.

7 $40\times90=3600$입니다. 따라서 $60\times\square=3600$이어야 하므로 $60\times60=3600$에서 $\square=60$입니다.

8 ㉠ 10이 7개, 1이 3개인 수 → 73
㉡ 10이 4개인 수 → 40
➜ $73\times40=2920$

+**9** 32를 30으로 어림하면 $30\times40=1200$이므로
$\square=4$로 예상할 수 있습니다.
$\square=4$이면 $32\times40=1280<1300$으로 성립합니다.
$\square=5$이면 $32\times50=1600>1300$으로 성립하지 않습니다.
따라서 □ 안에 들어갈 수 있는 수는 1, 2, 3, 4입니다.

+**10** 수현이네 반 전체 학생 수를 먼저 구합니다.
➜ (필요한 사탕의 수)=(수현이네 반 전체 학생 수)
×(한 사람에게 주는 사탕의 수)

본책 024~027쪽

05일 (몇)×(몇십몇)

확인 024쪽

❶ (1) 20, 180 (2) 5, 45 (3) 225
❷ (왼쪽에서부터) 2, 1, 0 / 2, 2, 4 / 2, 30

기본기 다지는 교과서 문제 025쪽

1 (왼쪽에서부터) 48, 240 / 288
2 (위에서부터) 96, 16, 80
3 (위에서부터) 2 / 1, 7, 0
4 (1) 75 (2) 204

1 (몇)×(몇십)은 (몇)×(몇)과 (몇)×(몇십)을 각각 계산한 후 두 곱을 더합니다.

2 (몇)×(몇십)은 (몇)×(몇)과 (몇)×(몇십)을 각각 계산한 후 두 곱을 더합니다.

3 일의 자리 계산 5×4=20에서 0은 일의 자리에 쓰고 2는 십의 자리로 올림하여 5×3=15에 더합니다.

4 (1) $\begin{array}{r} {\scriptstyle 1} \\ 3 \\ \times\ 25 \\ \hline 75 \end{array}$ (2) $\begin{array}{r} {\scriptstyle 2} \\ 6 \\ \times\ 34 \\ \hline 204 \end{array}$

스스로 풀어내는 도전 10 문제 026~027쪽

1 26, 182
2 (1) 159 (2) 760 (3) 230 (4) 297
3 $\begin{array}{r} 5 \\ \times\ 23 \\ \hline 15 \\ 100 \\ \hline 115 \end{array}$ 4 >
5 4×25=100 / 100통 6 ㉢, ㉡, ㉠
7 (위에서부터) 5, 7 8 3
+9 7, 5
+10 예 7월은 31일까지 있습니다. 민호는 한자를 하루에 8글자씩 31일 동안 외웠으므로 모두 8×31=248(글자)를 외웠습니다. / 248글자

1 노란색 모눈: 7×20=140(칸)
초록색 모눈: 7×6=42(칸)
➔ 7×26=140+42=182(칸)

2 (1) $\begin{array}{r} 3 \\ \times\ 53 \\ \hline 159 \end{array}$ (2) $\begin{array}{r} {\scriptstyle 4} \\ 8 \\ \times\ 95 \\ \hline 760 \end{array}$

(3) $\begin{array}{r} {\scriptstyle 3} \\ 5 \\ \times\ 46 \\ \hline 230 \end{array}$ (4) $\begin{array}{r} {\scriptstyle 2} \\ 9 \\ \times\ 33 \\ \hline 297 \end{array}$

3 5×3과 5×20을 각각 계산하여 써야 하는데 5×3과 5×2를 계산하여 써서 잘못되었습니다.

4 9×52=468, 6×75=450
➔ 468>450

5 (25상자에 담은 멜론의 수)
=(한 상자에 담은 멜론의 수)×(상자의 수)
=4×25=100(통)

6 ㉠ 4×82=328
㉡ 6×61=366
㉢ 7×54=378
➔ ㉢>㉡>㉠

7 $\begin{array}{r} ㉠ \\ \times\ ㉡\ 4 \\ \hline 3\ 7\ 0 \end{array}$

• ㉠×4의 일의 자리가 0인 것은 5×4=20이므로 ㉠=5입니다.
• 5×㉡에 올림한 수 2를 더한 값이 37이므로 5×㉡=35, ㉡=7입니다.

8 3×56=168이므로 168>□×43입니다.
3×43=129<168이므로 성립합니다.
4×43=172>168이므로 성립하지 않습니다.
따라서 □ 안에 들어갈 수 있는 한 자리 수는 1, 2, 3이고 이 중에서 가장 큰 수는 3입니다.

+9 계산 결과가 가장 큰 곱셈식을 만들려면 가장 큰 수를 두 번 곱해지는 ㉠에 놓고 그 다음 큰 수를 ㉡에 놓아야 합니다. 따라서 ㉠=7, ㉡=5입니다.

+10 7월은 31일까지 있습니다.
➔ (민호가 7월 한 달 동안 외운 한자 수)
=(하루에 외운 한자의 수)×(7월의 날수)

본책 028~031쪽

06일 (몇십몇)×(몇십몇) (1)

확인 028쪽

❶ 180, 36, 216

❷ (왼쪽에서부터) 4, 2, 0 / 4, 4, 8 / 2, 30

기본기 다지는 교과서 문제 029쪽

1 (위에서부터) 150, 45, 195

2 (1) 3, 102, 782 (2) 2, 26, 676

3 (왼쪽에서부터) 2, 5 / 7, 5, 0 / 7, 7, 5 / 1, 30

4 (1) 768 (2) 588

1 13=10+3이므로 15×13은 15×10과 15×3의 합과 같습니다.

→ $15\times13=15\times10+15\times3$

$=150+45=195$

2 (1) 23=20+3이므로 34×23은 34×20과 34×3의 합과 같습니다.

(2) 52=50+2이므로 13×52는 13×50과 13×2의 합과 같습니다.

3 31=30+1이므로 25×31은 25×30과 25×1의 합과 같습니다.

4 (1)
$$\begin{array}{r} 3\ 2 \\ \times\ 2\ 4 \\ \hline 1\ 2\ 8 \\ 6\ 4\ 0 \\ \hline 7\ 6\ 8 \end{array}$$

(2)
$$\begin{array}{r} 1\ 4 \\ \times\ 4\ 2 \\ \hline 2\ 8 \\ 5\ 6\ 0 \\ \hline 5\ 8\ 8 \end{array}$$

스스로 풀어내는 도전 10 문제 030~031쪽

1 16, 272

2 (1) 795 (2) 837 (3) 1323 (4) 540

3 (위에서부터) 408, 1008

4
$$\begin{array}{r} 5\ 4 \\ \times\ 1\ 2 \\ \hline 1\ 0\ 8 \\ 5\ 4\ 0 \\ \hline 6\ 4\ 8 \end{array}$$

5 =

6 28×14=392 / 392개

7 1128

8 (위에서부터) 1, 5, 1, 2, 5

+9 775자루

+10 예 어떤 수를 □라 하면, 잘못 계산한 식은 □+13=50입니다. □=50−13=37이므로 어떤 수는 37입니다. 따라서 바르게 계산하면 37×13=481입니다. / 481

1 $17\times16=17\times10+17\times6$

$=170+102=272$

2 (1)
$$\begin{array}{r} 5\ 3 \\ \times\ 1\ 5 \\ \hline 2\ 6\ 5 \\ 5\ 3\ 0 \\ \hline 7\ 9\ 5 \end{array}$$

(2)
$$\begin{array}{r} 3\ 1 \\ \times\ 2\ 7 \\ \hline 2\ 1\ 7 \\ 6\ 2\ 0 \\ \hline 8\ 3\ 7 \end{array}$$

(3)
$$\begin{array}{r} 2\ 1 \\ \times\ 6\ 3 \\ \hline 6\ 3 \\ 1\ 2\ 6\ 0 \\ \hline 1\ 3\ 2\ 3 \end{array}$$

(4)
$$\begin{array}{r} 4\ 5 \\ \times\ 1\ 2 \\ \hline 9\ 0 \\ 4\ 5\ 0 \\ \hline 5\ 4\ 0 \end{array}$$

3 24×17=408, 24×42=1008

힌트북 12쪽

4

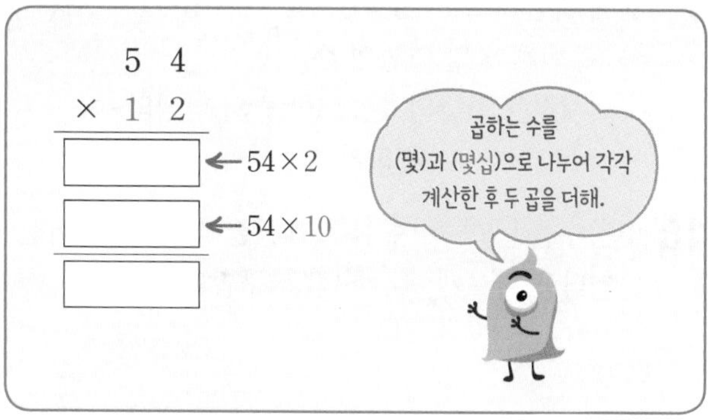

54×2와 54×10을 각각 계산하여 써야 하는데 54×2와 54×1을 계산하여 써서 잘못되었습니다.

5 $19\times51=969$, $51\times19=969$

참고 곱셈에서 두 수를 바꾸어 곱해도 계산 결과는 같습니다.

6 (슬기네 반 학생들이 캔 고구마의 수)
=(학생의 수)×(한 학생이 캔 고구마의 수)
$=28\times14=392$(개)

7 $9>4>2>1$이므로 만들 수 있는 가장 큰 두 자리 수는 94이고, 만들 수 있는 가장 작은 두 자리 수는 12입니다.
➔ $94\times12=1128$

힌트북 13쪽

8

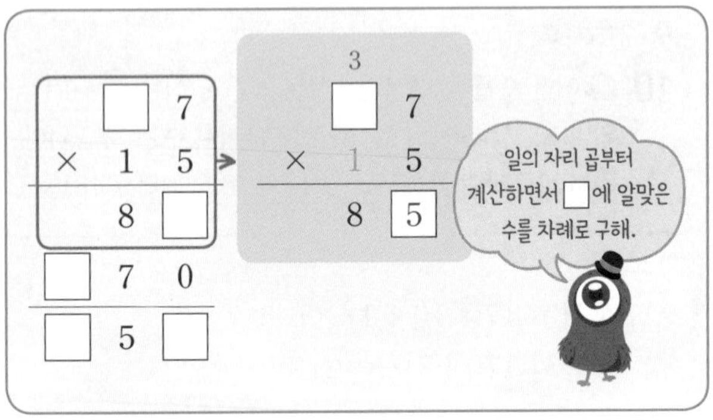

	㉠	7
×	1	5
	8	㉡
㉢	7	0
㉣	5	㉤

• $7\times5=35$이므로 ㉡=5이고, 십의 자리로 3을 올림합니다.
• ㉠×5+3=8이므로 ㉠×5=5, ㉠=1입니다.
• $1\times1=1$이므로 ㉢=1입니다.
• $85+170=225$이므로 ㉣=2, ㉤=5입니다.

+9 (전체 학급의 수)$=5+6+4+6+5+5=31$(반)
➔ (준비해야 할 연필의 수)
=(전체 학급의 수)×(한 반의 학생의 수)
$=31\times25=775$(자루)

+10 어떤 수를 □라 하여 잘못 계산한 식을 세워 어떤 수를 구한 다음 바르게 계산한 값을 구합니다.

본책 032~035 쪽

07일 (몇십몇)×(몇십몇) (2)

확인 032쪽

❶ (위에서부터) 600, 80, 120, 16 / 600, 80, 120, 16, 816

기본기 다지는 교과서 문제 033쪽

1 140, 80, 1034
2 (1) 5, 130, 910 (2) 4, 252, 1512
3 (왼쪽에서부터) 7, 4 / 1, 8, 5, 0 / 1, 9, 2, 4 / 2, 50
4 (1) 1596 (2) 2268

1 분홍색 모눈: $40\times20=800$(칸)
파란색 모눈: $7\times20=140$(칸)
노란색 모눈: $40\times2=80$(칸)
초록색 모눈: $7\times2=14$(칸)
➔ $47\times22=800+140+80+14=1034$(칸)

2 (1) $35=30+5$이므로 26×35는 26×30과 26×5의 합과 같습니다.
(2) $24=20+4$이므로 63×24는 63×20과 63×4의 합과 같습니다.

3 $52=50+2$이므로 37×52는 37×50과 37×2의 합과 같습니다.

4 (1)
$$\begin{array}{r} 42 \\ \times\ 38 \\ \hline 336 \\ 1260 \\ \hline 1596 \end{array}$$
(2)
$$\begin{array}{r} 36 \\ \times\ 63 \\ \hline 108 \\ 2160 \\ \hline 2268 \end{array}$$

스스로 풀어내는 도전 10 문제 034~035쪽

1 (위에서부터) 7, 8 / 2, 3, 4, 0 / 2, 4, 1, 8
2 (1) 1176 (2) 1815 (3) 1675 (4) 2054
3 2430
4 1656
5 <
6 16×28=448 / 448쪽
7 715분
8 7, 3, 4, 4672
+9 1178 cm
+10 예 39×6과 39×40을 각각 계산하여 써야 하는데 39×6과 39×4를 계산하여 써서 잘못되었습니다. / 1794

힌트북 14쪽

1

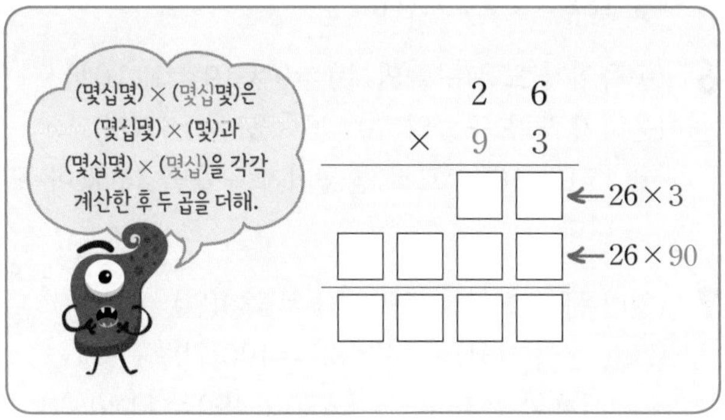

곱해지는 수에 곱하는 수의 일의 자리 수와 십의 자리 수를 차례로 곱합니다.

2 (1)
$$\begin{array}{r} 28 \\ \times\ 42 \\ \hline 56 \\ 1120 \\ \hline 1176 \end{array}$$
(2)
$$\begin{array}{r} 55 \\ \times\ 33 \\ \hline 165 \\ 1650 \\ \hline 1815 \end{array}$$
(3)
$$\begin{array}{r} 67 \\ \times\ 25 \\ \hline 335 \\ 1340 \\ \hline 1675 \end{array}$$
(4)
$$\begin{array}{r} 79 \\ \times\ 26 \\ \hline 474 \\ 1580 \\ \hline 2054 \end{array}$$

3 54×45=2430

4 69>54>48>24이므로 가장 큰 수는 69이고 가장 작은 수는 24입니다.
➔ 69×24=1656

5 35×51=1785, 42×46=1932
➔ 1785<1932

6 일주일은 7일이므로 4주일은 4×7=28(일)입니다.
➔ (4주일 동안 읽을 수 있는 역사책 쪽수)
=(하루에 읽는 역사책 쪽수)×(읽는 날수)
=16×28=448(쪽)

7

일	월	화	수	목	금	토
		1	2	3	4	5
6	7	8	9	10	11	12
13	14	15	16	17	18	19
20	21	22	23	24	25	26
27	28	29	30	31		

줄넘기를 한 날은 모두 13일입니다.
➔ (윤하가 한 줄넘기 시간)
=(줄넘기를 한 날수)×(하루에 하는 줄넘기 시간)
=13×55=715(분)

8 계산 결과가 가장 큰 곱셈식을 만들려면 십의 자리에 가장 큰 수인 7을 놓아야 합니다.
74×63=4662, 73×64=4672이므로 계산 결과가 가장 큰 곱셈식은 73×64=4672입니다.

+9 • (색 테이프 47장의 길이의 합)=28×47=1316 (cm)
• (3 cm씩 겹치게 이어 붙인 부분의 수)
=47−1=46(군데)이므로
(겹쳐진 부분의 길이의 합)=3×46=138 (cm)
➔ (이어 붙인 색 테이프의 전체 길이)
=(색 테이프 47장의 길이의 합)
−(겹쳐진 부분의 길이의 합)
=1316−138=1178 (cm)

+10
$$\begin{array}{r} 39 \\ \times\ 46 \\ \hline 234 \\ 1560 \\ \hline 1794 \end{array}$$

본책 036~039쪽

08일 곱셈의 활용

확인 036쪽

1 (1) 구슬 (2) 15, 18 (3) 18, 270 (4) 270

기본기 다지는 교과서 문제 037쪽

1 65, 20, 1300
2 방법 1 2, 8 / 4, 0 / 6, 8 방법 2 2 / 6, 8 / 68포대
3 (1) 52개 (2) 832개

2 $4\times17=68$, $17\times4=68$이므로 $4\times17=17\times4$입니다.

참고 곱셈에서 두 수를 바꾸어 곱해도 계산 결과는 같습니다.

3 (1) 좌석이 4개씩 13줄 있습니다.
➡ (객실 한 칸에 있는 좌석의 수)
=(한 줄에 있는 좌석의 수)×(줄 수)
$=4\times13=52$(개)
(2) (객실 16칸에 있는 좌석의 수)
=(객실 한 칸에 있는 좌석의 수)×(객실 수)
$=52\times16=832$(개)

스스로 풀어내는 도전 10 문제 038~039쪽

1 37, 12, 444 / 444 cm
2 30×60=1800 / 1800개
3 132×3=396 / 396 cm
4 1248개
5 752원
6 종욱
7 1120원
8 1900 m
+9 640
+10 예 버스마다 3자리씩 비어 있으므로 버스 한 대에 탄 학생의 수는 45−3=42(명)입니다. 따라서 민호네 학교 3학년 학생은 모두 42×15=630(명)입니다. / 630명

1 (선물 상자 12개를 포장하는 데 사용한 리본의 길이)
=(선물 상자 1개를 포장하는 데 사용한 리본의 길이)
×(선물 상자의 수)
$=37\times12=444$ (cm)

2 (60판에 들어 있는 달걀의 수)
=(한 판에 들어 있는 달걀의 수)×(판의 수)
$=30\times60=1800$(개)

3 (나무의 높이)
=(슬기의 키)×3
$=132\times3=396$ (cm)

4 하루는 24시간입니다.
➡ (하루 동안 만들 수 있는 장난감의 수)
=(한 시간에 만드는 장난감의 수)×(만드는 시간)
$=52\times24=1248$(개)

5 1위안=188원이므로 4위안은 188의 4배와 같습니다.
➡ $188\times4=752$(원)

6 (종욱이가 모은 구슬의 수)$=9\times19=171$(개)
(윤하가 모은 구슬의 수)$=6\times27=162$(개)
➡ $171>162$이므로 종욱이가 구슬을 더 많이 모았습니다.

7 (일반 문자 요금)$=30\times21=630$(원)
(그림 문자 요금)$=14\times35=490$(원)
➡ (사용한 문자 요금)$=630+490=1120$(원)

8 (나무 사이의 간격의 수)=(나무의 수)−1
$=21-1=20$(군데)
➡ (도로의 길이)=(나무와 나무 사이의 간격)
×(나무 사이의 간격의 수)
$=95\times20=1900$ (m)

9 • (삶은 밤 20개의 열량)$=17\times20=340$ (킬로칼로리)
• (배 2개의 열량)$=150\times2=300$ (킬로칼로리)
➡ (서준이네 가족이 먹은 간식의 열량)
=(삶은 밤 20개의 열량)+(배 2개의 열량)
$=340+300=640$ (킬로칼로리)

10 (버스 한 대에 탄 학생의 수)$=45-3=42$(명)
➡ (민호네 학교 3학년 학생의 수)
=(버스 한 대에 탄 학생의 수)×(버스의 수)
$=42\times15=630$(명)

01~08일 단원평가 040~041쪽

01 492 **02** 400×2에 ○표

03 (위에서부터) 600, 1350, 2070

04 < **05**

$$\begin{array}{r} 1\ 7 \\ \times\ 7\ 2 \\ \hline 3\ 4 \\ 1\ 1\ 9\ 0 \\ \hline 1\ 2\ 2\ 4 \end{array}$$

06 25×41=1025 / 1025명

07 ㉢, ㉡, ㉠ **08** (위에서부터) 3, 2, 6, 0

09 6 **10** 풀이 참조 / 3150쪽

01 백 모형: 2×2=4이므로 400
십 모형: 4×2=8이므로 80
일 모형: 6×2=12
➜ 246×2=400+80+12=492

02 백의 자리의 곱이므로 400×2입니다.

03 20×30=600, 45×30=1350, 69×30=2070

04 58×26=1508, 319×5=1595
➜ 1508<1595

05 17×2와 17×70을 각각 계산하여 써야 하는데 17×2와 17×7을 계산하여 써서 잘못되었습니다.

06 (놀이기구를 탈 수 있는 사람의 수)
=(놀이기구에 한 번에 탈 수 있는 사람의 수)
×(운행 횟수)
=25×41=1025(명)

07 ㉠ 143×3=429
㉡ 8×48=384
㉢ 23×16=368
➜ ㉢<㉡<㉠

08

		8	㉠
	×	㉡	5
	4	1	5
1	㉢	6	0
2	㉣	7	5

• 8×5=40이므로 ㉠×5=15에서 ㉠=3입니다.
• 3×㉡의 일의 자리 숫자가 6이므로 ㉡=2입니다.
• 83×2=166이므로 ㉢=6입니다.
• 415+1660=2075이므로 ㉣=0입니다.

09 9×83=747이므로 747<142×□입니다.
142×5=710<747이므로 성립하지 않습니다.
142×6=852>747이므로 성립합니다.
따라서 □ 안에 들어갈 수 있는 수는 6, 7, 8, 9이므로 가장 작은 수는 6입니다.

10 예시 답안 일주일은 7일이므로 6주는 7×6=42(일)입니다. 따라서 6주 동안 읽은 책은 모두
75×42=3150(쪽)입니다.

채점 기준	
	❶ 6주는 며칠인지 구해야 함.
	❷ 6주 동안 책을 모두 몇 쪽 읽었는지 구해야 함.

본책 042~045쪽

09일 (몇십)÷(몇) (1)

확인 042쪽

❶ (1) 4 (2) 40

기본기 다지는 교과서 문제 043쪽

1 20
2 (1) 1, 10 (2) 3, 30
3 (○)( )

1 십 모형 60개를 똑같이 3묶음으로 나누면 한 묶음에 십 모형이 2개입니다. ➜ $60 \div 3 = 20$

2 내림이 없는 (몇십)÷(몇)은 (몇)÷(몇)을 계산한 후 몫의 오른쪽에 0을 1개 붙이면 됩니다.

3 (나누는 수)$\overline{)\text{(나누어지는 수)}}$ 위에 (몫)

스스로 풀어내는 도전 10 문제 044~045쪽

1 40
2 (1) 20 (2) 10
3 <
4 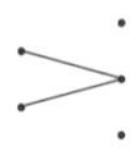
5 지혜
6 40
7 30
8 10개
+9 10개
+10 □×7=70이므로 □=70÷7=10입니다. / 10

1 십 모형 8개를 똑같이 2묶음으로 나누면 한 묶음에 십 모형이 4개입니다.
➜ $80 \div 2 = 40$

2 (1) $4 \div 2 = 2$ ➜ $40 \div 2 = 20$
(2) $5 \div 5 = 1$ ➜ $50 \div 5 = 10$

3 $60 \div 3 = 20$, $60 \div 2 = 30$
➜ $20 < 30$

4 $80 \div 4 = 20$, $40 \div 2 = 20$

힌트북 18쪽

5

■÷■=1
↓
■0÷■=10

(몇십)÷(몇)에서 나누는 수 몇과 나누어지는 수 몇십의 십의 자리 수가 같으면 몫은 항상 10이야.

$90 \div 3 = 30$, $90 \div 9 = 10$

6 $80 > 30 > 6 > 2$이므로 가장 큰 수는 80, 가장 작은 수는 2입니다.
➜ $80 \div 2 = 40$

7 $80 \div 8 = 10$, $40 \div 2 = 20$
➜ $10 + 20 = 30$

8 (한 명에게 나누어 줄 수 있는 지우개의 수)
=(전체 지우개의 수)÷(나누어 줄 사람 수)
$= 40 \div 4 = 10$(개)

힌트북 19쪽

+9

구슬 60개를 주머니 2개에 똑같이 나누어 담고,
→ 한 주머니에 담긴 구슬 수를 먼저 구하고
↓
한 주머니에 담은 구슬을 다시 3명에게 똑같이 나누어 주려고 합니다.
→ 한 명에게 나누어 줄 수 있는 구슬 수를 구해.

(주머니 한 개에 담긴 구슬의 수)
$= 60 \div 2 = 30$(개)
(한 명에게 나누어 줄 구슬의 수)
$= 30 \div 3 = 10$(개)

+10 □×7=70
➜ □=70÷7=10

본책 046~049쪽

10일 (몇십)÷(몇) (2)

확인 046쪽

❶ (1) 1, 4 (2) 14

❷ (1) 10, 5, 15 (2) 10, 5, 15

기본기 다지는 교과서 문제 047쪽

1 12

2 (왼쪽에서부터) 10, 8 / 18

3 (왼쪽에서부터) 5, 8, 1, 1, 0 / 40, 5

4 15, 60 / 맞습니다에 ○표

1 십 모형 60개를 똑같이 5묶음으로 나누면 한 묶음에 십 모형이 1개, 일 모형이 2개입니다. ➜ $60 \div 5 = 12$

2 $90 = 50 + 40$이므로 50과 40을 각각 5로 나눈 몫을 더하면 $90 \div 5$의 몫이 됩니다.

3 십의 자리를 계산하고 남은 나머지에 0을 붙여서 일의 자리 몫을 구합니다.

4 나누는 수와 몫을 곱하면 나누어지는 수가 되어야 합니다. ➜ $4 \times 15 = 60$이므로 계산이 맞습니다.

스스로 풀어내는 도전 10 문제 048~049쪽

1 15

2 (1) 25 (2) 15

3 35

4 ( )(○)

5 ㉠

6 (위에서부터) 45, 9

7
```
    1 4
 5)7 0
   5
   2 0
   2 0
     0
```

8 25쌍

+9 150 km

+10 정사각형은 네 변의 길이가 모두 같으므로 (한 변의 길이)$=60 \div 4=15$ (cm)입니다. / 15 cm

1 십 모형 3개를 2묶음으로 나누면 한 묶음에 십 모형이 1개, 일 모형이 5개입니다.
➜ $30 \div 2 = 15$

2 (1)
```
    2 5
 2)5 0
   4
   1 0
   1 0
     0
```
(2)
```
    1 5
 6)9 0
   6
   3 0
   3 0
     0
```

3 $70 \div 2 = 35$

4 $80 \div 4 = 20$, $60 \div 5 = 12$

힌트북 20쪽

5
```
    2 □
 2)5 0
   4
   1 0
```

㉠ $50 \div 2 = 25$
㉡ $60 \div 4 = 15$
㉢ $80 \div 5 = 16$
➜ 몫의 크기가 가장 큰 것은 ㉠입니다.

6 $90 > 2$이므로 $90 \div 2 = 45$
$45 > 5$이므로 $45 \div 5 = 9$

7 십의 자리를 계산하고 남은 나머지에 0을 붙여서 일의 자리 몫을 정해야 합니다.

8 전체 학생은 $27 + 23 = 50$(명)이므로
2명씩 짝을 지으면 모두 $50 \div 2 = 25$(쌍)입니다.

+9 (연료 1 L로 갈 수 있는 거리)
$= 90 \div 6 = 15$ (km)
(연료 10 L로 갈 수 있는 거리)
$= 15 \times 10 = 150$ (km)

+10 정사각형은 네 변의 길이가 모두 같습니다.
➜ (정사각형의 한 변의 길이)
=(정사각형의 네 변의 길이의 합)$\div 4$

본책 050~053쪽

11일 (몇십몇)÷(몇) (1)

확인 050쪽

❶ (1) 2, 3 (2) 23

❷ (1) 20, 1, 21 (2) 10, 4, 14

기본기 다지는 교과서 문제 051쪽

1 (위에서부터) 3 / 3, 2 / 2

2 (왼쪽에서부터) 10, 1 / 11

3 (왼쪽에서부터) 1, 8, 4 / 20, 1

4 14, 28 / 맞습니다에 ○표

1 십의 자리와 일의 자리를 각각 2로 나눕니다.

2 55=50+5이므로 50과 5를 각각 5로 나눈 몫을 더하면 55÷5의 몫이 됩니다.

3 십의 자리 수와 일의 자리 수를 차례로 나누어 계산합니다.

4 나누는 수와 몫을 곱하면 나누어지는 수가 되어야 합니다.
➜ 2×14=28이므로 계산이 맞습니다.

스스로 풀어내는 도전 10 문제 052~053쪽

1 22

2 (1) 24 (2) 31

3 (위에서부터) 13, 41

4 슬기

5 ( ) ( ) (○)

6 10

7 32개

8 12

+9 11분

+10 44÷2=22입니다. 22<□이므로 □ 안에 들어갈 수 있는 가장 작은 수는 23입니다. / 23

1 십 모형 6개와 일 모형 6개를 똑같이 3묶음으로 나누면 한 묶음에 십 모형이 2개, 일 모형이 2개입니다.
➜ 66÷2=33

2 (1)
$$\begin{array}{r} 24 \\ 2\overline{)48} \\ \underline{4} \\ 8 \\ \underline{8} \\ 0 \end{array}$$
(2)
$$\begin{array}{r} 31 \\ 3\overline{)93} \\ \underline{9} \\ 3 \\ \underline{3} \\ 0 \end{array}$$

3 26÷2=13, 82÷2=41

4 로운이가 계산을 잘못 하였습니다.
(몇십몇)÷(몇)을 세로로 계산할 때에는 나누어지는 수의 십의 자리 수와 일의 자리 수를 차례로 나누는 수로 나누어야 합니다.
$$\begin{array}{r} 11 \\ 6\overline{)66} \\ \underline{6} \\ 6 \\ \underline{6} \\ 0 \end{array}$$

5 48÷4=12, 24÷2=12, 39÷3=13

6 ㉠ 99÷3=33
㉡ 86÷2=43
➜ 43−33=10

참고 '차'를 구하려면 큰 수에서 작은 수를 뺍니다.

7 (한 상자에 담을 수 있는 탁구공의 수)
=(전체 탁구공의 수)÷(상자의 수)
=64÷2=32(개)

8 3<6<9이므로 수 카드로 만들 수 있는 가장 작은 두 자리 수는 36입니다.
➜ 36÷3=12

+9 1시간 28분=60분+28분=88분입니다.
➜ (장미 한 개를 만드는 데 걸리는 시간)
=(장미 8개를 만드는 데 걸리는 시간)÷8
=88÷8=11(분)

+10 44÷2=22입니다. 22<□이므로 □ 안에 들어갈 수 있는 가장 작은 수는 23입니다.

본책 054~057쪽

12일 (몇십몇)÷(몇) (2)

확인 054쪽

❶ (1) 1, 4 (2) 14

❷ (1) 10, 5, 15 (2) 10, 6, 16

기본기 다지는 교과서 문제 055쪽

1 13, 13

2 (왼쪽에서부터) 10, 2 / 12

3 (왼쪽에서부터) 3, 7, 6, 1, 1, 4, 0 / 30, 7

4 13, 91 / 맞습니다에 ○표

1 구슬 52개를 4개씩 묶으면 모두 13묶음입니다.
➜ 52÷4=13

2 96=80+16이므로 80과 16을 각각 8로 나눈 몫을 더하면 96÷8의 몫이 됩니다.

3 ① 몫의 십의 자리 수를 먼저 구합니다.
② 나누어지는 수의 십의 자리에서 내림한 수와 일의 자리 수를 더해 몫의 일의 자리 수를 구합니다.

4 나누는 수와 몫을 곱하면 나누어지는 수가 되어야 합니다. ➜ 7×13=91이므로 계산이 맞습니다.

스스로 풀어내는 도전 10 문제 056~057쪽

1 15

2 (1) 19 (2) 14

3 38

4 

5 ㉡, ㉠, ㉢

6 48, 16

7 (위에서부터) 7, 5, 3, 5, 3, 5

8 29개

+9 리본

+10 72÷2=36이므로 □×3=36입니다.
따라서 □=36÷3=12입니다. / 12

1 구슬 75개를 똑같이 5묶음으로 나누면 한 묶음에 구슬이 15개입니다.
➜ 75÷5=15

힌트북 24쪽

2

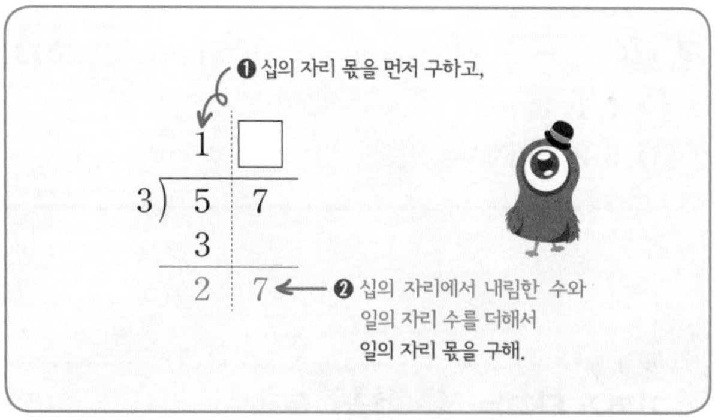

(1)
$$\begin{array}{r} 19 \\ 3\,\overline{)\,57} \\ 3 \\ \hline 27 \\ 27 \\ \hline 0 \end{array}$$

(2)
$$\begin{array}{r} 14 \\ 6\,\overline{)\,84} \\ 6 \\ \hline 24 \\ 24 \\ \hline 0 \end{array}$$

3 76>2이므로 76÷2=38입니다.

4 64÷4=16, 72÷2=36

5 ㉠ 68÷4=17 ㉡ 65÷5=13 ㉢ 81÷3=27
몫이 작은 것부터 나열하면 ㉡, ㉠, ㉢입니다.

6 96÷2=48, 48÷3=16

7 몫의 십의 자리 계산에서 나누는 수를 구할 수 있습니다.
□×1=5에서 □=5이므로 나누는 수는 5입니다.

$$\begin{array}{r} 17 \\ 5\,\overline{)\,85} \\ 5 \\ \hline 35 \\ 35 \\ \hline 0 \end{array}$$

8 (한 상자에 담을 수 있는 사과의 수)
=(전체 사과의 수)÷(상자의 수)
=87÷3=29(개)

+9 (철사 한 도막의 길이)=84÷7=12 (cm)
(리본 한 도막의 길이)=65÷5=13 (cm)
➜ 한 도막의 길이가 더 긴 것은 리본입니다.

+10 72÷2의 몫과 □×3의 계산 결과가 같습니다.

본책 058~061쪽

13일 (몇십몇)÷(몇) (3)

확인 058쪽

① 8, 1
② 5, 2, 나머지

기본기 다지는 교과서 문제 059쪽

1 (1) 5, 1 (2) 6, 2
2 (위에서부터) 8, 5, 6, 3 / 8, 3
3 (○) (×)
4 8, 5, 77 / 맞습니다에 ○표

1 나눗셈에서 나머지는 더 이상 나눌 수 없을 때까지 나누고 남은 수입니다.

2
```
     8
7 ) 5 9
    5 6
    ───
      3
```
➜ 몫은 8이고, 나머지는 3입니다.

3 나머지가 0이면 나누어떨어지는 나눗셈이고, 나머지가 0이 아니면 나누어떨어지지 않는 나눗셈입니다.

4 나누는 수와 몫의 곱에 나머지를 더하면 나누어지는 수가 되어야 합니다.
➜ $9\times8=72$, $72+5=77$이므로 계산이 맞습니다.

스스로 풀어내는 도전 10 문제 060~061쪽

1 4, 1 **2** 8, 5
3 7, 1 **4** 25
5 5 **6** 로운
7 (위에서부터) 7, 0 **8** 6권, 3권
+9 3개
+10 가장 작은 두 자리 수는 48입니다. $48\div5=9\cdots3$이므로 몫은 9입니다. / 9

1 일모형 29개를 7묶음으로 똑같이 나누면 한 묶음에 일모형이 4개씩 들어가고, 한 개가 남습니다.
➜ $29\div7=4\cdots1$

2 $69\div8=8\cdots5$

3 $50\div7=7\cdots1$

4 $18\div4=4\cdots2$
$25\div4=6\cdots1$
$31\div4=7\cdots3$
➜ 나머지가 1인 수는 25입니다.

5 $51\div8=6\cdots3$
$44\div6=7\cdots2$
➜ 나머지의 합을 구하면 $3+2=5$

힌트북 26쪽

6
나누어떨어지는 나눗셈식
↓
나머지가 0인 나눗셈식

슬기: $26\div8=3\cdots2$
로운: $35\div7=5$
➜ 로운이가 가지고 있는 나눗셈식이 나머지가 0이므로 나누어떨어집니다.

7 $8\times\square=56$에서 $\square=7$이므로 몫은 7입니다.
나누어지는 수는 $56+4=60$입니다.

8 $45\div7=6\cdots3$이므로 한 명이 공책을 6권까지 가질 수 있고 3권이 남습니다.

+9 $27\div1=27$
$27\div3=9$
$27\div9=3$
27을 나누어떨어지게 하는 수는 1, 3, 9로 3개입니다.

+10 $4>8>9$이므로 수 카드로 만들 수 있는 가장 작은 두 자리 수는 48입니다.

본책 062~065쪽

14일 (몇십몇)÷(몇) (4)

확인 062쪽

❶ 14, 1

❷ (왼쪽에서부터) 1, 4, 3 / 1, 9, 4, 3, 3, 6, 2

기본기 다지는 교과서 문제 063쪽

1 12, 3

2 (왼쪽에서부터) 1, 7, 3, 3, 5, 4 / 10, 7

3 24, 2, 98 / 맞습니다에 ○표

1 63÷5=12⋯3 (12: 몫, 3: 나머지)

2

```
    1 7
5 ) 8 9
    5
    ---
    3 9
    3 5
    ---
      4
```

3 나누는 수와 몫의 곱에 나머지를 더하면 나누어지는 수가 되어야 합니다.
➜ 4×24=96, 96+2=98이므로 계산이 맞습니다.

스스로 풀어내는 도전 10 문제 064~065쪽

1 21, 84, 84, 3, 87

2 19, 2

3 0, 1, 2, 3, 4, 5에 ○표

4 윤하

5 풀이 참조

6 ①

7 81

8 13쪽, 4쪽

+9 2, 6

+10 93÷8=11⋯5
남은 5개를 8명에게 모두 나누어주려면 초콜릿 3개가 더 필요합니다. / 3개

1 (나누어지는 수)÷(나누는 수)=(몫)⋯(나머지)
[확인] (나누는 수)×(몫)+(나머지)
=(나누어지는 수)

2 78÷4=19⋯2
➜ 몫은 19이고 나머지는 2입니다.

3 나머지는 나누는 수보다 작아야 하므로 6으로 나누었을 때 나머지가 될 수 있는 수는 6보다 작은 0, 1, 2, 3, 4, 5입니다.

4 85÷6=14⋯1

참고 (몇십몇)÷(몇)에서 나누어지는 수의 십의 자리 수가 나누는 수와 같거나 나누는 수보다 크면 몫은 두 자리 수입니다.

5

```
    1 1
7 ) 7 9
    7
    ---
      9
      7
    ---
      2
```

6 나머지는 나누는 수보다 작으므로 나누는 수가 5인 나눗셈식의 나머지는 5가 될 수 없습니다.

7 나누는 수와 몫의 곱에 나머지를 더하면 나누어지는 수가 됩니다.
➜ 7×11=77, 77+4=81
따라서 ★=81입니다.

8 95÷7=13⋯4이므로 하루에 13쪽씩 읽으면 마지막에 4쪽이 남습니다.

+9

```
    1
4 ) 7 □
    4
    ---
    3 □
```

3□가 4로 나누어떨어지면 7□가 4로 나누어떨어집니다.
십의 자리 수가 3인 두 자리 수 중 4로 나누어떨어지는 수는 32, 36이므로 □ 안에 들어갈 수 있는 수는 2, 6입니다.

```
    1 8            1 9
4 ) 7 2        4 ) 7 6
    4              4
    ---            ---
    3 2            3 6
    3 2            3 6
    ---            ---
      0              0
```

본책 066~069쪽

15일 (세 자리 수)÷(한 자리 수) (1)

확인 066쪽

1 120

기본기 다지는 교과서 문제 067쪽

1 (1) 4, 40 (2) 28, 280
2 (위에서부터) 1, 3, 6, 5, 1, 5, 3, 3, 0, 0
3 47, 141 / 맞습니다에 ○표

1 ■▲÷●=㉠㉡일 때 ■▲0÷●의 몫은 ㉠㉡0입니다.

2

```
      1 3 6
  5 ) 6 8 0
      5
      1 8
      1 5
        3 0
        3 0
          0
```

3 나누는 수와 몫을 곱하면 나누어지는 수가 되어야 합니다. ➔ 3×47=141이므로 계산이 맞습니다.

스스로 풀어내는 도전 10 문제 068~069쪽

1 100, 24, 124
2 (1) 175 (2) 73
3 (○)( )
4 212
5 
6 ㉢, ㉡, ㉠
7 (위에서부터) 9, 3, 1, 6, 2, 2, 1
8 139개
+9 120송이
+10 두 나눗셈식을 계산하면 434÷7=62, 272÷4=68이므로 62<□<68입니다. 따라서 □ 안에 들어갈 수 있는 자연수는 63, 64, 65, 66, 67로 5개입니다. / 5개

1 496=400+96이므로 400과 96을 4로 나눈 몫을 더하여 496÷4의 몫을 구합니다.

2 (1)

```
      1 7 5
  5 ) 8 7 5
      5
      3 7
      3 5
        2 5
        2 5
          0
```

(2)

```
        7 3
  9 ) 6 5 7
      6 3
        2 7
        2 7
          0
```

3 ■▲●÷㉠의 계산에서
■>㉠이면 몫은 세 자리 수이고,
■<㉠이면 몫은 두 자리 수입니다.

4 708÷6=118, 376÷4=94
➔ 몫의 합을 구하면 118+94=212입니다.

5 352÷8=44, 330÷6=55
385÷7=55, 220÷5=44

6 ㉠ 736÷8=92
㉡ 672÷6=112
㉢ 635÷5=127
➔ 몫이 가장 큰 것부터 기호를 쓰면 ㉢, ㉡, ㉠입니다.

7

```
        9 3
  7 ) 6 5 1
      6 3
        2 1
        2 1
          0
```

8 (한 상자에 담을 수 있는 단추 수)
=(전체 단추 수)÷(상자의 수)
=834÷6=139(개)

+9 (8 cm 간격의 수)=952÷8=119(개)
필요한 꽃의 수는 간격의 수보다 1개 더 많습니다. 따라서 (필요한 꽃의 수)=119+1=120(송이)입니다.

본책 070~073쪽

16일 (세 자리 수)÷(한 자리 수) (2)

확인 070쪽

❶ 108, 1

기본기 다지는 교과서 문제 071쪽

1 254, 2
2 (위에서부터) 0, 5, 5, 2, 5, 2
3 1, 2, 3, 4, 5에 ○표
4 84, 2, 590 / 맞습니다에 ○표

2 십의 자리에서 나눌 수 없을 때에는 몫의 십의 자리에 0을 쓰고 일의 자리에서 나눕니다.

```
     1 0 5
5 ) 5 2 7
    5
    -----
      2 7
      2 5
      ---
        2
```

3 나누는 수가 6이므로 나머지는 6보다 작아야 합니다.

4 나누는 수와 몫의 곱에 나머지를 더하면 나누어지는 수가 되어야 합니다.
➡ $7 \times 84 = 588$, $588 + 2 = 590$이므로 계산이 맞습니다.

스스로 풀어내는 도전 10 문제 072~073쪽

1 116, 4
2 ㉠
3 풀이 참조
4 ( )(○)( )
5 9
6 6에 ○표
7 49개
8 437, 1
+9 122, 6
+10 374÷6=62⋯2
남은 방울토마토 2개를 6명에게 모두 나누어 주려면 4개가 더 필요합니다. / 4개

1

```
     1 1 6
6 ) 7 0 0
    6
    -----
    1 0
      6
    -----
      4 0
      3 6
      ---
        4
```

➡ 700÷6의 몫은 116이고, 나머지는 4입니다.

2 십의 자리에서 나눌 수 없을 때에는 몫의 십의 자리에 0을 쓰고 일의 자리에서 나눕니다.

㉡
```
     1 0 4
5 ) 5 2 3
    5
    -----
      2 3
      2 0
      ---
        3
```

다른 풀이 나누는 수와 몫의 곱에 나머지를 더하면 나누어지는 수가 되어야 합니다.
$7 \times 102 = 714$, $714 + 1 = 715$(○)
$5 \times 140 = 700$, $700 + 3 = 703$(×)

힌트북 32쪽

3

나누는 수가 5이므로 나머지는 5보다 작아야 합니다.

```
     1 5 5
5 ) 7 7 9
    5
    -----
    2 7
    2 5
    -----
      2 9
      2 5
      ---
        4
```

4 173÷8=21⋯5
190÷9=21⋯1
356÷6=59⋯2
➡ 나머지가 가장 작은 것은 190÷9입니다.

5 나머지 중 가장 큰 수가 8이므로 나누는 수인 ★은 8보다 1 큰 수인 9입니다.

6
$$\begin{array}{r} 9 \\ 8\overline{)\,7\;3\;\square} \\ 7\;2 \\ \hline 1\;\square \end{array}$$
1□가 8로 나누어떨어져야 하므로 □ 안에 알맞은 수는 6입니다.

7 $338 \div 7 = 48 \cdots 2$
7개씩 48상자에 담고 남은 2개를 담아야 하므로 상자는 49개가 필요합니다.

힌트북 33쪽

8
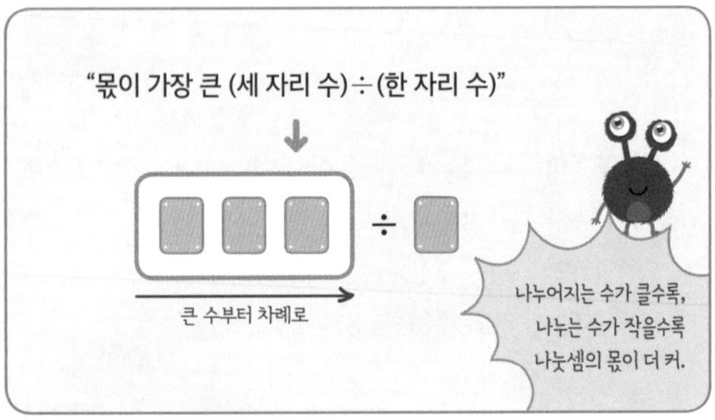

몫이 가장 크려면
(가장 큰 세 자리 수)÷(가장 작은 한 자리 수)이어야 합니다.
수 카드로 만들 수 있는 가장 큰 세 자리 수는 875이고 가장 작은 한 자리 수는 2입니다.
→ $875 \div 2 = 437 \cdots 1$

+9 (어떤 수)$\div 5 = 172$
→ (어떤 수)$= 5 \times 172 = 860$
$860 \div 7 = 122 \cdots 6$
어떤 수를 7로 나누면 몫은 122, 나머지는 6입니다.

09~16일 단원평가 074~075쪽

01 30	**02** 12개	**03** =
04 ㉠, ㉢	**05** 43	
06 35, 3 / 35, 315, 315, 3, 318		
07 12일	**08** 18, 3	**09** 42
10 풀이 참조 / 95		

01 $90 \div 3 = 30$ (cm)

02 $48 \div 4 = 12$(개)

03 $55 \div 5 = 11$, $77 \div 7 = 11$
→ $11 = 11$

04 ㉠ $66 \div 6 = 11$
㉡ $68 \div 6 = 11 \cdots 2$
㉢ $72 \div 6 = 12$
㉣ $74 \div 6 = 12 \cdots 2$
→ 6으로 나누었을 때 나누어떨어지는 수는 ㉠, ㉢입니다.

05 $\square \times 8 = 344$ → $\square = 344 \div 8 = 43$

06
$$\begin{array}{r} 3\;5 \\ 9\overline{)\,3\;1\;8} \\ 2\;7 \\ \hline 4\;8 \\ 4\;5 \\ \hline 3 \end{array}$$
(확인) $9 \times 35 = 315$, $315 + 3 = 318$

07 (동화책의 전체 쪽수)$= 16 \times 6 = 96$(쪽)
이 동화책을 8쪽씩 읽으면 $96 \div 8 = 12$(일)이 걸립니다.

08 어떤 수를 □라 하면 잘못 계산한 식은
$\square \times 5 = 465$, $\square = 465 \div 5 = 93$
바르게 계산하면
$93 \div 5 = 18 \cdots 3$이므로 몫은 18이고 나머지는 3입니다.

09 $882 \div 7 = 126$이므로
$\square \times 3 = 126$, $\square = 126 \div 3 = 42$

10 예시 답안 4로 나누었을 때 가장 큰 나머지는 3이므로 ★이 될 수 있는 가장 큰 수는 3입니다.
따라서 $4 \times 23 = 92$, $92 + 3 = 95$이므로 □$= 95$입니다.

채점 기준	
	❶ ★이 될 수 있는 수 중 가장 큰 수를 구해야 함.
	❷ □가 될 수 있는 자연수 중 가장 큰 수를 구해야 함.

본책 076~079쪽

17일 원의 중심, 반지름, 지름

확인 076쪽

1 ①

2 원의 중심 / 원의 반지름 / 원의 지름

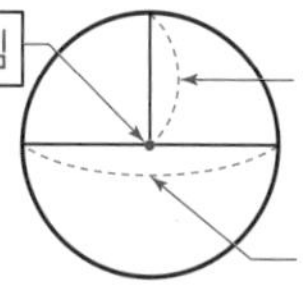

기본기 다지는 교과서 문제 077쪽

1 점 ㄷ

2 1

3 예

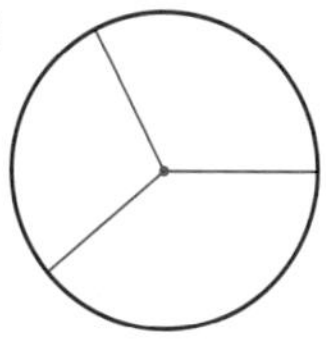

4 3, 3 / 같습니다에 ○표

1 원을 그릴 때 누름 못이 꽂혔던 점을 찾습니다.

2 한 원에는 원의 중심이 1개 있습니다.

3 원의 반지름을 그립니다. 위치나 방향에 관계없이 원의 중심과 원 위의 한 점을 잇는 선분을 3개 긋습니다.

4 한 원에서 원의 지름은 길이가 모두 같습니다.

스스로 풀어내는 도전 10 문제 078~079쪽

1 ㅇㄱ, ㅇㄷ, ㅇㅁ

2 ㉢

3 ㉤

4 8, 8

5 예

6 (1)○ (2)×

7 4 cm

8 17 cm

+9 ㉡

+10 예 원의 반지름은 원의 중심과 원 위의 한 점을 이은 선분인데, 주어진 선분은 원 위의 두 점을 이었기 때문에 반지름이 아닙니다.

1 원의 반지름은 원의 중심과 원 위의 한 점을 이은 선분입니다.

2 원의 중심은 원을 그릴 때 누름 못이 꽂혔던 점입니다. 따라서 바르게 표시한 것은 ㉢입니다.

3 누름 못과 거리가 먼 구멍에 연필을 꽂을수록 더 큰 원이 됩니다. 가장 큰 원을 그리려면 누름 못에서 가장 먼 ㉤에 연필을 꽂아야 합니다.

4 한 원에서 원의 반지름은 길이가 모두 같습니다.

5 원의 중심: 원을 그릴 때에 누름 못이 꽂혔던 점
원의 반지름: 원의 중심과 원 위의 한 점을 이은 선분

6 (2) 한 원에는 반지름을 무수히 많이 그을 수 있습니다.

7 왼쪽 원의 지름: 10 cm
오른쪽 원의 지름: 6 cm
→ (두 원의 지름의 차)$=10-6=4$ (cm)

8 선분 ㅇㄱ과 선분 ㅇㄴ은 원의 반지름입니다.
한 원에서 원의 반지름은 길이가 모두 같으므로
(선분 ㅇㄴ)=(선분 ㅇㄱ)=5 cm입니다.
→ (삼각형 ㅇㄱㄴ의 세 변의 길이의 합)
$=5+7+5=17$ (cm)

+9 ㉡ 슬기와 민호의 두 막대 사이를 이은 줄은 원의 반지름입니다.

+10 주어진 선분은 원의 중심과 원 위의 한 점을 잇지 않았습니다.

본책 080~083쪽

18일 원의 성질

확인 080쪽

1. (1) 지름 (2) 지름
2. 6, 2

기본기 다지는 교과서 문제 081쪽

1 (1) 선분 ㄱㄹ (2) 선분 ㄱㄹ
2 선분 ㄴㅂ
3 (1) 4 (2) 10 (3) 4 (4) 7

1 (1) 선분 ㄱㄹ의 길이가 가장 깁니다.
(2) 원의 중심을 지나는 선분 ㄱㄹ이 원의 지름입니다.

2 원을 똑같이 둘로 나누는 선분은 원의 지름인 선분 ㄴㅂ입니다.

3 (1) 지름은 반지름의 2배이므로 $2\times2=4$ (cm)입니다.
(2) 지름은 반지름의 2배이므로 $5\times2=10$ (cm)입니다.
(3) 반지름은 지름의 반이므로 $8\div2=4$ (cm)입니다.
(4) 반지름은 지름의 반이므로 $14\div2=7$ (cm)입니다.

스스로 풀어내는 도전 10 문제 082~083쪽

1 점 ㄷ
2 예 
3 (왼쪽에서부터) 2, 1
4 6 cm
5 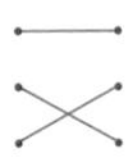
6 ㉢
7 5 m
8 19 cm
+9 12 cm, 6 cm
+10 예 ㉡ 원의 반지름을 구하면 $16\div2=8$ (cm)입니다. 반지름을 비교하면 7 cm<8 cm이므로 더 큰 원은 ㉡입니다. / ㉡

1 원의 지름을 그을 때 반드시 지나는 점은 원의 중심입니다.

2 원의 중심을 지나고 원 위의 두 점을 잇는 선분을 3개 긋습니다.

3 원의 반지름은 1 cm, 지름은 2 cm입니다.

4 (원의 반지름)=(원의 지름)$\div$2
$=12\div2=6$ (cm)

힌트북 36쪽

5

우리는 크기가 같은 원이야.

반지름이 ■ cm인 원 = 지름이 (■×2) cm인 원

알아둬!
크기가 같은 원을 찾으려면 반지름 또는 지름이 같아야 해.

- 반지름이 1 cm인 원의 지름: $1\times2=2$ (cm)
- 반지름이 4 cm인 원의 지름: $4\times2=8$ (cm)
- 반지름이 2 cm인 원의 지름: $2\times2=4$ (cm)

6 ㉢ 지름은 원 안에 그을 수 있는 가장 긴 선분입니다.

7 (큰 원의 반지름)$=20\div2=10$ (m)
(작은 원의 지름)=(큰 원의 반지름)=10 m이므로
(작은 원의 반지름)$=10\div2=5$ (m)입니다.

8 (작은 원의 지름)$=5\times2=10$ (cm)
(선분 ㄱㄷ)=(큰 원의 반지름)+(작은 원의 지름)
$=9+10=19$ (cm)

+9
- 상자의 가로는 반지름의 4배이므로 $3\times4=12$ (cm)입니다.
- 상자의 세로는 원의 지름과 같으므로 $3\times2=6$ (cm)입니다.

+10 다른 풀이 ㉠ 원의 지름을 구하면 $7\times2=14$ (cm)입니다. 지름을 비교하면 14 cm<16 cm이므로 더 큰 원은 ㉡입니다.

참고 반지름 또는 지름으로 통일하여 길이를 비교합니다.

본책 084~087쪽

19일 컴퍼스를 이용하여 원 그리기

확인 084쪽

❶ 중심, 2, ㅇ

기본기 다지는 교과서 문제 085쪽

1 ( )( )(○)

2

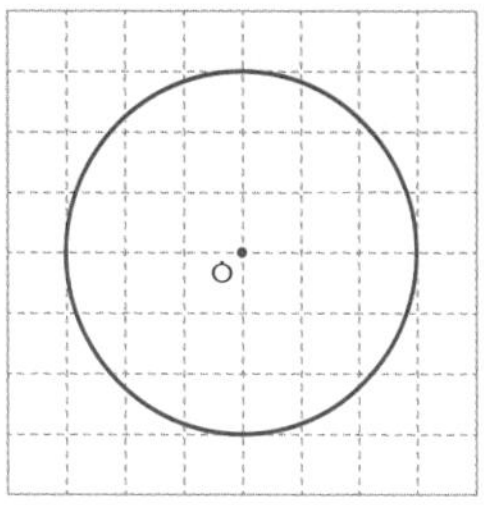

3

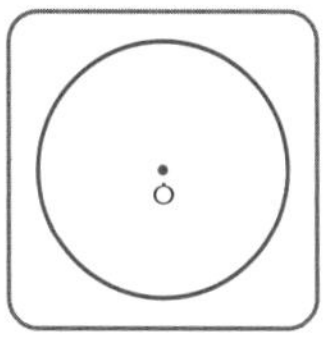

1 컴퍼스의 침이 자의 눈금 0에 오고 연필심이 눈금 4에 오는 것을 찾습니다.

3 컴퍼스를 1 cm만큼 벌리고 컴퍼스의 침을 점 ㅇ에 꽂아 원을 그립니다.

스스로 풀어내는 도전 10 문제 086~087쪽

1 2, 3, 1

2 5 cm

3

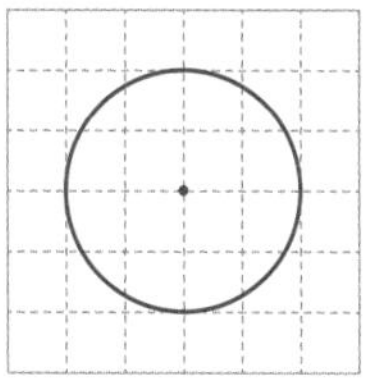

4

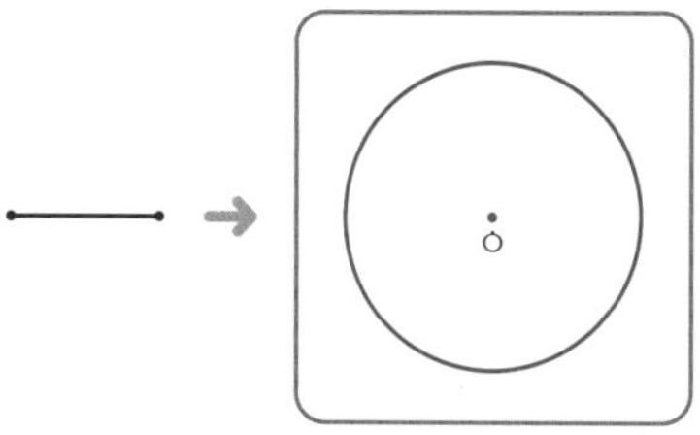

5 지혜

6

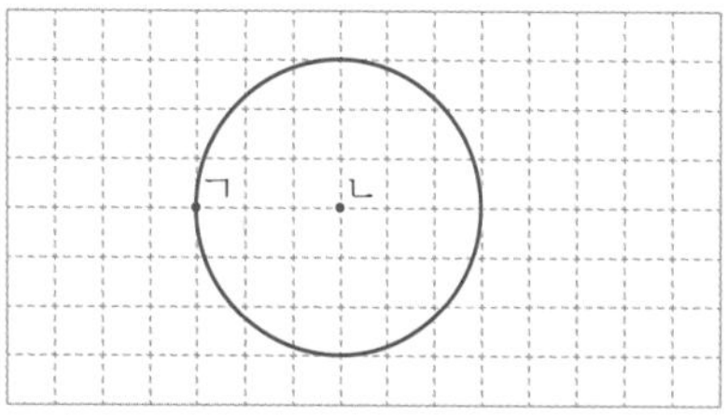

7

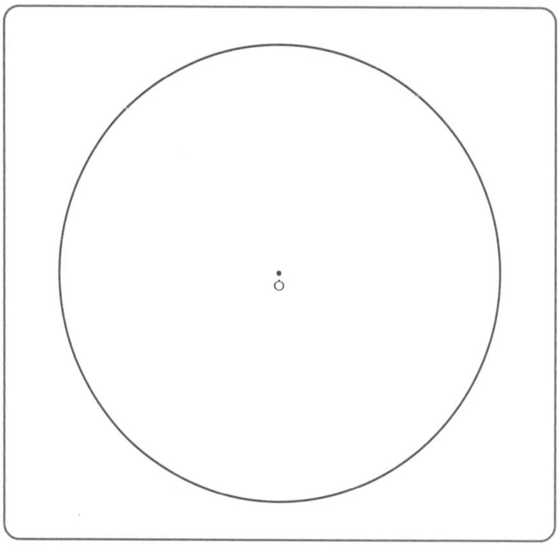

8

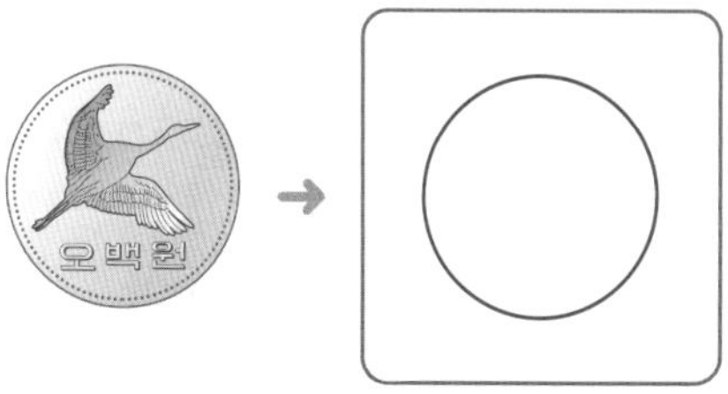

+9 예

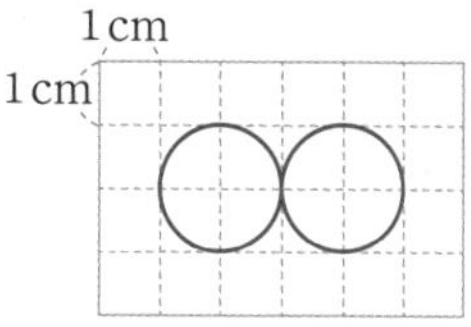

+10 예 지름이 24 cm인 원의 반지름은 24÷2=12 (cm)입니다. 따라서 컴퍼스의 침과 연필심 사이의 길이를 12 cm로 해야 합니다. / 12 cm

1 원의 중심이 되는 점 ㅇ을 정합니다.
→ 컴퍼스를 1 cm만큼 벌립니다.
→ 컴퍼스의 침을 점 ㅇ에 꽂고 원을 그립니다.

힌트북 38쪽

2

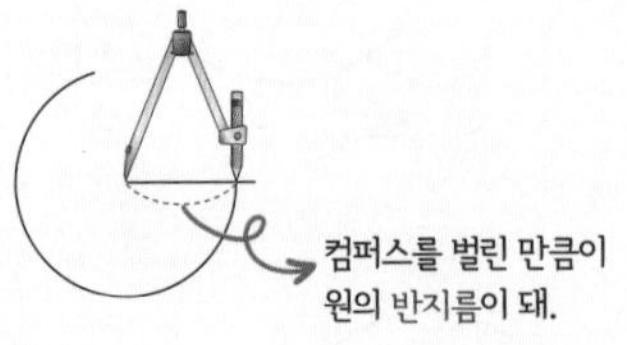

컴퍼스를 벌린 만큼이 원의 반지름입니다.

3 컴퍼스를 모눈 2칸만큼 벌려서 원을 그립니다.

4 주어진 선분만큼 컴퍼스를 벌려서 원을 그립니다.

힌트북 38쪽

5

[올바른 방법] [잘못된 방법]

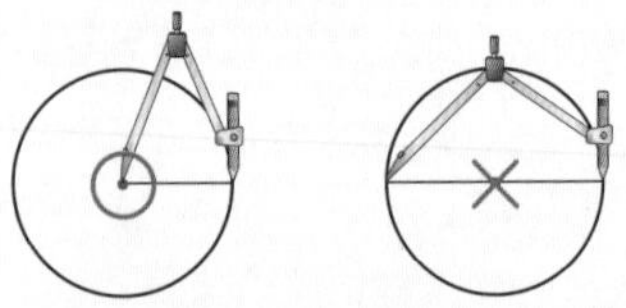

주의해!
컴퍼스는 원의 반지름만큼 벌려야 해!

지름이 4 cm인 원의 반지름은 $4 \div 2 = 2$ (cm)입니다.
컴퍼스를 2 cm만큼 벌린 사람은 지혜입니다.

6 점 ㄴ을 원의 중심으로 하고, 컴퍼스를 선분 ㄱㄴ만큼 벌려서 원을 그립니다.

주의 원의 중심을 ㄱ으로 하고, 반지름이 선분 ㄱㄴ인 원을 그리지 않도록 주의합니다.

7 지름이 6 cm인 원의 반지름은 $6 \div 2 = 3$ (cm)이므로 반지름이 3 cm인 원을 그립니다.

8 원의 중심을 정하고 컴퍼스를 주어진 동전의 반지름만큼 벌린 후 원의 중심에 컴퍼스의 침을 꽂고 원을 그립니다.

+9 컴퍼스를 1 cm(모눈 1칸)만큼 벌려서 두 원이 서로 맞닿도록 원을 그립니다.

+10 컴퍼스를 이용하여 원을 그릴 때에는 컴퍼스를 반지름만큼 벌려야 합니다.

본책 088~091쪽

20일 원을 이용하여 여러 가지 모양 그리기

확인 088쪽

① 변하지 않고, 4칸씩에 ○표

기본기 다지는 교과서 문제 089쪽

1 (1)

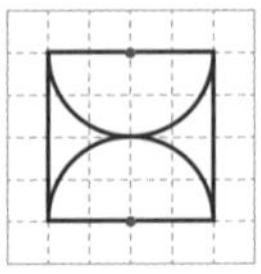

(2)

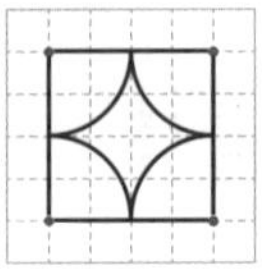

2

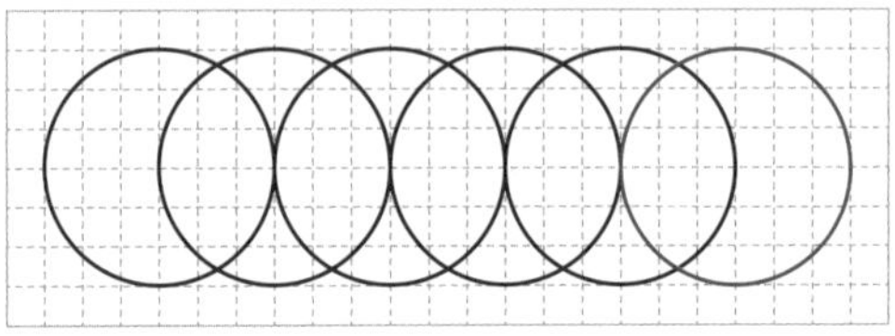

/ 3

3

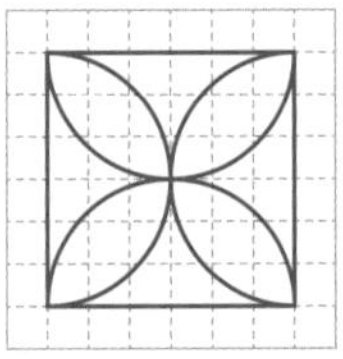

1 원의 중심을 찾아 표시합니다.

2 원의 중심은 오른쪽으로 모눈 3칸씩 이동하고, 원의 반지름은 모눈 3칸으로 변하지 않는 규칙입니다.

3 한 변이 모눈 6칸인 정사각형을 그리고, 정사각형의 각 변의 가운데 점을 원의 중심으로 하는 원의 일부분을 4개 그립니다.

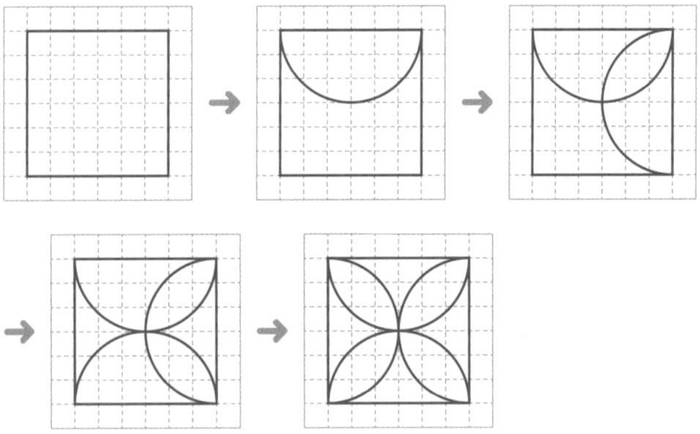

스스로 풀어내는 도전 10 문제 090~091쪽

1 점 ㄱ, 점 ㅁ

2

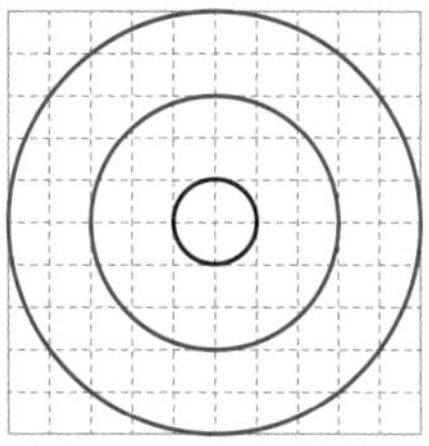

3 3군데

4 라

5 가, 다

6

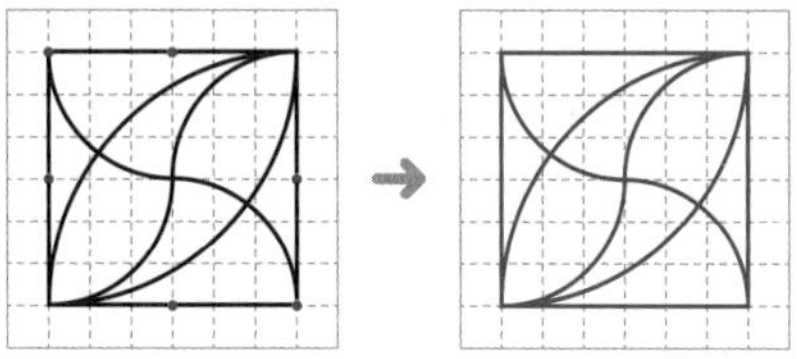

7

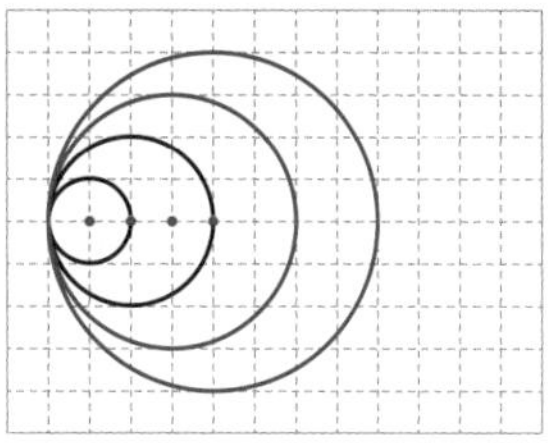

8

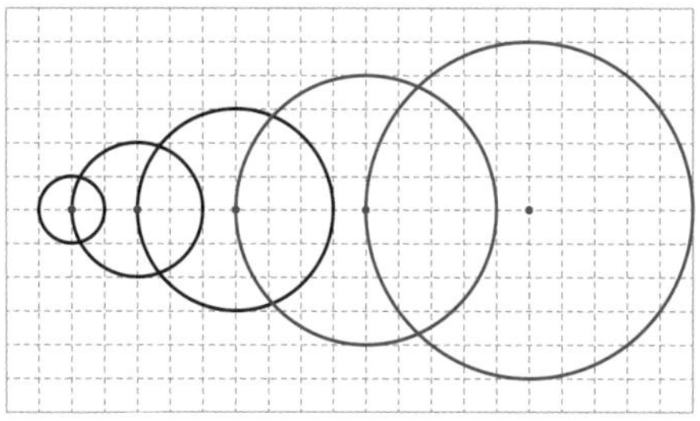

+9 ㉡

+10 예 원의 반지름은 변하지 않고, 원의 중심은 아래쪽으로 모눈 1칸씩 이동하는 규칙입니다.

1 원의 중심을 찾습니다.

2 주어진 원과 원의 중심은 같고, 반지름이 모눈 3칸, 모눈 5칸인 원을 그립니다.

3

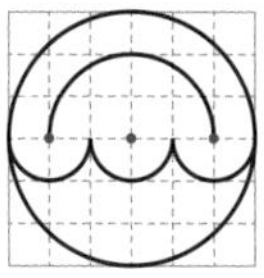

→ 3군데

4 원의 반지름은 같고 원의 중심은 다르게 하여 그린 모양은 라입니다.

5 원의 중심은 옮겨 가고 원의 반지름은 다르게 하여 그린 모양은 가, 다입니다.

6 한 변이 모눈 6칸인 정사각형을 그리고, 정사각형의 네 변의 가운데를 원의 중심으로 하는 원의 일부분을 4개 그립니다. 정사각형의 두 꼭짓점을 원의 중심으로 하는 원의 일부분을 2개 그립니다.

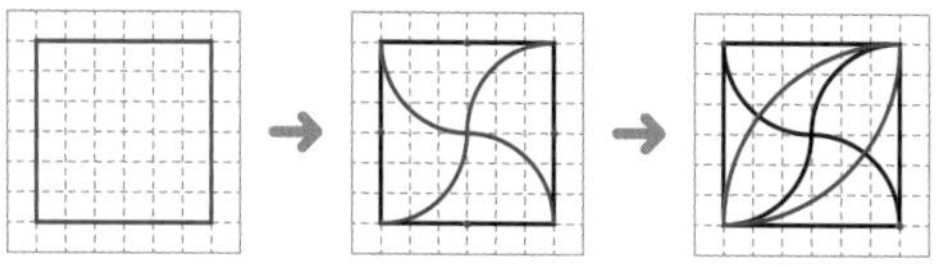

힌트북 41쪽

7

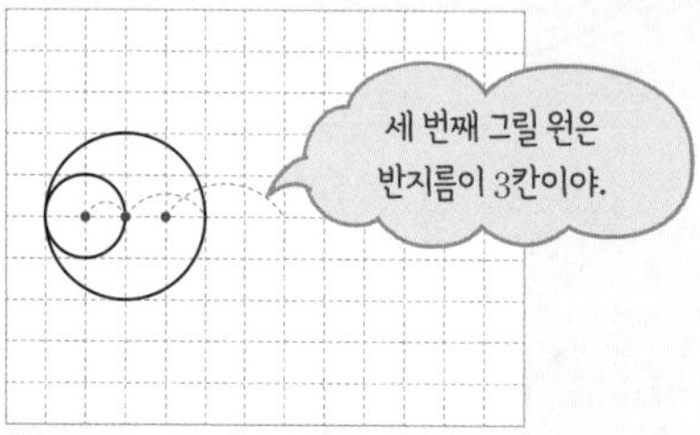

원의 중심이 오른쪽으로 1칸씩 옮겨 가고, 원의 반지름이 3칸, 4칸인 원을 그립니다.

8 원의 반지름이 1칸씩 늘어나고, 원의 중심을 지나는 원을 2개 그립니다.

+9

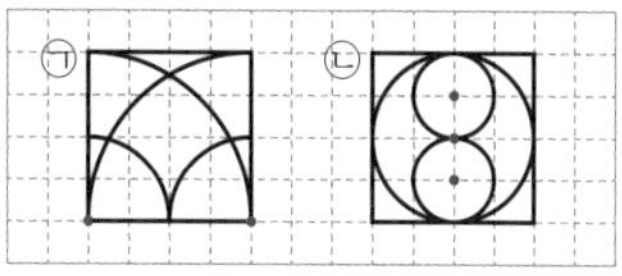

㉠ 2군데, ㉡ 3군데이므로 컴퍼스의 침을 꽂아야 할 곳의 수가 더 많은 모양은 ㉡입니다.

+10 원의 반지름은 모눈 1칸으로 변하지 않고, 원의 중심은 아래쪽(또는 위쪽)으로 1칸씩 옮겨 가는 규칙입니다.

17~20일 단원평가 092~093쪽

01 ㉢　　**02** 예 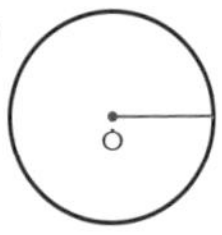 / 1 cm

03 6 cm　　**04** 6군데

05 6 cm

06

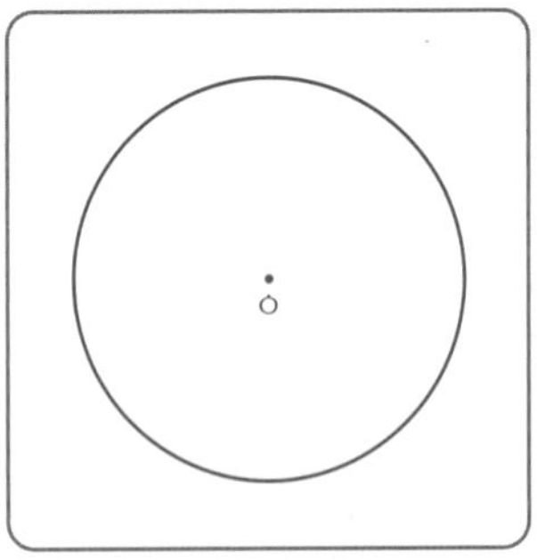

07 ㉢　　**08** 17 cm

09

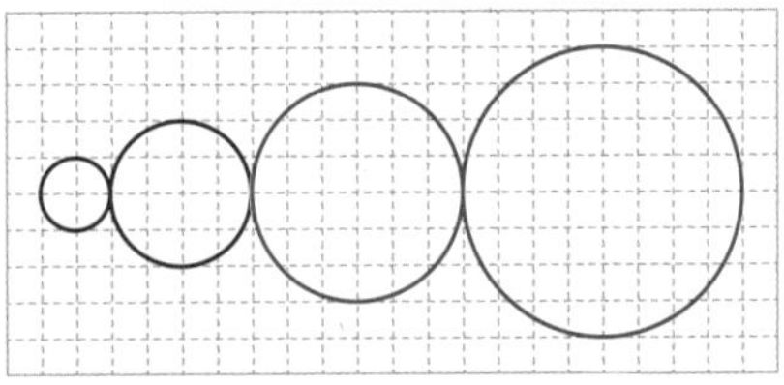

10 풀이 참조 / 6 cm

01 ㉢은 원의 중심을 지나지 않았으므로 지름이 아닙니다. 따라서 잘못 표시한 것은 ㉢입니다.

02 원의 중심과 원 위의 한 점을 잇는 선분을 1개 그은 후 길이를 자로 재면 1 cm입니다.

03 컴퍼스를 벌린 만큼이 원의 반지름이므로 그린 원의 반지름은 3 cm입니다.
➜ (원의 지름)$=3\times2=6$ (cm)

04 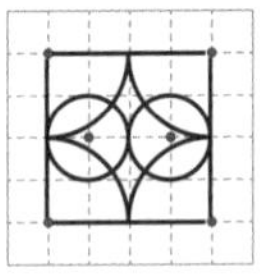 ➜ 6군데

참고 컴퍼스의 침을 꽂아야 할 곳은 원의 중심입니다.

05 (왼쪽 원의 지름)$=7\times2=14$ (cm)
(오른쪽 원의 지름)$=4\times2=8$ (cm)
➜ (두 원의 지름의 차)$=14-8=6$ (cm)

06 지름이 3 cm인 원의 반지름은 1 cm 5 mm이므로 반지름이 1 cm 5 mm인 원을 그립니다.

07 ㉡ (지름)$=6\times2=12$ (cm)
㉢ (지름)$=8\times2=16$ (cm)
네 원의 지름을 비교하면 ㉢>㉣>㉡>㉠입니다.

08 선분 ㄱㄷ의 길이는 왼쪽 원의 반지름과 가운데 원의 지름, 오른쪽 원의 반지름의 합과 같습니다.
(왼쪽 원의 반지름)$=12\div2=6$ (cm)
(오른쪽 원의 반지름)$=6\div2=3$ (cm)
➜ (선분 ㄱㄷ)$=6+8+3=17$ (cm)

09 원들이 맞닿도록 반지름이 3칸, 4칸인 원을 각각 그립니다.

10 예시 답안 선분 ㅇㄱ과 ㅇㄴ은 원의 반지름입니다. 원의 반지름을 □ cm라 하면
□+□+9=21 (cm)입니다.
□+□=12, □=6이므로 선분 ㅇㄴ은 6 cm입니다.

채점 기준	
	❶ 선분 ㅇㄴ과 선분 ㅇㄱ의 길이의 합을 구해야 함.
	❷ 선분 ㅇㄴ의 길이를 구해야 함.

본책 094~097쪽

21일 분수로 나타내기

확인 094쪽

1 (1) 1 (2) 1, 1, 5
2 (1) 2, 2 (2) 1, 1

기본기 다지는 교과서 문제 095쪽

1 (1)

(2) 1 (3) 1, 4

2 (1) 3 (2) 4

3 예
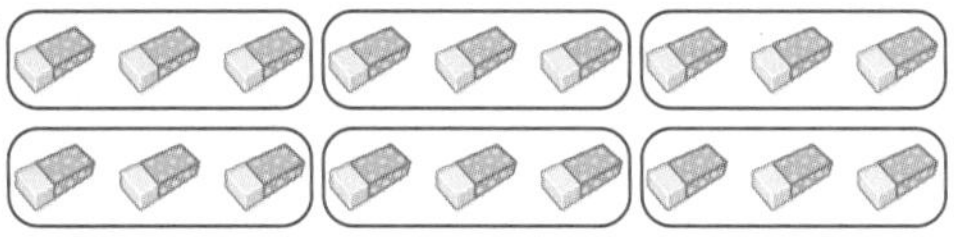
(1) 6 (2) 1, 6 (3) 5, 6

2 (1) 색칠한 부분은 6묶음 중에서 3묶음이므로 $\frac{3}{6}$입니다.

(2) 색칠한 부분은 4묶음 중에서 1묶음이므로 $\frac{1}{4}$입니다.

3 (2) 3은 6묶음 중에서 1묶음이므로 $\frac{1}{6}$입니다.

(3) 15는 6묶음 중에서 5묶음이므로 $\frac{5}{6}$입니다.

스스로 풀어내는 도전 10 문제 096~097쪽

1 예
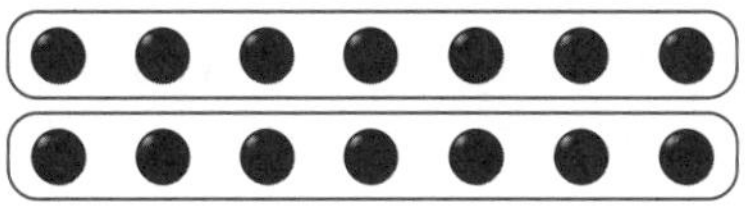

2 3, 3, 5
3 2, 6
4 (1) 1, 5 (2) 4, 5
5 6 / 4, 6
6 ( ) (○)
7 $\frac{2}{7}$
8 7
+9 56
+10 로운 / 예 8은 12의 $\frac{2}{3}$입니다.

1 바둑돌 14개를 2묶음으로 똑같이 나누려면 한 묶음에 7개씩 묶어야 합니다.

2 당근 15개를 3개씩 묶으면 5묶음입니다. 5묶음 중에서 3묶음은 $\frac{3}{5}$입니다.

3 색칠한 부분은 6묶음 중에서 2묶음이므로 $\frac{2}{6}$입니다.

4 (1) 5는 25의 5묶음 중에서 1묶음이므로 $\frac{1}{5}$입니다.

(2) 20은 25의 5묶음 중에서 4묶음이므로 $\frac{4}{5}$입니다.

5 18을 3씩 묶으면 6묶음입니다.

➜ 12는 18의 6묶음 중에서 4묶음이므로 $\frac{4}{6}$입니다.

6 • 왼쪽 그림에서 색칠한 호두는 3묶음 중에서 2묶음이므로 $\frac{2}{3}$입니다.

• 오른쪽 그림에서 색칠한 호두는 4묶음 중에서 2묶음이므로 $\frac{2}{4}$입니다.

7 구슬 28개를 4개씩 묶으면 7묶음이 됩니다.

➜ 8개는 7묶음 중에서 2묶음이므로 $\frac{2}{7}$입니다.

8 • 24를 3씩 묶으면 8묶음이 되므로 15는 24의 8묶음 중에서 5묶음입니다. ➜ $\frac{5}{8}$이므로 ㉠=5

• 24를 8씩 묶으면 3묶음이 되므로 16은 24의 3묶음 중에서 2묶음입니다. ➜ $\frac{2}{3}$이므로 ㉡=2

➜ ㉠+㉡=5+2=7

+9 2 ← 부분의 묶음 수
8 ← 전체의 묶음 수

8묶음 중에서 2묶음이 14이므로 한 묶음은 7입니다.
따라서 ★은 7씩 8묶음이므로 ★=7×8=56입니다.

+10 다음과 같이 고친 경우도 정답입니다.

• 6은 12의 $\frac{1}{2}$입니다.

• 8은 16의 $\frac{1}{2}$입니다.

• 8은 12의 $\frac{8}{12}$입니다.

• 8은 12의 $\frac{4}{6}$입니다.

본책 098~101 쪽

22일 분수만큼은 얼마인지 알아보기

확인 098쪽

1 (1) 3 (2) 6 (3) 9
2 (1) 3 (2) 6

기본기 다지는 교과서 문제 099쪽

1 2, 5, 8 / 8
2 (1) 2 (2) 8
3 예  / 12

2 (1) 14 cm의 $\frac{1}{7}$은 14 cm를 똑같이 7로 나눈 것 중의 1이므로 2 cm입니다.
(2) 14 cm의 $\frac{4}{7}$는 14 cm를 똑같이 7로 나눈 것 중의 4이므로 8 cm입니다.

3 15개를 똑같이 5묶음으로 나누면 1묶음은 3개입니다.
➜ $\frac{4}{5}$는 5묶음 중의 4묶음이므로 15의 $\frac{4}{5}$는 12입니다.

스스로 풀어내는 도전 10 문제 100~101쪽

1 (1) 2 (2) 4　　2 (1) 4 (2) 8
3 (1) 예 
(2) 2 (3) 10
4 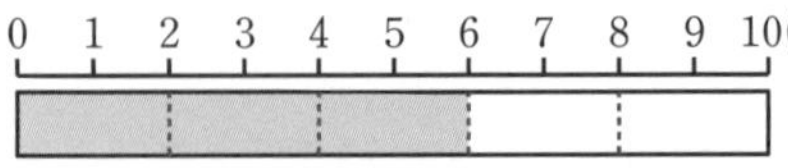

/ 6
5 예 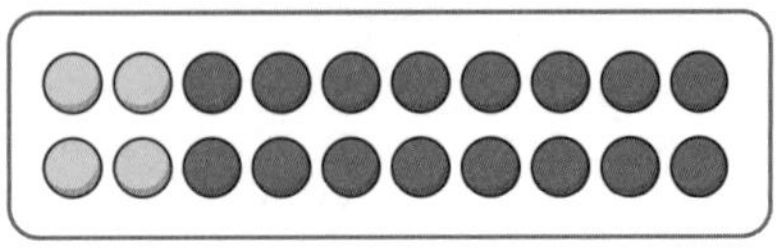
6 ㉢　　7 40분
8 24　　+9 22개
+10 예 ㉠ 40을 똑같이 8묶음으로 나눈 것 중의 1묶음은 5이므로 5묶음은 25입니다. ㉡ 56을 똑같이 7묶음으로 나눈 것 중의 1묶음은 8이므로 3묶음은 24입니다. 25 > 24이므로 나타내는 수가 더 큰 것은 ㉠입니다. / ㉠

1 8을 똑같이 4묶음으로 나누면 1묶음은 2이고, 2묶음은 4입니다.

2 (1) 12 cm를 똑같이 3부분으로 나누면 1부분은 4 cm입니다.
(2) 12 cm를 똑같이 3부분으로 나눈 것 중의 2부분은 8 cm입니다.

3 (1) 구슬 16개를 2개씩 묶어 봅니다.
(2) 16을 똑같이 8로 나눈 것 중의 1은 2입니다.
(3) 16을 똑같이 8로 나눈 것 중의 5는 10입니다.

4 10 cm를 똑같이 5부분으로 나눈 것 중의 1부분은 2 cm이므로 10 cm의 $\frac{3}{5}$은 6 cm입니다.

5 20을 똑같이 5로 나눈 것 중의 1은 4입니다.
➜ 20의 $\frac{1}{5}$은 4이고, 20의 $\frac{4}{5}$는 16입니다.

6 8 m를 똑같이 4부분으로 나누면 1부분은 2 m이고, 3부분은 6 m입니다.

7 1시간은 60분입니다.
60분을 똑같이 3으로 나눈 것 중의 1은 20분이므로 1시간의 $\frac{2}{3}$는 40분입니다.

8 어떤 수를 똑같이 6으로 나눈 것 중의 2가 8이면 어떤 수를 똑같이 6으로 나눈 것 중의 1은 4입니다. 어떤 수는 4의 6배이므로 24입니다.

+9
• 오전에 판 마카롱의 수: 36개를 똑같이 9부분으로 나누었을 때 1부분은 4개이므로 2부분은 8개입니다.
• 오후에 판 마카롱의 수: 36개를 똑같이 6부분으로 나누었을 때 1부분은 6개입니다.
➜ (팔고 남은 마카롱의 수)
=(전체 마카롱의 수)
−(오전과 오후에 판 마카롱의 수)
=36−14=22(개)

본책 102~105쪽

23일 여러 가지 분수 (1)

확인 102쪽

❶ 1, 7
❷ 2, 3, 4, 5, 6
❸ 진, 가, 가, 진

기본기 다지는 교과서 문제 103쪽

1 (1) 7, 3 (2) 6, 4
2 2, 5 / 5, 5 / 7, 5 / 10, 5
(진) (가) (가) (가)
3 7, 4

1 (1) $\frac{1}{3}$이 7개 색칠되어 있습니다. ➜ $\frac{7}{3}$

(2) $\frac{1}{4}$이 6개 색칠되어 있습니다. ➜ $\frac{6}{4}$

2 수직선에서 작은 눈금 한 칸은 $\frac{1}{5}$입니다.

• 분자가 분모보다 작은 분수는 진분수입니다. ➜ $\frac{2}{5}$

• 분자가 분모와 같거나 분모보다 큰 분수는 가분수입니다. ➜ $\frac{5}{5}$, $\frac{7}{5}$, $\frac{10}{5}$

3 • 진분수: $\frac{1}{8}$ • 가분수: $\frac{13}{6}$, $\frac{11}{10}$ • 자연수: 7, 4

주의 0은 자연수가 아닙니다.

스스로 풀어내는 도전 10 문제 104~105쪽

1 3, 6 / 11, 6
2 (1) 3, 5, 8 (2) 2, 4, 6
3 예

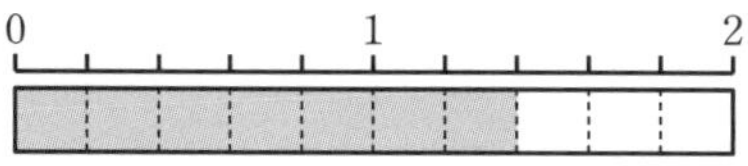

4 (×) (○) (○)
5 $\frac{14}{11}$, $\frac{5}{4}$, $\frac{3}{3}$
6 진
7 $\frac{12}{4}$
8 $\frac{3}{4}$, $\frac{3}{5}$, $\frac{4}{5}$
+9 $\frac{8}{8}$
+10 예 진분수는 분자가 분모보다 작은 분수인데, 주어진 분수는 분자가 분모보다 크기 때문에 진분수가 아닙니다. 주어진 분수는 가분수입니다.

1 수직선에서 작은 눈금 한 칸은 $\frac{1}{6}$입니다.

2 (1) 1은 분자와 분모가 같은 가분수로 나타낼 수 있습니다. ➜ $1=\frac{\blacksquare}{\blacksquare}$

(2) $\frac{\blacksquare}{\blacksquare}=1$임을 이용하여 자연수를 분수로 나타낼 수 있습니다. ➜ $1=\frac{\blacksquare}{\blacksquare}$, $2=\frac{\blacksquare\times 2}{\blacksquare}$, $3=\frac{\blacksquare\times 3}{\blacksquare}$

3 한 칸은 $\frac{1}{5}$을 나타냅니다. $\frac{7}{5}$은 $\frac{1}{5}$이 7개이므로 7칸만큼 색칠합니다.

4 • $\frac{5}{12}$는 가분수가 아니라 진분수입니다.

• $\frac{3}{10}$은 진분수입니다.

• $\frac{19}{6}$는 가분수입니다.

5 가분수는 분자가 분모와 같거나 분모보다 큰 분수입니다.

6 $\frac{1}{7}$이 6개인 분수는 $\frac{6}{7}$입니다. ➜ $\frac{6}{7}$은 진분수입니다.

7 3을 분모가 4인 가분수로 나타내려면 $\frac{4}{4}=1$임을 이용합니다. ➜ $3=\frac{4\times 3}{4}=\frac{12}{4}$

8 진분수는 분모가 분자보다 작은 분수이므로 분모가 3일 때에는 진분수를 만들 수 없습니다.

• 분모가 4일 때 만들 수 있는 진분수: $\frac{3}{4}$

• 분모가 5일 때 만들 수 있는 진분수: $\frac{3}{5}$, $\frac{4}{5}$

+9 분모가 8인 가분수를 $\frac{\square}{8}$라고 하면 □ 안에 들어갈 수 있는 수는 8, 9, 10, 11……입니다.
이 중에서 분자가 가장 작은 분수는 $\frac{8}{8}$입니다.

+10 진분수는 분자가 분모보다 작은 분수인데 $\frac{14}{13}$는 14 > 13이므로 분자가 분모보다 큽니다.

본책 106~109쪽

24일 여러 가지 분수 (2)

확인 106쪽

① 진분수, 대분수

기본기 다지는 교과서 문제 107쪽

1 $1\frac{3}{4}$, $3\frac{1}{2}$에 ○표

2 (1)  (2) $\frac{7}{2}$

3 (1)  (2) $3\frac{2}{3}$

1 대분수는 자연수와 진분수로 이루어진 분수이므로 $1\frac{3}{4}$, $3\frac{1}{2}$입니다.

2 (2) $\frac{1}{2}$이 7개 있으므로 $3\frac{1}{2}$을 가분수로 나타내면 $\frac{7}{2}$입니다.

3 (2) 작은 직사각형 3개를 모두 색칠한 큰 직사각형은 3개이고, 색칠한 나머지 작은 직사각형 2개를 분수로 나타내면 $\frac{2}{3}$이므로 $\frac{11}{3}$을 대분수로 나타내면 $3\frac{2}{3}$입니다.

스스로 풀어내는 도전 10 문제 108~109쪽

1 $1\frac{4}{8}$, $2\frac{2}{6}$, $3\frac{3}{4}$에 ○표, $\frac{5}{3}$, $\frac{7}{7}$에 △표

2 (1) 13, 6 (2) 11, 4

3 예 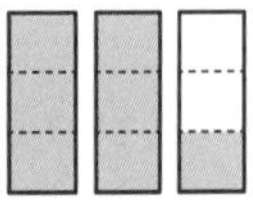 / 2, 1, 3

4 (1) 15, 7 (2) 1, 3, 8

5 

6 38개

7 7개

8 22

+9 8, 3, 5, 43, 5

+10 예 대분수는 자연수와 진분수로 이루어진 분수인데, 나타낸 대분수는 자연수와 가분수로 이루어져 있으므로 잘못 나타냈습니다. / $\frac{16}{5} \to \frac{15}{5}$와 $\frac{1}{5} \to 3$과 $\frac{1}{5} \to 3\frac{1}{5}$

1 • 대분수는 자연수와 진분수로 이루어진 분수이므로 $1\frac{4}{8}$, $2\frac{2}{6}$, $3\frac{3}{4}$입니다.
• 가분수는 분자가 분모와 같거나 분모보다 큰 분수이므로 $\frac{5}{3}$, $\frac{7}{7}$입니다.

3 한 칸은 $\frac{1}{3}$입니다. $\frac{7}{3}$은 $\frac{1}{3}$이 7개이므로 7칸을 색칠합니다.
➜ $\frac{7}{3}$을 대분수로 나타내면 $2\frac{1}{3}$입니다.

4 (1) $2\frac{1}{7} \to 2$와 $\frac{1}{7} \to \frac{14}{7}$와 $\frac{1}{7} \to \frac{15}{7}$
(2) $\frac{11}{8} \to \frac{8}{8}$과 $\frac{3}{8} \to 1$과 $\frac{3}{8} \to 1\frac{3}{8}$

5 • $1\frac{5}{9} \to 1$과 $\frac{5}{9} \to \frac{9}{9}$와 $\frac{5}{9} \to \frac{14}{9}$
• $2\frac{1}{9} \to 2$와 $\frac{1}{9} \to \frac{18}{9}$과 $\frac{1}{9} \to \frac{19}{9}$
• $1\frac{8}{9} \to 1$과 $\frac{8}{9} \to \frac{9}{9}$와 $\frac{8}{9} \to \frac{17}{9}$

6 $3\frac{8}{10} \to 3$과 $\frac{8}{10} \to \frac{30}{10}$과 $\frac{8}{10} \to \frac{38}{10}$
➜ $\frac{38}{10}$은 $\frac{1}{10}$이 38개인 수입니다.

7 대분수는 자연수와 진분수로 이루어진 분수이므로 □ 안에 들어갈 수 있는 수는 8보다 작아야 합니다.
따라서 □ 안에 들어갈 수 있는 자연수는 1, 2, 3, 4, 5, 6, 7이므로 모두 7개입니다.

8 • $4=\frac{7\times4}{7}=\frac{28}{7}$이므로 ㉠=28입니다.
• $\frac{33}{5} \to \frac{30}{5}$과 $\frac{3}{5} \to 6\frac{3}{5}$이므로 ㉡=6입니다.
➜ ㉠−㉡=28−6=22

+9 8>5>3이므로 8을 자연수에 놓고, 남은 3과 5로 진분수를 만듭니다. 만들 수 있는 가장 큰 대분수는 $8\frac{3}{5}$입니다.
➜ $8\frac{3}{5}$을 가분수로 나타내면
$8\frac{3}{5} \to 8$과 $\frac{3}{5} \to \frac{40}{5}$과 $\frac{3}{5} \to \frac{43}{5}$입니다.

+10 가분수에서 자연수를 나타낼 수 있는 가분수를 자연수로 나타내고, 나머지는 진분수로 나타냅니다.

본책 110~113쪽

25일 분모가 같은 분수의 크기 비교

기본기 다지는 교과서 문제 111쪽

1 (1) $\frac{8}{7}$, $\frac{11}{7}$

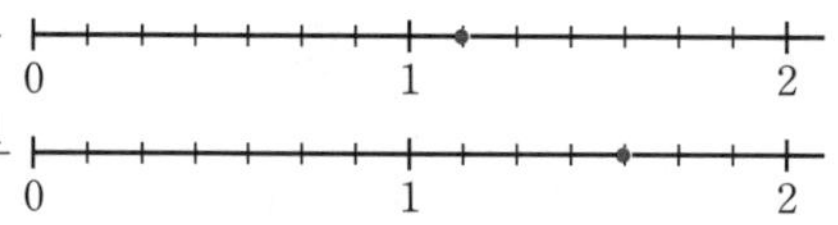

(2) $\frac{11}{7}$

2 예 $1\frac{2}{4}$, $2\frac{1}{4}$

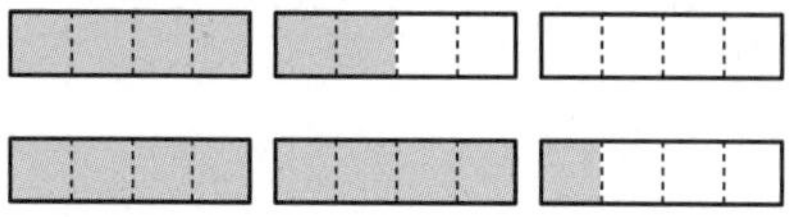

/ <

3 (1) 10, 8 / < (2) 1, 5, 8 / <

1 (2) 수직선에서 오른쪽으로 갈수록 큰 수이므로 $\frac{8}{7}<\frac{11}{7}$입니다.

2 자연수의 크기를 비교하면 1<2이므로 $1\frac{2}{4}<2\frac{1}{4}$입니다.

3 (1) $1\frac{2}{8}=\frac{10}{8}$ ➜ $\frac{10}{8}$과 $\frac{13}{8}$의 분자의 크기를 비교하면 10<13이므로 $1\frac{2}{8}<\frac{13}{8}$입니다.

(2) $\frac{13}{8}=1\frac{5}{8}$ ➜ $1\frac{2}{8}$와 $1\frac{5}{8}$는 자연수가 같으므로 분자의 크기를 비교하면 2<5이므로 $1\frac{2}{8}<\frac{13}{8}$입니다.

스스로 풀어내는 도전 10 문제 112~113쪽

1 >
2 < / 작습니다에 ○표
3 (1) > / 14, 4 (2) = / 2, 3, 5
4 ㉡
5 (위에서부터) $2\frac{6}{7}$, $2\frac{5}{7}$, $2\frac{6}{7}$
6 ㉡
7 $1\frac{3}{10}$, $2\frac{2}{10}$에 ○표
8 도서관, 축구장, 학교
+9 1, 2, 3, 4, 5

+10 [방법 1] 대분수를 가분수로 나타내면 $1\frac{7}{9}=\frac{16}{9}$입니다.

$\frac{16}{9}>\frac{13}{9}$이므로 $1\frac{7}{9}>\frac{13}{9}$입니다.

[방법 2] 가분수를 대분수로 나타내면 $\frac{13}{9}=1\frac{4}{9}$입니다.

$1\frac{7}{9}>1\frac{4}{9}$이므로 $1\frac{7}{9}>\frac{13}{9}$입니다.

1 자연수의 크기를 비교하면 2>1이므로 $2\frac{2}{3}>1\frac{1}{3}$입니다.

3 (1) 대분수를 가분수로 나타내어 분자의 크기를 비교합니다.

(2) 가분수를 대분수로 나타낸 후 자연수 → 분자의 순서로 크기를 비교합니다.

4 ㉡ 분모가 같은 대분수는 자연수가 클수록 더 큽니다.

➜ $2\frac{3}{6}>1\frac{5}{6}$

5 대분수의 크기를 비교할 때에는 자연수 → 분자의 순서로 비교합니다.

6 ㉠ $\frac{1}{9}$이 12개인 분수는 $\frac{12}{9}$입니다.

➜ $\frac{12}{9}=1\frac{3}{9}<1\frac{5}{9}$이므로 더 큰 분수는 ㉡입니다.

7 가분수를 모두 대분수로 나타내면

$\frac{23}{10}=2\frac{3}{10}$, $\frac{29}{10}=2\frac{9}{10}$입니다.

➜ $\frac{5}{10}<\frac{8}{10}<1\frac{3}{10}<2\frac{2}{10}<2\frac{3}{10}\left(=\frac{23}{10}\right)$
$<2\frac{9}{10}\left(=\frac{29}{10}\right)<3\frac{1}{10}$

8 $\frac{15}{8}=1\frac{7}{8}$ ➜ $1\frac{3}{8}<1\frac{5}{8}<1\frac{7}{8}$

➜ 슬기네 집에서 가까운 장소부터 차례로 쓰면 도서관, 축구장, 학교입니다.

+9 대분수의 분자 부분을 비교하면 4<5이므로 자연수 부분이 같을 때에도 식이 성립함을 알 수 있습니다. 따라서 □ 안에 들어갈 수 있는 수는 1, 2, 3, 4, 5입니다.

+10 분모가 같은 가분수와 대분수의 크기를 비교할 때에는 형태를 같게 나타낸 다음 비교합니다.

21~25일 단원평가 114~115쪽

01 2, 4 **02** 4, 6

03 예 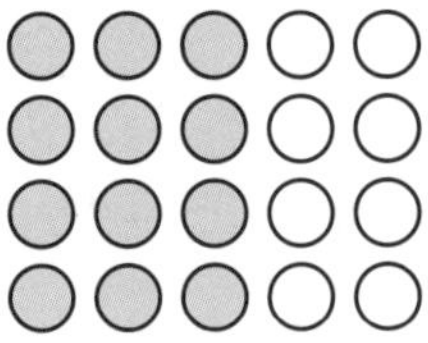

04 $\frac{7}{11}$, $\frac{2}{15}$ / $\frac{5}{5}$, $\frac{10}{6}$, $\frac{13}{9}$

05  **06** $\frac{6}{3}$

07 지혜 **08** ㉠

09 1, 2, 3, 4, 5, 6 **10** 풀이 참조 / 민호

01 6은 4묶음 중에서 2묶음입니다. ➜ $\frac{2}{4}$

02 색칠한 부분은 6묶음 중에서 4묶음입니다. ➜ $\frac{4}{6}$

03 20을 똑같이 5묶음으로 나눈 것 중의 1묶음은 4이므로 20의 $\frac{3}{5}$은 12입니다.

04 • 진분수: 분자가 분모보다 작은 분수를 찾아봅니다.
• 가분수: 분자가 분모와 같거나 분모보다 큰 분수를 찾아봅니다.

05 • $\frac{42}{8} \rightarrow \frac{40}{8}$과 $\frac{2}{8} \rightarrow 5$와 $\frac{2}{8} \rightarrow 5\frac{2}{8}$
• $\frac{37}{8} \rightarrow \frac{32}{8}$와 $\frac{5}{8} \rightarrow 4$와 $\frac{5}{8} \rightarrow 4\frac{5}{8}$
• $\frac{46}{8} \rightarrow \frac{40}{8}$과 $\frac{6}{8} \rightarrow 5$와 $\frac{6}{8} \rightarrow 5\frac{6}{8}$

06 $\frac{3}{3}=1$임을 이용합니다. $2=\frac{3\times2}{3}=\frac{6}{3}$

07 지혜: 자연수가 같으므로 분자의 크기를 비교합니다.
➜ 분자의 크기를 비교하면 $1<2$이므로 $1\frac{1}{3}<1\frac{2}{3}$입니다.

08 ㉠ 15의 $\frac{1}{3}$은 15를 똑같이 3묶음으로 나눈 것 중의 1이므로 5입니다. ➜ □=5
㉡ 20을 5씩 묶으면 한 묶음은 4이고, 12는 20의 $\frac{3}{5}$입니다. ➜ □=3
㉢ 27을 똑같이 9묶음으로 나눈 것 중의 1묶음은 3이므로 6은 2묶음입니다. ➜ □=2
따라서 □가 가장 큰 것은 ㉠입니다.

9 대분수는 자연수와 진분수로 이루어진 분수이므로 $\frac{\square}{7}$가 진분수가 되려면 □는 7보다 작아야 합니다.
➜ □=1, 2, 3, 4, 5, 6

10 예시 답안 $1\frac{1}{6}$을 가분수로 나타내면 $\frac{7}{6}$입니다. $\frac{7}{6}<\frac{8}{6}$이므로 동화책을 더 오래 읽은 사람은 민호입니다.
다른 풀이 가분수를 대분수로 나타내어 비교해도 됩니다. $\frac{8}{6}=1\frac{2}{6}$이므로 $1\frac{1}{6}<1\frac{2}{6}$에서 동화책을 더 오래 읽은 사람은 민호입니다.

채점 기준	
	❶ 가분수 또는 대분수로 형태를 같게 해야 함.
	❷ 분수의 크기를 바르게 비교해야 함.

본책 116~119쪽

26일 들이 비교하기

기본기 다지는 교과서 문제

117쪽

1 많습니다에 ○표
2 ㉯, ㉯
3 (1) ㉯ (2) ㉯, ㉮, 3

1 우유병에 물을 가득 채운 후 물병에 옮겨 담았을 때 물이 가득 차지 않았습니다.
➡ 물병의 들이가 더 많습니다.

2 옮겨 담은 물의 높이가 높을수록 들이가 더 많습니다.
➡ 물의 높이가 높은 ㉯ 병의 들이가 더 많습니다.

3 물을 옮겨 담은 컵의 수가 많을수록 들이가 더 많습니다.
➡ ㉯ 그릇이 ㉮ 그릇보다 컵 $6-3=3$(개)만큼 물이 더 들어갑니다.

스스로 풀어내는 도전 10 문제

118~119쪽

1 꽃병 **2** 사이다 캔
3 항아리, 요구르트병 **4** 우유갑, 4
5  **6** 수현
7 3배 **8** 물병, 컵, 물약병
+9 윤하
+10 예 생수병에 물을 가득 채운 후 주전자에 옮겨 담아 봅니다.

1 꽃병에 물이 다 들어가지 않고 넘칩니다.
➡ 꽃병이 물통보다 들이가 더 적습니다.

2 옮겨 담은 물의 높이가 높을수록 들이가 더 많습니다.
➡ 물의 높이가 더 높은 사이다 캔의 들이가 더 많습니다.

3 그릇이 클수록 들이가 더 많습니다.
➡ 가장 큰 항아리가 들이가 가장 많고, 가장 작은 요구르트병이 들이가 가장 적습니다.

4 우유갑은 컵 6개만큼, 그릇은 컵 2개만큼 물이 들어갑니다.
➡ 우유갑이 컵 $6-2=4$(개)만큼 물이 더 들어갑니다.

5 주스병, 물병, 컵의 순서로 들이가 많습니다.
➡ 그릇에 옮겨 담은 물의 높이도 주스병, 물병, 컵의 순서로 높습니다.

6 우유를 덜어낸 횟수가 많을수록 가지고 있는 컵의 들이는 더 적습니다.
➡ 덜어낸 횟수가 가장 많은 수현이의 컵의 들이가 가장 적습니다.

7 물을 옮겨 담은 컵의 수가 보온병은 3개, 어항은 9개입니다.
➡ 어항의 들이는 보온병 들이의 $9 \div 3=3$(배)입니다.

8 • 컵에 물을 가득 채워 물병에 옮기면 가득 차지 않으므로 물병이 컵보다 들이가 더 많습니다.
• 컵에 물을 가득 채워 물약병에 옮기면 물약병이 가득 차고, 컵에 물이 남으므로 컵이 물약병보다 들이가 더 많습니다.
➡ 물병, 컵, 물약병의 순서로 들이가 많습니다.

힌트북 53쪽

+9

다른 컵으로 부었을 때, 컵의 들이가 클수록 부은 횟수가 적어.

	㉮ 컵	㉯ 컵
수조	5개	4개
양동이	10개	8개

같은 컵으로 부었을 때, 컵의 수가 많을수록 들이가 더 많아.

윤하: 물을 부은 횟수가 적을수록 들이가 더 많으므로 ㉯ 컵이 ㉮ 컵보다 들이가 더 많습니다.

+10 다음과 같이 비교해도 정답입니다.
• 생수병과 주전자에 물을 가득 채운 후 모양과 크기가 같은 그릇에 각각 옮겨 담아 봅니다.
• 생수병과 주전자에 물을 가득 채운 후 모양과 크기가 같은 컵으로 각각 덜어내어 봅니다.

본책 120~123쪽

27일 들이의 단위 / 들이 어림하고 재어 보기

확인 120쪽

❶ (1) 1 L, 1리터
(2) 2 L 500 mL, 2 리터 500 밀리리터

기본기 다지는 교과서 문제 121쪽

1 (1) L에 ○표 (2) mL에 ○표
2 (1) 3000 (2) 4 (3) 2, 500 (4) 5800
3 ( )
(×)
4 (1) 세제 통 (2) 종이컵

1 (1) 욕조의 들이는 약 200 L가 알맞습니다.
(2) 음료수 캔의 들이는 약 350 mL가 알맞습니다.

2 (1) 1 L=1000 mL이므로 3 L=3000 mL
(2) 1000mL=1 L이므로 4000 mL= 4 L
(3) 2500 mL=2000 mL+500 mL
=2 L+500 mL
=2 L 500 mL
(4) 5L 800 mL=5L+800 mL
=5000 mL+800 mL
=5800 mL

3 요구르트병의 들이는 약 150 mL가 알맞습니다.

4 (1) 들이를 약 3 L로 어림할 수 있는 것은 세제 통입니다.
(2) 들이를 약 100 mL로 어림할 수 있는 것은 종이컵입니다.

스스로 풀어내는 도전 10 문제 122~123쪽

1 2 리터
2 (1) 4 (2) 400
3 (1) mL (2) L
4 (1) 약 500 mL (2) 약 100 L
5 
6 2L 300 mL
7 윤하
8 감귤 주스, 포도 주스, 토마토 주스
+9 서준
10 ㉡ / 예 8 L 30 mL는 8030 mL입니다.

1 L는 리터라고 읽습니다.

2 (1) 수조에 담긴 물의 눈금을 읽으면 4 L입니다.
(2) 비커에 담긴 물의 눈금을 읽으면 400 mL입니다.

4 알맞은 들이의 단위를 찾을 때는 들이를 나타낸 수와 단위를 함께 보고 찾습니다.

5 • 7400 mL=7000 mL+400 mL=7 L 400 mL
• 7040 mL=7000 mL+40 mL=7 L 40 mL
• 7004 mL=7000 mL+4 mL=7 L 4 mL

6 냄비의 들이는 2000 mL보다 300 mL 더 많으므로 약 2300 mL입니다. 2300 mL=2 L 300 mL입니다.

7 1 L보다 600 mL 더 많은 들이는 1 L 600 mL이고 1 L 600 mL=1600 mL입니다.
➡ 1600 mL > 1550 mL이므로 물병에 들어 있는 물의 양이 더 많은 사람은 윤하입니다.

8 1200 mL=1 L 200 mL입니다.
➡ 1 L 50 mL < 1 L 200 mL < 1 L 450 mL이므로 양이 적은 주스부터 차례로 쓰면 감귤 주스, 포도 주스, 토마토 주스입니다.

+9 • 슬기: 1 L=1000 mL이므로 물병의 들이는 약 1000 mL입니다.
• 서준: 200+200+200+200=800이므로 물병의 들이는 약 800 mL입니다.
• 민호: 500+200+200=900이므로 물병의 들이는 약 900 mL입니다.

+10 ㉡ 8 L 30 mL=8000 mL+30 mL=8030 mL

본책 124~127쪽

28일 들이의 덧셈과 뺄셈

확인 124쪽

❶ 2, 300 ❷ 1, 100

기본기 다지는 교과서 문제 125쪽

1 (1) 7, 600 / 7, 600 (2) 3, 500 / 3, 500
2 (1) (위에서부터) 1 / 5, 100
(2) (위에서부터) 4, 1000 / 3, 200
3 3 L 800 mL, 1 L 400 mL

1 (1) L는 L끼리, mL는 mL끼리 더합니다.
(2) L는 L끼리, mL는 mL끼리 뺍니다.

2 (1) mL끼리의 합이 1000이거나 1000보다 크면 1000 mL를 1 L로 받아올림하여 계산합니다.
(2) mL끼리 뺄 수 없으면 1 L를 1000 mL로 받아내림하여 계산합니다.

3 합:

	2 L	600 mL
+	1 L	200 mL
	3 L	800 mL

차:

	2 L	600 mL
−	1 L	200 mL
	1 L	400 mL

스스로 풀어내는 도전 10 문제 126~127쪽

1 (1) 6 L 600 mL (2) 1 L 600 mL
2 2, 400
3

	1 L	400 mL
+	1 L	900 mL
	3 L	300 mL

4 1 L 300 mL
5 3 L 800 mL
6 6 L 900 mL
7 (위에서부터) 6, 800
8 4 L 950 mL
+9 10 L 500 mL
+10 예 ㉮ 그릇에 물을 가득 담아 ㉯ 그릇이 가득 찰 때까지 붓고 남는 것을 수조에 붓습니다. / 7 L 500 mL−2 L 500 mL=5 L이기 때문입니다.

1 L는 L끼리, mL는 mL끼리 계산합니다.

2 4000 mL=4 L입니다.
➔ 6 L 400 mL−4 L=2 L 400 mL

3 L 단위를 계산할 때, mL 단위 계산에서 받아올림한 수를 빠뜨리지 않고 더해야 합니다.

	1 1 L	400 mL
+	1 L	900 mL
	3 L	300 mL

4 (더 부어야 하는 물의 양)
=(수조의 들이)−(수조에 들어 있는 물의 양)
=3 L 500 mL−2 L 200 mL=1 L 300 mL

5 5 L 500 mL>4 L 200 mL>1 L 700 mL
➔ 5 L 500 mL−1 L 700 mL=3 L 800 mL

6 5300 mL=5 L 300 mL입니다.
➔ (분홍색 페인트의 양)
=(빨간색 페인트의 양)+(흰색 페인트의 양)
=5 L 300 mL+1 L 600 mL
=6 L 900 mL

7 • mL 단위: 300+□=1100,
1100−300=□, □=800
• L 단위: 1+□+2=9, 3+□=9,
9−3=□, □=6

8 (사용한 식용유의 양)
=(사용하기 전의 양)−(사용하고 남은 양)
=8 L 900 mL−7 L 850 mL=1 L 50 mL
(사용한 간장의 양)
=(사용하기 전의 양)−(사용하고 남은 양)
=10 L 100 mL−6 L 200 mL=3 L 900 mL
➔ (사용한 식용유와 간장의 양)
=1 L 50 mL+3 L 900 mL=4 L 950 mL

+9 (오늘 마신 우유의 양)
=4 L 450 mL+1 L 600 mL=6 L 50 mL
➔ (어제와 오늘 마신 우유의 양)
=4 L 450 mL+6 L 50 mL=10 L 500 mL

+10 다음과 같은 경우도 정답입니다.
[방법] ㉯ 그릇에 물을 가득 담아 수조에 2번 붓습니다.
[이유] 2 L 500 mL+2 L 500 mL=5 L이기 때문입니다.

본책 128~131쪽

29일 무게 비교하기

확인 128쪽

❶ 연필, 실로폰
❷ 무, 무, 감자

기본기 다지는 교과서 문제 129쪽

1 (　)(○)(　)
2 (1) 멜론 (2) 야구공
3 (1) 10, 5 (2) 필통, 지우개, 5

1 무게를 비교하면 클립 < 시계 < 텔레비전이므로 무게가 가장 가벼운 것은 클립입니다.

2 저울을 이용하여 무게를 비교할 때 아래로 내려간 쪽의 무게가 더 무겁습니다.
(1) 멜론이 아래로 내려갔으므로 멜론이 복숭아보다 더 무겁습니다.
(2) 야구공이 아래로 내려갔으므로 야구공이 탁구공보다 더 무겁습니다.

3 (2) 10 > 5이므로 필통이 지우개보다 100원짜리 동전 10 − 5 = 5(개)만큼 더 무겁습니다.

스스로 풀어내는 도전 10 문제 130~131쪽

1 (○)(　)　**2** (　)(○)
3 ㉠　**4** 3, 1, 2
5 숟가락, 4　**6** 참외
7 밥그릇　**8** 치약, 비누, 빗
+9 4배
+10 아니요에 ○표 / 예 동전의 수는 같지만 100원짜리 동전의 무게와 500원짜리 동전의 무게가 다르기 때문입니다.

1 호박을 들 때 손에 힘이 더 많이 들어갑니다.
➜ 호박이 오이보다 더 무겁습니다.

2 저울을 이용하여 무게를 비교할 때 위로 올라간 쪽의 무게가 더 가볍습니다.
➜ 칫솔이 달걀보다 가볍습니다.

3 저울을 이용하여 무게를 비교할 때 아래로 내려간 쪽의 무게가 더 무겁습니다.

4 풍선, 수학책, 의자의 순서로 무게가 가볍습니다.

5 숟가락은 바둑돌 12개의 무게와 같고, 포크는 바둑돌 8개의 무게와 같습니다.
➜ 숟가락이 바둑돌보다 12 − 8 = 4(개)만큼 더 무겁습니다.

6 참외 1개와 귤 2개의 무게가 같으므로 1개의 무게가 더 무거운 것은 참외입니다.

7 저울과 100원짜리 동전을 사용하여 무게를 비교할 때 100원짜리 동전의 수가 많을수록 더 무겁습니다.
➜ 100원짜리 동전의 수가 가장 많은 밥그릇이 가장 무겁습니다.

8 비누가 빗보다 더 무겁고, 치약이 비누보다 더 무거우므로 치약이 가장 무겁고 빗이 가장 가볍습니다.
➜ 무거운 것부터 차례로 쓰면 치약, 비누, 빗입니다.

+9 공깃돌의 수를 비교하면 8 > 4 > 2이므로 가장 무거운 물건은 풀, 가장 가벼운 물건은 연필입니다.
➜ 8 ÷ 2 = 4(배)

힌트북 59쪽

+10
주의해!
같은 단위로 무게를 비교해야 해.

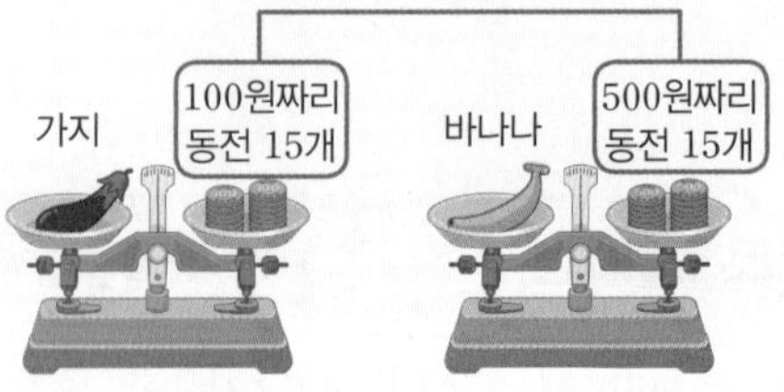

본책 132~135쪽

30일 무게의 단위 / 무게 어림하고 재어 보기

확인 ························ 132쪽

❶ (1) 3 kg, 3 킬로그램
(2) 1 kg 700 g, 1 킬로그램 700 그램

기본기 다지는 교과서 문제 133쪽

1 (1) kg에 ○표 (2) g에 ○표 (3) t에 ○표
2 (1) 2000 (2) 3 (3) 1, 900 (4) 5420
3 (1) 책상 (2) 옷핀

1 (1) 냉장고의 무게는 약 100 kg이 알맞습니다.
(2) 연필의 무게는 약 5 g이 알맞습니다.
(3) 트럭의 무게는 약 1 t이 알맞습니다.

2 (1) 1 kg=1000 g이므로 2 kg=2000 g
(2) 1000 g=1 kg이므로 3000 g=3 kg
(3) 1900 g=1000 g+900 g
=1 kg+900 g=1 kg 900 g
(4) 5 kg 420 g=5 kg+420 g
=5000 g+420 g=5420 g

3 (1) 무게를 약 7 kg으로 어림할 수 있는 것은 책상입니다.
(2) 무게를 약 4 g으로 어림할 수 있는 것은 옷핀입니다.

스스로 풀어내는 도전 10 문제 134~135쪽

1 ( )(○)( )
2 (1) 2 (2) 850
3 (1) g (2) kg
4 ㉡, ㉢
5 1 kg 400 g
6 5600 g
7 약 20배
8 6 t
+9 사과, 감, 배
+10 ㉢ / 예 7000 g은 7 kg입니다.

1 세탁기는 kg, 가위와 과자는 g을 무게의 단위로 사용하기에 알맞습니다.

2 (1) 저울의 눈금을 읽으면 2 kg입니다.
(2) 작은 눈금 한 칸의 크기는 10 g이고 800 g에서 작은 눈금 5칸을 더 갔으므로 저울의 눈금을 읽으면 850 g입니다.

3 알맞은 무게의 단위를 찾을 때는 무게를 나타낸 수와 단위를 함께 보고 찾습니다.

4 배와 버스의 무게는 1 t보다 무겁습니다.
휴대 전화와 밥솥의 무게는 1 t보다 가볍습니다.

5 저울의 눈금을 읽으면 배추의 무게는 1400 g입니다.
➜ 1400 g=1000 g+400 g=1 kg 400 g

힌트북 60쪽

6

■kg보다 ▲00 g 더 무거운 무게
↓
■kg ▲00 g
↓
■▲00 g

5 kg보다 600 g 더 무거운 무게는 5 kg 600 g입니다.
➜ 5 kg 600 g=5000 g+600 g=5600 g

7 1 t=1000 kg
➜ 50 kg의 2배는 100 kg이고 100 kg의 10배는 1000 kg이므로 1000 kg은 50 kg의 20배입니다.

8 (200 kg인 짐 5개의 무게)
=200+200+200+200+200
=1000(kg) ➜ 1 t
따라서 (짐을 실은 트럭의 무게)=5+1=6(t)입니다.

+9 6050 g=6 kg 50 g
➜ 6 kg 305 g>6 kg 250 g>6 kg 50 g이므로 무게가 무거운 것부터 차례로 쓰면 사과, 감, 배입니다.

+10 다음과 같이 고친 경우도 정답입니다.
7000 kg은 7 t입니다.

본책 136~139쪽

31일 무게의 덧셈과 뺄셈

확인 136쪽

❶ 2, 400　　❷ 1, 100

기본기 다지는 교과서 문제 137쪽

1 (1) 4, 900 / 4, 900 (2) 3, 500 / 3, 500
2 (1) (위에서부터) 1 / 5, 300
(2) (위에서부터) 3, 1000 / 1, 400
3 7 kg 800 g, 5 kg 600 g

1 (1) kg은 kg끼리, g은 g끼리 더합니다.
(2) kg은 kg끼리, g은 g끼리 뺍니다.

2 (1) g끼리의 합이 1000이거나 1000보다 크면 1000 g을 1 kg으로 받아올림하여 계산합니다.
(2) g끼리 뺄 수 없으면 1 kg을 1000 g으로 받아내림하여 계산합니다.

3 합: $\begin{array}{rr} & 6\text{ kg} \;\; 700\text{ g} \\ + & 1\text{ kg} \;\; 100\text{ g} \\ \hline & 7\text{ kg} \;\; 800\text{ g} \end{array}$　차: $\begin{array}{rr} & 6\text{ kg} \;\; 700\text{ g} \\ - & 1\text{ kg} \;\; 100\text{ g} \\ \hline & 5\text{ kg} \;\; 600\text{ g} \end{array}$

스스로 풀어내는 도전 10 문제 138~139쪽

1 (1) 4 kg 800 g (2) 3 kg 200 g
2 3, 500
3 $\begin{array}{rr} & 7\text{ kg} \;\; 400\text{ g} \\ - & 3\text{ kg} \;\; 800\text{ g} \\ \hline & 3\text{ kg} \;\; 600\text{ g} \end{array}$
4 8 kg 100 g
5 1 kg 400 g
6 4800
7 (위에서부터) 500, 3
8 3 kg 100 g
+9 5 kg 600 g
+10 예 감자와 고구마의 무게는 모두 몇 kg 몇 g일까요? / 5 kg 900 g

1 kg은 kg끼리, g은 g끼리 계산합니다.

2 1200 g=1 kg 200 g입니다.
➜ 2 kg 300 g+1 kg 200 g=3 kg 500 g

3 g 단위로 받아내림한 수를 kg 단위 계산에서 빼야 합니다.

$\begin{array}{rr} & \overset{6}{\cancel{7}}\text{ kg} \;\; \overset{1000}{400}\text{ g} \\ - & 3\text{ kg} \;\; 800\text{ g} \\ \hline & 3\text{ kg} \;\; 600\text{ g} \end{array}$

4 (쌀의 무게)+(콩의 무게)
=4 kg 400 g+3 kg 700 g=8 kg 100 g

5 (책가방의 무게)
=(책가방을 메고 잰 무게)
−(책가방을 메지 않고 잰 무게)
=36 kg 700 g−35 kg 300 g=1 kg 400 g

6 9 kg 100 g−□ g=4 kg 300 g이므로
□ g=9 kg 100 g−4 kg 300 g
=4 kg 800 g=4800 g
➜ □=4800입니다.

7 • g 단위: 1000+□−600=900,
400+□=900, □=500
• kg 단위: 5−1−□=1, 4−□=1, □=3

8 (토마토 4개의 무게)=1800 g=1 kg 800 g
(양파 3개의 무게)=1300 g=1 kg 300 g
➜ (토마토 4개의 무게)+(양파 3개의 무게)
=1 kg 800 g+1 kg 300 g=3 kg 100 g

+9 (주하가 캔 조개의 무게)
=(민호가 캔 조개의 무게)−300 g
=4 kg 500 g−300 g=4 kg 200 g
(서준이가 캔 조개의 무게)
=(주하가 캔 조개의 무게)+1 kg 400 g
=4 kg 200 g+1 kg 400 g=5 kg 600 g

+10 감자, 고구마, 옥수수 중 두 개를 골라 무게의 합을 구하는 문제를 만들거나 세 물건의 무게의 합을 구하는 문제를 만들고, 계산이 맞으면 모두 정답입니다.

26~31일 **단원평가** 140~141쪽

01 물병 **02** 양동이, 3
03 1100, 1, 100 **04** 풀, 7개
05 ⓒ **06** (위에서부터) 2, 1, 3
07 피망, 포도, 참외 **08** 4 t
09 9 kg 700 g, 4 kg 700 g
10 풀이 참조 / 3 L 200 mL

01 물병에 물이 가득 차지 않았으므로 물병이 우유갑보다 들이가 더 많습니다.

02 양동이는 컵 7개만큼 물이 들어가고 수조는 컵 4개만큼 물이 들어갑니다.
→ 양동이가 수조보다 컵 7−4=3(개)만큼 물이 더 들어갑니다.

03 저울의 눈금을 읽으면 1100 g입니다.
→ 1100 g=1 kg 100 g

04 지우개는 100원짜리 동전 8개의 무게와 같고, 풀은 100원짜리 동전 15개의 무게와 같습니다.
→ 풀이 지우개보다 100원짜리 동전 15−8=7(개)만큼 더 무겁습니다.

05 ㉠ 주전자의 들이는 약 2 L입니다.
㉡ 주사기의 들이는 약 10 mL입니다.

06 5 L 100 mL=5100 mL이므로
5 L 100 mL>5020 mL>5006 mL입니다.

07 피망이 포도보다 더 가볍고, 포도가 참외보다 더 가볍습니다. 따라서 가벼운 것부터 순서대로 쓰면 피망, 포도, 참외입니다.

08 1100 kg+1500 kg+1400 kg=4000 kg
→ 4000 kg=4 t

09 2500 g=2 kg 500 g이므로 가장 무거운 무게는 7 kg 200 g, 가장 가벼운 무게는 2 kg 500 g입니다.
→ 합:
$$\begin{array}{rrr} & 7\text{ kg} & 200\text{ g} \\ + & 2\text{ kg} & 500\text{ g} \\ \hline & 9\text{ kg} & 700\text{ g} \end{array}$$
차:
$$\begin{array}{rrr} & \overset{6}{\cancel{7}}\text{ kg} & \overset{1000}{200}\text{ g} \\ - & 2\text{ kg} & 500\text{ g} \\ \hline & 4\text{ kg} & 700\text{ g} \end{array}$$

10 예시 답안 (전체 물의 양)
=(뜨거운 물의 양)+(찬물의 양)
=3 L 700 mL+1 L 800 mL
=5 L 500 mL
(남은 물의 양)
=(전체 물의 양)−(사용한 물의 양)
=5 L 500 mL−2 L 300 mL
=3 L 200 mL

채점 기준	
	❶ 전체 물의 양을 구해야 함.
	❷ 남은 물의 양을 구해야 함.

본책 142~145쪽

32일 표를 보고 내용 알아보기

기본기 다지는 교과서 문제 143쪽

1 8, 4, 5, 23
2 (1) 4명 (2) 3명 (3) 24명

1 각 계절에 붙인 붙임딱지의 수를 세어 표의 빈칸에 써넣습니다. 합계는 항목별로 수를 모두 더하여 구합니다.

2 (1) 표에서 수영을 좋아하는 학생 수를 찾아보면 4명입니다.
(2) 피구를 좋아하는 학생은 8명이고, 축구를 좋아하는 학생은 5명입니다. ➜ 8−5=3(명)
(3) 표에서 합계를 보면 24명입니다.

스스로 풀어내는 도전 10 문제 144~145쪽

1 떡
2 4명
3 24명
4 7, 6, 3, 4, 20
5 ㉡
6 장미, 수국, 튤립, 백합
7 15마리
8 5마리
+9 27명
+10 예 과학관 / 예 여학생 수와 남학생 수를 합한 수가 가장 큰 과학관으로 현장 체험 학습을 가면 좋을 것 같습니다.

1 3<5<6<10이므로 가장 적은 학생이 좋아하는 간식은 떡입니다.

힌트북 64쪽

2

조사한 자료를 표로 나타내면 각 항목별 수를 알 수 있어.

간식	빵	과일	떡	과자	합계
학생 수(명)	5	6	3	10	

과자를 좋아하는 학생은 10명, 과일을 좋아하는 학생은 6명입니다. ➜ 10−6=4(명)

3 표에서 각 항목별 수를 모두 더하면 5+6+3+10=24(명)입니다.

4 자료를 빠뜨리거나 중복되지 않게 세어 나타냅니다.

힌트북 64쪽

5

조사한 자료를 표로 나타내면

각 항목별 수를 알 수 있어.

조사한 수의 합계를 알 수 있어.

꽃	장미	수국	백합	튤립	합계
학생 수(명)					

㉠ 가장 많은 학생이 좋아하는 꽃은 장미입니다.
㉡ 종욱이가 좋아하는 꽃은 표에서 알 수 없습니다.
㉢ 조사한 학생의 수는 7+6+3+4=20(명)입니다.

6 7>6>4>3이므로 좋아하는 학생이 많은 꽃부터 순서대로 쓰면 장미, 수국, 튤립, 백합입니다.

7 (돼지의 수)=(합계)−(닭, 염소, 오리의 수)
=50−14−11−10
=15(마리)

8 15>14>11>10이므로 가장 많이 기르는 동물은 돼지이고, 가장 적게 기르는 동물은 오리입니다.
➜ 15−10=5(마리)

+9 미술관에 가고 싶어 하는 여학생 수와 남학생 수의 합을 구합니다. ➜ 15+12=27(명)

+10 가장 많은 학생이 가고 싶어 하는 장소로 현장 체험 학습을 가는 것이 좋을 것 같습니다.
박물관: 12+13=25(명)
미술관: 15+12=27(명)
고궁: 18+8=26(명)
과학관: 9+20=29(명)

본책 146~149쪽

33일 그림그래프 알아보기

확인 146쪽

1 (1) 10, 1 (2) 35, 42, 53 (3) 6월

기본기 다지는 교과서 문제 147쪽

1 10개, 1개
2 18개
3 이슬 가게, 42개

2 이 1개, 이 8개이므로 18개입니다.

3 이 가장 많은 이슬 가게에서 아이스크림이 가장 많이 팔렸습니다. 이슬 가게에서 팔린 아이스크림은 이 4개, 이 2개이므로 42개입니다.

스스로 풀어내는 도전 10 문제 148~149쪽

1 10명, 1명
2 33명
3 호수 마을
4 101동, 15 kg
5 103동
6 103동, 104동, 102동, 101동
7 29마리
8 햇빛 농장
+9 80개
+10 예 치즈버거 / 예 치즈버거가 가장 많이 팔렸으므로 치즈버거를 더 많이 준비합니다.

1 그림그래프의 맨 아래에 단위의 크기가 표시되어 있습니다.

2 이 3개, 이 3개이므로 33명입니다.

3 의 수가 많을수록 초등학생 수가 많습니다. 따라서 초등학생 수가 가장 많은 마을은 호수 마을입니다

힌트북 66쪽

4

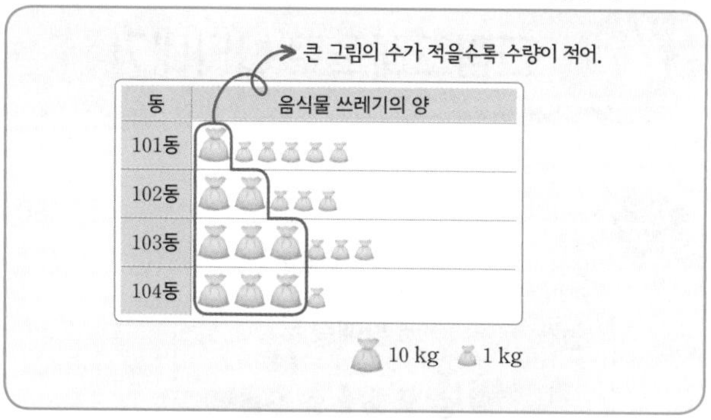

가 가장 적은 101동이 음식물 쓰레기를 가장 적게 배출하였습니다. 101동에서 배출한 음식물 쓰레기는 가 1개, 가 5개이므로 15 kg입니다.

5 103동과 104동은 의 수가 같으므로 가 더 많은 103동이 음식물 쓰레기를 더 많이 배출하였습니다.
(103동: 33 kg, 104동: 31 kg)

6 의 수가 많을수록, 의 수가 같을 때에는 의 수가 많을수록 쓰레기를 더 많이 배출한 동입니다. 따라서 쓰레기를 많이 배출한 동부터 순서대로 쓰면 103동, 104동, 102동, 101동입니다.
(101동: 15 kg, 102동: 23 kg, 103동: 33 kg, 104동: 31 kg)

7 키우는 돼지가 가장 많은 농장은 바람 농장으로 50마리이고, 가장 적은 농장은 산들 농장으로 21마리입니다.
➜ $50-21=29$(마리)

8 산들 농장에서 키우는 돼지는 21마리이고 21마리의 2배는 $21\times2=42$(마리)이므로 키우는 돼지의 수가 42마리인 농장을 찾아보면 햇빛 농장입니다.

+9 치즈버거는 510개, 불고기버거는 430개 팔렸습니다.
➜ $510-430=80$(개)

+10 치즈버거: 510개, 불고기버거: 430개, 새우버거: 250개, 치킨버거: 220개

본책 150~153쪽

34일 그림그래프로 나타내기

확인 150쪽

1 농장별 달걀 판매량

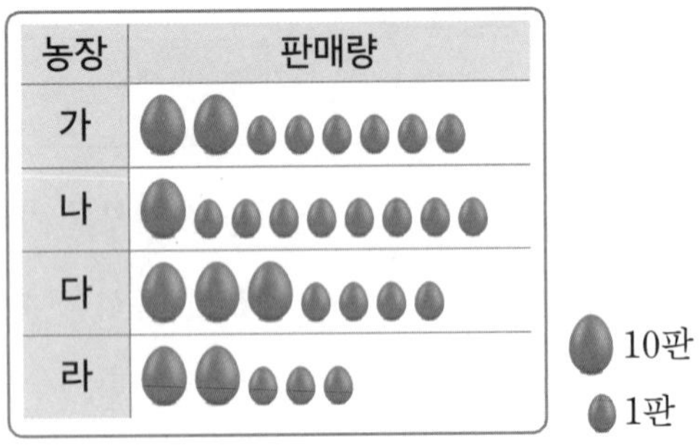

10, 1

기본기 다지는 교과서 문제 151쪽

1 2가지

2 과수원별 사과 생산량

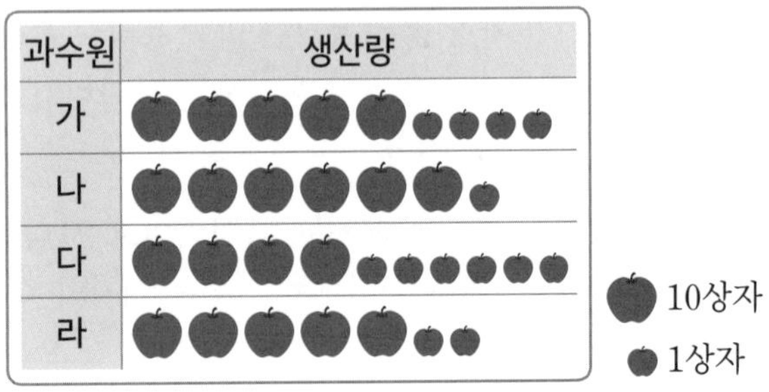

3 나 과수원

1 10상자와 1상자인 두 가지로 나타내는 것이 좋습니다.

2 나 과수원: 61상자이므로 를 6개, 를 1개 그립니다.
다 과수원: 46상자이므로 를 4개, 를 6개 그립니다.
라 과수원: 52상자이므로 를 5개, 를 2개 그립니다.

3 의 수를 비교하면 나 과수원의 생산량이 가장 많습니다.

스스로 풀어내는 도전 10 문제 152~153쪽

1 10개, 1개

2 종류별 우유 수

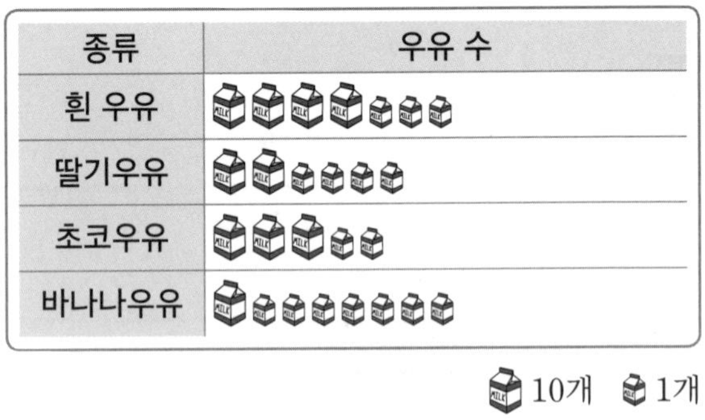

3 바나나우유

4 농장별 감자 생산량

농장	생산량
가	◎◎◎○○○○○○○○
나	◎◎◎◎○○○○○○
다	◎◎○○○○○○○
라	◎◎◎◎◎○○○

◎ 10상자 ○ 1상자

5 농장별 감자 생산량

농장	생산량
가	◎◎◎△○○○
나	◎◎◎◎△○
다	◎◎△○○
라	◎◎◎◎◎○○○

◎ 10 상자 △ 5 상자 ○ 1 상자

6 가 농장, 다 농장

7 18명

8 육상 종목별 학생 수

종목	학생 수
달리기	◎◎◎◎○○○○○○
높이뛰기	◎◎○
멀리뛰기	◎○○○○○○○○
마라톤	◎◎◎○○○○○

◎ 10명 ○ 1명

+9 반별 모은 헌 종이의 무게

반	헌 종이의 무게
1반	◎◎○○○
2반	◎○○○○○○
3반	◎○○○○○○○○○

◎ 10 kg ○ 1 kg

+10 예 1반이 모은 헌 종이의 무게는 23 kg, 3반이 모은 헌 종이의 무게는 19 kg이므로 1반은 3반보다 23−19=4 (kg) 더 많이 모았습니다. / 4 kg

1 종류별 우유의 수가 모두 두 자리 수이므로 그림을 10개와 1개인 2가지로 나타냅니다.

2 우유 수의 십의 자리 수만큼 큰 그림()을 그리고, 일의 자리 수만큼 작은 그림()을 그립니다.

3 가 가장 적은 바나나우유가 가장 적게 있습니다.

4 생산량의 십의 자리 수만큼 ◎를 그리고, 일의 자리 수만큼 ○를 그립니다.

5 가 농장: 8상자는 5상자와 3상자의 합이므로 △○○○로 나타냅니다.
나 농장: 6상자는 5상자와 1상자의 합이므로 △○로 나타냅니다.
다 농장: 7상자는 5상자와 2상자의 합이므로 △○○로 나타냅니다.

6 나 농장의 ◎의 수가 4개이므로 ◎의 수가 나 농장보다 적은 농장을 찾아보면 가 농장과 다 농장입니다.

7 (멀리뛰기에 참가한 학생 수)
=(합계)−(달리기, 높이뛰기, 마라톤에 참가한 학생 수)
=120−46−21−35
=18(명)

8 달리기: 46명이므로 ◎ 4개, ○ 6개를 그립니다.
높이뛰기: 21명이므로 ◎ 2개, ○ 1개를 그립니다.
멀리뛰기: 18명이므로 ◎ 1개, ○ 8개를 그립니다.
마라톤: 35명이므로 ◎ 3개, ○ 5개를 그립니다.

+9 1반: 23kg, 2반: 16kg
→ 3반: 58−23−16=19(kg)

본책 154~157쪽

35일 자료를 조사하여 그림그래프로 나타내기

기본기 다지는 교과서 문제 155쪽

1 3학년 학생들이 보고 싶은 공연
2 23, 17, 30, 96
3 보고 싶은 공연별 학생 수

공연	학생 수
마술	◎◎○○○○○○○
뮤지컬	◎◎○○○
연극	◎○○○○○○○
콘서트	◎◎◎

◎ 10명 ○ 1명

2 붙임딱지의 수를 빠뜨리거나 중복되지 않게 세어 봅니다.

3 학생 수의 십의 자리 수만큼 ◎를 그리고, 일의 자리 수만큼 ○를 그립니다.

스스로 풀어내는 도전 10 문제 156~157쪽

1 14, 10, 7, 31
2 10월 날씨별 날수

날씨	날수
맑음	◎○○○○
흐림	◎
비	○○○○○○○

◎ 10일 ○ 1일

3 맑음(또는 맑은 날)
4 24, 5, 36, 28, 93

5 종류별 과일 수

종류	과일 수
사과	◎◎○○○○
멜론	○○○○○
귤	◎◎◎○○○○○○
복숭아	◎◎○○○○○○○○

◎ 10개 ○ 1개

6 귤, 복숭아, 사과, 멜론

7 38, 43, 64, 55, 200

8 태어난 계절별 학생 수

계절	학생 수
봄	◎◎◎○○○○○○○○
여름	◎◎◎◎○○○
가을	◎◎◎◎◎◎○○○○
겨울	◎◎◎◎◎○○○○○

◎ 10명 ○ 1명

+9 83

반별 학습문고 수

반	무게
1반	◎◎◎◎◎◎◎○○○○
2반	◎◎◎◎◎◎◎◎○○○
3반	◎◎◎◎◎◎○○○○○

◎ 10권 ○ 1권

+10 예 구슬을 슬기는 26개, 로운이는 34개, 지혜는 18개 가지고 있습니다. 따라서 영민이가 가지고 있는 구슬은 98－26－34－18＝20(개)입니다. / 20개

1 조사한 각 날수의 합이 31일이 되어야 합니다.

힌트북 70쪽

2

날씨	날수
맑음	
흐림	
비	

◎ 10일 ○ 1일

날수의 십의 자리 수만큼 ◎를 그리고, 일의 자리 수만큼 ○를 그립니다.

3 맑음이 14일로 가장 많습니다.

4 과일을 중복되거나 빠뜨리지 않고 세어야 합니다.

5 과일 수의 십의 자리 수만큼 ◎를 그리고, 일의 자리 수만큼 ○를 그립니다.

6 ◎의 수를 비교하면 귤이 가장 많고, 멜론이 가장 적습니다. 사과와 복숭아의 ○의 수를 비교하면 복숭아가 사과보다 더 많습니다.
➜ 과일 수가 많은 순서대로 쓰면 귤, 복숭아, 사과, 멜론입니다.

7 주하네 학교 학생 200명을 조사했으므로 합계는 200입니다.
(겨울에 태어난 학생 수)
＝(합계)－(봄, 여름, 가을에 태어난 학생 수)
＝200－38－43－64＝55(명)

8 학생 수의 십의 자리 수만큼 ◎를 그리고, 일의 자리 수만큼 ○를 그립니다.

힌트북 71쪽

+9

반	1반	2반	3반	합계
책 수(권)	74		65	222

반	책 수
1반	◎◎◎◎◎◎◎○○○○
2반	◎◎◎◎◎◎◎◎○○○
3반	

◎ 10권 ○ 1권

그림그래프에서 보면 2반의 학급문고는 83권입니다. 3반의 학급문고는 65권이므로 ◎를 6개, ○를 5개 그립니다.

+10 슬기, 로운, 영민, 지혜가 가진 구슬의 합계가 98이므로
(영민이가 가진 구슬의 수)
＝(합계)－(슬기, 로운, 지혜가 가진 구슬의 수)
입니다.

32~35일 단원평가 158~159쪽

01 13, 7, 6, 4, 30 **02** 예능

03 3명 **04** 26명

05 파란색, 초록색, 빨간색, 노란색

06 예 파란색

07

농장별 양파 생산량

농장	생산량
가	◎◎◎◎◎◎○○
나	◎◎○○○○○○○○
다	◎◎◎◎○○○○○
라	◎◎◎○○○○○○○○○

◎ 10상자 ○ 1상자

08

농장별 양파 생산량

농장	생산량
가	◎◎◎◎◎◎○○
나	◎◎△○○○
다	◎◎◎◎△
라	◎◎◎△○○○○

◎ 10상자 △ 5상자 ○ 1상자

09 16개

10 풀이 참조 / 300권

01 조사한 자료를 중복되거나 빠뜨리지 않고 세어 표에 수를 써넣습니다.

02 13>7>6>4이므로 가장 많은 학생이 좋아하는 TV 프로그램은 예능입니다.

03 드라마를 좋아하는 학생은 7명, 교양을 좋아하는 학생은 4명입니다. ➜ 7−4=3(명)

04 이 2개, 이 6개이므로 26명입니다.

05 의 수를 비교한 다음 의 수가 같으면 의 수를 비교합니다.

06 가장 많은 학생이 입고 싶은 단체복 색깔이 파란색이므로 파란색으로 정합니다.

07 양파 생산량의 십의 자리 수만큼 ◎를 그리고, 일의 자리 수만큼 ○를 그립니다.

08 나 농장: 8상자는 5상자와 3상자의 합이므로 △○○○로 나타냅니다.
다 농장: 5상자는 △로 나타냅니다.
라 농장: 9상자는 5상자와 4상자의 합이므로 △○○○○로 나타냅니다.

09 가장 많이 팔린 빵은 크림빵으로 31개이고, 가장 적게 팔린 빵은 카스텔라로 15개입니다.
➜ 31−15=16(개)

10 예시 답안 위인전은 220권, 역사책은 150권, 과학책은 180권입니다. 따라서 동화책은
850−220−150−180=300(권)입니다.

채점 기준	
	❶ 위인전, 역사책, 과학책의 수를 각각 구해야 함.
	❷ 동화책의 수를 구해야 함.

memo

memo

memo

수학이 만만해지는 힌트의 힘!

정답 · 풀이